数据科学与大数据技术系列

SQL Server 2017 数据库分析处理技术

张延松　编著

电子工业出版社
Publishing House of Electronics Industry
北京·BEIJING

内 容 简 介

本书内容主要分为三部分：第 1 部分导论，介绍 SQL Server 2017 的安装及配置方法、数据导入方法和工具，并且通过数据可视化技术介绍数据分析处理技术的基本需求、数据模型及实现方法；第 2 部分数据库基础知识与 SQL 实践，介绍关系数据库基础理论、数据库基础实现技术、SQL 命令及查询实现技术、数据库实现新技术等相关知识；第 3 部分数据仓库和 OLAP 基础，介绍数据仓库的基本概念及相关理论、OLAP 的基本概念及相关操作、基于企业 Benchmark 的 OLAP 实践案例。

本书采用面向数据完整生命周期的贯穿式案例教学方法，以数据的采集、加载、管理、处理、分析、优化、数据可视化、多维展示、数据挖掘等从起点到终点的案例式处理过程，介绍数据分析处理全生命周期中相关的技术，使读者掌握全面的数据库分析处理技术，增强读者独立解决实际问题的能力。

本书既可以作为普通高等学校数据库课程教材，也可以作为数据库系统实现技术、数据仓库与数据分析技术等研究生课程的先行课教材。

未经许可，不得以任何方式复制或抄袭本书之部分或全部内容。
版权所有，侵权必究。

图书在版编目（CIP）数据

SQL Server 2017 数据库分析处理技术 / 张延松编著. —北京：电子工业出版社，2019.8
（数据科学与大数据技术系列）
ISBN 978-7-121-37278-0

Ⅰ.①S… Ⅱ.①张… Ⅲ.①关系数据库系统－高等学校－教材 Ⅳ.①TP311.138

中国版本图书馆 CIP 数据核字（2019）第 179259 号

策划编辑：石会敏
责任编辑：底　波
印　　刷：北京捷迅佳彩印刷有限公司
装　　订：北京捷迅佳彩印刷有限公司
出版发行：电子工业出版社
　　　　　北京市海淀区万寿路 173 信箱　邮编：100036
开　　本：787×1 092　1/16　印张：23.5　字数：601.6 千字
版　　次：2019 年 8 月第 1 版
印　　次：2024 年 8 月第 3 次印刷
定　　价：69.00 元

凡所购买电子工业出版社图书有缺损问题，请向购买书店调换。若书店售缺，请与本社发行部联系，联系及邮购电话：（010）88254888，88258888。
质量投诉请发邮件至 zlts@phei.com.cn，盗版侵权举报请发邮件至 dbqq@phei.com.cn。
本书咨询联系方式：（010）88254537。

前　言

　　数据是信息社会时代最重要的资源，数据库是面向数据管理的技术，不仅是计算机系统中重要的系统软件之一，而且也是以数据为中心的信息社会的基础支撑技术。在大数据时代，通过对海量数据的分析获得企业及社会发展所需要的有价值的信息是，深入挖掘大数据价值的重要手段，数据库技术也从面向电信、金融、航空订票、企业交易、电子商务等传统领域的事务处理扩展到对企业级海量数据的分析处理，并且结合大数据处理技术、新硬件技术等进一步升级了数据库大数据分析处理能力。传统的数据库以结构化数据管理为主，随着大数据多样化数据管理需求的增长，当前主流数据库提供了非结构化数据管理能力，如对 XML、JSON 等半结构化数据管理的支持及对 Hadoop 等大数据管理平台的支持，通过与数据可视化、数据分析处理等主流的大数据分析处理技术相融合的能力，数据库成为大数据时代一个重要的基础数据管理与分析处理平台。

　　当前，数据库技术的发展趋势呈现多个显著特点：新型内存查询型处理引擎集成到传统的磁盘处理引擎中，以提升数据库性能；从传统的行存储引擎转换为列存储引擎，以提高大数据分析处理性能；支持 XML、JSON 等非结构化数据管理；将 R、Python 等机器学习和分析软件集成到数据库查询引擎，以支持数据库中扩展的分析处理能力；增加与 Hadoop 等大数据管理平台集成工具，以支持数据库对 Hadoop 大数据平台的访问支持。随着数据库技术的升级与变革，传统数据库学科的理论知识与实践技能也需要进一步扩展，以更好地适应大数据时代数据库的理论体系和实现技术。

　　近年来，随着大数据分析处理需求的不断增长，企业级数据分析处理越来越多地成为数据库应用的主要任务之一，这需要更多具有不同学科知识背景的数据分析人员直接面对企业级数据平台，并掌握足够的数据库知识来完成企业级数据分析处理任务，这种应用需求要求降低数据库的技术门槛，以方便非计算机专业背景的数据分析人员使用数据库平台进行数据分析，同时也需要向非计算机专业人员系统地介绍数据库分析处理的完整技术框架。本书以 SQL Server 2017 平台为基础，以数据库分析处理技术为主线，以案例教学方式，系统地介绍数据库的基本理论、SQL 操作实践、数据库实现技术基本原理、数据仓库基本理论、OLAP 基本概念与实现技术、数据挖掘、数据可视化技术等，使读者通过实际的案例掌握以数据库为基础的数据分析处理技术所涉及的关系模型、存储模型、查询处理模型、查询优化模型、多维分析处理模型、OLAP 模型、数据挖掘模型、数据可视化模型等相关理论与实践技术，实现从数据到分析的完整处理过程,较全面地理解现代数据库软件的体系结构和实现技术。

本书内容主要分为三部分。

1. 导论 介绍 SQL Server 2017 的安装及配置方法、数据导入方法和工具,并且通过数据可视化技术介绍数据分析处理技术的基本需求、数据模型及实现方法。

2. 数据库基础知识与 SQL 实践 介绍关系数据库基础理论、数据库基础实现技术、SQL 命令及查询实现技术、数据库实现新技术等相关知识。

3. 数据仓库和 OLAP 基础 介绍数据仓库的基本概念及相关理论、OLAP 的基本概念及相关操作、基于企业 Benchmark 的 OLAP 实践案例。

本书面向数据库分析处理技术,将通常分散于数据库基础、数据库实现技术、数据仓库与 OLAP、数据挖掘、商业智能与数据可视化技术等相关教材中的内容以统一的案例形式贯穿于本书始终,使读者能够通过案例实践,全面掌握数据分析处理的完整过程,从底层的数据库平台的数据组织与管理,到顶层面向分析模型的数据分析处理及可视化数据展示,实现理论与实践的统一。鉴于软件中代码的大小写对程序执行结果不会有影响,为体现其真实性,故本书里的截图保留了作者提供的原图,未进行大小写统一处理。

本书采用深入浅出的方法,结合案例教学模式,系统地介绍数据库的基本理论与实现技术。本书尤其适合与数据分析处理技术相关的非计算机专业人员使用,可帮助其跨越数据库技术门槛,掌握企业级数据分析处理方法,理解现代数据库技术的基本设计思想与技术发展趋势,了解商业智能的主要实现技术,熟悉现代企业数据分析处理的基本技术框架。本书也可以作为人文社会学科学生的数据库应用技术教材,建议在教学中侧重讲解基本数据库概念和 SQL 命令使用方法,掌握企业级数据库应用技术,可以相对弱化第 5 章数据库实现与查询优化技术与第 6 章数据库仓库和 OLAP 理论的要求,重点通过第 7 章 OLAP 实践案例掌握基于数据库的分析处理技术的完整数据处理流程,以及数据库分析处理的实用技能。

本书包含丰富的教辅资源,包括操作指导视频、案例数据集与相应的数据生成器、示例 SQL 命令等学习资源,以及教学大纲、教学课件等教学资源。读者可登录华信教育资源网(www.hxedu.com.cn)下载本书提供的配套资源。

由于作者水平有限,编写时间仓促,书中难免存在疏漏和不足,恳请同行专家和读者给予批评和指正。

编著者

目　录

第 1 部分　导　论

第 1 章　初识 SQL Server 2017 ·· 2
1.1　SQL Server 2017 在 Windows 平台的安装与配置 ··· 2
1.2　SQL Server 2017 在 Linux 平台的安装与配置 ··· 7
1.3　SQL Server 数据库数据导入和导出 ·· 14
　　1.3.1　从 Access 文件向 SQL Server 导入数据 ·· 15
　　1.3.2　通过 BULK INSERT 命令导入平面数据文件 ·· 17
　　1.3.3　通过数据导入和导出向导导入平面数据文件 ·· 22
1.4　使用 Integration Services 导入数据 ··· 29
小结 ·· 39

第 2 章　数据分析与数据库的初步认识 ·· 40
2.1　Excel 数据分析工具 ·· 40
　　2.1.1　Excel 表单数据操作 ··· 40
　　2.1.2　Power Pivot for Excel ·· 41
　　2.1.3　Power Map ·· 45
2.2　Power BI Desktop 数据分析工具 ·· 46
　　2.2.1　数据管理 ··· 46
　　2.2.2　数据分析与可视化报表 ··· 50
　　2.2.3　数据发布与访问 ·· 53
2.3　Tableau 数据可视化分析工具 ··· 54
　　2.3.1　数据连接与管理 ·· 55
　　2.3.2　可视化分析 ··· 57
　　2.3.3　创建仪表板和故事 ·· 62
小结 ·· 64

第 2 部分　数据库基础知识与 SQL 实践

第 3 章　数据库基础知识 ··· 66
3.1　数据库的基本概念 ·· 66

· V ·

3.1.1　数据、数据库、数据库管理系统、数据库系统 66
　　3.1.2　数据库系统的特点 69
3.2　关系数据模型 71
　　3.2.1　实体–联系模型 72
　　3.2.2　关系 72
　　3.2.3　关系模式 75
　　3.2.4　码 77
　　3.2.5　规范化 79
　　3.2.6　完整性约束 88
3.3　关系操作与关系代数 95
　　3.3.1　关系操作 95
　　3.3.2　关系代数与关系运算 96
3.4　数据库系统结构 105
　　3.4.1　内模式（Internal Schema） 105
　　3.4.2　模式（Schema） 108
　　3.4.3　外模式（External Schema） 109
　　3.4.4　数据库的二级映像与数据独立性 109
3.5　数据库系统的组成 110
　　3.5.1　数据库硬件平台 110
　　3.5.2　数据库软件 112
　　3.5.3　数据库人员 113
小结 114

第4章　关系数据库结构化查询语言 SQL 115

4.1　SQL 概述 115
4.2　数据定义 SQL 119
　　4.2.1　模式的定义与删除 119
　　4.2.2　表的定义、删除与修改 121
　　4.2.3　代表性的索引技术 127
　　4.2.4　索引的创建与删除 134
4.3　数据查询 SQL 136
　　4.3.1　单表查询 137
　　4.3.2　连接查询 147
　　4.3.3　嵌套查询 152
　　4.3.4　集合查询 158
　　4.3.5　基于派生表查询 161
4.4　数据更新 SQL 162
　　4.4.1　插入数据 162
　　4.4.2　修改数据 164
　　4.4.3　删除数据 165

4.4.4 事务 ……………………………………………………………… 165
4.5 视图的定义和使用 ……………………………………………………… 166
　　4.5.1 定义视图 …………………………………………………………… 166
　　4.5.2 查询视图 …………………………………………………………… 168
　　4.5.3 更新视图 …………………………………………………………… 169
4.6 面向大数据管理的 SQL 扩展语法 ……………………………………… 172
　　4.6.1 HiveQL ……………………………………………………………… 172
　　4.6.2 JSON 数据管理 …………………………………………………… 175
　　4.6.3 图数据管理 ………………………………………………………… 179
小结 …………………………………………………………………………… 183

第 5 章　数据库实现与查询优化技术 ……………………………………… 185

5.1 数据库查询处理实现技术和查询优化技术的基本原理 ……………… 185
　　5.1.1 表存储结构 ………………………………………………………… 185
　　5.1.2 缓冲区管理 ………………………………………………………… 189
　　5.1.3 索引查询优化技术 ………………………………………………… 190
　　5.1.4 基于代价模型的查询优化 ………………………………………… 196
5.2 内存查询优化技术 ……………………………………………………… 201
　　5.2.1 内存表 ……………………………………………………………… 202
　　5.2.2 列存储索引 ………………………………………………………… 205
5.3 查询优化案例分析 ……………………………………………………… 209
5.4 代表性的关系数据库 …………………………………………………… 226
小结 …………………………………………………………………………… 232

第 3 部分　数据仓库和 OLAP 基础

第 6 章　数据仓库和 OLAP ………………………………………………… 236

6.1 数据仓库 ………………………………………………………………… 236
　　6.1.1 数据仓库的概念 …………………………………………………… 236
　　6.1.2 数据仓库的特征 …………………………………………………… 237
　　6.1.3 数据仓库的体系结构 ……………………………………………… 238
　　6.1.4 数据仓库的实现技术 ……………………………………………… 241
6.2 OLAP 联机分析处理 …………………………………………………… 249
　　6.2.1 多维数据模型 ……………………………………………………… 250
　　6.2.2 OLAP 操作 ………………………………………………………… 251
　　6.2.3 OLAP 实现技术 …………………………………………………… 255
　　6.2.4 OLAP 存储模型设计 ……………………………………………… 256
6.3 数据仓库案例分析 ……………………………………………………… 264

  6.3.1 TPC-H ··· 265
  6.3.2 SSB ·· 274
  6.3.3 TPC-DS ·· 276
小结 ··· 287

第7章 OLAP 实践案例 ·· 288
7.1 基于 SSB 数据库的 OLAP 案例实践 ··· 288
  7.1.1 SSB 数据集分析 ·· 288
  7.1.2 创建 Analysis Services 数据源 ·· 292
  7.1.3 创建数据源视图 ·· 295
  7.1.4 创建多维数据集 ·· 297
  7.1.5 创建维度 ··· 301
  7.1.6 多维分析 ··· 307
  7.1.7 通过 Excel 数据透视表查看多维数据集 ·· 308
7.2 基于 FoodMart 数据库的 OLAP 案例实践 ··· 311
7.3 基于 TPC-H 数据库的 OLAP 案例实践 ·· 326
7.4 SQL Server 2017 内置统计功能 ··· 338
  7.4.1 系统安装配置 ··· 338
  7.4.2 SQL Server 2017 R 脚本执行案例 ··· 340
  7.4.3 SQL Server 2017 R 脚本执行与 Analysis Services 中统计功能 ······················· 342
  7.4.4 Analysis Services 中常见的数据挖掘功能 ·· 351
  7.4.5 SQL Server 2017 Python 脚本执行 ·· 361
小结 ··· 364

参考文献 ··· **365**

第1部分 导 论

本书以 Microsoft SQL Server 2017 为平台学习数据库分析处理技术，在导论中首先介绍 Microsoft SQL Server 2017 的安装与配置方法，以及通过 SQL Server 2017 导入和导出数据工具加载数据的方法。

对数据的分析处理是从数据中获取有价值信息的途径，数据分析主要采用表格、图表、地图等形式展现数据。当前比较有代表性的数据分析工具包括：Excel 数据透视图/表、Power Pivot for Microsoft Excel、Power BI Desktop、Tableau 等。这些数据分析工具易于使用，数据可视化功能强大，降低了用户数据分析的技术门槛。我们首先通过案例学习数据分析工具的基本用法，了解数据分析的终端需求，体会其背后的数据库基本理论的查询处理技术需求，为数据库理论的学习打下基础。

第 1 章 初识 SQL Server 2017

本章要点/学习目标

本章 1.1 节介绍 SQL Server 2017 在 Windows 平台的安装与配置；1.2 节介绍 SQL Server 2017 在 Linux 平台的安装与配置；1.3 节介绍 SQL Server 数据库数据导入和导出技术，通过案例实践让读者掌握数据导入数据库的不同方法；1.4 节介绍使用 Integration Services 导入数据的方法。

本章的学习目标是通过数据导入和导出案例介绍数据库加载功能，了解数据、结构、模式、数据类型的基本概念和特点，为学习数据库理论打下基础。

1.1 SQL Server 2017 在 Windows 平台的安装与配置

本节介绍 SQL Server 2017 在 Windows 平台的安装过程。SQL Server 是一个以数据库为中心的综合数据管理与分析处理平台，包括数据库引擎、Analysis Services、Integration Services、Report Services 等服务组件，支持包括数据库应用、OLAP 应用、数据挖掘应用和报表服务应用等不同层次的数据服务，与 BI 商业智能相结合，可以进一步支持可视化数据分析功能。

SQL Server 2017 提供了 Windows 平台和 Linux 平台版本，SQL Server 2017 需要独立安装 SQL Server 2017 数据库、SQL Server Management Studio 管理工具和 SQL Server Data Tools 数据集成工具。SQL Server 2017 可以从微软官方网站下载[1]，网站提供了 SQL Server 2017 on Windows、Linux、Docker 不同类型平台的下载版本供评估和开发使用。

下面以 Windows 10 平台上的数据库安装过程为例介绍 SQL Server 2017 数据库的安装步骤。

下载 SQL Server 2017 安装包后运行 SQL Server 2017 安装程序，在"SQL Server 安装中心"首先安装 SQL Server 2017 数据库引擎。在对话框左侧窗格中选择"安装"选项，执行"全新 SQL Server 独立安装或向现有安装添加功能"命令。

1）安装向导首先要求输入产品密钥。用户可以选择评估版本类型或选择其他版本并输入产品密钥，验证安装。

2）选择安装类型或输入正确的安装序列号后，确认接受许可条款。安装向导执行全局规则验证，确定在安装 SQL Server 程序支持文件时可能发生的问题，更正所有失败，保证安装程序继续进行。

3）安装程序执行 Microsoft 更新，也可以不勾选"使用 Microsoft Update 检查更新"复选框，跳过系统更新检查。然后安装向导开始扫描产品更新，下载安装程序文件，安装程序

---

1 https://www.microsoft.com/en-us/sql-server/sql-server-downloads

文件和安装程序文件过程如图 1-1 和图 1-2 所示。

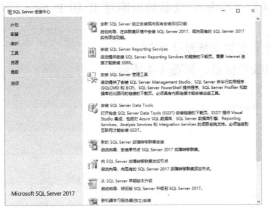 

图 1-1

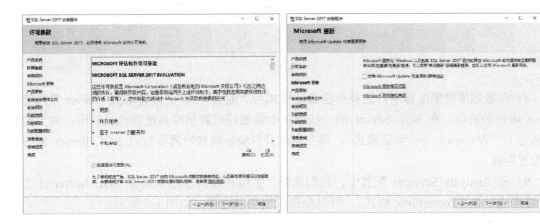

图 1-2

4）安装规则检测标识在运行安装程序时可能发生的问题，通过安装规则检测后才能继续后面的安装过程，如图 1-3 所示。

图 1-3

5）通过安装规则检测后，进入功能选择对话框，需要用户根据安装需求在功能窗口选择 SQL Server 2017 相应的功能模块。在安装中需要选择"数据库引擎配置""Analysis Services 配置"等功能，并选择机器学习服务（数据库内），安装数据库对 R 和 Python 语言的支持。

6）完成功能规则检测后执行实例配置，首次安装选择默认实例。

7）在服务器配置中，可以配置各项服务的账户信息，如图 1-4 所示。

图 1-4

8）在数据库引擎配置中，选择身份验证模式为"混合模式"，设置 SQL Server 系统管理员 sa 账户的密码。在 SQL Server 的一些服务中需要使用数据库系统管理员权限，如果安装时选择了"Windows 身份验证模式"，则在修改身份验证模式时需要重启 SQL Server 服务以使配置生效。

9）在 Analysis Services 配置中，我们选择"多维和数据挖掘模式"，SQL Server 还支持"表格模式"和"PowerPivot 模式"，可以根据应用需求选择，如图 1-5 所示。

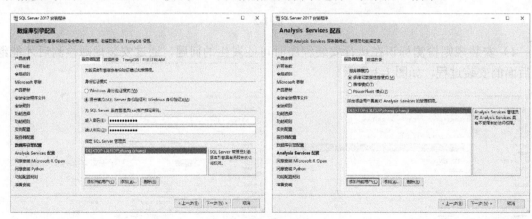

图 1-5

10）在安装时选择 R，需要同意安装 Microsoft R Open 协议。安装规则检测与配置完成后开始准备安装阶段，对话框中列出已选择安装的组件。

11）在安装 Python 时，需要同意安装 Python 及相关协议。

12）单击"安装"按钮后开始安装，安装程序对话框显示当前安装进度。当完成全部安装任务后，对话框显示完成状态，显示已成功安装的组件，如图 1-6 所示。

第 1 章 初识 SQL Server 2017

图 1-6

13）完成 SQL Server 引擎安装后再安装 SQL Server 管理工具，SQL Server Management Studio 需要从微软网站下载安装包，如图 1-7 所示。

图 1-7

14）启动 SQL Server Management Studio 安装程序，根据安装向导完成安装。启动 SQL Server Management Studio 后显示 SQL Server 管理器，用于连接 SQL Server 引擎和使用查询器操作数据库中的数据，如图 1-8 所示。

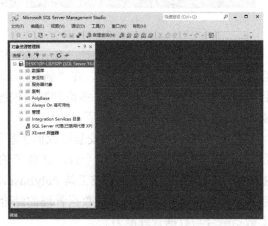

图 1-8

15）通过安装中心安装 SQL Server Data Tools 工具，同样需要通过微软网站下载 SQL Server Data Tools 工具安装包，如图 1-9 所示。

图 1-9

16）在 SQL Server Data Tools 工具安装向导中选择所需的工具，然后同意安装许可条款，开始安装 SQL Server Data Tools 工具。安装完毕后，在系统菜单中显示"Visual Studio 2017(SSDT)"，如图 1-10 所示。

图 1-10

17）通过系统启动菜单启动 Microsoft Visual Studio，单击"文件"菜单中的"新建项目"下的"创建新项目"命令，在"新建项目"对话框中选择"商业智能"，可以看到新建项目对话框中 Analysis Services 多维和数据挖掘项目、Integration Services Project 和 Analysis Services 表格项目，如图 1-11 所示。

通过 SQL Server 2017 的安装，我们了解了 SQL Server 2017 不仅是一个数据库引擎，还是一个综合的数据管理与分析平台，在传统的数据库引擎基础上还集成了面向大数据分析的 R、Python 语言和 Hadoop 集成工具 PolyBase，这体现了当前和未来数据库产品和技术发展的趋势，即数据库逐渐成为一个数据管理的综合平台，面向不同结构的数据和数据管理平台提供数据融合与数据管理能力。

图 1-11

1.2 SQL Server 2017 在 Linux 平台的安装与配置

SQL Server 2017 提供了 Linux 平台版本，其核心功能在 Windows 和 Linux 上保持一致，当前支持的 Linux 平台包括 Red Hat Enterprise Linux、SUSE Linux Enterprise Server、Ubuntu。

下面以 Ubuntu 平台上的数据库安装过程为例介绍 SQL Server 2017 数据库的安装步骤。

为了在 Windows 平台模拟 Linux 系统下安装 SQL Server 2017 数据库，我们首先安装虚拟机软件 VMware Workstation，在虚拟机中安装 Ubuntu 操作系统，然后再安装 SQL Server 2017 数据库。

在 VMware Workstation 中安装 Ubuntu 操作系统的步骤如下。

1）下载并安装 VMware Workstation。在 VMware Workstation 中单击"创建新的虚拟机"按钮，启动新建虚拟机向导，如图 1-12 所示。

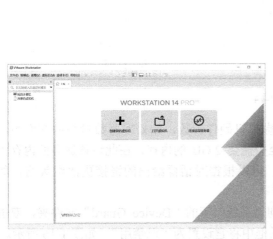 

图 1-12

2）选择 Ubuntu 安装程序光盘映像文件，通过向导执行虚拟机上的 Ubuntu 安装程序，在安装向导中输入 Linux 系统全名、用户名、密码等信息,如图 1-13 所示。

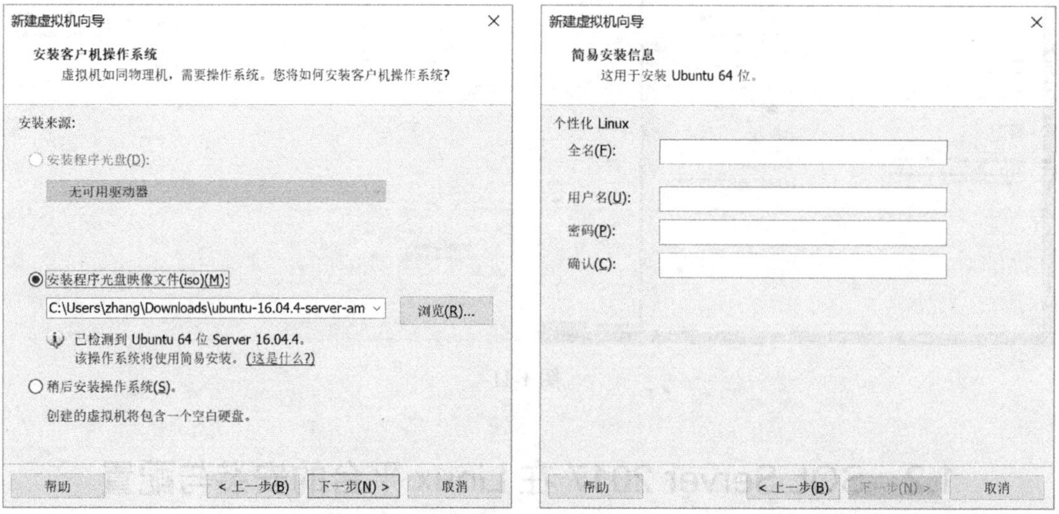

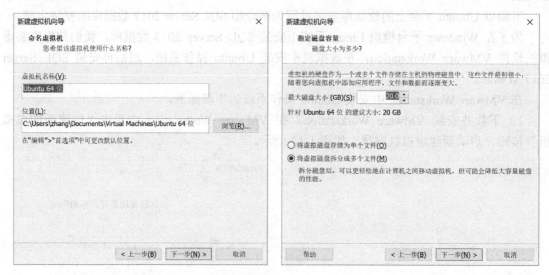

图 1-13

3)在安装向导中为虚拟机命名,并指定虚拟机磁盘容量和虚拟机磁盘存储方式,如图 1-14 所示。

图 1-14

4)在"虚拟机设置"对话框中可以设置虚拟机硬件参数,如处理器数量与内存大小。SQL Server 2017 在 Ubuntu 16.04 计算机上至少需要 2 GB 的内存,在此设置适当的内存大小。在创建虚拟机时可能产生不兼容的问题,可以根据对话框给出的链接更改组策略,如图 1-15 所示。

5)在"本地组策略编辑器"窗口中,找到"系统"下的"Device Guard"文件夹,双击"打开基于虚拟化的安全"对象,在弹出的对话框中将它设置为"已禁用",如图 1-16 所示。

6)虚拟机开始安装 Ubuntu,安装成功后显示登录界面,使用安装时设置的用户名和密码登录,进入 Ubuntu 系统,如图 1-17 所示。

图 1-15

图 1-16

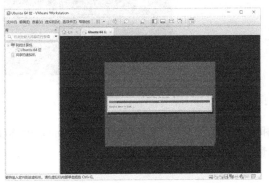

图 1-17

在 Ubuntu 操作系统中配置 SQL Server 的步骤如下。

1) Ubuntu 系统中安装 SQL Server 2017 的具体步骤可参照微软官方网站[1,2]。运行如下命

---

1 https://docs.microsoft.com/zh-cn/sql/linux/quickstart-install-connect-ubuntu?view=sql-server-2017

2 https://docs.microsoft.com/zh-cn/sql/linux/sql-server-linux-setup?view=sql-server-2017

令安装 SQL Server 2017。

```
sudo apt-get update
sudo apt-get install -y mssql-server
```

2）软件包安装完成后，运行 mssql-conf 配置命令，选择所使用的版本，如图 1-18 所示。

```
sudo /opt/mssql/bin/mssql-conf setup
```

图 1-18

3）系统给出版本选项，我们选择步骤 1）对应的 Evaluation 评估免费版本。按安装要求设置系统管理员密码，显示成功信息后，数据库系统自动启动。通过命令 systemctl status mssql-server 验证服务正在运行，如图 1-19 所示。

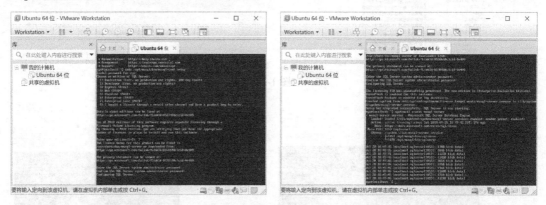

图 1-19

4）安装 SQL Server 命令行工具 sqlcmd 和 bcp，用于执行 SQL 语句及在 Microsoft SQL Server 实例和用户指定格式的数据文件间大容量复制数据。安装步骤如下。

[1] 导入公共存储库 GPG 密钥。

```
curl https://packages.microsoft.com/keys/microsoft.asc | sudo apt-key add -
```

[2] 注册 Microsoft Ubuntu 存储库。

```
curl https://packages.microsoft.com/config/ubuntu/16.04/prod.list
sudo tee /etc/apt/sources.list.d/msprod.list
```

[3] 更新源列表，运行安装命令。

```
sudo apt-get update
```

第 1 章 初识 SQL Server 2017

```
sudo apt-get install mssql-tools unixodbc-dev
```

[4] 若要使 sqlcmd/bcp 能够从登录会话的 bash shell 访问修改路径中的 ~/.bash_profile 文件，可以使用以下命令添加/opt/mssql-tools/bin/到路径 bash shell 中的环境变量。

```
echo 'export PATH="$PATH:/opt/mssql-tools/bin"' >> ~/.bash_profile
```

[5] 若要使 sqlcmd/bcp 能够从交互式/非登录会话的 bash shell 访问修改路径中的 ~/.bashrc 文件，可以使用以下命令添加/opt/mssql-tools/bin/到路径 bash shell 中的环境变量。

```
echo 'export PATH="$PATH:/opt/mssql-tools/bin"' >> ~/.bashrc
source ~/.bashrc
```

5）使用 sqlcmd 本地连接到新的 SQL Server 实例，测试数据库。

```
sqlcmd -S localhost -U SA
```

输入密码后进入 SQL Server 数据库命令行状态。

测试数据库。输入下面的命令，显示当前数据库引擎中的数据库，如图 1-20 所示。

```
select name from sys.databases;
```

图 1-20

6）在 Ubuntu 系统中通过 ifconfig 命令查看虚拟机的 IP 地址，在 Windows 中通过 cmd 命令测试与虚拟机的网络连通性，如图 1-21 所示。

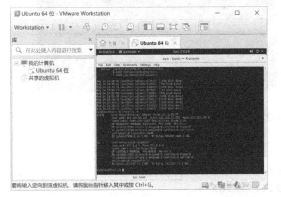

图 1-21

7）如果防火墙开启且 SQL Server 允许被远程访问，则需要开放 1433 端口。

```
firewall -cmd -add -port=1433/tcp --permanent
firewall -cmd -reload
```

8）在 Windows 系统中通过 Microsoft SQL Server Management Studio 工具连接 Ubuntu 系统中的数据库引擎，服务器名称设置为虚拟机的 IP 地址，以管理员 sa 账户登录，连接后显示 Ubuntu 系统中的数据库，如图 1-22 所示。

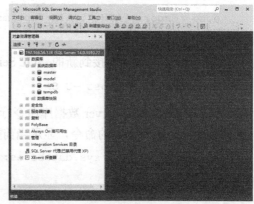

图 1-22

Microsoft SQL Server Management Studio 是 Windows 平台的 SQL Server 客户端工具，可以用于连接 Linux 服务器上的 SQL Server，也可以在 Ubuntu 操作系统中配置 SQL Operations Studio，使用 Linux 平台的 SQL Server 客户端连接 SQL Server 数据库，实现步骤如下[1]。

1）在 Ubuntu 系统中通过浏览器下载用于 Linux 安装的 tar.gz 安装包。在下载对话框中选择"Save File"选项，将安装包存储在当前用户的 Downloads 目录下，如图 1-23 所示。

图 1-23

2）tar.gz 安装命令如下。

```
cd ~
cp ~/Downloads/sqlops-linux-0.32.8.tar.gz ~
tar -xvf ~/sqlops-linux-0.32.8.tar.gz
```

---

1 https://docs.microsoft.com/zh-cn/sql/sql-operations-studio/download?view=sql-server-2017

```
echo 'export PATH="$PATH:~/sqlops-linux-x64"' >> ~/.bashrc
source ~/.bashrc
```

3）启动 SQL Operations Studio。

```
sqlops
```

在登录界面输入服务器名称"localhost"，数据库用户"sa"和数据库账户密码，连接到本地 Linux 上安装的 SQL Server 2017 数据库，左侧窗口中可以展开当前系统数据库。

单击窗口中的"New Query"命令，启动数据库命令窗口。输入如下命令。

```
create database SSB;
use SSB;
select name from sys.databases;
```

创建数据库 SSB 并打开 SSB 数据库，左侧窗口刷新后显示出所创建的 SSB 数据库，通过 select 命令显示当前系统中的 5 个数据库，测试数据库系统正常工作，如图 1-24 所示。

图 1-24

SQL Server 2017 还支持在 Docker 中运行，在 Ubuntu 操作系统中通过 Docker 配置 SQL Server 的步骤如下。

1）在 Ubuntu 系统中安装 Docker，命令如下。

```
sudo apt install docker.io
```

2）从 Docker 库中拉取 SQL Server 2017 镜像，命令如下。

```
sudo docker pull microsoft/mssql-server-linux:2017-latest
```

3）启动一个容器用于支持 SQL Server 2017，命令如下。

```
sudo docker run -e 'ACCEPT_EULA=Y' -e 'MSSQL_SA_PASSWORD=SQL2017' -e 'MSSQL_PID=Developer' -p 1533:1533 --name sql_server2017 -d microsoft/mssql-server-linux:2017-latest
```

本例中设置数据库管理员 sa 的密码为 SQL2017，设置端口号为 1533（因为配置的 SQL Server 2017 已占用默认 1433 端口，所以本例设置 Docker 中 SQL Server 2017 端口号为 1533），设置 Docker 实例名为 sql_server2017。

停止 Docker 实例 sql_server2017 的命令如下。

```
sudo docker stop sql_server2017
```

启动 Docker 实例 sql_server2017 的命令如下。

```
sudo docker start sql_server2017
```

删除 Docker 实例时需要先停止实例，再通过命令移除。

```
sudo docker rm sql_server2017
```

4）连接到 SQL Server 容器实例 SQL Server 2017，命令如下。

```
sudo docker exec -it sql_server2017 "sh"
```

该命令执行后，出现提示符#，如图 1-25 所示。

图 1-25

5）连接 SQL Server 数据库，命令如下。

```
/opt/mssql-tools/bin/sqlcmd -S localhost -U SA -P 'SQL2017'
```

该命令执行后，出现提示符>。

6）测试 SQL Server 数据库，命令如下，显示结果如图 1-26 所示。

```
SELECT @@VERSION
GO
```

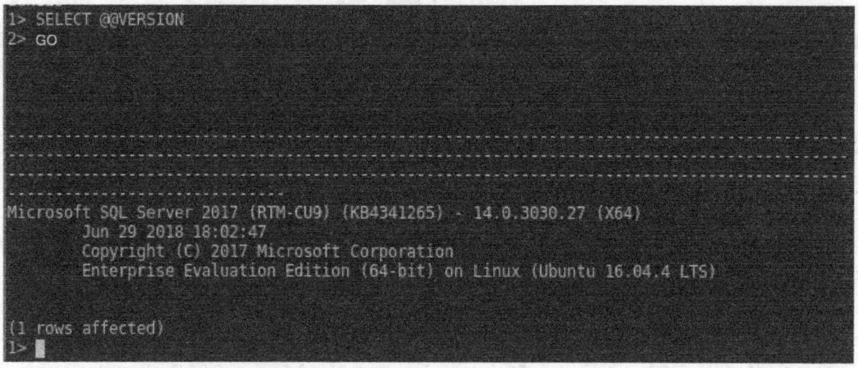

图 1-26

1.3　SQL Server 数据库数据导入和导出

数据库的数据导入和导出工具能够实现数据库与不同数据源之间的数据导入或导出操作。在 SQL Server 中，数据的导入是指从其他数据源将数据复制到 SQL Server 数据库中；数据的导出是指将 SQL Server 中的数据复制到其他数据源中。SQL Server 中支持的其他数据源包括同版本或低版本的 SQL Server 数据库、Excel、Access，以及通过 OLE DB 或 ODBC 连接的数据源、纯文本文件等。在数据导入或导出时需要选择数据源、目标数据源、指定复制的数据和执行方式等步骤。下面分别以 Access 文件、文本数据文件为例介绍 SQL Server 2017 中的数据导入和导出功能的使用。

1.3.1 从 Access 文件向 SQL Server 导入数据

Access 数据库的结构与 SQL Server 类似，有完整的表结构和数据，可以实现从 Access 数据库中将指定的表导入 SQL Server 数据库中。下面以 FoodMart 数据库为例介绍将 Access 数据库中的文件导入到 SQL Server 数据库的操作步骤，其中，Access 数据库中已创建的表之间的关系可用于自动选择相关表，如图 1-27 所示。

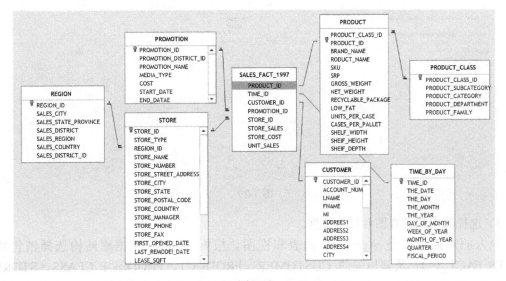

图 1-27

1）在 SQL Server 数据库中创建目标数据库。

在 SQL Server Management Studio 对象资源管理器的"数据库"对象上右击，在右键菜单中执行"新建数据库"命令，创建"FoodMart"数据库，如图 1-28 所示。

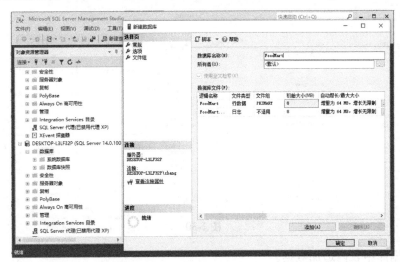

图 1-28

2）设置数据源和目标。

在 FoodMart 数据库对象上右击，在右键菜单中选择"任务"→"导入数据"，或者单击 Windows 系统菜单中的"Microsoft SQL Server 2017"→"SQL Server 2017 导入和导出数据"，启动 SQL Server 导入和导出向导。在"SQL Server 导入和导出向导"对话框中选择 Access 数据源，指定源数据 Access 文件的路径，选择目标数据库为 SQL Server 中新建的 FoodMart 数据库，如图 1-29 所示。

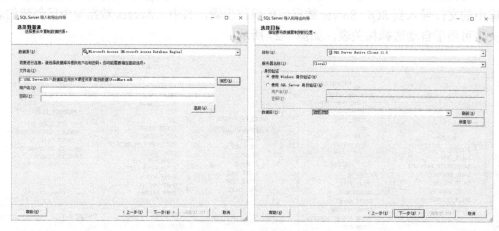

图 1-29

3）选择源表和源视图并导入数据。

导入的对象可以是 Access 中的表和视图。根据 Access 数据库结构选择销售数据 SALES_FACT_1997 及其相关的 CUSTOMER、PRODUCT、PRODUCT_CLASS、STORE、REGION、PROMOTION、TIME_BY_DAY 等表，成功执行导入包后将 Access 中的表复制到 SQL Server 数据库中。我们要将 Access 数据库中的表 SALES_FACT_1997 和 SALES_FACT_1998 进行合并，因此先导入 SALES_FACT_1997 表，并将其对应的 SQL Server 中的表名改为 SALES_FACT，如图 1-30 所示。

图 1-30

4）向数据库中表内追加数据。

将 Access 数据库中 SALES_FACT_1998 表内的数据追加到 FoodMart 数据库中

SALE_FACT 表内。再次在 FoodMart 数据库上启动导入数据向导。

5）选择源数据表和追加的目标数据表。

在 SQL Server 导入和导出向导中选择源表 SALES_FACT_1998，选择目标数据库 FoodMart 中的 SALES_FACT 表，将数据追加到目标表中，如图 1-31 所示。

图 1-31

6）测试 FoodMart 数据库中导入的数据。

在 SSMS（SQL Server Management Studio）中输入 SELECT COUNT(*) FROM SALES_FACT; 命令，输出指定表中记录数量，确认各个表中已导入数据，如图 1-32 所示。

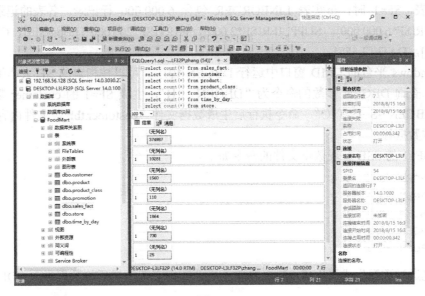

图 1-32

1.3.2 通过 BULK INSERT 命令导入平面数据文件

由于平面数据文件中可能只包含数据，不包含结构信息，因此需要事先在 SQL Server 中创建表结构。下面以创建 SSB 数据库为例，演示从平面数据文件中导入数据的过程。

SSB（Star Schema Benchmark）是一种星状模型的数据库基准测试集，它模拟商务交易系统，由一个订单事实表和 4 个相关维表组成，如图 1-33 所示。

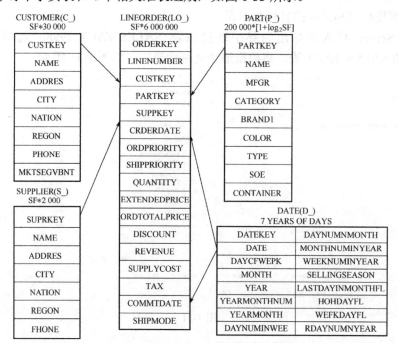

图 1-33

SSB 提供了数据生成器 DBGEN，可生成指定的数据集大小。数据集大小用 SF（Scale Factor）代表，SF=1 时，事实表 LINEORDER 包含 6 000 000 行记录。各表的记录数量为：LINEORDER[SF*6 000 000]，SUPPLIER[SF*2 000]，PART[SF*200 000*[1+$\log_2$SF]]，CUSTOMER [SF*30 000]，DATE[2 555]。

在 Windows 平台的 CMD 窗口中运行 DBGEN 程序，可以按指定的 SF 大小生成相应的数据文件。查询 DBGEN 参数的命令为"DBGEN –H"，生成 SF=1 的 customer 数据文件的命令为"DBGEN -S 1 -T C"，命令执行后生成数据文件"customer.tbl"，文件内容为用"|"分隔的文本数据行。

生成 SF=1 的 SSB 各表数据文件的命令如下。

```
DBGEN -S 1 -T C
DBGEN -S 1 -T P
DBGEN -S 1 -T S
DBGEN -S 1 -T D
DBGEN -S 1 -T L
```

我们先通过数据生成器生成 SF=1 的 5 个平面数据文件，然后将数据导入 SQL Server 数据库中。

1）在 SQL Server 数据库中创建目标数据库。

在 SQL Server Management Studio 对象资源管理器的"数据库"对象上右击，在右键菜单中执行"新建数据库"命令，创建"SSB"数据库。

在 tbl 数据文件中，每条记录各列以"|"分隔，记录之间以回车分隔。由于记录末尾存在一个"|"，在导入数据库时将最后一个竖线识别为一个空字段，因此在创建表时增加一个

对应的对齐字段,例如,在下面创建表命令中粗斜体部分语句在表中创建一个用于数据对齐的空字段,如图 1-34 所示。

图 1-34

在 SSB 数据库中创建相应的表。

```
CREATE TABLE PART (
    P_PARTKEY           INTEGER             NOT NULL,
    P_NAME              VARCHAR(22)         NOT NULL,
    P_MFGR              VARCHAR(6)          NOT NULL,
    P_CATEGORY          VARCHAR(7)          NOT NULL,
    P_BRAND1            VARCHAR(9)          NOT NULL,
    P_COLOR             VARCHAR(11)         NOT NULL,
    P_TYPE              VARCHAR(25)         NOT NULL,
    P_SIZE              INTEGER             NOT NULL,
    P_CONTAINER         VARCHAR(10)         NOT NULL,
    P_ALIGN             VARCHAR(1)          NULL,
PRIMARY KEY (P_PARTKEY)
);

CREATE TABLE SUPPLIER (
    S_SUPPKEY           INTEGER             NOT NULL,
    S_NAME              VARCHAR(25)         NOT NULL,
    S_ADDRESS           VARCHAR(25)         NOT NULL,
    S_CITY              VARCHAR(10)         NOT NULL,
    S_NATION            VARCHAR(15)         NOT NULL,
    S_REGION            VARCHAR(12)         NOT NULL,
    S_PHONE             VARCHAR(15)         NOT NULL,
    S_ALIGN             VARCHAR(1)          NULL,
PRIMARY KEY (S_SUPPKEY)
);

CREATE TABLE CUSTOMER (
    C_CUSTKEY           INTEGER             NOT NULL,
```

```sql
    C_NAME          VARCHAR(25)     NOT NULL,
    C_ADDRESS       VARCHAR(25)     NOT NULL,
    C_CITY          VARCHAR(10)     NOT NULL,
    C_NATION        VARCHAR(15)     NOT NULL,
    C_REGION        VARCHAR(12)     NOT NULL,
    C_PHONE         VARCHAR(15)     NOT NULL,
    C_MKTSEGMENT    VARCHAR(10)     NOT NULL,
    C_ALIGN         VARCHAR(1)      NULL,
PRIMARY KEY (C_CUSTKEY)
);

CREATE TABLE DATE (
    D_DATEKEY            INTEGER        NOT NULL,
    D_DATE               VARCHAR(19)    NOT NULL,
    D_DAYOFWEEK          VARCHAR(10)    NOT NULL,
    D_MONTH              VARCHAR(10)    NOT NULL,
    D_YEAR               INTEGER        NOT NULL,
    D_YEARMONTHNUM       INTEGER        NOT NULL,
    D_YEARMONTH          VARCHAR(8)     NOT NULL,
    D_DAYNUMINWEEK       INTEGER        NOT NULL,
    D_DAYNUMINMONTH      INTEGER        NOT NULL,
    D_DAYNUMINYEAR       INTEGER        NOT NULL,
    D_MONTHNUMINYEAR     INTEGER        NOT NULL,
    D_WEEKNUMINYEAR      INTEGER        NOT NULL,
    D_SELLINGSEASON      VARCHAR(13)    NOT NULL,
    D_LASTDAYINWEEKFL    VARCHAR(1)     NOT NULL,
    D_LASTDAYINMONTHFL   VARCHAR(1)     NOT NULL,
    D_HOLIDAYFL          VARCHAR(1)     NOT NULL,
    D_WEEKDAYFL          VARCHAR(1)     NOT NULL,
    D_ALIGN              VARCHAR(1)     NULL,
PRIMARY KEY (D_DATEKEY)
);

CREATE TABLE LINEORDER (
    LO_ORDERKEY          INTEGER        NOT NULL,
    LO_LINENUMBER        INTEGER        NOT NULL,
    LO_CUSTKEY           INTEGER        NOT NULL,
    LO_PARTKEY           INTEGER        NOT NULL,
    LO_SUPPKEY           INTEGER        NOT NULL,
    LO_ORDERDATE         INTEGER        NOT NULL,
    LO_ORDERPRIORITY     VARCHAR(15)    NOT NULL,
    LO_SHIPPRIORITY      VARCHAR(1)     NOT NULL,
    LO_QUANTITY          INTEGER        NOT NULL,
    LO_EXTENDEDPRICE     INTEGER        NOT NULL,
    LO_ORDERTOTALPRICE   INTEGER        NOT NULL,
    LO_DISCOUNT          FLOAT          NOT NULL,
    LO_REVENUE           INTEGER        NOT NULL,
    LO_SUPPLYCOST        INTEGER        NOT NULL,
```

```
    LO_TAX                      INTEGER         NOT NULL,
    LO_COMMITDATE               INTEGER         NOT NULL,
    LO_SHIPMODE                 VARCHAR(10)     NOT NULL,
    LO_ALIGN                    VARCHAR(1)      NULL,
    PRIMARY KEY (LO_ORDERKEY,LO_LINENUMBER)
);
```

在 SSMS 管理器中新建查询，选择 SSB 数据库，在查询窗口中输入创建表的 SQL 命令，执行后可以看到，在 SSB 数据库下增加了 5 个表，然后我们将表对应的数据从外部平面文件中导入，如图 1-35 所示。

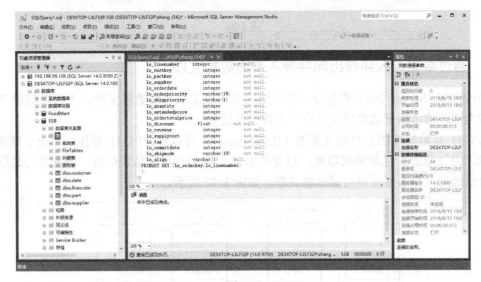

图 1-35

2）使用 BULK INSERT 命令导入数据。

在 SQL Server 中，BULK INSERT 命令以指定的格式将数据文件导入到数据库表或视图中。在命令中需要指定数据源文件、目标数据库表、字段分隔符、行分隔符等参数，如图 1-36 所示。

5 个表对应的 BULK INSERT 数据导入命令如下。

```
BULK INSERT date FROM 'C:\SQL Server2017\数据库应用技术课程资源\案例数据\SSB\date.tbl' WITH (FIELDTERMINATOR = '|',ROWTERMINATOR = '\n');
BULK INSERT supplier FROM 'C:\SQL Server2017\数据库应用技术课程资源\案例数据\SSB\supplier.tbl' WITH (FIELDTERMINATOR = '|',ROWTERMINATOR = '\n');
BULK INSERT part FROM 'C:\SQL Server2017\数据库应用技术课程资源\案例数据\SSB\part.tbl' WITH (FIELDTERMINATOR = '|',ROWTERMINATOR = '\n');
BULK INSERT customer FROM 'C:\SQL Server2017\数据库应用技术课程资源\案例数据\SSB\customer.tbl' WITH (FIELDTERMINATOR = '|',ROWTERMINATOR = '\n');
BULK INSERT lineorder FROM 'C:\SQL Server2017\数据库应用技术课程资源\案例数据\SSB\lineorder.tbl' WITH (FIELDTERMINATOR = '|',ROWTERMINATOR = '\n');
```

图 1-36

1.3.3 通过数据导入和导出向导导入平面数据文件

通过 SQL Server 2017 数据导入和导出向导可以加载平面数据文件，下面以创建 TPC-H 数据库为例，演示从平面数据文件中导入数据的过程。

TPC-H 是数据库的工业测试基准（Benchmark），可以将 TPC-H 看作一个电子商务的订单系统，由订单表、订单明细项表，以及买家表、卖家表和产品表组成，国家表与地区表作为层次型地理信息被买家表与卖家表共享，如图 1-37 所示。

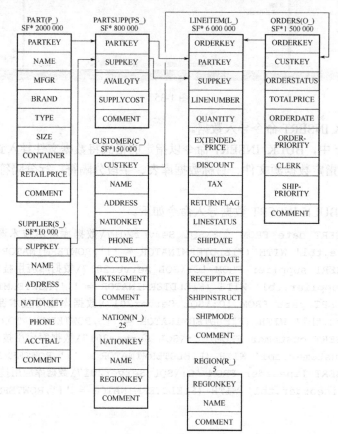

图 1-37

TPC-H 提供了数据生成器 DBGEN，可以生成指定 SF 的数据集大小。各表的记录数量为：LINEITEM[SF*6 000 000]，ORDERS[SF*1 500 000]，PARTSUPP[SF*800 000]，SUPPLIER[SF*10 000]，PART[SF*200 000]，CUSTOMER[SF*150 000]，NATION[25]，REGION[5]。

生成 SF=1 的 TPC-H 各表数据文件的命令如下。

```
DBGEN -S 1 -T C
DBGEN -S 1 -T P
DBGEN -S 1 -T S
DBGEN -S 1 -T S
DBGEN -S 1 -T N
DBGEN -S 1 -T R
DBGEN -S 1 -T O
DBGEN -S 1 -T L
```

1）在 SQL Server 数据库中创建目标数据库。

在 SQL Server Management Studio 对象资源管理器的"数据库"对象上右击，在右键菜单中执行"新建数据库"命令，创建 TPC-H 数据库。

2）通过导入平面文件向导加载数据。

在 TPC-H 数据库对象上右击，在右键菜单中执行"任务"→"导入平面文件"命令，以向导方式导入 REGION 表数据。

[1] 指定输入文件。

在导入平面文件向导中通过单击"浏览"按钮选择要导入的平面文件，输入新表名称，选择表的架构。

[2] 预览数据。

在预览窗口中查看输入文件结构，tbl 文件被识别为 4 列 4 行，如图 1-38 所示。

图 1-38

[3] 修改列。

在修改列窗口中修改列名、数据类型，设置主键及字段是否允许为空约束。因为数据文件末尾的竖线被识别为一个字段，因此最后一列勾选"允许 Null 值"复选框。

在摘要窗口中显示当前导入操作的服务器名称、数据库名称、表名称和导入文件的位置信息,如图 1-39 所示。

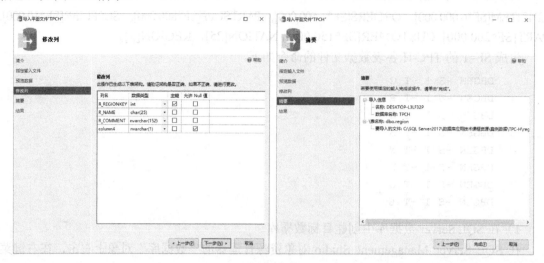

图 1-39

[4] 查看导入数据。

单击"完成"按钮后执行插入数据操作。在 SSMS 查询窗口中通过命令 SELECT * FROM REGION;查看 REGION 表中导入的数据,其中 column4 为数据分隔符导致的无效列,如图 1-40 所示。

 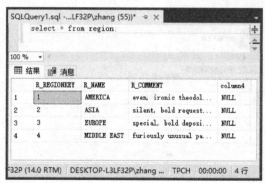

图 1-40

3)通过数据导入和导出向导加载数据。

导入平面文件向导不需要预创建表,但在导入过程中需要手工为数据设置字段名、数据类型等信息,当表中字段较多时比较费时。

通过 DROP TABLE REGION;命令删除 REGION 表,在 TPC-H 数据库中创建相应的表,通过 SQL 创建表命令预设置各表的结构。

```
CREATE TABLE REGION
(
    R_REGIONKEY    INTEGER,
```

```sql
    R_NAME          CHAR(25),
    R_COMMENT       VARCHAR(152)
);
CREATE TABLE NATION
(
    N_NATIONKEY     INTEGER,
    N_NAME          CHAR(25),
    N_REGIONKEY     INTEGER,
    N_COMMENT       VARCHAR(152)
);

CREATE TABLE PART
(
    P_PARTKEY       INTEGER,
    P_NAME          VARCHAR(55),
    P_MFGR          CHAR(25),
    P_BRAND         CHAR(10),
    P_TYPE          VARCHAR(25),
    P_SIZE          INTEGER,
    P_CONTAINER     CHAR(10),
    P_RETAILPRICE   FLOAT,
    P_COMMENT       VARCHAR(23)
);
CREATE TABLE SUPPLIER
(
    S_SUPPKEY       INTEGER,
    S_NAME          CHAR(25),
    S_ADDRESS       VARCHAR(40),
    S_NATIONKEY     INTEGER,
    S_PHONE         CHAR(15),
    S_ACCTBAL       FLOAT,
    S_COMMENT       VARCHAR(101)
);
CREATE TABLE PARTSUPP
(
    PS_PARTKEY      INTEGER,
    PS_SUPPKEY      INTEGER,
    PS_AVAILQTY     INTEGER,
    PS_SUPPLYCOST   FLOAT,
    PS_COMMENT      VARCHAR(199)
);
CREATE TABLE CUSTOMER
(
    C_CUSTKEY       INTEGER,
    C_NAME          VARCHAR(25),
    C_ADDRESS       VARCHAR(40),
    C_NATIONKEY     INTEGER,
    C_PHONE         CHAR(15),
```

```sql
    C_ACCTBAL         FLOAT,
    C_MKTSEGMENT      CHAR(10),
    C_COMMENT         VARCHAR(117)
);
CREATE TABLE ORDERS
(
    O_ORDERKEY        INTEGER,
    O_CUSTKEY         INTEGER,
    O_ORDERSTATUS     CHAR(1),
    O_TOTALPRICE      FLOAT,
    O_ORDERDATE       DATE,
    O_ORDERPRIORITY   CHAR(15),
    O_CLERK           CHAR(15),
    O_SHIPPRIORITY    INTEGER,
    O_COMMENT         VARCHAR(79)
);
CREATE TABLE LINEITEM
(
    L_ORDERKEY        INTEGER,
    L_PARTKEY         INTEGER,
    L_SUPPKEY         INTEGER,
    L_LINENUMBER      INTEGER,
    L_QUANTITY        FLOAT,
    L_EXTENDEDPRICE   FLOAT,
    L_DISCOUNT        FLOAT,
    L_TAX             FLOAT,
    L_RETURNFLAG      CHAR(1),
    L_LINESTATUS      CHAR(1),
    L_SHIPDATE        DATE,
    L_COMMITDATE      DATE,
    L_RECEIPTDATE     DATE,
    L_SHIPINSTRUCT    CHAR(25),
    L_SHIPMODE        CHAR(10),
    L_COMMENT         VARCHAR(44)
);
```

[1] 选择数据源。

如图 1-41 所示，在 SQL Server 导入和导出向导的"选择数据源"对话框中选择平面文件源，在"常规"选项卡中选择文件路径，取消勾选"在第一个数据行中显示列名称"复选框，即数据文件不包含标题行；在"列"选项卡中选择列分隔符为竖线，通过预览窗口查看数据是否被正确分隔为记录属性。

在"高级"选项卡中可以查看各列属性。需要注意的是，默认各列输入为字符串，宽度（OutputColumnWidth）为 50，当输入字符串宽度超过默认值时会产生错误，需要将对应列宽度调整为正确的宽度。如 REGION 表的 R_COMMENT 列宽度为 152 字符，需要将列 2 的 OutputColumnWidth 项设置为 152。列 3 为无效数据列，选择列 3 后单击"删除"按钮将该列删除。最后，在"预览"选项卡中可以设置跳过的数据行数，用于筛选数据，在预览窗口中可以查看输入数据内容。设置界面如图 1-42 所示。

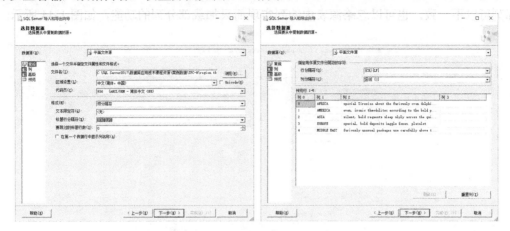

图 1-41

图 1-42

[2] 选择目标。

选择目标数据库"TPCH",选择目标表 REGION,如图 1-43 所示。

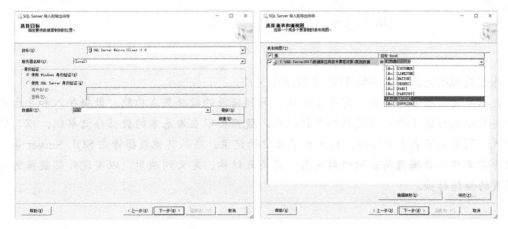

图 1-43

单击"编辑映射"按钮,进入列映射对话框,为源列选择表中的目标列。源列的顺序和目标列可以不一致,也可以忽略源表中的列实现而只加载部分列的功能,如图 1-44 所示。

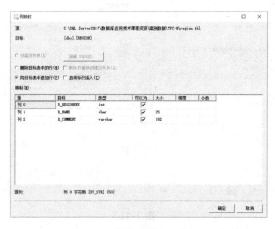

图 1-44

[3] 数据导入。

平面文件导入时作为字符串读入,通过列映射转换为表中列对应的数据类型,当出错时选择忽略进行数据类型强制转换,最后通过执行导入包完成数据从平面文件复制到数据库表的操作。其他各表采用同样的方法导入,如图 1-45 所示。

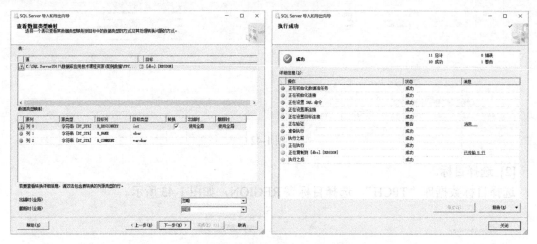

图 1-45

通过类似的方式导入其他 TPC-H 数据库文件。

数据库是数据管理平台,需要支持从不同数据源的数据集成功能,数据导入和导出是数据库与其他数据源进行数据交换的支持技术。数据库以表为基本的数据存储单位,以二维表的形式,列定义了表中的字段,行定义了表中的记录。在从其他数据源向 SQL Server 导入的过程中需要建立数据源与表的映射关系、定义表结构、定义列映射,以实现外部数据源与数据库表的数据转换。

1.4 使用 Integration Services 导入数据

在 SQL Server Data Tools（SSDT）的商业智能项目模板中 Integration Services 的主要功能是将数据从数据源转到目的数据对象，中间可以有抽样、数据转换、排序、合并、聚合等定制的数据处理任务。

下面以 SSB 数据库为例，为 SSB 的订单表 LINEITEM 创建一个 10%抽样表。

1）创建抽样表。

在数据库中创建一个 LINEORDER_SAMPLE 表，它与 LINEORDER 结构相同，存储的数据为按百分比从 LINORDER 中抽样的数据。

```
CREATE TABLE LINEORDER_SAMPLE (
    LO_ORDERKEY            INTEGER           NOT NULL,
    LO_LINENUMBER          INTEGER           NOT NULL,
    LO_CUSTKEY             INTEGER           NOT NULL,
    LO_PARTKEY             INTEGER           NOT NULL,
    LO_SUPPKEY             INTEGER           NOT NULL,
    LO_ORDERDATE           INTEGER           NOT NULL,
    LO_ORDERPRIORITY       VARCHAR(15)       NOT NULL,
    LO_SHIPPRIORITY        VARCHAR(1)        NOT NULL,
    LO_QUANTITY            INTEGER           NOT NULL,
    LO_EXTENDEDPRICE       INTEGER           NOT NULL,
    LO_ORDERTOTALPRICE     INTEGER           NOT NULL,
    LO_DISCOUNT            FLOAT             NOT NULL,
    LO_REVENUE             INTEGER           NOT NULL,
    LO_SUPPLYCOST          INTEGER           NOT NULL,
    LO_TAX                 INTEGER           NOT NULL,
    LO_COMMITDATE          INTEGER           NOT NULL,
    LO_SHIPMODE            VARCHAR(10)       NOT NULL,
    PRIMARY KEY (LO_ORDERKEY,LO_LINENUMBER)
);
```

在数据库管理器的查询窗口中通过 CREATE TABLE 命令创建抽样表，如图 1-46 所示。

图 1-46

2）创建 SSIS 集成服务项目。

在 Windows 程序组中右击"Visual Studio 2017(SSDT)"命令，在右键菜单中选择"更

多"→"以管理员身份运行"命令,启动 Visual Studio 2017,保证在数据导入时有足够的执行权限。

在 Microsoft Visual Studio 窗口中执行新建项目命令,在"新建项目"对话框中选择"商业智能"→"Integration Services Project",创建 SSIS 数据导入包项目 SSB_sample,如图 1-47 所示。

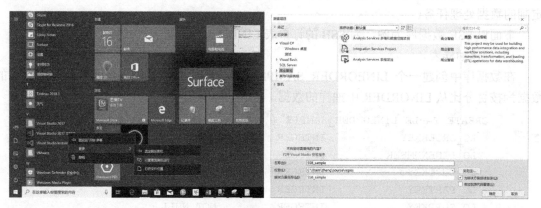

图 1-47

3)创建平面数据源对象

在 Package 窗口中单击"数据流",在中间的窗口中单击添加数据流任务的链接,打开数据流任务窗口。从左侧 SSIS 工具箱中选择"平面文件源"工具,将其拖到中间的数据源窗口中,如图 1-48 所示。

图 1-48

4)配置平面文件源对象。

双击"平面文件源"对象,弹出"平面文件源编辑器"对话框,选择"连接管理器",单击"新建"按钮,创建平面文件源连接管理器。通过单击"浏览"按钮选择要导入的平台文件源 lineorder.tbl(原始数据文件),注意数据文件中不包含表头,因此需要取消勾选"在第一个数据行中显示列名称"复选框。单击左侧"说明"窗口中的"列"选项,设置行分隔符与列分隔符,系统自动识别分隔符,需要用户根据预览窗口显示数据确认分隔符是否正确,如果数据分隔有误,则需要通过下拉框选择适当的分隔符,然后单击"重置列"按钮,以映射表的行与列。设置界面如图 1-49 所示。

第1章 初识 SQL Server 2017

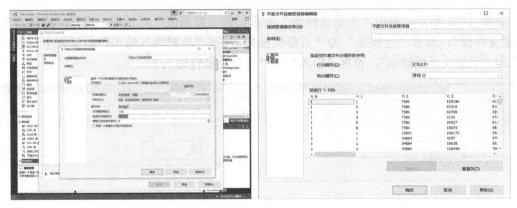

图 1-49

单击"说明"窗口中的"高级"选项,设置输入平面数据源各列的属性。此处需要按照 CREATE TABLE 命令中各列的定义设置每一列的数据类型,CREATE TABLE 中对应 INTEGER 的列设置为"四字节带符号的整数[DT_I4]",VARCHAR 类型的列设置为"字符串 [DT_STR]",并删除无效的列 17,如图 1-50 所示。

图 1-50

5)设置百分比抽样。

从 SSIS 工具箱中选择"百分比抽样"工具并拖到数据流窗口中,右击"平面文件源"对象,在右键菜单中选择"添加路径"命令,如图 1-51 所示。

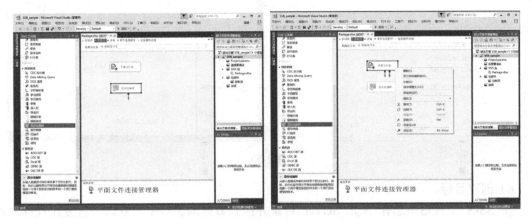

图 1-51

如图 1-52 所示，双击"平面文件源"对象，在"数据流"对话框中设置"连接自"为"平面文件源"，设置"连接至"为"百分比抽样"；在"选择输入输出"对话框中设置"输出"为"平面文件源输出"，设置"输入"为"百分比抽样输入 1"。

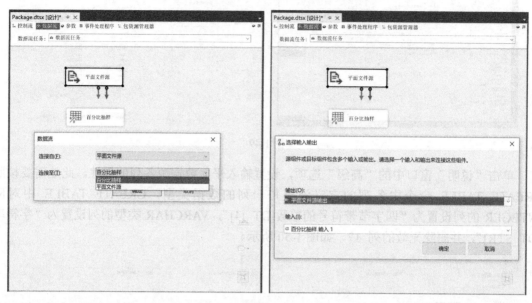

图 1-52

设置完路径后，从"平面文件源"到"百分比抽样"对象之间出现一个箭头。双击"百分比抽样"对象，在弹出的"百分比抽样转换编辑器"对话框中设置行百分比、样本的输出名称、未选中部分的输出名称等参数，如图 1-53 所示。

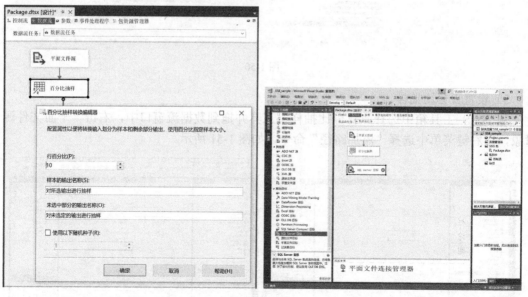

图 1-53

6）创建目标。

在 SSIS 工具箱中选择 SQL Server 对象并拖到数据源窗口中。双击"百分比抽样"对象,设置数据流路径,将"连接至"设置为"SQL Server 目标","输出"设置为"对所选输出进行抽样","输入"为"SQL Server 目标输入",如图 1-54 所示。

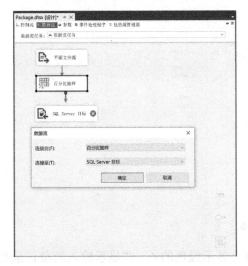 

图 1-54

7) 配置目标。

双击"SQL Server 目标"对象,设置 SQL Server 目标属性。在"连接管理器"对话框中新建数据库连接,输入服务器名,本地服务器可以使用"localhost",选择数据库名称为"SSB",测试数据库连接为连通后,在"SQL Server 目标编辑器"对话框中选择使用的表或视图为 LINEORDER_SAMPLE 抽样表,如图 1-55 所示。

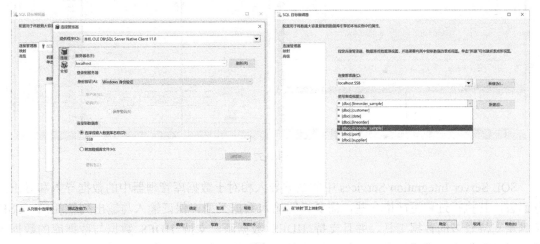

图 1-55

在"映射"对话框中设置输入列与目标表列之间的映射关系,可以通过鼠标拖动将输入列与目标表中的列建立映射关系,或者单击输入列右侧下拉框选择输入列与目标列的对应关系。在"高级"对话框中设置数据插入操作的相关参数,如是否检查约束条件等。

8) 启动 SSIS 包。

在数据流窗口中显示平面文件源、百分比抽样、输入 SQL Server 目标三个对象之间的数据流关系,单击工具栏上的"执行"按钮,执行数据输入、抽样和导入过程,动态显示各对象上已处理的记录数量,可以看到百分比抽样对象前一阶段输入的记录数量和抽样后输出的记录数量,如图 1-56 所示。

图 1-56

完成数据导入和百分比抽样后,数据流对象上显示绿色的✓,并显示输入的总记录数量和抽样输出的记录数量。在 SQL Server 管理工具的查询窗口查询 LINEORDER 和 LINEORDER_SAMPLE 表记录数量,查询结果显示原始表与抽样后表的记录数量,与抽样百分比一致,如图 1-57 所示。

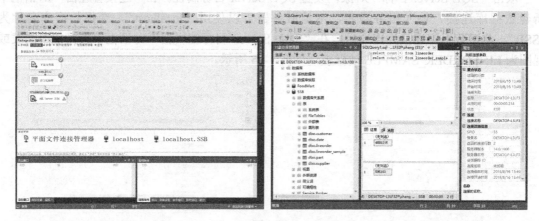

图 1-57

SQL Server Integration Services 中的数据导入相对于数据库管理器中的数据导入和导出向导而言,其执行过程更严格一些,需要设置输入数据类型,保证输入与输出列数相同。SSIS 工具箱支持较多的数据工具,并且支持 HDFS 数据源,支持 HDFS 数据与数据库的数据集成。对于数据库应用系统而言,数据加载是一个重要且复杂的过程。由于数据源的多样性,现代数据库需要支持不同的数据类型,而且在数据导入过程涉及数据的抽取、转换、加载过程(简称 ETL),可能需要包含数据合并、数据类型转换、数据清洗、数据排序、数据拆分等复杂的过程,ETL 是数据分析处理的基础。在数据导入和导出过程中,读者也可以体会到表、记录、列、数据类型等数据库的基础性概念,对数据库的概念建立一定的感性认识。

【案例实践 1】

使用 SSB 数据库作为案例数据库,完成以下任务。

1. 在 SQL Server 中创建 SSB 数据库，根据数据描述和 SQL Server 数据库支持的数据类型设计各表的结构，写出相应的 CREATE TABLE 建表 SQL 命令。

```
LINEORDER TABLE
LO_ORDERKEY   NUMERIC (INT UP TO SF 300) FIRST 8 OF EACH 32 KEYS POPULATED
LO_LINENUMBER NUMERIC 1-7
LO_CUSTKEY    NUMERIC IDENTIFIER FK TO C_CUSTKEY
LO_PARTKEY    IDENTIFIER FK TO P_PARTKEY
LO_SUPPKEY    NUMERIC IDENTIFIER FK TO S_SUPPKEY
LO_ORDERDATE  IDENTIFIER FK TO D_DATEKEY
LO_ORDERPRIORITY FIXED TEXT, SIZE 15 (5 PRIORITIES: 1-URGENT, ETC.)
LO_SHIPPRIORITY FIXED TEXT, SIZE 1
LO_QUANTITY   NUMERIC 1-50 (FOR PART)
LO_EXTENDEDPRICE NUMERIC ≤ 55,450 (FOR PART)
LO_ORDTOTALPRICE NUMERIC ≤ 388,000 (ORDER)
LO_DISCOUNT   NUMERIC 0-10 (FOR PART, PERCENT)
LO_REVENUE    NUMERIC (FOR PART: (LO_EXTENDEDPRICE*(100-LO_DISCNT))/100)
LO_SUPPLYCOST NUMERIC (FOR PART)
LO_TAX        NUMERIC 0-8 (FOR PART)
LO_COMMITDATE FK TO D_DATEKEY
LO_SHIPMODE   FIXED TEXT, SIZE 10 (REG AIR, AIR, ETC.)
COMPOUND PRIMARY KEY: LO_ORDERKEY, LO_LINENUMBER

PART TABLE
P_PARTKEY   IDENTIFIER
P_NAME      VARIABLE TEXT, SIZE 22 (NOT UNIQUE)
P_MFGR      FIXED TEXT, SIZE 6 (MFGR#1-5, CARD = 5)
P_CATEGORY  FIXED TEXT, SIZE 7 ('MFGR#'||1-5||1-5: CARD = 25)
P_BRAND1    FIXED TEXT, SIZE 9 (P_CATEGORY||1-40: CARD = 1000)
P_COLOR     VARIABLE TEXT, SIZE 11 (CARD = 94)
P_TYPE      VARIABLE TEXT, SIZE 25 (CARD = 150)
P_SIZE      NUMERIC 1-50 (CARD = 50)
P_CONTAINER FIXED TEXT, SIZE 10 (CARD = 40)
PRIMARY KEY: P_PARTKEY

SUPPLIER TABLE
S_SUPPKEY  NUMERIC IDENTIFIER
S_NAME     FIXED TEXT, SIZE 25: 'SUPPLIER'||S_SUPPKEY
S_ADDRESS  VARIABLE TEXT, SIZE 25 (CITY BELOW)
S_CITY     FIXED TEXT, SIZE 10 (10/NATION: S_NATION_PREFIX||(0-9)
S_NATION   FIXED TEXT, SIZE 15 (25 VALUES, LONGEST UNITED KINGDOM)
S_REGION   FIXED TEXT, SIZE 12 (5 VALUES: LONGEST MIDDLE EAST)
S_PHONE    FIXED TEXT, SIZE 15 (MANY VALUES, FORMAT: 43-617-354-1222)
PRIMARY KEY: S_SUPPKEY
```

```
CUSTOMER TABLE
C_CUSTKEY NUMERIC IDENTIFIER
C_NAME VARIABLE TEXT, SIZE 25 'CUTOMER'||C_CUSTKEY
C_ADDRESS VARIABLE TEXT, SIZE 25 (CITY BELOW)
C_CITY FIXED TEXT, SIZE 10 (10/NATION: C_NATION_PREFIX||(0-9)
C_NATION FIXED TEXT, SIZE 15 (25 VALUES, LONGEST UNITED KINGDOM)
C_REGION FIXED TEXT, SIZE 12 (5 VALUES: LONGEST MIDDLE EAST)
C_PHONE FIXED TEXT, SIZE 15 (MANY VALUES, FORMAT: 43-617-354-1222)
C_MKTSEGMENT FIXED TEXT, SIZE 10 (LONGEST IS AUTOMOBILE)
PRIMARY KEY: C_CUSTKEY

DATE TABLE
D_DATEKEY IDENTIFIER, UNIQUE ID -- E.G. 19980327 (WHAT WE USE)
D_DATE FIXED TEXT, SIZE 18: E.G. DECEMBER 22, 1998
D_DAYOFWEEK FIXED TEXT, SIZE 8, SUNDAY..SATURDAY
D_MONTH FIXED TEXT, SIZE 9: JANUARY, ..., DECEMBER
D_YEAR UNIQUE VALUE 1992-1998
D_YEARMONTHNUM NUMERIC (YYYYMM)
D_YEARMONTH FIXED TEXT, SIZE 7: (E.G.: MAR1998)
D_DAYNUMINWEEK NUMERIC 1-7
D_DAYNUMINMONTH NUMERIC 1-31
D_DAYNUMINYEAR NUMERIC 1-366
D_MONTHNUMINYEAR NUMERIC 1-12
D_WEEKNUMINYEAR NUMERIC 1-53
D_SELLINGSEASON TEXT, SIZE 12 (E.G.: CHRISTMAS)
D_LASTDAYINWEEKFL 1 BIT
D_LASTDAYINMONTHFL 1 BIT
D_HOLIDAYFL 1 BIT
D_WEEKDAYFL 1 BIT
PRIMARY KEY: D_DATEKEY
```

注：查询命令中包含 SUM(LO_EXTENDEDPRICE*LO_DISCOUNT)，需要将 LO_DISCOUNT 原始的 1~10 整型数据转换为 0.99~0.9 浮点数据，建议将 LO_DISCOUNT 设置为浮点数据类型，然后通过 SQL 命令将原始值更新为新的折扣值。

2. 使用 SSB 对应的数据生成器 DBGEN 生成 SF=1 的数据文件，并导入 SQL Server 数据库。

3. 使用 Integration Services 集成服务创建并导入 LINEORDER 表的 1%抽样数据。

【案例实践 2】

使用 TPC-H 数据库作为案例数据库，完成以下任务。

1. 在 SQL Server 中创建 TPC-H 数据库，根据数据描述和 SQL Server 数据库支持的数据类型设计各表的结构，如图 1-58 所示，写出相应的 CREATE TABLE 建表 SQL 命令。

第 1 章 初识 SQL Server 2017

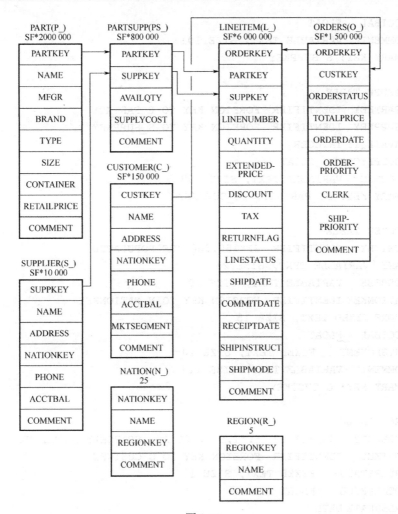

图 1-58

```
PART TABLE
P_PARTKEY     IDENTIFIER       SF*200,000 ARE POPULATED
P_NAME   VARIABLE TEXT, SIZE 55
P_MFGR   FIXED TEXT, SIZE 25
P_BRAND  FIXED TEXT, SIZE 10
P_TYPE   VARIABLE TEXT, SIZE 25
P_SIZE   INTEGER
P_CONTAINER FIXED TEXT, SIZE 10
P_RETAILPRICE  FLOAT
P_COMMENT    VARIABLE TEXT, SIZE 23
PRIMARY KEY: P_PARTKEY

SUPPLIER TABLE
S_SUPPKEY    IDENTIFIER  SF*10,000 ARE POPULATED
S_NAME   FIXED TEXT, SIZE 25
S_ADDRESS    VARIABLE TEXT, SIZE 40
S_NATIONKEY IDENTIFIER  FOREIGN KEY TO N_NATIONKEY
S_PHONE FIXED TEXT, SIZE 15
```

```
S_ACCTBAL    FLOAT
S_COMMENT    VARIABLE TEXT, SIZE 101
PRIMARY KEY: S_SUPPKEY

PARTSUPP TABLE
PS_PARTKEY   IDENTIFIER  FOREIGN KEY TO P_PARTKEY
PS_SUPPKEY   IDENTIFIER  FOREIGN KEY TO S_SUPPKEY
PS_AVAILQTY  INTEGER
PS_SUPPLYCOST    FLOAT
PS_COMMENT   VARIABLE TEXT, SIZE 199
PRIMARY KEY: PS_PARTKEY, PS_SUPPKEY

CUSTOMER TABLE
C_CUSTKEY    IDENTIFIER  SF*150,000 ARE POPULATED
C_NAME   VARIABLE TEXT, SIZE 25
C_ADDRESS    VARIABLE TEXT, SIZE 40
C_NATIONKEY  IDENTIFIER  FOREIGN KEY TO N_NATIONKEY
C_PHONE  FIXED TEXT, SIZE 15
C_ACCTBAL    FLOAT
C_MKTSEGMENT     FIXED TEXT, SIZE 10
C_COMMENT    VARIABLE TEXT, SIZE 117
PRIMARY KEY: C_CUSTKEY

ORDERS TABLE
O_ORDERKEY   IDENTIFIER  SF*1,500,000 ARE SPARSELY POPULATED
O_CUSTKEY    IDENTIFIER  FOREIGN KEY TO C_CUSTKEY
O_ORDERSTATUS    FIXED TEXT, SIZE 1
O_TOTALPRICE     FLOAT
O_ORDERDATE  DATE
O_ORDERPRIORITY  FIXED TEXT, SIZE 15
O_CLERK  FIXED TEXT, SIZE 15
O_SHIPPRIORITY   INTEGER
O_COMMENT    VARIABLE TEXT, SIZE 79
PRIMARY KEY: O_ORDERKEY

LINEITEM TABLE
L_ORDERKEY   IDENTIFIER  FOREIGN KEY TO O_ORDERKEY
L_PARTKEY    IDENTIFIER  FOREIGN KEY TO P_PARTKEY, FIRST PART OF THE
COMPOUND FOREIGN KEY TO (PS_PARTKEY, PS_SUPPKEY) WITH L_SUPPKEY
L_SUPPKEY    IDENTIFIER  FOREIGN KEY TO S_SUPPKEY, SECOND PART OF THE
COMPOUND FOREIGN KEY TO (PS_PARTKEY, PS_SUPPKEY) WITH L_PARTKEY
L_LINENUMBER     INTEGER
L_QUANTITY   FLOAT
L_EXTENDEDPRICE  FLOAT
L_DISCOUNT   FLOAT
L_TAX    FLOAT
L_RETURNFLAG     FIXED TEXT, SIZE 1
L_LINESTATUS     FIXED TEXT, SIZE 1
```

```
L_SHIPDATE    DATE
L_COMMITDATE    DATE
L_RECEIPTDATE    DATE
L_SHIPINSTRUCT  FIXED TEXT, SIZE 25
L_SHIPMODE  FIXED TEXT, SIZE 10
L_COMMENT    VARIABLE TEXT SIZE 44
PRIMARY KEY: L_ORDERKEY, L_LINENUMBER

NATION TABLE
N_NATIONKEY IDENTIFIER  25 NATIONS ARE POPULATED
N_NAME   FIXED TEXT, SIZE 25
N_REGIONKEY IDENTIFIER  FOREIGN KEY TO R_REGIONKEY
N_COMMENT    VARIABLE TEXT, SIZE 152
PRIMARY KEY: N_NATIONKEY

REGION TABLE
R_REGIONKEY IDENTIFIER  5 REGIONS ARE POPULATED
R_NAME   FIXED TEXT, SIZE 25
R_COMMENT    VARIABLE TEXT, SIZE 152
PRIMARY KEY: R_REGIONKEY
```

2. 使用 TPC-H 对应的数据生成器 DBGEN 生成 SF=1 的数据文件，并通过 BULK INSERT 命令方式导入 SQL Server 数据库。

思考与讨论：如果对 TPC-H 订单数据进行抽样，应该如何处理？（注意考虑表之间的关系。）

小　结

SQL Server 2017 首次支持 Linux 操作系统，扩展了数据库的应用平台。本章首先介绍了 SQL Server 2017 在 Windows 平台和 Linux 平台上的安装方法，然后介绍了 SQL Server 2017 的几种不同数据导入方法，让读者掌握从原始数据到数据库的加载方法与流程。本章为 SQL Server 2017 数据库的学习打下基础，目标是使读者能够自主安装和配置数据库系统，创建实验环境。

第 2 章 数据分析与数据库的初步认识

本章要点/学习目标

以 Excel、Power BI[1]和 Tableau[2]为代表的数据可视化和 BI 商业智能工具提供了功能强大且简单易用的数据分析工具，这些工具体现了数据库的管理和分析处理的基本原理，因此，本章以易于掌握的数据分析工具应用为导论，通过案例实践了解数据管理与分析处理的基本流程和应用需求，为学习数据库分析处理技术打下基础。

2.1 节介绍 Excel 数据分析工具，包括 Excel 表单数据的基本操作、Excel 数据透视图/表的使用、Power Pivot 工具及数据可视化工具 Power Map 的使用；2.2 节介绍 BI 商业智能工具 Power BI Desktop 的使用，掌握数据管理、数据分析和可视化报表处理、数据发布及访问等相关知识的学习和实践；2.3 节介绍大数据分析软件 Tableau 的使用方法，学习通过 Tableau 软件对数据库中的复杂数据进行可视化分析。

本章的学习目标是通过 Excel、Power BI、Tableau 三个具有代表性的商业智能工具初步认识数据库分析处理技术的应用特点，体会数据库概念与理论所对应的应用场景与需求，通过具体的案例操作感性地认识数据库技术。

2.1 Excel 数据分析工具

Excel 文件由表单（Sheet）组成，表单的结构是由行和列构成的二维表，最大行数为 1 048 576 行（通过 Ctrl+↓组合键查看最大行数），最大列数为 16 384 列（由列 A 到列 XFD），可以满足日常的数据存储需求。表单结构与关系数据库中的关系表结构类似，但不需要数据库中较为严格的约束，表格操作方式易于用户理解。本节以 Excel 表单表数据操作为例，与数据库中的关系操作进行类比，通过数据分析操作实例描述数据库的基本操作目标。

2.1.1 Excel 表单数据操作

如图 2-1 所示，我们以"2017 福布斯值得关注的新三板企业"[3]榜单为例演示 Excel 数据分析功能。单击 Excel "数据"菜单中的"自网站"按钮，弹出"新建 Web 查询"对话框，将"2017 福布斯值得关注的新三板企业"网址 http://3g.forbeschina.com/review/list/002365.shtml 复制到地址栏中，单击"转到"按钮加载网页。在网页表格处单击黄色横向箭头按钮，选择网页中的表格，然后单击"导入"按钮将网页上的表格插入到 Excel 表单中，如图 2-2 所示。

---

1 https://powerbi.microsoft.com/zh-cn/

2 https://www.tableau.com/zh-cn/academic/students

3 http://3g.forbeschina.com/review/list/002365.shtml

Excel 表单对象可以描述为表单名和表单结构，表单结构由表单中的列组成，每个单元格由唯一的行地址与列地址确定。在应用中通常为数据设置一个标题行，逻辑标识每列数据。从内容上看，每列数据应具有相同的含义、相同的数据类型等特点。每一行记录由结构相同的列单元组成，在应用中通常设置一个列用于区分不同的记录，如表中证券代码列具有唯一性，能够起到通过证券代码值唯一确定指定记录的作用。

图 2-1

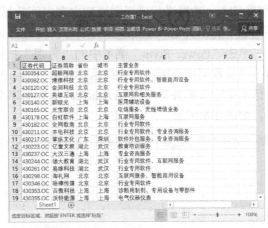

图 2-2

Excel 表格数据可以通过数据透视表进行多维分析。在"插入"菜单中单击"数据透视图"和"数据透视表"按钮，在新的表单中插入数据透视图与数据透视表。将"证券代码"拖入"Σ值"窗口，设置为计数方式，将"省份"和"城市"依次拖入行或列窗口，创建二级地理层次维度，如图 2-3 所示。在左侧的数据透视表中可以展开或折叠省份对象，在右侧的数据透视图中显示相应省份或对应省份中新三板企业所在的城市及企业数量，如图 2-4 所示。

图 2-3

图 2-4

2.1.2 Power Pivot for Excel

Power Pivot 是一个 Excel 插件，用于快速在桌面上分析大型数据集，支持的记录数量达

1 999 999 997 行[1]。Power Pivot 可以集成具有复杂模式的、来自不同数据源的数据，我们以 FoodMart 数据库为例演示 Power Pivot 对复杂模式数据的分析处理功能。

FoodMart 数据库中包含很多表，其中 SALES_FACT 销售主题数据由多个表关联而成，构成了销售数据的不同分析维度，如 PRODUCT 维度、CUSTOMER 维度、TIME_BY_DAY 维度、STORE 维度和 PROMOTION 维度，其中 PRODUCT 维度还包含下一级层次。因此，对 FoodMart 数据进行透视需要建立在表间数据连接操作的基础上，即按照分析维度将分布在不同表中的相关记录连接起来完成分析处理任务。

单击"Power Pivot"菜单中的"管理"按钮，在弹出的"Power Pivot for Excel"窗口中单击"从数据库"按钮，选择从"SQL Server(S)"命令，如图 2-5 所示。在"表导入向导"对话框中输入服务器名称 localhost，从数据库名称下拉框中选择"FoodMart"，测试数据库连接，如图 2-6 所示。

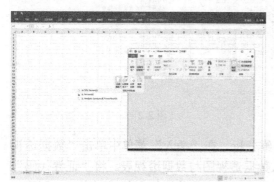

图 2-5

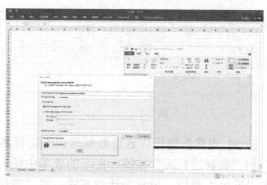

图 2-6

在"选择表和视图"对话框中选择 FoodMart 数据库中用于分析的表，单击"完成"按钮将数据从 SQL Server 数据库导入到 Power Pivot 中，如图 2-7 和图 2-8 所示。

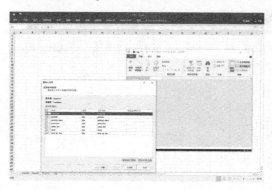

图 2-7

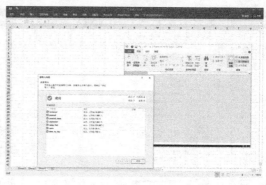

图 2-8

完成导入后，Power Pivot for Excel 窗口中显示所导入的 7 个表，其中 SALES_FACT 表中存储了销售额、销售成本、销售数量 3 个用于聚集计算分析的字段，还存储了产品、时间、用户、促销、商店 ID 信息，需要通过相应的 ID 信息在对应的维度表中找到对应的记录才能获得完整的销售信息，即将 7 个独立的表连接为一个完整的销售记录。

---

1 https://technet.microsoft.com/zh-cn/library/gg413465.aspx

单击窗口状态栏右侧或窗口工具栏右侧的"关系图视图"图标，打开关系图窗口，如图 2-9 所示。根据数据的语义信息，将 SALES_FACT 表中的 PRODUCT_ID、TIME_ID、CUSTOMER_ID、PROMOTION_ID、STORE_ID 等字段与相应表的对应字段建立关联。如将 SALES_FACT 表的 PRODUCT_ID 字段拖动到 PRODUCT 表的 PRODUCT_ID 字段上，系统自动建立两个字段之间的对应关系，1 代表表中字段只有唯一值，*代表表中字段可以有多个相同值，如图 2-10 所示。双击关系之间的连线可以编辑关系，在两个表之间选择具有对应关系的字段。

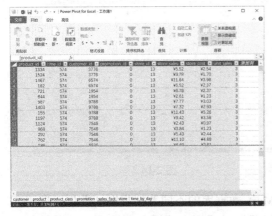

图 2-9

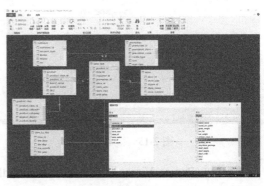

图 2-10

编辑好表之间的关系后，关闭"Power Pivot for Excel"窗口，在 Excel 窗口"插入"菜单中选择"插入数据透视图和数据透视表"命令，在创建数据透视表时选择"使用此工作簿的数据模型"，将 Power Pivot 中创建的数据模型作为数据透视图与数据透视表的数据源，如图 2-11 和图 2-12 所示。数据透视图字段窗口列出了 7 个表，用户可以选择表中的字段作为设置数据透视表的筛选器、图例、轴、Σ 值，创建数据透视视图。

Power Pivot 支持面向多表结构的复杂数据透视分析处理，通过关系图将多表数据关联起来作为统一数据视图进行分析。Power Pivot 需要将数据从外部导入，支持较大数据量下的分析处理能力。

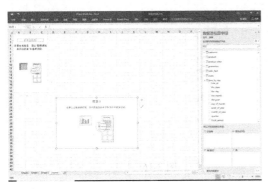

图 2-11

图 2-12

本例中可以增加(store_sales-store_cost)*unit_sales 计算列作为销售利润。如图 2-13 所示，通过"Power Pivot"菜单的"管理"命令打开"Power Pivot for Excel"窗口，在"设计"选项卡中单击"添加"按钮，增加一个计算列，在公式编辑框中输入"=(sales_fast [store_sales]-sales_fact[store_cost]*un",输入字段名时 Power Pivot 自动将其转换为"表名[字段名]"结构的系统字段格式,如 STORE_SALES 自动转换为 SALES_FACT[STORE_SALES],创建计算列,Power Pivot 自动对表进行列值填充。双击计算列标题可以更改列名,更改名称后自动更新,如图 2-14 所示。

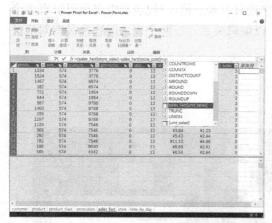

图 2-13

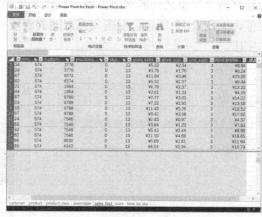

图 2-14

我们通过 Power View 报表功能展示 FoodMart 数据库的不同数据视图。首先,在"文件"菜单中执行"选项"命令,在"自定义功能区"对话框中"插入"选项卡下通过单击"新建组"按钮增加一个选项组,通过单击"重命名"按钮将其名称改为"报表";然后在左侧的自定义功能区"从下列位置选择命令"下拉框中选择"不在功能区中的命令",选择"插入 Power View 报表"命令,单击"添加"按钮将其移动到"插入"菜单中新建的"报表"组内,如图 2-15 所示。Excel 的"插入"菜单中增加了一个"报表"组,包含了 Power View 命令,如图 2-16 所示。

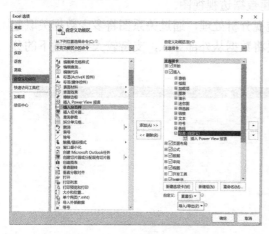

图 2-15

图 2-16

我们可以使用 Power View 交互式报表对 Power Pivot 数据分析的结果进行可视化展示。单击"Power View"按钮后进入 Power View 设计器,右侧窗口为 Power View 字段,对应 Power Pivot 字段,可以将指定的字段拖动到"筛选器"窗格中,通过鼠标单击筛选报表数据。Power View 支持多种显示方式,如表格、图表和地图。以饼形图为例,首先在 Power

View 字段中选择 SALES_FACT 表中的 STORE_PROFITS 和 PROMOTION 表中的 MEDIA_TYPE 列,在 Power View 中先创建数据表,然后选择饼形图,将数据转换为饼形图,通过鼠标拖动控制点调整大小并放在适合的位置。使用相似的方法创建 3 个柱表图。Power View 图表中的对象具有交互性,如图 2-17 所示单击按国家分类柱表图中的 USA 部分,Power View 中的其他图表按单击对象值进行筛选,更新图表结果。例如,柱状图浅色部分表示原始的总量,深色部分表示单击筛选后的汇总结果。筛选器中的列按成员进行筛选,与图表上的鼠标选择操作共同过滤并显示查询结果。

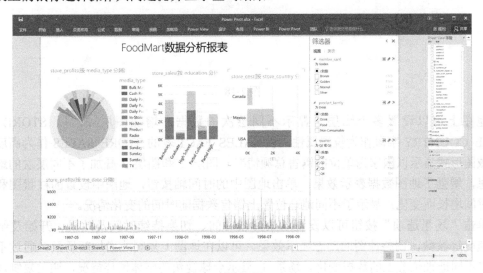

图 2-17

2.1.3 Power Map

Power Map 是一个可视化地图工具,它可以将数据显示在地图上,并动态展示数据的地理特征。Office 2016 中集成了 Power Map,Office 2013 及以前版本需要安装 Power Map 插件[1]。

可以直接使用 Power Pivot 作为数据源插入地图,如图 2-18 所示,单击"三维地图"按钮,选择"打开三维地图"命令。在三维地图窗口中,通过"字段列表"下拉框选择位置属性、高度属性、类别属性和时间,位置为可以用于地图定位的经度、纬度、国家、省、市或地址名称等字段;高度为数值型字段,用于表示地图上标志点的图表高度或颜色深度属性;类别属性用作图表分类属性;时间对应时间属性字段,用于设置时间轴。

选择 Power Pivot 中 STORE 表的 STORE_CITY 为位置属性;SALES_FACT 表中的 SALES_PROFITS 作为高度属性,表示该位置对应的销售利润值;CUSTOMER 表的 GENDER 作为分类属性,显示男性与女性所产生的销售利润;TIME_BY_DAY 表的 THE_DATE 作为时间属性,可以逐日显示销售利润。设置地图属性后在地图上显示相应的柱状图,可以通过更改数据表示方式更改图表类型,通过图层选项修改柱形图的高度、厚度和透明度、颜色及数据卡格式,通过地图上的 4 个方向按钮和加、减号按钮调整地图的方向和大小。

---

1 https://www.microsoft.com/en-us/download/details.aspx?id=38395

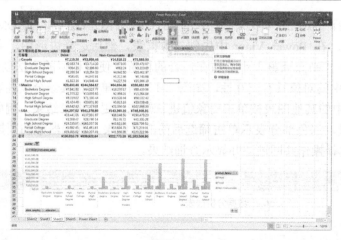

图 2-18

地图上可以设置多个图层,显示不同层次的数据。增加图层 2,以 STORE 表的 STORE_COUNTRY 字段作为位置属性,以 SALES_FACT 表的 STORE_SALES 作为高度,使用区域图形式显示以国家为单位的销售总额情况。图层 1 和图层 2 叠加了不同层次的地域统计信息,增强了地图数据表示效果。单击地图中的时间轴按钮,地图中设置的柱状图和区域图随时间增长而变化,显示了不同地理位置上销售数据随时间的变化情况。

单击"场景选项"按钮可以设置场景持续时间、切换持续时间及效果、开始及结束日期、速度等参数,调整地图的动态显示效果。可以在地图上复制或增加新场景,通过不同视角查看不同地理位置上的数据变化。场景 1 显示全球视角的整体销售情况,通过复制场景 1 并在场景 2 中显示美国城市销售情况,复制场景 2 并在场景 2 中显示墨西哥城市销售情况,3 个场景将全球视角与地域视角结合起来,达到由宏观向微观数据分析的展示效果。

2.2 Power BI Desktop 数据分析工具

Power BI Desktop 是一套桌面级的商业智能分析工具,支持数百个不同类型的数据源,可以方便地进行多维分析处理并生成报表。Power BI Desktop 可以从微软网站下载安装[1]。

Power BI 可以看作软件服务、应用和连接器的集合,通过协同工作将相关数据转换为可视化交互操作,即将数据管理、数据分析处理、数据可视化和数据共享集成。Power BI Desktop 是 Power BI 的 Windows 桌面应用程序,主要用于数据管理和创建可视化报表。

2.2.1 数据管理

Power BI Desktop 支持不同类型的数据集。单击"获取数据"按钮打开"获取数据"对话框,Power BI Desktop 不仅支持常规的格式化数据,而且支持各种主流的结构化、非结构化、云存储数据源,如图 2-19 所示。

Power BI Desktop 所支持的各种数据源包括 Excel、文本/CSV、XML、JSON 等文件,支持 SQL Server、Access、Oracle、IBM DB2、MySQL、PostgreSQL、Teradata、Sybase、SAP HANA、Impala 等各种数据库,支持 Power BI 数据集,支持 Azure 云平台上各种服务数据,

---

[1] https://powerbi.microsoft.com/zh-cn/desktop/

支持 Google Analytics、Facebook、GitHub 等联机服务，以及 Vertica、Web 数据、Hadoop 文件（HDFS）、Spark、R 脚本等数据源，如图 2-20 所示。

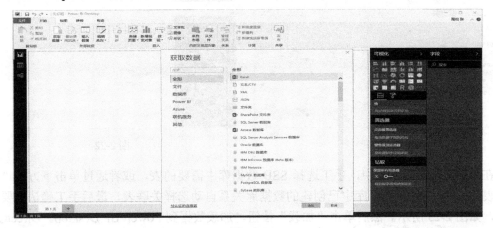

图 2-19

图 2-20

下面以 SQL Server 2017 中的 SSB 数据库为例介绍通过 Power BI Desktop 创建报表的处理过程。

首先，选择数据库类别中的 SQL Server 数据库，在弹出的对话框中输入服务器名"localhost"，数据库名"SSB"，选择数据库连接模式为"DirectQuery"，将 Power BI 中的查询下推到 SQL Server 数据库中执行，不像 Excel Power Pivot 那样需要将数据导入后在本地执行查询，从而在大数据分析处理时减少数据移动代价，如图 2-21 所示。

在 SQL Server 数据库连接向导中，设置数据库访问凭据，如 Windows 当前账户或 SQL

Server 中设置的有效账户，如图 2-22 所示。

图 2-21　　　　　　　　　　　　　　　图 2-22

在"导航器"对话框中，手工选择 SSB 数据库中需要的表，或者通过单击下方的"选择相关表"按钮按 SSB 数据库中已创建的数据库关系自动选择关联表，最后手工确认需要导入的表，如图 2-23 所示。然后单击"加载"按钮，加载数据到 Power BI Desktop。DirectQuery 模式并不将数据真正加载到 Power BI Desktop 中，而是通过数据视图远程访问 SQL Server 数据库。加载完成后，在字段窗格内显示指定加载的 SSB 数据库中的 5 个表，展开表可以查看表中各个字段，如图 2-24 所示。

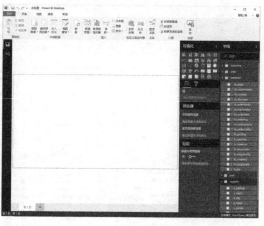

图 2-23　　　　　　　　　　　　　　　图 2-24

独立的表不能完成统一的数据分析处理工作，在导入数据后需要检查或设置表之间的关系。单击"管理关系"按钮后弹出"管理关系"对话框，如图 2-25 所示。由于 SSB 数据库各表在创建时没有设置表间参照完整性约束条件，因此数据库中没有定义表之间的关系，当前视图中尚未定义任何关系。单击"新建"按钮，弹出"创建关系"对话框，如图 2-26 所示，选择相互关联的表并设置表间相互关联的列，以及记录之间的对应关系。我们首先选择 LINEORDER 表，然后选择 CUSTOMER 表，分别用鼠标单击 LINEORDER 表中的 LO_CUSTKEY 列和 CUSTOMER 表中的 C_CUSTKEY 列，并选择"多对一(*:1)"关系，即 LINEORDER 表中可以存在多个 LO_CUSTKEY 相同的记录，每个 LO_CUSTKEY 记录在 CUSTOMER 表中只有唯一相同 C_CUSTKEY 值的记录与之对应，表示每个订单只能由唯一的用户提交的应用语义。

第 2 章　数据分析与数据库的初步认识　　49

图 2-25

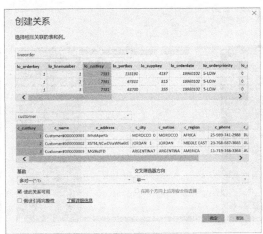

图 2-26

使用同样的方法，创建 LINEORDER 表与 DATE 表、PART 表、SUPPLIER 表的关系。单击 Power BI Desktop 窗口左侧的■按钮，显示 SSB 数据库中的关系视图，双击表之间的连线即可编辑表之间的关系，如图 2-27 和图 2-28 所示。

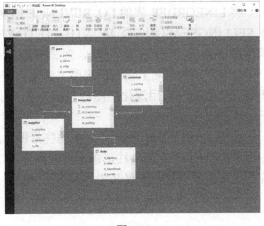

图 2-27　　　　　　　　　　　　　　　图 2-28

我们在 LINEORDER 表中增加一个 DISCONT_PRICE 列，表示 LO_EXTENDEDPRICE 与 LO_DISCOUNT 列对应的折扣后价格。在工具栏中单击"编辑查询"按钮，执行"编辑查询"命令，打开"Power Query 编辑器"窗口，单击"添加列"菜单。单击左侧查询窗格中的 LINEORDER 表，为 LINEORDER 表增加一个折扣价格列，如图 2-29 所示。单击工具栏上的"自定义列"按钮，在"新列名"文本框中输入"discount_price"，在"自定义列公式"文本框中设置计算公式，设置公式时可以从右侧"可用列"下拉框中通过双击选择 LINEORDER 表中的列名，公式为"=[lo_extendedprice]*(100-[lo_discount])/100"，如图 2-30 所示。

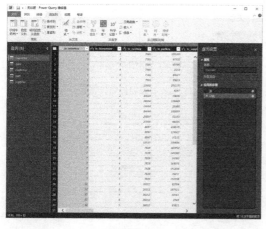

图 2-29

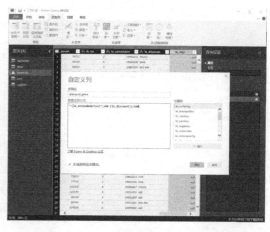

图 2-30

2.2.2 数据分析与可视化报表

通过时间维层次结构：D_YEAR-D_SELLINGSEASON-D_MONTH-D_DAYNUMINMONTH 来分析 LINEORDER 表的 LO_REVENUE 销售额情况。

将 LINEORDER 表的 LO_REVENUE 拖动到"值"窗口中，将 DATE 表中的 D_YEAR、D_SELLINGSEASON、D_MONTH、D_DAYNUMINMONTH 依次拖动到"轴"窗口中，并调整顺序为年—季度—月—日，对销售数据执行不同日期层次的分析。柱形图右上端图标 ↑↓↕↗ 分别代表向上钻取、启用"深化"、转至层次结构中的下一级别、展开层次结构中的所有下移级别，启用深化后图标显示为 ⊕，可以通过鼠标单击柱形图向下展开所对应成员的下一级别。

在图 2-31 中单击 1996 年对应的柱形图，展开为 1996 年 5 个销售阶段的数据，在图 2-32 中再单击"Fall"对应的柱形图，展开图 2-33 所示的 10 月与 11 月销售柱形图，单击 10 月对应的柱形图，则进一步展开图 2-34 所示的 10 月中每一天的销售柱形图。

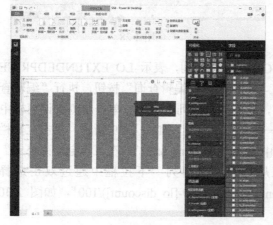

图 2-31

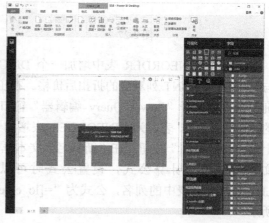

图 2-32

图 2-33　　　　　　　　　　　　图 2-34

Power BI Desktop 有三种地图：地图、着色地图和 ArcGIS Maps for Power BI。

地图用于在地理位置上方添加气泡的气泡图，以及展示可视化区域的形状图。位置字段设置为 CUSTOMER 表的 C_NATION，图例字段设置为 CUSTOMER 表的 D_SELLINGSEASON，气泡大小字段设置为 LINEORDER 表的 LO_REVENUE，在地图上按 C_NATION 位置和 LO_REVENUE 大小生成饼图，代表不同销售季度在该城市所产生销售利润的大小。选择 C_NATION 字段后，在"建模"菜单中选择"数据分类"下拉框的"国家/地区"，为 C_NATION 设置位置层次，同样，将 C_REGION 设置为"洲"地理层次。将 C_REGION 和 C_NATION 拖动到位置栏，设置洲—国家地址层次，随后在图的右上角单击"深化"图标后，再单击数据点可以展开下一级地理层次的地图数据。如单击美洲地区的气泡图后，地图钻取到美洲地区各个国家的数据视图，单击向上图标则返回洲地理层次。

着色地图采用按地域着色的方法显示数据。在洲层次的地域着色，鼠标指针悬浮位置显示该洲的聚集结果。在"深化"模式下，单击非洲，显示并仅显示非洲地区相应国家的着色地图。

Power BI Desktop 内置的 ArcGISMap 不是由必应地图提供的，而是由 ESRI 提供的。在 ArcGISMap 窗口右上角单击"…"按钮，选择"编辑"命令，在 ArcGISMap 顶端显示功能设置。在"底图"功能中可以将地图设置为 4 种不同的布局图，可以显示浅色画布图样式、街道图样式。

在"参考图层"功能中可以为地图增加辅助图层，选择 2016 年美国家庭收入中位数图层，在地图中用鼠标选择某个位置时，可以在显示的图层框中查看该位置对应的家庭收入中位数信息。在"信息图表"功能中可以选择多种类型的人口统计信息作为辅助信息，如总人口信息、婚姻状况、教育状况等信息，与销售数据共同为鼠标所选位置提供分析数据。

Power BI Desktop 提供了丰富的图表支持。

图 2-35 所示为堆积条形图图表。将列 C_NATION 拖动到轴窗口中，将列 D_YEAR 拖动到图例窗口中，将 LO_REVENUE 拖动到值窗口中，生成堆积条形图。图 2-36 所示为相同数据所生成的面积图。

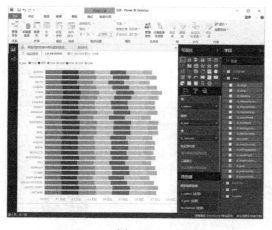
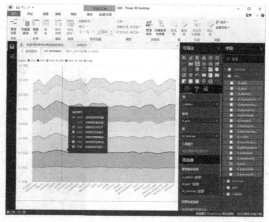

图 2-35　　　　　　　　　　　　　　　图 2-36

图 2-37 所示为组合图示例,设置共享轴字段为 C_NATION,列序列为 D_YEAR,列值为 LO_REVENUE,行值为 LO_QUANTITY,生成由柱形图和折线图组成的组合图。瀑布图通常用于显示特定值随时间的更改,类型对应瀑布图的横轴,通常为时间字段,Y 轴为跟踪值,细目字段为类别下一级层次属性,瀑布图显示为总值、增加值和降低值部分所代表的柱状结构。图 2-38 中使用 D_YEAR 和 D_SELLINGSEASON 作为层次分类字段,LO_REVENUE 作为 Y 轴字段,选择"深化"模式后可以通过鼠标单击某一年对应的柱状图展开其下一级各季度对应的瀑布图。

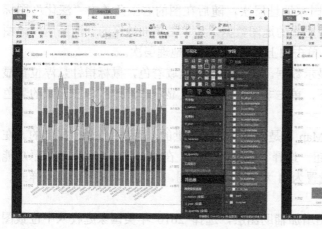
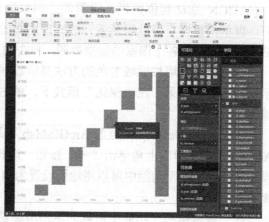

图 2-37　　　　　　　　　　　　　　　图 2-38

通过使用多个可视化控件可以综合显示树状图、分区图、饼图、切片器、地图、卡片图、矩阵和漏斗图的使用。例如,我们使用 C_NATION 作为树状图的分组字段,生成由不同国家色块组成的树状图。饼图主要设置图例字段,我们使用 D_YEAR 作为饼图的分组字段。漏斗图中使用 D_MONTH 作为分组字段,生成按月份汇总的销售利润漏斗图。仪表用于显示特定目标的进展,主要设置最小值、最大值和目标值。切片对选定字段 D_SELLINGSEASON 按值来分割数据。通过鼠标在切片器输入值上单击或按住 Ctrl 键+单击来单选或复选切片器值,对页面上的图表进行数据分割。如选择 D_SELLINGSEASON 中的 SPRING 和 WINTER,页面上的其他 3 个图表按切片器选择值显示相应的图表形状,如树状图每个色块中的分类和大小比例、饼图和漏斗图中深色部分对应切片器选择值图形,浅色部分为总值。地图中的国家色块也可以作为筛选条件,按住 Ctrl 键可以单击选择多个国家。

在 Power BI Desktop 中集成 R 用于创建可视化对象。选择 R 脚本对象时,系统提供了一个 R 脚本编辑器,在窗格中输入 R 脚本,执行时从 Power BI Desktop 发送到 R 的本地安装上运行并获得生成的可视化对象,且显示在报表页面上。R 可视化对象提供了 Power BI Desktop 与 R 语言交互的通道,可以将 R 语言强大的功能集成 Power BI Desktop 系统中。当使用 R 脚本生成数据库图表时,首先在页面上加入 R 脚本控件,然后从 Fields 窗口中选择用于生成图表的属性,如将 D_MONTH、C_REGION、LO_QUANTITY 拖到值窗口中,此时 R 脚本编辑窗口自动增加如下 R 脚本命令,绑定数据对象。

```
# CREATE DATAFRAME
# DATASET <- DATA.FRAME(D_MONTH, C_REGION, LO_QUANTITY)

# REMOVE DUPLICATED ROWS
# DATASET <- UNIQUE(DATASET)
```

然后,以 D_MONTH、C_REGION 统计 LO_QUANTITY 汇总值,在 R 脚本编辑器中输入如下语句。

```
ATTACH(DATASET)
BARPLOT(TAPPLY(LO_QUANTITY,LIST(C_REGION,D_MONTH),SUM))
```

单击 R 脚本编辑窗口上的 按钮,运行 R 脚本,生成直方图。

Power BI Desktop 中集成的 R 工具可以在基于复杂关系的数据视图上方便地使用 R 脚本工具,扩展 Power BI Desktop 的图表功能,并且与 R 统计分析工具进行较好的兼容,如图 2-39 所示。

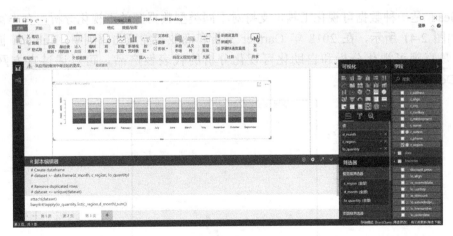

图 2-39

2.2.3 数据发布与访问

Power BI Desktop 可以向 Power BI 服务发布报表,实现与其他用户共享报表。使用 DirectQuery 连接的非 Azure SQL Database、Azure SQL DataWarehouse 及 Redshift 数据源,必须安装本地的数据网管,并且这个数据源必须注册建立一个数据链接,而使用导入链接时可以直接发布共享报表。

在 Power BI Desktop 中完成报表后,单击 Power BI Desktop 中主页选项卡上的"发布"按钮即可开始报表发布过程。发布成功后在对话框中给出链接。在 Power BI 工作区中选择所发布的报表,如图 2-40 所示,通过浏览器显示 Power BI 报表,并提供基于网页的交互式数据分析处理能力。

图 2-40

当报表发生改动时,可以重新发布报表,将 Power BI 服务中的报表替换为编辑后的版本,替换后,Power BI Desktop 最新版本文件中的数据集和报表将覆盖 Power BI 服务中的数据集和报表。

2.3 Tableau 数据可视化分析工具

Tableau 是一种数据可视化工具,支持对不同类型数据源的可视化分析,有丰富的图表支持。如图 2-41 所示,在 2018 年 Gartner 分析和商业智能魔力象限中,Tableau 被评为领导者[1],是直观可视化分析和自助化可视化分析的代表性产品,可以通过官方网站下载 Tableau Desktop 试用版[2]。

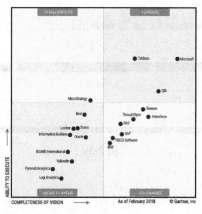

图 2-41

---

[1] https://www.sisense.com/gartner-magic-quadrant-business-intelligence/
[2] https://www.tableau.com/zh-cn/products/desktop

Tableau 支持丰富的数据源，提供多样化的可视化图表，支持动态仪表板设计，为数据可视化分析提供了强大的支持能力。

本节以 TPC-H 数据库为例，演示 Tableau 的数据可视化分析处理技术。

2.3.1 数据连接与管理

如图 2-42 所示，启动 Tableau 后，左侧窗格中显示"连接"列表，"到文件"列表中包含 Excel、文本文件、JSON 文件等不同类型的文件型数据源；在"到服务器"列表中选择"更多…"，在右侧展开 Tableau 所支持的服务器类型，包括传统的数据库 IBM DB2、Microsoft SQL Server、Oracle 等，OLAP 服务器 Microsoft Analysis Services、Tableau Server 等，以及大数据平台 Cloudera Hadoop、Hortonworks Hadoop Hive、Spark SQL 等。

图 2-42

本例选择 Microsoft SQL Server，在连接向导中输入本地服务器名"localhost"，数据库名"TPCH"，使用默认的 Windows 身份验证方式连接 Microsoft SQL Server 服务器。在数据源视图中，数据库窗格显示"TPCH"数据库中的表，将可视化分析所需要的"TPCH"数据库中的表拖到右侧窗口中并建立表之间的关联。如将 LINEITEM 表和 ORDERS 表拖动到右侧窗口时自动弹出"连接"对话框，左侧数据库源下拉框中可以选择已加入的表的字段，右侧可以选择新加入表的字段，选择 LINEITEM 表中的 L_ORDERKEY 和 ORDERS 表中的 O_ORDERKEY 作为等值的内部连接条件，建立 LINEITEM 表与 ORDERS 表记录之间的连接方法。设置界面如图 2-43 所示。

依次将"TPCH"数据库中其他表拖入右侧窗口，并为每一个新加的表设置连接条件。需要注意的是，NATION 表分别与 SUPPLIER 表和 CUSTOMER 表连接，因此将 NATION 表拖入两次，分别对应 NATION 和 NATION1 两个内容相同的表，分别与 CUSTOMER 表和 SUPPLIER 表连接；同理，REGION 表也拖入两次，REGION 表与 NATION 表连接，REGION1 表与 NATION1 表连接。PARTSUPP 表通过两个字段与 LINEITEM 表连接，同时 PARTSUPP 表分别与 SUPPLIER 表和 PART 表连接，需要依次设置相应的连接字段等值条件，如图 2-44 所示的 4 个连接条件。在连接方式上可以选择"实时"和"数据提取"，实时方式将查询下推到 Microsoft SQL Server 数据库中执行，可以通过 Microsoft SQL Server 提供大数据存储和处理能力；数据提取方式将数据从 Microsoft SQL Server 加载到 Tableau 中，当前 Tableau 内置有内存数据引擎 Hyper，当数据量小于内存容量时具有出色的性能，能够完成实时数据分析处理任务，本例选择数据提取方式。选择连接方式后执行立即更新命令，在右下部窗口中显示加载的数据视图，由所选择的 8 个表生成一个宽表数据视图。选择立即更新后，开始导入数据。

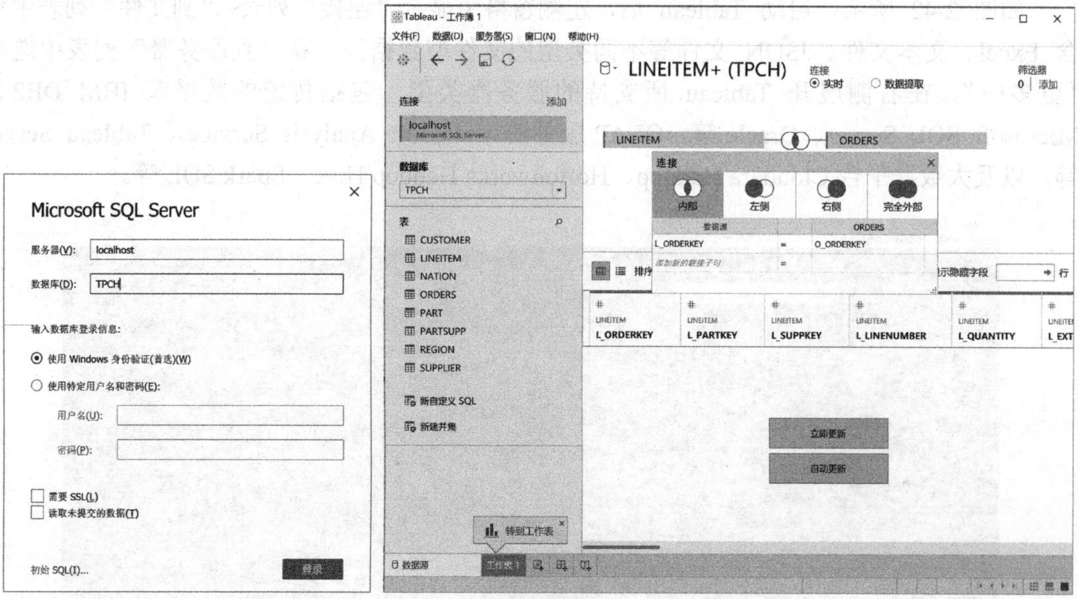

图 2-43

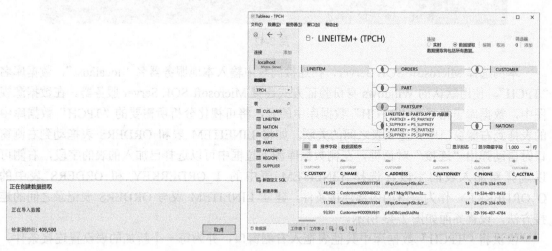

图 2-44

加载完毕后，在工作表视图中可以看到左侧的"数据"窗口中"维度"和"度量"区域列出"TPCH"数据库中的表，可以通过鼠标直接选择作为多维分析的维度与度量字段，拖动到右侧工作表页面中进行可视化分析，如图 2-45 所示。例如，将维度中的 PART 表 P_BRAND 字段拖入列对话框，度量中的 LINEITEM 表的 L_QUANTITY 字段拖入行对话框，生成柱状分析图。在"分析"窗口中，选择"自定义"中的"参考线"选项，在弹出的对话框中编辑参考线的类型、范围、计算方法等参数,在柱状图中创建参考线。

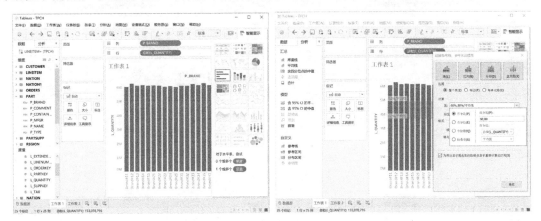

图 2-45

通过上述设置,Tableau 从 SQL Server 2017 数据库中加载数据,自动设置维度与度量,为用户自主可视化数据分析做好准备。

2.3.2 可视化分析

1. 图表设计

我们首先以两个维度的条形图为例,演示 Tableau 的图表设计方法。

分别在"维度"区域中选择 NATION 表的 N_NAME 和 REGION1 表的 R_NAME 作为 CUSTOMER 表和 SUPPLIER 表的地理维度,在"度量"区域中选择 LINEITEM 表中的 L_QUANTITY 作为计算度量。所选择的维度和度量字段可以拖到页面的"行"与"列"栏中,也可以拖到标记栏中,组织图表的显示方式,还可以拖到筛选器栏中,设置数据筛选条件。

图 2-46 分别显示了 3 个字段在不同位置中对应的条形图。在"标记"下拉框中可以更改图表形状,当"行"中设置两个维度时,对应 CUSTOMER 表买家国家与对应的供应商地域所确定的订货数量;当"列"中增加 R_NAME 字段时,显示每个 CUSTOMER 国家在不同 SUPPLIER 地域中所采购的订货数量,标记中的颜色工具可以设置条形图的颜色;将 R_NAME 拖入标记栏中,则每列为对应各个国家订货数量的堆积条,在标签工具中可以设置条块的标签格式,如突出显示条块值;也可以将指定的字段拖入筛选器栏中,设置图表筛选条件,其工具提示功能可以设置鼠标指针悬浮在条块上时显示的提示窗口内容。

2. 典型图表设计

下面我们以具有部分代表性的图表设计演示 Tableau 的图表功能。

(1)表格

选择智能显示窗格左上角的表格对象,将数据显示为表格。选择菜单栏的"分析"→"合计"命令,勾选"显示行总和"、"显示列总和"和"到顶部的列合计"复选框,在表格原始数据的基础上增加行汇总表和列汇总列。在"全部汇总依据"选项中可以设置汇总计算方法,如总和、平均值、最小值、最大值,如图 2-47 所示。

(2)热图和突出显示

热图和突出显示分别以突出的图形和表格方式显示数据的大小特征。

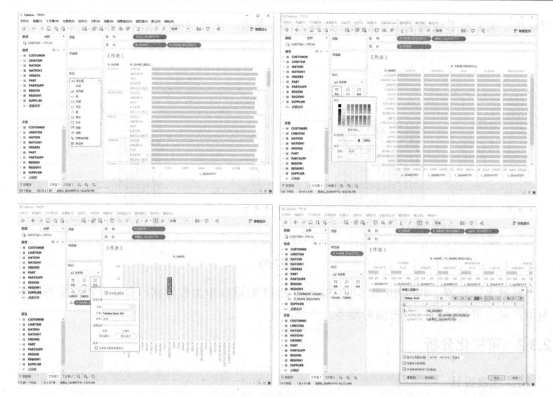

图 2-46

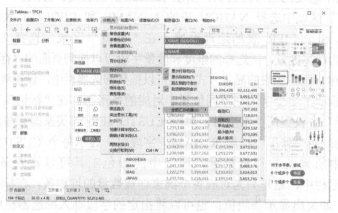

图 2-47

热图是一种对表格中数字的可视化表示，通过将较大的数字转换为较深颜色或较大的尺寸，帮助分析人员快速定位异常点。突出显示图通过表格颜色的深浅表示数据的大小，与热图类似，帮助分析人员直观快速查看数据异常点，并且能够显示实际的数据。

图 2-48 所示为热图和突出显示的效果。

（3）树状图

树状图以一组嵌套矩形来显示数据，矩形大小与颜色深浅代表数据大小。如图 2-49 所示，整体划分为 5 个区域，对应 R_NAME 的 5 个成员，每个区域内显示相应国家的矩形块，块大小代表 L_QUANTITY 数值大小。

第 2 章 数据分析与数据库的初步认识 59

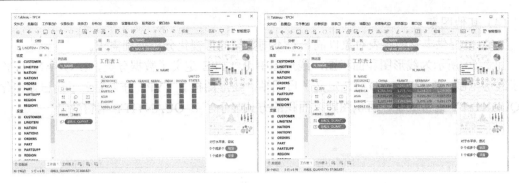

图 2-48

在此基础上，我们为 R_NAME 和 N_NAME 属性创建一个层次结构 REGION_NATION。首先，选择 REGION 表的 R_NAME 字段，在右键菜单中选择"分层结构"→"创建分层结构"，在弹出的对话框中输入层次名称 REGION_NATION，在维度中创建一个层次结构；然后，在 NATION 表的 N_NAME 属性上右击，在右键菜单中选择"分层结构"→"添加到分层结构"→"REGION_NATION"，创建一个包含两个属性的层次结构。在标记窗格中删除 R_NAME 和 N_NAME 属性，并拖动创建的层次结构 REGION_NATION 到标记窗格中。当前显示为 5 个 REGION 区域对应的树状图，单击层次结构前面的"+"符号，展开下级的 N_NAME，树状图中每个 REGION 区域继续按国家划分为不同深浅和大小的矩形块，并且每个矩形块上显示 R_NAME 和 N_NAME 属性值，表示当前矩形块的二级层次名称。

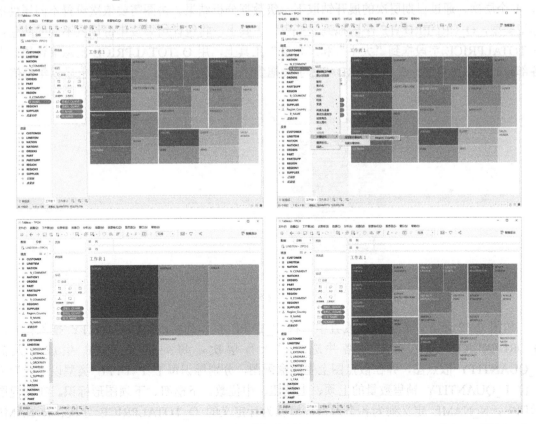

图 2-49

（4）其他图表

Tableau 提供丰富的图表对象以满足对不同数据的可视化分析处理需求。

图 2-50 所示为线形图和面积图。线形图中 P_TYPE 定义了数据分类，L_QUANTITY 定义了线形范围，O_ORDERDATE 定义了日期轴，线形图按 P_TYPE 分类显示了随日期变化的 L_QUANTITY 销售数量。面积图则以面积的方式显示了 L_QUANTITY 销售数量。

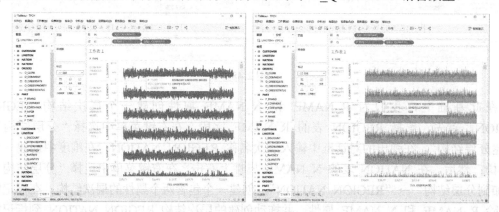

图 2-50

Tableau 自动将日期字段识别为日期层次。如图 2-51 所示，将 O_ORDERDATE 拖入行栏，O_TOTALPRICE 拖入列栏，选择条形图，O_ORDERDATE 可以展开为年、季度、月、天 4 个层次，通过日期层次的展开钻取下一级数据分析结果。饼图需要依次设置不同属性的标记类型，O_ORDERDATE 字段拖到"颜色"工具上，将统计结果按年份设置不同的颜色；O_TOTALPRICE 字段拖到"大小"和"角度"工具上，用 O_TOTALPRICE 汇总值设置饼图各部分的大小和角度；O_ORDERDATE 字段拖到"标签"工具上，在各扇形上显示年份值。

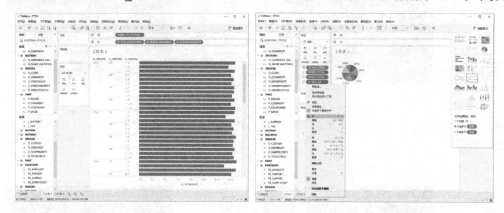

图 2-51

如图 2-52 所示，在盒须图设置中，将 P_TYPE 拖入列栏，L_QUANTITY 拖入行栏，O_ORDERDATE 拖入标记窗格并选择"天"层次，每列按 P_TYPE 生成每天的 L_QUANTITY 散点图，并在散点图上生成盒须图，分别标识每个 P_TYPE 类型以"天"为单位 L_QUANTITY 销售数量的上须、上枢纽、中位数、下枢纽、下须图形标识。在圆视图示例中，N_NAME 定义列为各个国家，横轴为行定义的 O_TOTALPRICE 字段；R_NAME 拖到"颜色"工具上，以 REGIO 为名称设置圆点颜色；O_ORDERDATE 拖到"详细信息"

工具上,按年将 O_TOTALPRICE 汇总值显示为圆点,图中每个圆点的颜色代表该国家所在的地区,每个圆点代表某一年的 O_TOTALPRICE 汇总值。

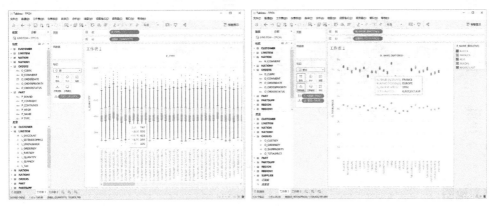

图 2-52

散点图示例中使用两个度量:O_TOTALPRICE 和 L_QUANTITY,将 N_NAME 拖到"颜色"工具上,P_TYPE 拖到"大小"工具上,在散点图两个坐标系下,不同国家显示为不同的颜色,不同类型对应不同散点大小。靶心图在基本条形图上添加参考线与参考区间,帮助分析人员更加直观地了解两个度量之间的关系,常用于比较计划值与实际值。在靶心图示例中,选择 L_QUANTITY 订货数量和 PS_AVAILQTY 库存数量进行比较,分别拖到列与标记的详细信息中,N_NAME 和 P_BRAND 作为行属性,每一行为每一个国家销售不同产品的订货数量和库存数量。在条形线上右击执行编辑命令,弹出"编辑参考线"对话框,可以设置类型为线、区间、分布和盒须图,"范围"可以选择整个表、每区和每单元格,"值"可以选择百分比、百分位、分位数和标准差类型,本例中选择"60%,80%/平均值 PS_AVAILQTY",显示为条形图上 3 个参考竖线。设置界面为图 2-53 所示。

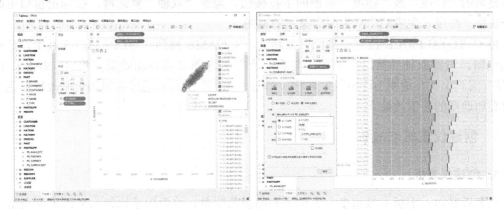

图 2-53

填充气泡图通过气泡的颜色和大小显示聚集值。如图 2-54 所示,填充气泡图示例中将 N_NAME 拖到标记窗口的"颜色"工具上,为不同国家设置不同的颜色;L_QUANTITY 拖到"大小"工具上,以 L_QUANTITY 汇总值大小设置气泡大小;N_NAME 拖到"标签"工具上,在气泡上显示相应的国家名称。填充气泡图还可以转为文字云,方法是在标记窗口中图形下拉框内选择"文本",生成不同颜色和大小的国家名称图形。

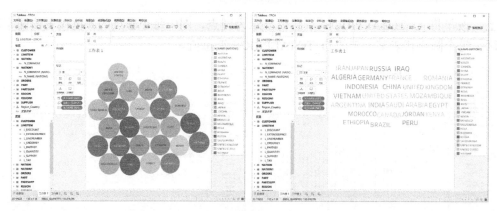

图 2-54

(5) 地图

Tableau 提供符号地图和地图,支持基于地理位置的可视化数据分析。

使用地图时,首先需要在维度中选择表示地理信息的字段,如 NATION1 表中的 N_NAME,在字段上右击,在右键菜单中选择"地理角色"→"国家/地区",设置该属性对应的地理位置层次。将属性 N_NAME 和 L_QUANTITY 拖到窗口中,选择符号地图,则 N_NAME 在行和列栏中自动生成经度和纬度,N_NAME 在标记窗口中设置为详细信息,L_QUANTITY 设置为大小,在地图上以 N_NAME 位置标记圆点,圆点大小由 L_QUANTITY 汇总值决定。选择地图时,按 N_NAME 位置在地图上以不同的颜色标记各个国家,颜色深浅代表 L_QUANTITY 汇总值的大小。

我们可以进一步将符号地图与地图叠加构造混合地图,叠加显示两类地理数据信息。

首先在符号地图中将 N_NAME 拖到"颜色"工具上,将 L_QUANTITY 拖到"大小"工具上,生成不同颜色标识国家的符号地图;按住 Ctrl 键拖动"经度"或"纬度"到其右侧,单击复制的"经度"或"纬度"右侧的下拉按钮,勾选"双轴"复选框,在标记窗口生成另一个窗格"纬度(生成)",产生两个叠加的地图。

将 O_TOTALPRICE 拖到"颜色"工具上,N_NAME 拖到"详细信息"工具上,选择形状为地图,设置双轴的第二个地图,与第一个符号地图形成叠加效果。将 N_NAME 拖到"标签"工具上,在地图上标出国家名称,单击"颜色"工具,通过编辑颜色修改地图色块,调整叠加地图的显示效果。

2.3.3 创建仪表板和故事

1. 创建仪表板

仪表板在单一面板上显示多个工作表和相应的信息,主要用于比较与监测多种类型的数据,并通过筛选器在仪表板上统一展示交互式操作结果。

仪表板布局默认为平铺方式,各工作表或对象平等分布而互不覆盖,用户可以通过拖动区域边缘调整大小。浮动布局可将所选工作表或对象浮动并覆盖在背景视图之上,可以任意调整大小与位置。

本例创建一个仪表板,将预先创建的 5 个工作表集成在一个仪表板中。首先设置仪表板为水平布局,拖动工作表 2、3 到仪表板中;然后将工作表 4 拖到仪表板底部阴影位置,将工作表 1 拖到仪表板顶部阴影位置，将工作表 5 拖动到工作表 1 所在区域右侧阴影位置，创建 5 个工作表的仪表板布局。

对工作表 1 和工作表 2 设置筛选器，如在工作表 2 区域右侧下拉框中勾选"用作筛选器"复选框，则在工作表上操作，如在地图中选择某个区域中的国家，会作为筛选条件应用于其他工作表上，在仪表板上更新各工作表显示的数据。

2．创建故事

故事是一种特殊的工作表，它将工作表和仪表板组织为一个类似 PPT 的链接结构，为用户提供动态展示连续可视化数据视图的功能。

在本例中，单击创建故事图标，创建故事面板，并修改标签为"TPCH 销售情况"。首先将工作表 1 拖到故事面板中，更改导航器标题框文字为"全球销售情况一览"，在"大小"选项中设置自动模式，自动放缩页面大小。在"布局"窗口中可将导航器设置为标题框、数字、点、仅限箭头 4 种样式。单击"复制"按钮，将当前故事的页面复制一个副本，修改导航器标题为"亚洲销售情况一览"，在页面中用鼠标选择亚洲地区的各个国家。单击"空白"按钮，增加一个空白页，将工作表 3 拖到页面上并设置导航器标题，使用同样的方法新增空白页，增加工作表 4。各页面设置完毕后，单击 按钮播放故事，通过导航器转到各页面，分别展示不同视角的数据情况。设置界面如图 2-55 所示。

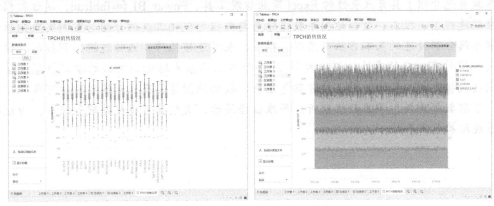

图 2-55

【案例实践 3】

1．使用 Excel 获取自网站导入功能，从 Web 页面加载数据，以"2017 福布斯全球亿万富豪榜"（http://www.forbeschina.com/review/list/002372.shtml）为例，导入完整的榜单数据，通过数据透视图和数据透视表对 Web 数据进行分析，使用 Power Map 工具动态展示全球亿万富豪的地域分布和财富分布特征。

2．使用 Power BI Desktop 数据导入工具从 Web 页面加载数据，同样以"2017 福布斯全球亿万富豪榜"为例，并设计报表对 Web 数据进行分析，通过可视化报表展示数据的主要特征。

【案例实践 4】

使用 FoodMart 数据库作为案例数据库，完成以下任务。

1．使用 Power Pivot for Excel 导入销售数据，使用 Power View 设计企业销售日报、月报、季度报和年报，分析企业经营状况。

2. 使用 Power Map 展示企业在各个国家的销售情况，通过多场景展示全球销售情况，各个国家内各州及城市的销售情况。

【案例实践 5】

使用 FoodMart 数据库作为案例数据库，完成以下任务。
1. 从 SQL Server 2017 数据库导入 Power BI Desktop 工具分析，设置表间关联关系。
2. 使用 Power BI Desktop 工具分析 FoodMart 销售数据，设计展示企业整体及重要分析维度销售情况的可视化交互报表。

【案例实践 6】

使用 Tableau 工具对 FoodMart 数据库进行分析，完成以下任务。
1. 从 SQL Server 2017 数据库导入 Tableau Desktop 工具分析，设置表间关联关系。
2. 使用 Tableau Desktop 工具分析 FoodMart 销售数据，从不同的分析维度创建工作表展现销售数据特征，设计仪表板综合展示产品销售情况，创建故事综合讲述产品销售的主要特征。

小　　结

本章首先介绍了具有代表性的 Excel 商业智能工具、Power BI 和 Tableau，通过数据透视表、数据透视图、报表、数据地图等数据分析与数据可视化工具的介绍与案例实践操作让读者了解多维分析处理的基本方法与流程，对表、表间连接操作、选择过滤、列投影、聚集等基本关系操作有一定的感性认识，为第 2 部分数据库基本理论与实践的学习打下基础。同时，通过数据分析工具的使用使读者熟悉报表、数据地图等具有代表性的数据可视化工具与手段，了解数据建模、多维数据分析、多维数据展示、大数据可视化处理等技术，为理解数据库系统结构打下基础。

第 2 部分　数据库基础知识与 SQL 实践

数据库主要面向结构化数据管理，是计算系统重要的系统软件之一，也是现代信息社会重要的支撑技术之一。数据库是一门系统的科学，有独立的理论基础和成熟的应用技术，掌握数据库系统理论知识和实践技能是从事企业级数据分析工作重要的基础。

第 2 部分主要介绍关系理论基础及其形式化定义、关系操作与关系代数、关系数据库标准语言 SQL、关系的完整性约束及其具有代表性的关系数据库技术。通过理论与实践技术相结合的方法，使读者既了解 SQL 层面上的数据操作技能，又能够对数据库内部的运行机制、原理与查询优化实现技术有一定的了解，掌握数据库技术发展的趋势。

第3章 数据库基础知识

学习目标/本章要点

数据库是数据管理技术与计算机技术相结合的研究领域,主要面向海量数据的管理及处理技术,是现代信息系统的核心和基础性技术。当前主流的数据库是关系数据库,即采用关系模型存储数据,使用关系操作执行查询处理任务,主要面向结构化的海量数据存储与管理。

本章学习目标是掌握数据库的基本概念,理解关系模型和关系操作,学习数据库的基本优化理论,了解当前数据库技术的发展趋势。

3.1 数据库的基本概念

数据库中最常用的术语和基本概念包括数据、数据库、数据库管理系统、数据库系统等,这些基本概念从不同的粒度描述了数据管理与处理的不同层面。

3.1.1 数据、数据库、数据库管理系统、数据库系统

1. 数据(Data)

数据是数据库存储和数据处理的基本对象。在维基百科中,数据的定义如下。

数据是构成信息的一组定性或定量的,描述客观事实的值的集合。数据在计算时表现为多种形式,如表格(由行和列组成)、树状结构(tree)或图(graph)。数据是以图形、声音、文字、数、字符和符号等形式对事实描述的结果,通常可以通过表格、图或图像等形式展示给用户。

狭义地讲,数据是计算机对现实世界事实或实体的描述方式,包括数据形式、数据结构和数据语义。数据形式是指计算机支持的数据类型,如整数型(INT)、浮点型(FLOAT、DOUBLE)、日期型(2014-03-19)、字符型('中国')、逻辑型(TRUE/FALSE)、扩展数据类型(xml、binary、image 等存储半结构化和非结构化文件的数据类型)。数据结构是指将不同类型的数据按一定的结构组织起来表示实体或事务,如(1,110,High Roller Savings,Product Attachment,14435,1996-01-03 00:00:00.000,1996-01-06 00:00:00.000)表示一个促销记录在(PROMOTION_ID、PROMOTION_DISTRICT_ID、PROMOTION_NAME、MEDIA_TYPE、COST、START_DATE、END_DATE)结构上各个分量的数据。数据语义是对数据含义的说明,如数据结构的 PROMOTION_NAME 部分表示促销名称、START_DATE 部分表示促销开始日期、END_DATE 部分表示促销结束日期等。数据语义定义了实体描述信息与计算机存储数据形式和结构之间的映射关系。

在数据库中,数据通常表示为由一定格式的数据项所组成的结构化的数据形式,通常称为记录。数据项是数据库中的最小数据单位,记录是数据库逻辑数据单位,数据库可以看作

记录的集合。

2. 数据库（DataBase，DB）

数据库是长期储存在计算机内、有组织、可共享的数据集合。数据库中的数据按一定的数据模型组织、描述和储存，具有较小的冗余度，较高的数据独立性和易扩展性，并可为各种用户共享。整个数据库在建立和维护时由数据库管理系统（DBMS）统一管理、统一控制。用户能方便地定义数据和操纵数据，并保证数据的安全性、完整性、多用户对数据的并发使用及发生故障后的数据库恢复。数据库是数据库系统的一个重要组成部分。

数据库按数据模型可分为层次数据库、网状数据库、关系数据库、面向对象数据库，以及近几年来出现的面向非结构化数据的，以 key/value 存储为特点的 NoSQL 数据库。

数据库技术与其他学科的技术结合，出现了各种新型数据库。

- 数据库技术与分布处理技术——分布式数据库。
- 数据库技术与并行处理技术——并行数据库。
- 数据库技术与人工智能技术——演绎数据库和知识库。
- 数据库技术与多媒体技术——多媒体数据库。

数据库技术与特定的应用领域相结合，出现了工程数据库、地理数据库、统计数据库、空间数据库等特定领域数据库。

- 数据库技术与多维分析处理技术——数据仓库。
- 数据库技术与 XML 技术——XML 数据库。
- 数据库技术与图分析处理技术——图数据库。
- 数据库技术与内存计算技术——内存数据库。
- 数据库技术与 GPU（图形处理器）技术——GPU 数据库。
- 数据库技术技术与硬件技术——数据库一体机。
- 数据库技术与 key/value 存储技术——NoSQL 数据库。
- 数据库技术与可扩展/高性能技术——NewSQL 数据库。
- 数据库技术与云计算技术——云数据库。

随着数据库技术的成熟与普及，数据库与应用领域紧密结合，并面向应用领域的特征进行定制化或优化，从而形成了各具特色的数据库技术和系统。传统的数据库具有严格的定义和约束，而在一些新兴的应用领域，数据库的约束条件可以放松或加强，如在 NoSQL 领域放松数据库的 ACID 特性（数据库事务处理的四个特性，A 代表原子性，C 代表一致性，I 代表隔离性，D 代表持久性）而加强扩展性，数据库的技术特征呈现多样化，但面向数据共享是数据库的基本特征。

数据库中存储的数据不仅包括表示实体信息的数据，而且还可以存储表示实体之间联系的数据，如（369，2，5，1191，1.52，2）表示在日期 ID 为 369 时，ID 为 2 的买家从 ID 为 5 的供应商处购买了 ID 为 1191 的产品，其单价为 1.52 元，数量为 2，这种统一的数据结构描述了现实世界买家、卖家、产品、日期实体之间的销售联系数据。总体来说，数据库中的数据包括数据本身、元数据（对数据的描述）、数据之间的联系和数据的存取路径。数据库中的数据是整体结构化的，数据不再面向某一个程序而组织，且能够被不同的用户及应用程序通过统一的接口访问，从而大大减小了数据冗余存储代价，减少了数据之间的不一致性问题。

数据库是现代信息技术的数据基础，随着近几年对大数据的关注的不断升温，以数据为中心的新的应用模式不断拓展了数据库应用的广度和深度。随着数据库技术应用领域的不断扩展，数据库中数据的类型由传统意义的数字、字符发展到文本、声音、图形、图像等多种类型，从结构化数据处理扩展到半结构化、非结构化数据处理领域，从传统的数据库平台扩展到新兴的数据库平台，应用领域从传统的面向事务处理与商业智能分析扩展到科学计算、经济、社会、移动计算等各个领域，从事务处理走向分析处理，从数据库系统平台走向云计算平台。

在第 1 部分导论中介绍的 Excel、Power Pivot、Power BI 等应用系统具备了一些数据定义、存储访问、查询处理等数据库基本功能，但这些应用系统更加注重交互式操作、数据可视化等功能，这些应用系统对数据库核心的存储、查询处理、事务处理、并发控制、恢复等机制进行简化，主要满足桌面级、低共享度的数据处理需求，同时也可以作为数据库的前端数据可视化展示工具使用。

3. 数据库管理系统（DataBase Management System，DBMS）

数据库管理系统是用于建立、使用和维护数据库的软件。它是位于用户和操作系统之间的数据管理软件，用于对数据库进行统一管理和控制，保证数据库的安全性和完整性，向用户提供访问数据库、操纵数据、管理数据库和维护数据库的用户界面。数据库管理系统的主要功能包括以下几个方面。

（1）数据定义

数据库管理系统提供数据定义语言（Data Definition Language，DDL），用户通过 DDL 对数据库中的对象进行定义，包括数据库中的表、视图、索引、约束等对象。

（2）数据组织、存储和管理

数据组织和存储的目标是提高存储空间利用率，提供方便的存储接口，通过多种存储方法（如索引查找、哈希查找、顺序查找等）提高存取效率。数据的组织与存取提供数据在储存设备（如磁盘、SSD 固态硬盘、内存等）上的物理组织与存取方法，涉及三个方面：①提供与操作系统的接口，特别是与文件系统的接口，包括数据文件的物理储存组织（行存储、列存储或混合存储）及内、外存数据交换方式等；②提供数据库的存取路径及更新维护的功能；③提供与数据库描述语言和数据库操纵语言的接口，包括对数据字典的管理等。

（3）数据操纵功能

数据库管理系统通过数据操纵语言（Data Manipulation Language，DML）来操纵数据，支持交互式查询处理，如查询、插入、删除、修改等操作，并将查询结果返回用户或应用程序。数据库中查询处理是数据操纵的主要功能，主要通过 SQL 语言对数据访问和处理，是数据库最重要的功能之一。联机分析处理（On-Line Analytical Processing，OLAP）主要面向数据库分析处理需求，通过数据操纵功能实现对数据的访问、查询和分析。

（4）数据库事务管理和运行管理

事务运行管理提供事务运行管理及运行日志，事务运行的安全性监控和数据完整性检查、事务的并发控制及系统恢复等功能，保证数据库系统的安全性、完整性、多用户对数据的并发访问控制及数据库发生故障后的系统恢复等机制。数据库事务管理主要用于事务处理应用领域，也称联机事务处理（On-Line Transactional Processing，OLTP），是订票、银行交易、订单处理等领域的核心功能。

(5) 数据库维护

数据库的维护为数据库管理员提供数据加载、数据转换、数据库转储、数据库恢复、数据安全控制、完整性保障、数据库备份、数据库重组及性能监控等维护工具。随着数据库应用的普及，多源数据集成能力是数据库对不同类型数据支持能力的重要指标。

(6) 其他数据库功能

数据库管理系统提供的功能还包括数据库与应用软件的通信接口，不同数据库系统之间的数据转换，异构数据库互访及互操作等功能。

基于关系模型的数据库管理系统已经成为数据库管理系统的主流技术。随着新型数据模型及数据管理实现技术的推进，DBMS 软件的性能还将进一步更新和完善，应用领域也将进一步拓展。

4. 数据库系统（DataBase System，DBS）

数据库系统是存储、管理、处理和维护数据的软件系统，是在计算机系统中引入数据库后的系统，包括数据库、数据库管理系统、数据库开发工具、应用系统、数据库管理员等。它由数据库、数据库管理员和有关软件组成。这些软件包括数据库管理系统（DBMS）、宿主语言、开发工具和应用程序。DBMS 用于建立、使用和维护数据库。宿主语言是可以嵌入数据库语言的程序设计语言。数据库管理员负责创建、监控和维护数据库。

数据库系统的发展主要以数据模型和 DBMS 的发展为标志。数据库诞生于 20 世纪 60 年代中期。第一代数据库系统以层次和网状数据模型的数据库系统为特征，代表性的数据库系统是 1969 年美国 IBM 公司研制的层次数据库系统 IMS，以及美国数据库系统语言协会（CODASYL）的数据库任务组（DataBase Task Group，DBTG）提出的 DBTG 报告所确定的网状模型数据库系统。第二代数据库系统是指关系数据库系统，其代表性事件是 1970 年 IBM 公司 San Jose 研究所的 E. F. Codd 发表的题为"大型共享数据库的关系模型"的论文，开创了关系数据库系统方法和理论的研究。20 世纪 90 年代，随着面向对象、人工智能和网络等技术的发展，产生了面向对象数据库系统和演绎数据库系统。近几年来，随着数据库应用领域的拓展，在 Web 数据管理和生物数据管理等应用的推动下，半结构化和非结构化 NoSQL 数据库成为主要的发展方向，在当前大数据应用背景下，数据库概念也逐渐从关系数据库平台扩展到大规模分布式计算平台，出现了以 NewSQL 为代表的各种新的可扩展/高性能数据库。这类数据库不仅具有 NoSQL 对海量数据的存储管理能力，还保持了传统数据库支持 ACID 和 SQL 等特性，如基于分布式集群的 Google Spanner、VoltDB 等系统，基于高扩展性 SQL 存储引擎的 MemSQL 等系统，基于分片中间件的数据库 ScaleBase 等系统。

随着新型硬件技术，如 NVRAM 非易失内存、众核（many-core）处理器、高性能网络互连等技术的发展，传统数据库软件设计和优化技术的硬件假设发生了较大的改变，其算法实现与编程模型难以适应新型硬件平台的特性，需要数据库面向新硬件特性而优化设计算法实现和查询优化技术。当前，软/硬件一体化设计成为新一代数据库设计的思想，通过将硬件特性、操作系统优化设计和数据库实现技术相结合，以达到优化数据库性能的目标。

3.1.2 数据库系统的特点

1. 数据结构化

数据库的主要特征是整体数据结构化，不仅数据内部是结构化的，而且数据之间也要遵循一定的结构要求,即数据之间具有逻辑联系。

数据内部结构化是指数据库的数据文件由记录构成,每个记录由若干属性组成,如图3-1所示的 SUPPLIER 表中的记录由 S_SUPPKEY、S_NAME、S_ADDRESS、S_CITY、S_NATION、S_REGION、S_PHONE 属性组成,每个属性具有不同的数据类型、格式和语义,构成了描述 SUPPLIER 表的数据分量。同理,PART、LINEORDER、DATE、CUSTOMER 表中的记录都是结构化的数据。

数据之间的结构要求体现不同表的记录之间的逻辑联系。例如,LINEORDER 表代表订单信息,其中 LO_CUSTKEY 代表订单的 CUSTOMER ID,订单必须满足订单的 LO_CUSTKEY 在 CUSTOMER 表的 C_CUSTKEY 中存在且唯一存在的约束条件才能保证订单数据的合法性和正确性。因此,数据库需要通过参照完整性来保证 LINEORDER 数据与 CUSTOMER 数据之间的联系,支持逻辑结构化。

数据库不是一个将数据堆积在一起的数据集合,而是要通过结构化过程按业务和分析需求抽取现实世界实体的共性属性,通过结构化数据设计抽取实体的共性属性用于描述整体数据特征。通过定义数据之间的关系,一方面保证了在事务处理时数据的正确性和合法性,另一方面也定义了数据分析处理时数据的相关性,定义了表间操作的类型(如参照完整性约束定义了表之间使用等值连接操作)。

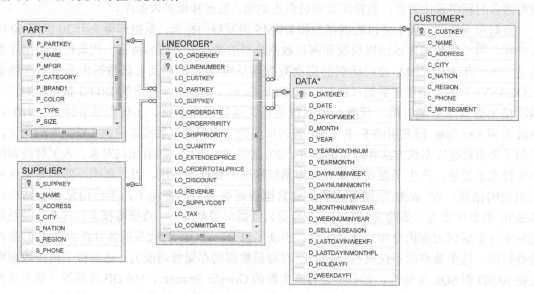

图 3-1

2. 数据共享性高,冗余度低,系统易扩充

数据库中的数据不是面向某个应用定制的,而是面向整个系统应用的,可以被多个用户、多个应用共享使用,能够从应用软件中独立出来,成为基础的数据库平台。数据库中的数据面向共享访问,减少了不同应用访问数据库时的数据复本,避免了复本不一致的问题。在数据库的结构设计上采用的模式优化技术能够优化数据库结构,减少了冗余数据存储代价,提高了存储效率。

数据库的数据在设计上面向整个系统,可以被多个应用共享使用,容易增加新的应用。结构化的设计方法通过增加新的数据,扩展数据之间的联系,在保持整体结构不变的前提下扩充新的数据和新的应用。

但另一方面，数据共享度高意味着数据库需要解决用户共享数据访问需求，需要通过良好的查询处理性能提供大量并发用户的查询处理需求，还需要解决多用户数据访问时对共享数据的读/写冲突问题，保证事务处理的一致性。

3. 数据独立性高

数据库的独立性包括物理独立性和数据的逻辑独立性。

物理独立性是指用户的应用程序与存储在磁盘中的数据库的数据相互独立，数据库系统负责数据的存储和访问，应用程序通过数据库访问接口访问数据，并不直接操纵物理存储的数据。当数据的物理存储结构变化时并不影响应用程序的数据访问，从而保证了应用程序良好的平台适应性。

数据的逻辑独立性是指应用程序与数据库的逻辑结构相互独立，数据库提供给应用程序数据访问视图，数据库维护数据访问视图与数据库内部逻辑结构的映射关系，当数据库的逻辑结构改变时，通过更新数据访问视图与数据库内部逻辑结构映射关系来保证数据访问视图的稳定性。

在数据库的优化技术中，数据的物理存储结构和逻辑存储结构可能会发生改变，如存储模型从行存储转换为列存储，选择不同的存储引擎或修改数据库的模式结构，数据库通过二级映射功能来保证当数据库的物理存储结构和逻辑存储结构发生变化时应用程序保持不变。

随着近几年来硬件技术的突飞猛进，数据库系统与硬件技术相结合是当前数据库系统发展的主要趋势，数据库技术与最新的多核处理技术、众核处理技术、内存存储技术、Flash（闪存）存储技术、GPU（图形处理器）处理技术、高速网络技术、云计算等新兴技术相结合，数据库的硬件平台面临多样化的挑战，一方面需要数据库在系统设计上面向新硬件的特性进行优化设计，另一方面也需要数据库系统保持良好的独立性，兼容不同特性的存储与计算设备，降低数据库硬件平台迁移的成本。

3.2 关系数据模型

数据模型（Data Model）是对现实世界数据特征的抽象，用于描述数据、组织数据和对数据进行操作。数据模型可以分为概念模型和逻辑模型两大类：在数据库中广泛使用的概念模型是实体联系模型，用于描述现实世界的数据结构；数据库的逻辑模型包括层次模型、网状模型、关系模型、面向对象模型及对象关系模型等，当前应用最为广泛的是关系模型。

关系模型具有良好的适应性，能够较好地表示现实世界的各种数据模型，如层次模型、网状模型及部分非结构化数据模型。但在一些特殊的应用领域，尤其是互联网应用的非结构化数据处理领域，关系模型并不能完全胜任。当前的大数据技术和 NoSQL 技术，一方面通过新兴的 Map/Reduce、Hadoop 等技术扩展了传统的关系数据库不能适用的大数据分析领域的应用，另一方面也促进了关系数据库技术在一些大数据分析领域的处理能力，使关系数据库与新兴的非结构化数据处理技术相结合，推动了 SQL-on-Hadoop 技术的发展，使关系数据库成为连接结构化处理与非结构化处理的枢纽平台，扩展了关系数据库的应用领域。

3.2.1 实体–联系模型

实体–联系模型（Entity-Relationship model）是通过实体型及实体之间的联系型来反映现实世界的一种数据模型，又称 E-R 模型。实体–联系模型是由 Peter、P. S. Chen 于 1976 年提出的，广泛适用于软件系统设计过程中的概念设计阶段。

实体–联系模型的基本语义单位是实体和联系。

实体（Entity）是代表现实世界中客观存在的并可以相互区别的事物。实体可以是具体的人或事物，如客户、供应商、产品，也可以是抽象的概念或度量，如日期等。

属性（Attribute）是实体的某一种可以数据化的特征。一个实体由若干属性来表示，每个属性对于该实体有一个数据取值，这些取值用于区分该实体与其他实体。例如，客户实体的属性包括客户 ID、客户姓名、客户地址、客户电话、客户所在地区等属性，日期实体的属性包括年、月、日、季度、周等属性。实体的属性组合起来能够表示一个实体的特征，属性也定义了未来用于分析和处理的数据结构。

实体型（Entity Type）实体名及属性名集合构成了实体型。属性是描述实体共同特征和性质的数据，实体型则定义了描述相同类型实体的公共数据结构。例如，客户（客户 ID、客户姓名、客户地址、客户电话、客户所在地区）、日期（年、月、日、季度、周）分别是表示客户实体和日期实体的实体型。

实体集（Entity Set）是指同一类型实体的集合，如客户、日期表等。

联系（Relationship）是指实体内部属性之间或实体之间的联系。实体内部属性之间的联系包含属性之间的函数依赖关系，实体之间的联系包含实体集之间一对一联系（1∶1）、一对多联系（$1∶n$）、多对多联系（$m∶n$），定义了实体 A 中的每个实体与实体 B 中一个或若干个实体之间的对应关系。

实体–联系模型可以形象地用图形表示，称为实体联系图，其中，矩形表示实体型，内部为实体名；椭圆形为属性，内部为属性名，用无向边与实体型连接；菱形表示联系，内部为联系名，用无向边与实体型连接，同时在无向边旁边标注联系的类型，联系的属性也要用无向边与联系连接起来。图 3-1 所示为数据库中的关系图结构，实体集为矩形表，属性为表中列，关系为表之间的对应关系，连线两端的∞和箭头图标表示两个实体集之间是多对一关系。图 3-2 所示为图 3-1 所示数据库所对应的实体–联系图，有 CUSTOMER、SUPPLIER、PART、DATE 四个实体。它们之间通过订单（ORDERING）构成联系，订单联系中包含 QUANTITY、PRICE、DISCOUNT、REVENUE 等属性。

3.2.2 关系

关系（Relation）数据模型只包含单一的数据结构——关系，关系数据结构在逻辑上对应一个二维表，关系用二维表来表示实体及实体之间的联系，关系模型以关系作为唯一的数据结构。二维表由行和列组成，列又称为字段（Field）、属性（Attribute），定义了实体的一个描述数据分量，关系中的属性必须是不可分的数据项；行又称为元组（Tuple）、记录（Record），是具有相同属性结构的数据集合。下面从集合论的角度给出关系数据结构的形式化定义。

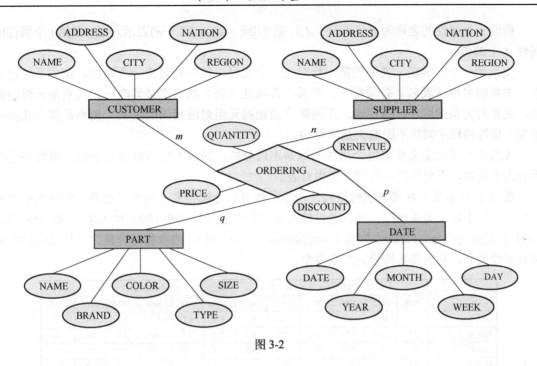

图 3-2

1. 域（Domain）

定义 3.1 域：一组具有相同数据类型的值的集合。每个属性有一组相同数据类型的允许值，称为该属性的域。

在数据库的定义中，属性的数据类型，如整数型、实数型、日期型、字符串等可以作为属性的域，标准数据类型上特定的取值范围也可以作为域，如整数型年龄范围[0,150]，实数型折扣范围[0,1]，字符串型性别范围{Male,Female}等都可以用作特定属性的域。

2. 笛卡儿积（Cartesian Product）

笛卡儿积是域上的一种集合运算。

定义 3.2 笛卡儿积：在一组给定的域 $D_1,D_2,\cdots,D_n$（允许其中某些域是相同的）上的笛卡儿积定义为：

$$D_1 \times D_2 \times \cdots \times D_n = \{(d_1,d_2,\cdots,d_n) | d_i \in D_i, i=1,2,\cdots n\}$$

其中，每个元素 $(d_1,d_2,\cdots,d_n)$ 称为一个元组（Tuple），元素中每个值（d_i）称为一个分量（Component）。

一个域中允许取不同值的个数称为该域的基数或势（Cardinality）。属性集势的大小用于判断该属性是否可以作为候选码或判断属性之间的函数依赖关系。

3. 关系（Relation）

定义 3.3 关系：是在域 $D_1,D_2,\cdots,D_n$ 上笛卡儿积 $D_1 \times D_2 \times \cdots \times D_n$ 的子集，表示为：

$$R(D_1,D_2,\cdots,D_n)，n \text{ 是关系的目或度（Degree）}。$$

关系 R 也可以看作由 n 个域 $D_1,D_2,\cdots,D_n$ 对应的 n 个属性值构成的元组 t 组成的集合，表示为：

$$R=\{t | t \in R\}$$

假设 n 个属性的名称为 $A_1, A_2, \cdots, A_n$，则 $t[i]$ 或 $t[A_i](i=1,2,\cdots n)$ 表示元组 t 在第 i 个属性或属性 A_i 上的值。

关系是一个二维表，表中的第一行对应一个元组，每一列对应一个属性。在关系的定义中，关系的名字（表名）必须唯一，关系中各属性（列）的名字必须唯一。关系是元组的集合，关系对元组的顺序没有要求，不同顺序的相同元组对应相同的关系。关系是笛卡儿积的子集，属性的顺序同样不影响关系的结构。

关系的形式化定义要求每个属性的域是不可分的，即域不能再拆分为子域，属性不能再拆分为子属性，不允许列中有列、表中有表。

图 3-3 所示是一种属性嵌套结构，一个属性可以分解为多个属性，这是一种报表中常见的格式，但不属于关系模型。可以通过修改表中属性名（如 UP_1990 和 UR_1990 分别表示 1990 年 Unemployed Persons 列和 Unemployment Rate 列），或者将其转换为其他结构的表来消除属性嵌套，从而将其转换为关系模型。

REGION	Unemployed Persons(10 000 persons)						Unemployment Rate(%)					
	1990	2005	2009	2010	2011	2012	1990	2005	2009	2010	2011	2012
Beijing	1.7	10.6	8.2	7.7	8.1	8.1	0.4	2.1	1.4	1.4	1.4	1.3
Tianjin	8.1	11.7	15.0	16.1	20.1	20.4	2.7	3.7	3.6	3.6	3.6	3.6
Hebei	7.7	27.8	34.5	35.1	36.0	36.8	1.1	3.9	3.9	3.9	3.8	3.7
Shanxi	5.5	14.3	21.6	20.4	21.1	21.0	1.2	3.0	3.9	3.6	3.5	3.3
Inner Mongolia	15.2	17.7	20.1	20.8	21.8	23.1	3.8	4.3	4.0	3.9	3.8	3.7

图 3-3

当前大数据应用中广泛使用的 key/value 存储模型通常使用 Column Family 结构来描述复杂的数据结构，如图 3-4（a）所示的 key/value 存储结构中，"com.cnn.www" 是唯一标识非结构化记录的键值，Column Family"contents:"中对应了网页时间戳为 t3、t5 和 t6 的三个版本，Column Family"anchor:"中对应了时间戳为 t9 和 t8 的 anchor 信息 "CNN" 和 "CNN.com"。这种 key/value 数据结构不符合关系模型的定义，属性中包含属性，不能被关系数据库所存储。但这种嵌套结构能够分解为如图 3-4（b）所示的关系存储，即将每个 Column Family 分解为一个独立的关系，关系 anchor 和关系 contents 通过主码（Row Key,Time Stamp）建立元组之间的联系，从而表示完整的信息。

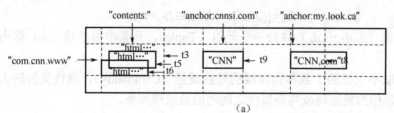

图 3-4

但不同的属性可以属于相同的域。图 3-5 所示关系 NATION 的属性 N_NATIONKEY、

N_REGIONKEY 和关系 REGION 的属性 R_REGIONKEY 都是整数的集合，有相同的域。关系 NATION 的属性 N_NAME、N_COMMENT 和关系 REGION 的属性 R_NAME、R_COMMENT 都是字符串集合，也有相同的域。进一步观察发现，域相同的属性的取值范围有所不同，如关系 NATION 中的属性 N_NATIONKEY 取值范围为{0,1,2,⋯,24}，属性 N_REGIONKEY 取值范围为{0,1,2,3,4}，属性 N_NAME 取值范围为 25 个确定字符串组成的集合，而属性 N_COMMENT 为由不确定字符串组成的集合。物理层域相同的属性取值范围的不同定义了属性在逻辑层上不同的域。

	N_NATIONKEY	N_NAME	N_REGIONKEY	N_COMMENT
1	0	ALGERIA	0	final accounts wa...
2	1	ARGENTINA	1	idly final instru...
3	2	BRAZIL	1	always pending pi...
4	3	CANADA	1	foxes among the b...
5	4	EGYPT	4	pending accounts ...
6	5	ETHIOPIA	0	fluffily ruthless...
7	6	FRANCE	3	even requests det...
8	7	GERMANY	3	blithely ironic f...
9	8	INDIA	2	ironic packages s...
10	9	INDONESIA	2	unusual excuses a...
11	10	IRAN	4	blithely even acc...
12	11	IRAQ	4	express, pending ...
13	12	JAPAN	2	blithely final pa...
14	13	JORDAN	4	blithe, express d...
15	14	KENYA	0	ironic requests b...
16	15	MOROCCO	0	ideas according t...
17	16	MOZAMB...	0	ironic courts wak...
18	17	PERU	1	final, final acco...
19	18	CHINA	2	bold accounts are...
20	19	ROMANIA	3	deposits boost ag...
21	20	SAUDI ...	4	fluffily final ac...
22	21	VIETNAM	2	doggedly ironic r...
23	22	RUSSIA	3	slowly pending pa...
24	23	UNITED...	3	fluffily regular ...
25	24	UNITED...	1	blithely regular ...

	R_REGIONKEY	R_NAME	R_COMMENT
1	0	AFRICA	special Tiresias about...
2	1	AMERICA	even, ironic theodolit...
3	2	ASIA	silent, bold requests ...
4	3	EUROPE	special, bold deposits...
5	4	MIDDLE EAST	furiously unusual pack...

图 3-5

在关系中，空值 NULL 是一个特殊的域成员，它表示值未知或不存在。当元组属性值缺失时，可以表示为空值。

3.2.3 关系模式

在关系数据库中，关系模式定义了关系数据结构的型，关系是基于关系模式的元组值的集合。

定义 3.4 关系模式：对关系的描述称为关系模式（Relation Schema），表示为 $R(U,D,DOM,F)$，其中：

- R 为关系名，可以由字母、数字、文字和符号组成，关系名要求具有唯一性；
- U 为组成关系的属性名集合，属性名命名规则同关系名，相同关系内部属性名不能重复，不同关系可以使用相同的属性名，实际应用中通常使用表名缩写加“_”作为前缀，以方便区分不同关系中相同的属性名；
- D 为属性组中属性所来自的域，域是具有相同数据类型的值的集合，如 INT 表示整型数据集合，DATE 表示日期型数据集合；
- DOM 是属性向域的映像集合；
- F 为属性间数据依赖关系的集合，定义了关系内部属性与属性间的一种约束关系。

关系模式通常可以简记为 $R(U)$或 $R(A_1,A_2,\cdots,A_n)$。

数据依赖是关系内部属性与属性之间的一种约束关系，通过属性间值是否相等来定义数据间的相关联系，它是现实世界属性间相互联系的抽象表示，定义了数据的内在性质，体现了语义关系。在数据依赖中最重要的是函数依赖（Functional Dependency, FD），通过 $y=f(x)$ 定义自变量 x 和 y 之间的函数关系，称为 x 函数决定 y，或者 y 函数依赖于 x，记作 $x \to y$。

定义 3.5 函数依赖：设 $R(U)$ 是定义在属性集 U 上的任意一个关系模式，X、Y 为 U 的子集。若 $R(U)$ 的任意一个可能的关系 r 中的任意两个元组 s、t 满足在属性 X 上取值相等（即 $s[X]=t[X]$）则一定有 s、t 在属性 Y 上取值也相等（即 $s[Y]=t[Y]$）的条件，则称属性 X 函数确定属性 Y，或属性 Y 函数依赖于 X，记为 $X \to Y$。

函数依赖是语义范畴的概念，需要根据语义来确定函数依赖关系。对于给定的关系数据，可以通过 SQL 命令验证其中存在的函数依赖关系。图 3-6 所示为 TPC-H 数据库的关系 PART 中的数据，通过 SQL 命令 SELECT COUNT(*) FROM PART; 和 SELECT COUNT(DISTINCT P_PARTKEY) FROM PART; 验证属性 P_PARTKEY 不同值的个数与元组数量相同，每个元组的属性 P_PARTKEY 可以唯一决定其他属性，即 P_PARTKEY → {P_NAME, P_MFGR, P_BRAND, P_TYPE, P_SIZE, P_CONTAINER, P_RETAILPRICE, P_COMMENT}。通过 SQL 命令 SELECT COUNT(DISTINCT P_MFGR) FROM PART; 和 SELECT COUNT(DISCOUNT P_BRAND) FROM PART; 验证 P_MFGR 属性不同值的数量小于 P_BRAND 属性，浏览数据，发现属性 P_BRAND 取值相同时，属性 P_MFGR 取值也相同，P_MFGR 与 P_BRAND 属性之间可能存在函数依赖关系，如图 3-7 所示。

P_PARTKEY	P_NAME	P_MFGR	P_BRAND	P_TYPE	P_SIZE	P_CONTAINER	P_RETAILPRICE	P_COMMENT
177092	powder steel magenta o...	Manufacturer#1	Brand#11	PROMO POLISHED STEEL	16	SM BAG	1169	carefu
177102	papaya plum indian fro...	Manufacturer#1	Brand#11	MEDIUM PLATED STEEL	37	MED DRUM	1179	unusual requests acco
177107	midnight magenta misty...	Manufacturer#1	Brand#11	ECONOMY ANODIZED COPPER	48	WRAP CAN	1184	pinto
177143	dim cornsilk sienna sa...	Manufacturer#1	Brand#11	LARGE PLATED TIN	2	SM CAN	1220	even i
177163	red azure lavender ste...	Manufacturer#1	Brand#11	SMALL ANODIZED COPPER	43	SM CAN	1240	blithely spe
175369	beige tan lemon dim drab	Manufacturer#1	Brand#12	STANDARD POLISHED TIN	5	LG DRUM	1444	quickly ev
175312	smoke brown orchid pin...	Manufacturer#1	Brand#12	LARGE ANODIZED STEEL	44	LG JAR	1387	slyly regular ideas

图 3-6

进一步讲，通过 SQL 命令 SELECT DISTINCT P_MFGR,P_BRAND FROM PART ORDER BY P_BRAND; 验证当元组的 P_BRAND 属性取值相同时，P_MFGR 属性取值一定相同，不存在元组的 P_BRAND 属性取值相同而 P_MFGR 属性取值不同的情况，即 P_BRAND → P_MFGR。

当 $Y \subseteq X$ 时，则显然有 $X \to Y$ 成立，这种函数依赖称为**平凡函数依赖**；当 Y 不是 X 的子集时，如果 $X \to Y$ 成立，则这种函数依赖称为**非平凡函数依赖**。非平凡函数依赖定义了不同属性之间的数据依赖关系。

若 $X \to Y$ 成立，且 X 中不存在真子集 X' 使得 $X' \to Y$ 成立，则称 $X \to Y$ 为**完全函数依赖**，记作 $X \xrightarrow{F} F$；否则，若 $X \to Y$，但 Y 不完全函数依赖于 X，则称 Y 对 X 部分函数依赖，记作 $X \xrightarrow{P} F$。

	P_MFGR	P_BRAND
1	Manufacturer#1	Brand#11
2	Manufacturer#1	Brand#12
3	Manufacturer#1	Brand#13
4	Manufacturer#1	Brand#14
5	Manufacturer#1	Brand#15
6	Manufacturer#2	Brand#21
7	Manufacturer#2	Brand#22
8	Manufacturer#2	Brand#23
9	Manufacturer#2	Brand#24
10	Manufacturer#2	Brand#25
11	Manufacturer#3	Brand#31
12	Manufacturer#3	Brand#32
13	Manufacturer#3	Brand#33
14	Manufacturer#3	Brand#34
15	Manufacturer#3	Brand#35
16	Manufacturer#4	Brand#41
17	Manufacturer#4	Brand#42
18	Manufacturer#4	Brand#43
19	Manufacturer#4	Brand#44
20	Manufacturer#4	Brand#45
21	Manufacturer#5	Brand#51
22	Manufacturer#5	Brand#52
23	Manufacturer#5	Brand#53
24	Manufacturer#5	Brand#54
25	Manufacturer#5	Brand#55

图 3-7

在图 3-8 所示的 SSB 数据库的 LINEORDER 表中，存在函数依赖 (LO_ORDERKEY,LO_LINENUMBER) →(LO_CUSTKEY, LO_ORDERDATE, LO_ORDERPRIORITY, LO_ORDERTOTALPRICE, LO_PARTKEY, LO_SUPPKEY, LO_QUANTITY, LO_EXTENDEDPRICE, LO_DISCOUNT, LO_TAX, LO_COMMITDATE, LO_SHIPMODE)，但属性组(LO_CUSTKEY, LO_ORDERDATE, LO_ORDERPRIORITY, LO_ORDERTOTALPRICE) 对 (LO_ORDERKEY, LO_LINENUMBER)存在部分函数依赖关系，(LO_ORDERKEY, LO_LINENUMBER)的真子集 LO_ORDERKEY 存在 LO_ORDERKEY→(LO_CUSTKEY, LO_ORDERDATE, LO_ORDERPRIORITY, LO_ORDERTOTALPRICE) 函数依赖关系。部分函数依赖导致属性组(LO_CUSTKEY, LO_ORDERDATE, LO_ORDERPRIORITY, LO_ORDERTO-TALPRICE) 根据其依赖的属性 LO_ORDERKEY 的数量产生冗余存储代价。

	lo_orderkey	lo_linenumber	lo_custkey	lo_orderdate	lo_orderpriority	lo_ordertotalprice	lo_partkey	lo_suppkey	lo_quantity	lo_extendedprice	lo_discount	lo_tax	lo_commitdate	lo_shipmode
1	1	1	7381	19960102	5-LOW	17366547	155190	4137	17	2116823	4	2	19960212	TRUCK
2	1	2	7381	19960102	5-LOW	17366547	67310	815	36	4598316	9	6	19960228	MAIL
3	1	3	7381	19960102	5-LOW	17366547	63700	355	8	1330960	10	2	19960305	REG AIR
4	1	4	7381	19960102	5-LOW	17366547	2132	4711	28	2895564	9	6	19960330	AIR
5	1	5	7381	19960102	5-LOW	17366547	24027	8123	24	2282448	10	4	19960314	FOB
6	1	6	7381	19960102	5-LOW	17366547	15635	6836	32	4962016	7	2	19960207	MAIL
7	2	1	15601	19961201	1-URGENT	4692918	106170	5329	38	4469446	0	5	19970114	RAIL
8	3	1	24664	19931014	5-LOW	19384625	4297	9793	45	5405805	6	0	19940104	AIR
9	3	2	24664	19931014	5-LOW	19384625	19036	8333	49	4679647	10	0	19931220	RAIL
10	3	3	24664	19931014	5-LOW	19384625	128449	7045	27	3989088	6	7	19931122	SHIP
11	3	4	24664	19931014	5-LOW	19384625	29380	3709	2	261876	1	6	19940107	TRUCK
12	3	5	24664	19931014	5-LOW	19384625	183095	8034	28	3298652	4	0	19940110	FOB
13	3	6	24664	19931014	5-LOW	19384625	62143	8827	26	2873364	10	2	19931218	RAIL

图 3-8

传递函数依赖：在 $R(U)$中，若 $X\rightarrow Y$，同时满足 Y 不是 X 的子集且不存在 $Y\rightarrow X$ 时，有 $Y\rightarrow Z$ 且 Z 不是 Y 的子集，则称 Z 对 X 传递函数依赖，记作 $X\xrightarrow{\text{传递}}Y$。

在图 3-9 所示的 SSB 数据库的 SUPPLIER 表中，存在 S_CITY→S_NATION，S_NATION→S_REGION，可以得到 S_CITY $\xrightarrow{\text{传递}}$ S_REGION。

s_suppkey	s_name	s_address	s_city	s_nation	s_region	s_phone
1	Supplier#000000001	N kD4on9OM Ip...	PERU 0	PERU	AMERICA	27-989-741-2988
2	Supplier#000000002	89eJ5ksX3Imx	ETHIOPIA 1	ETHIOPIA	AFRICA	15-768-687-3665
3	Supplier#000000003	q1,G3Pj6OjIuUY...	ARGENTINA7	ARGENTINA	AMERICA	11-719-748-3364
4	Supplier#000000004	Bk7ah4CK8SYQTep	MOROCCO 4	MOROCCO	AFRICA	25-128-190-5944
5	Supplier#000000005	Gcdm2rJRzl	IRAQ 5	IRAQ	MIDDLE EAST	21-750-942-6364
6	Supplier#000000006	tQxuVm7	KENYA 2	KENYA	AFRICA	24-114-968-4951
7	Supplier#000000007	s,4TicNGB4uO6	UNITED KI0	UNITED KINGDOM	EUROPE	33-190-982-9759
8	Supplier#000000008	9Sq4bBH2FQEm...	PERU 6	PERU	AMERICA	27-147-574-9335
9	Supplier#000000009	1KhUgZegwM3ua7	IRAN 6	IRAN	MIDDLE EAST	20-338-906-3675
10	Supplier#000000010	Saygah3gYWM	UNITED ST9	UNITED STATES	AMERICA	34-741-346-9870

图 3-9

函数依赖定义了关系模式内部属性间的依赖关系，主要用途是定义关系的码属性及通过规范化对关系模式进行优化。

关系模式定义了关系的逻辑结构，关系可以看作关系模式的实例，是关系模式在某一时刻的状态或内容，关系实例的内容随关系上的更新操作而不断发生变化。

3.2.4 码

在关系中最小访问的数据项是属性值，形象地表示为指定元组行与指定属性列的交点。属性列用唯一的属性名标识，元组行需要通过特定属性值来唯一标识，因此需要在关系中指定能够唯一标识一个元组的属性或属性组。码是关系模式中重要的概念，根据使用特征的不同，可以分为以下几种。

定义 3.6 超码（Superkey）：一个或多个属性的集合，这些属性的集合可以在关系中唯一地标识一个元组。设 K 为 $R(U,F)$ 中的属性或属性组，存在部分函数依赖 $K \xrightarrow{P} U$，则称 K 为超码。

定义 3.7 候选码（Candidate Key）：设 K 为 $R(U,F)$ 中的属性或属性组，若存在完全函数依赖 $K \xrightarrow{F} U$，则称 K 为 R 的候选码。

超码中可能包含非决定因素的属性，而候选码是最小的超码，即 K 的任意一个真子集都不是候选码。

当关系中存在多个候选码时，主码（Primary Key）代表被数据库设计者选中作为关系中区分不同元组的主要候选码。码（超码、候选码、主码）是关系中唯一标识元组的方法，关系中任意两个元组不允许同时在码属性上具有相同的值。

包含在任意一个候选码中的属性称为主属性（Primary Attribute），不包含在任意候选码中的属性称为非主属性（Non-primary Attribute）或非码属性（Non-key Attribute）。当关系 R 中全部的属性组是码时，称为全码（All-key）。

码属性值与关系中的元组一一对应，设 K 为码属性，$|K|$ 代表属性 K 的势，$|R|$ 代表关系 R 中元组的数量，则满足 $|K|=|R|$。但候选码的选择还需要考虑语义上的唯一性，如身份证号具有唯一性，而姓名、地址等不具有唯一性，即使当前关系实例中姓名、地址属性的势与关系元组数量相同，但仍可能在更新时插入重复的姓名或地址，因此不能作为候选码。

在关系数据库中，主码属性上通常创建聚簇索引（Clustered Index），候选码属性上可以创建唯一索引（Unique Index），用于加速对元组的查找。

当一个关系模式的属性中包含了另一个关系模式的主码时，这个属性称为外码，它定义了两个关系模式之间属性值的参照关系（Referencing Relation）。

定义 3.8 外码（Foreign Key）：设关系 $R(K_r,F,\cdots)$ 中 K_r 为关系 R 的主码，F 是 R 的一个或一组属性，但不是关系 R 的码；关系 $S(K_s,\cdots)$ 中 K_s 为关系 S 的主码，如果 F 与 K_s 的属性值相对应，即任意一个 $v \in F$，都有 $v \in K_s$，则称 F 是 R 的外码。其中，关系 R 为参照关系（Referencing Relation），关系 S 为被参照关系（Referenced Relation）。

图 3-5 中关系 NATION 与 REGION 是参照与被参照关系，关系 REGION 中的属性 R_REGIONKEY 为主码，关系 NATION 中的属性 N_REGIONKEY 为外码，即 N_REGIONKEY 的取值来自 R_REGIONKEY 的域。

外码定义了关系模式中不同关系之间属性值的相等关系，定义了表间元组的逻辑访问关系。下面以创建关系 NATION 的 SQL 命令为例，说明关系模式的组成。

```
CREATE TABLE NATION
    ( N_NATIONKEY    INTEGER     PRIMARY KEY,
      N_NAME         CHAR(25),
      N_REGIONKEY    INTEGER     REFERENCES REGION (R_REGIONKEY),
      N_COMMENT      VARCHAR(152) );
```

NATION 为关系名，在表定义命令中分别指定关系模式中包含的属性名和数据类型（域），PRIMARY KEY 定义关系 NATION 中的主码，REFERENCES REGION (R_REGIONKEY)定义 R_REGIONKEY 为外码，参照关系为 REGION，参照主码为 R_REGIONKEY。

复杂的关系模式中包含众多的表,主码定义了每个表中唯一标识表中元组的属性,外码定义了表间等价元组访问的路径。例如,在图 3-10 所示的数据库 TPC-H 中,属性组 (L_ORDERKEY,L_LINENUMBER) 为 LINEITEM 表的主码,唯一标识表中的元组。L_ORDERKEY 为 LINEITEM 表的外码,其属性值来自 ORDERS 表的主码属性 O_ORDERKEY,O_CUSTKEY 为 ORDERS 表的外码,参照 CUSTOMER 表的主码属性 C_CUSTKEY,C_NATIONKEY 为 CUSTOMER 表的外码,参照 NATION 表的主码属性 N_NATIONKEY,N_REGIONKEY 为 NATION 表的外码,参照 REGION 表的主码属性 R_REGIONKEY。在创建数据库中的各个表时,需要根据主码与外码的定义按顺序创建表与导入数据,表创建顺序为:(REGION→NATION→(CUSTOMER, SUPPLIER),PART)→(PARTSUPP, ORDERS)→LINEITEM。箭头表示左端的表必须先于右端的表创建,表 REGION 必须在表 NATION 之前创建,创建表 NATION 后才可以创建表 CUSTOMER 和 SUPPLIER,创建了表 SUPPLIER 和表 PART 后才可以创建表 PARTSUPP,创建表 CUSTOMER 后才能创建表 ORDERS,创建表 PARTSUPP 和表 ORDERS 后才能创建表 LINEITEM。

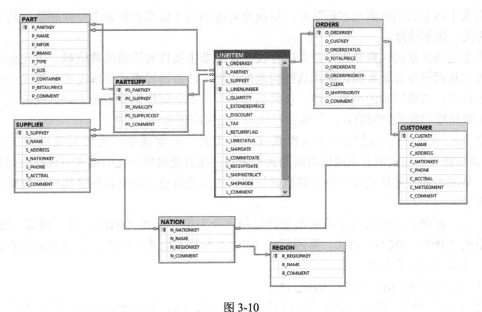

图 3-10

3.2.5 规范化

规范化是对关系模式中的属性进行组织的过程,通过规范化将非规范模式或规范化程度低的关系模式,根据其中数据之间的关系分解为两个或多个规范模式,从而达到消除冗余数据(如把重复出现的数据通过模式分解存储在一个或多个表里)和确保有效的数据依赖(存在依赖关系的数据存储在一个表里)的目的。

关系模式中存在冗余数据是进行规范化的主要原因,冗余数据可以造成存储空间浪费、更新异常、插入异常、删除异常等问题。在一个关系模式中可能存在多个函数依赖,如图 3-8 所示的部分函数依赖和图 3-9 所示的传递函数依赖。这些函数依赖在数据库的维护中会产生如下问题。

1. 数据冗余

图 3-8 所示的部分函数依赖导致依赖于 LO_ORDERKEY 的属性组与 LO_ORDERKEY 的值一同重复存储，浪费了存储空间。

2. 更新异常

部分函数依赖产生的冗余数据在数据更新时需要同步更新，增加了更新代价，增加了数据不一致的风险。传递函数依赖同样存储了冗余的数据，当更新图 3-9 所示的 NATION 名字时，需要对表中所有元组进行扫描，并更新所有对应的 NATION 信息。

3. 插入异常

图 3-9 所示的传递函数依赖包含了 CITY-NATION-REGION 多级地理信息，通常，表 SUPPLIER 元组存储该多级地理信息数据。当增加一个新的国家，但目前还没有来自该国家的供应商时，则无法将该国家信息存入数据库。

4. 删除异常

当某个国家的供应商全部删除时，供应商对应的国家信息也在表中一同删除，从而使数据库丢失了国家信息。

产生这些异常的主要原因是关系中存在冗余的非主属性对码的函数依赖，不完全函数依赖于码，从而产生冗余数据。解决这些问题的主要方法是通过模式分解将关系模式分解为若干关系模式，消除冗余的函数依赖，使关系模式中的非主属性完全依赖于码。规范化过程能够减少数据库和表的空间消耗，并确保存储的一致性和逻辑性。

规范化的方法是把泛化的关系模式（单个大表）分解成单一化的关系模式（多个小表），消除泛化的模式中非主属性对码的函数依赖，使其变成单一化的模式中对码的完全函数依赖，从而消除关系模式内不恰当的数据依赖，达到消除数据库更新异常和减少数据冗余存储的目的。

通常，按属性间依赖情况将关系规范化程度分为第一范式（1NF）、第二范式（2NF）、第三范式（3NF）、BCNF 范式、第四范式（4NF）和第五范式（5NF）。范式表示关系优化的级别，范式之间的关系为：

$5NF \subset 4NF \subset BCNF \subset 3NF \subset 2NF \subset 1NF$

将一个低一级范式的关系模式通过模式分解（Schema Decomposition）转换为若干个高一级范式的关系模式的集合的过程称为规范化。

定义 3.9 1NF：若关系模式满足每一个分量必须是不可分的数据项，则该关系模式属于第一范式（1NF）。

第一范式是使用关系模型的基础要求，如图 3-3 所示的表可以通过修改属性名的方式将嵌套属性转换为单一属性，从而满足 1NF 的要求；图 3-4 所示的 Column Family 存储模型也可以通过模式分解的方式将其嵌套属性结构分解为两个满足 1NF 要求的表。

第一范式给出了一种标准的二维表结构，即列是最小的垂直分量，不支持列中有列、表中有表的嵌套结构。列是属性语义信息的最小存储单位，但满足第一范式的关系中的列在语义上可以进一步拆分为多个列，如姓名属性通常设计为一列，当需要按姓氏进行统计时可以划分为姓和名两列；日期属性通常为一列，也可以进一步划分为年、月、日三列以满足更细粒度的分析处理需求。

第一范式主要从物理存储的角度确定了列为关系最小垂直分量的特点。第一范式仅满足关系的最低要求,并且虽然它解决了关系存储问题,但不能解决存储效率问题。

1NF 是关系数据库的基础,关系数据库基于 1NF 提供了进一步的存储优化技术和查询优化技术。当前,NoSQL 数据库在数据模型上通常不满足 1NF 要求,关系模式通过码唯一确定一个结构化的关系存储结构,而 NoSQL 数据库通常通过 key 值唯一确定一个非结构化的 value 存储结构。

定义 3.10 2NF:若 $R \in 1NF$,且每一个非主属性完全函数依赖于码,则 $R \in 2NF$。

如果把每一个函数依赖看作具有主码的表,则不满足 2NF 的关系相当于"表中有表",即一个函数依赖中包含另一个函数依赖。

图 3-8 所示的关系中包含以下函数依赖。

(LO_ORDERKEY, LO_LINENUMBER)
$\xrightarrow{F}$ (LO_PARTKEY, LO_SUPPKEY, LO_QUANTITY, LO_EXTENDEDPRICE, LO_DISCOUNT, LO_TAX, LO_COMMITDATE, LO_SHIPMODE)

LO_ORDERKEY $\xrightarrow{F}$ (LO_CUSTKEY, LO_ORDERDATE, LO_ORDERPRIORITY, LO_ORDERTOTALPRICE)

(LO_ORDERKEY, LO_LINENUMBER)
$\xrightarrow{P}$ (LO_CUSTKEY, LO_ORDERDATE, LO_ORDERPRIORITY, LO_ORDERTOTALPRICE)

图 3-11(a)所示的实线表示完全函数依赖,虚线表示部分函数依赖。非主属性 LO_CUSTKEY、LO_ORDERDATE、LO_ORDERPRIORITY、LO_ORDERTOTALPRICE 并不完全依赖于码 LO_ORDERKEY、LO_LINENUMBER,因此关系 LINEORDER 不符合 2NF 定义,即 LINEORDER $\notin$ 2NF。

从逻辑关系上看,LINEORDER 不符合 2NF 定义,相当于在一个关系中存储了两个关系,LINEITEM 和 ORDERS,ORDERS 关系的码是 LO_ORDERKEY,ORDERS 关系表示订单总体的信息,LINEITEM 关系的码是(LO_ORDERKEY, LO_LINENUMBER),LINEITEM 关系表示订单的明细信息,这两个关系具有不同的含义,在现实世界业务流程中也有不同的时间顺序。对于新增的记录,ORDERS 关系中先创建订单元组,LINEITEM 关系中的明细元组随后才能插入。每一个 ORDERS 关系的元组在 LINEITEM 关系中由于复合码定义而有多个重复的 LO_ORDERKEY 值,造成 ORDERS 关系对应的元组在 LINEORDER 关系中存储多份。因此,不满足 2NF 关系主要的问题是关系中包含了其他关系,造成不同关系中的数据冗余,需要将关系分解为多个独立的关系。

图 3-11(b)所示为将不满足 2NF 的关系 LINEORDER 分解为两个满足 2NF 关系的 LINEITEM 和 ORDERS 的过程。分解后,LINEITEM 关系中的非主属性(L_PARTKEY, L_SUPPKEY, L_QUANTITY, L_EXTENDEDPRICE, L_DISCOUNT, L_TAX, L_COMMITDATE, L_SHIPMODE)完全函数依赖于码(L_ORDERKEY, L_LINENUMBER)。关系 ORDERS 中的非主属性(O_CUSTKEY、O_ORDERDATE、O_ORDERPRIORITY、O_ORDERTOTALPRICE)完全函数依赖于码 O_ORDERKEY。LINEITEM 关系的 LO_ORDERKEY 是外键,与 ORDERS 关系中的 O_ORDERKEY 之间存在参照引用关系。通过 2NF 分解,将一个关系中通过物理记录对应的 LINEITEM 和 ORDERS 数据的对应关系通过两个独立的关系和关系间的参照完整性约束联系起来,优化了数据库的存储结构。

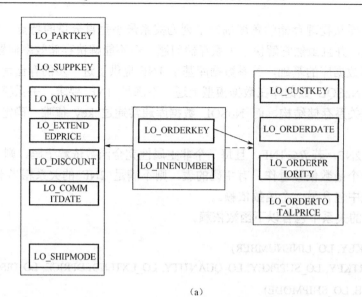

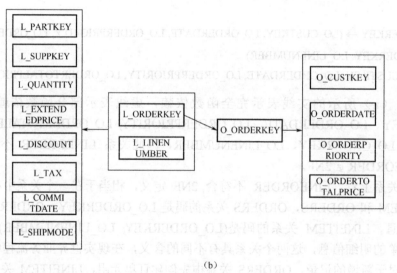

图 3-11

在图 3-9 所示的 SUPPLIER 表中存在传递依赖关系：S_CITY $\xrightarrow{传递}$ S_REGION，即 S_CITY →S_NATION，S_NATION→S_REGION。非主属性 S_REGION 传递依赖于 S_CITY，这种传递依赖关系同样产生关系中嵌套关系的问题，造成记录在插入、删除、修改时的异常问题。3NF 定义了非主属性不传递函数依赖于任意一个其他非键主属性的约束，消除传递依赖所造成的数据管理问题。

定义 3.11 3NF：关系模式 $R \in $ 1NF，R 中若不存在码 X，属性组 Y 及非主属性 Z（$Z \nsubseteq Y$），使行 $X \rightarrow Y$，$Y \rightarrow Z$ 成立，并且 $Y \nrightarrow X$，则称 $R \in$ 3NF。

在 3NF 定义中，X 是码，Y 是非码属性（$Y \nrightarrow X$），Z 是 Y 的非平凡函数依赖（$Y \rightarrow Z$，$Z \nsubseteq Y$），当存在 $X \xrightarrow{传递} Z$ 时，R 不满足 3NF 的定义，因此需要通过模式分解将 R 中包含的传递函数依赖关系分离出去。

在图 3-9 所示的关系 SUPPLIER 中，存在 S_SUPPKEY $\xrightarrow{传递}$ S_NATION 和 S_SUPPKEY $\xrightarrow{传递}$ S_REGION，因此不满足 3NF 要求，存在属性 S_NATION 和 S_REGION 在插入、删除、修

改上的异常。通过模式分解将关系 SUPPLIER 中的传递依赖关系分解出去，分解为 SUPPLIER、NATION 和 REGION 三个关系，每个关系中消除了传递函数依赖关系，使其满足 3NF 要求，如图 3-12 所示。通过设置关系间的参照引用关系：

$$\text{SUPPLIER(S_NATIONKEY)} \xrightarrow{\text{参照}} \text{NATION(N_NATIONKEY)}$$

$$\text{NATION(N_REGIONKEY)} \xrightarrow{\text{参照}} \text{REGION(R_REGIONKEY)}$$

设置关系之间的联系，将三个关系还原为原始的关系结构。

	S_SUPPKEY	S_NAME	S_ADDRESS	S_NATIONKEY	S_PHONE	S_ACCTBAL
1	1	Supplier#000000001	N kD4on9OM Ipw3,gf0JBoQDd7tgrzrddZ	17	27-918-335-1736	5755.94
2	2	Supplier#000000002	89eJ5ksX3ImxJQBvxObC,	5	15-679-861-2259	4032.68
3	3	Supplier#000000003	q1,G3Pj6OjIuUYfUoH18BFTKP5aU9bEV3	1	11-383-516-1199	4192.4
4	4	Supplier#000000004	Bk7ah4CK8SYQTepEmvMkkgMwg	15	25-843-787-7479	4641.08
5	5	Supplier#000000005	Gcdm2rJRzl5qlTVzc	11	21-151-690-3663	-283.84
6	6	Supplier#000000006	tQxuVm7s7CnK	14	24-696-997-4969	1365.79
7	7	Supplier#000000007	s,4TicNGB4uO6PaSqNBUq	23	33-990-965-2201	6820.35
8	8	Supplier#000000008	9Sq4bBH2FQEmaFOocY45sRTxo6yuoG	17	27-498-742-3860	7627.85
9	9	Supplier#000000009	1KhUgZegwM3ua7dsYmekYBsK	10	20-403-398-8662	5302.37
10	10	Supplier#000000010	Saygah3gYWMp72i PY	24	34-852-489-8585	3891.91
11	11	Supplier#000000011	JfwTs,LZrV, M,9C	18	28-613-996-1505	3393.08
12	12	Supplier#000000012	aLIW q0HYd	8	18-179-925-7181	1432.69
13	13	Supplier#000000013	HK71HQyWoqRWOX8GI FpgAifW,2PoH	3	13-727-620-7813	9107.22
14	14	Supplier#000000014	EXsnO5pTNj4iZRm	15	25-656-247-5058	9189.82
15	15	Supplier#000000015	olXVbNBfVzRqgokr1T,le	8	18-453-357-6394	308.56

	N_NATIONKEY	N_NAME	N_REGIONKEY
1	0	ALGERIA	0
2	1	ARGENTINA	1
3	2	BRAZIL	1
4	3	CANADA	1
5	4	EGYPT	4
6	5	ETHIOPIA	0
7	6	FRANCE	3
8	7	GERMANY	3
9	8	INDIA	2
10	9	INDONESIA	2

	R_REGIONKEY	R_NAME
1	0	AFRICA
2	1	AMERICA
3	2	ASIA
4	3	EUROPE
5	4	MIDDLE EAST

图 3-12

模式分解后，原始表中的 S_NATION、S_REGION 列被移除，S_NATION 列由较长的字符串类型转换为较短的整数编码列，减少了存储空间消耗。NATION 表和 REGION 表很小且独立存储和管理，当 REGION 表上 R_NAME 名称发生变化时，原始 NATION 表保持不变，只有当 REGION 表的主码发生变化时，才需要更新 NATION 表中的 N_REGIONKEY 列。

在事务处理系统中，3NF 能够更好地处理数据更新任务，保证了实体集的独立性。但满足 3NF 的关系模式增加了很多关系之间的连接操作，增加了查询处理的复杂性，降低了大数据查询处理时的性能。如图 3-13（a）所示的 TPC-H 关系模式中，NATION 与 REGION 表对于 SUPPLIER 和 CUSTOMER 表满足 3NF 要求，LINEITEM 表和 ORDERS 表满足 2NF 要求，在提高存储效率的同时也产生了较大的多表连接代价。

在分析型应用中，历史数据执行只读的查询操作，更新为 INSERT-ONLY 类型，规范化所解决的插入、更新、删除等异常问题产生的影响较小，适当地采用非规范化的设计，如图 3-13（b）所示，将满足 3NF的关系模式 SUPPLIER、NATION、REGION 物化在 SUPPLIER 表中，将满足 2NF的 LINEITEM 和 ORDERS 表物化为 LINEORDER 表，简化关系数据库的模式设计复杂性，减少连接操作数量，从而提高查询处理性能。分析型处理中，只读的特性使不满足 3NF关系模式更新异常的问题对数据库的影响降到最低，但简化的模式设计减少了大数据分析处理时复杂的连接操作，能够显著地提高查询处理性能。

更高级别的规范化包括 BCNF、4NF、5NF，规范化的思想是逐步地消除数据依赖在不适合的部分，采用一个关系描述一个概念、一个实体或一个联系的设计原则，消除关系中物理和逻辑的“表中有表”的问题，实现概念的单一化。BCNF消除了任何属性对码的传递依赖与部分依赖，4NF 消除了非平凡且非函数依赖的多值依赖，5NF优化了连接依赖。应用系统数据库通常优化到 3NF，更高级别的 BCNF、4NF、5NF在本书中不进行讲解，感兴趣的读者可以参考相关的书籍。

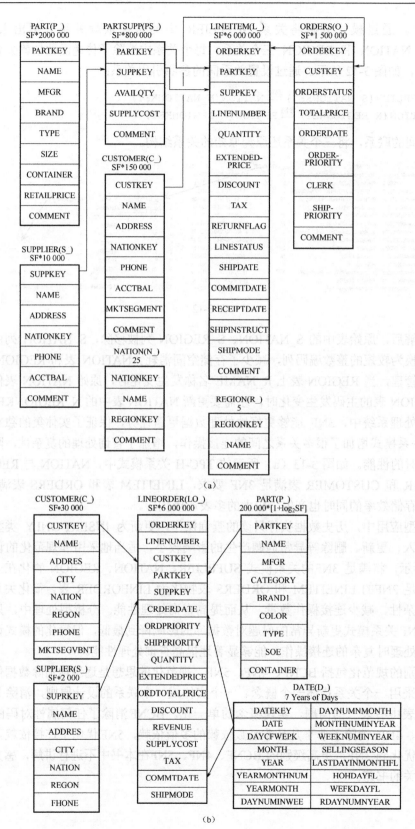

图 3-13

小结：根据上述对关系的描述，关系具有以下几条基本性质。

①关系中的属性必须是不可分的数据项。关系模型最基础的 1NF 约束条件是关系的每一个分量不可分，属性中不可嵌套属性，不允许"表中嵌套表"的递归结构。

②列的顺序不重要。关系数据库对列采用按名访问方式，用户查询时可以任意指定列的输出顺序。在数据库系统实现层面，存储引擎会根据列的数据类型优化物理存储结构，并不与关系创建时所定义的列的顺序保持一致。

③关系中的列是同质的。列对关系的一个分量，由相同类型的数据组成，数据来自相同的值域。当采用列存储时，列同质的性质保证了列上的数据压缩比行存储更加高效。

④不同的列值域可以相同。不同的列可以来自相同的域，但具有不同的语义。

⑤关系中任意两个元组的候选码不能相同。候选码起到唯一标识关系中元组的作用，通常情况下，关系中至少需要一个候选码，当所有的属性组成候选码时称为全码。候选码不能相同决定了关系中不存在重复的行，保证了任何记录可以被唯一标识和访问。关系中创建主码后，当插入记录和更新记录时必须进行主码唯一性验证，以保证主码的有效性。

⑥行的顺序不重要。关系是一种集合，对行的顺序没有要求。在数据库系统实现中，更新操作可能会导致行位置的变化，但不影响对行的访问。

【案例实践 7】

对关系模式 SSB 进行规范化分析，分析其属于第几范式，对于不满足 3NF 的关系如何通过模式分解使其满足 3NF，分析当前关系模式设计在大数据分析处理时的优缺点。

关系模式 SSB 参照完整性约束，关系之间的主–外键参照引用结构如图 3-14 所示。

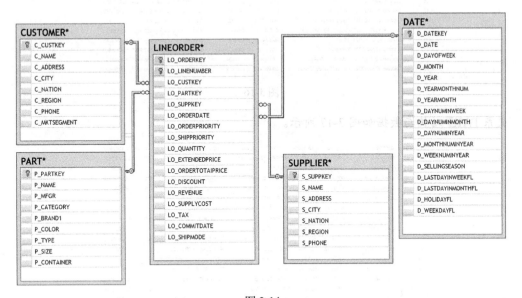

图 3-14

关系 LINEORDER 结构与数据如图 3-15 所示。

lo_...	lo...	lo_custkey	lo_partkey	lo_suppkey	lo_orderdate	lo_orderpriority	lo_s...	lo_quantity	lo_extendedprice	lo_ordertotalprice	lo_discount	lo_revenue	lo_supplycost	lo_tax	lo_commitdate	lo_shi
1	1	7381	155190	4137	19960102	5-LOW	0	17	2116823	17366547	4	2032150	74711	2	19960212	TRUCK
1	2	7381	67310	815	19960102	5-LOW	0	36	4598316	17366547	9	4184467	76638	6	19960228	MAIL
1	3	7381	63700	355	19960102	5-LOW	0	8	1330960	17366547	10	1197864	99822	2	19960305	REG A
1	4	7381	2132	4711	19960102	5-LOW	0	28	2895564	17366547	9	2634963	62047	6	19960330	AIR
1	5	7381	24027	8123	19960102	5-LOW	0	24	2282448	17366547	10	2054203	57061	4	19960314	FOB
1	6	7381	15635	6836	19960102	5-LOW	0	32	4962016	17366547	7	4614674	93037	2	19960207	MAIL
2	1	15601	106170	5329	19961201	1-URGENT	0	38	4469446	4692918	0	4469446	70570	5	19970114	RAIL
3	1	24664	4297	9793	19931014	5-LOW	0	45	5405805	19384625	6	5081456	72077	0	19940104	AIR
3	2	24664	19036	8333	19931014	5-LOW	0	49	4679647	19384625	10	4211682	57301	0	19931220	RAIL
3	3	24664	128449	7045	19931014	5-LOW	0	27	3989088	19384625	7	3749742	88646	7	19931122	SHIP
3	4	24664	29380	3709	19931014	5-LOW	0	2	261876	19384625	1	259257	78562	6	19940107	TRUCK
3	5	24664	183095	8034	19931014	5-LOW	0	28	3298652	19384625	4	3166705	70685	0	19940110	FOB
3	6	24664	62143	8827	19931014	5-LOW	0	26	2873364	19384625	10	2586027	66308	2	19931218	RAIL
4	1	27356	88035	9060	19951011	5-LOW	0	30	3069090	3215178	3	2977017	61381	8	19951214	REG A
5	1	8897	108570	209	19940730	5-LOW	0	15	2367855	14465920	2	2320497	94714	4	19940831	AIR
5	2	8897	123927	1295	19940730	5-LOW	0	26	5072392	14465920	7	4717324	117055	8	19940925	FOB
5	3	8897	37531	4166	19940730	5-LOW	0	50	7342650	14465920	8	6755238	88111	3	19941013	AIR
6	1	11125	139636	2876	19920221	4-NOT SPECI	0	0	0	0	8	0	100537	3	19920515	TRUCK
7	1	7828	182052	8674	19960110	2-HIGH	0	12	1360860	25200418	7	1265599	68043	3	19960313	FOB
7	2	7828	145243	4536	19960110	2-HIGH	0	9	1159416	25200418	9	1066662	77294	8	19960302	SHIP
7	3	7828	94780	6528	19960110	2-HIGH	0	46	8163988	25200418	10	7347589	106486	7	19960327	MAIL
7	4	7828	163073	237	19960110	2-HIGH	0	28	3180996	25200418	3	3085566	68164	4	19960408	FOB

图 3-15

关系 CUSTOMER 结构与数据如图 3-16 所示。

c_custkey	c_name	c_address	c_city	c_nation	c_region	c_phone	c_mktsegment
1	Customer#000000001	IVhzIApeRb	MOROCCO 7	MOROCCO	AFRICA	25-965-341-1659	BUILDING
2	Customer#000000002	XSTf4,NCwDVaWNe6tE	JORDAN 9	JORDAN	MIDDLE EAST	23-232-761-2042	AUTOMOBILE
3	Customer#000000003	MG9kdTD	ARGENTINA2	ARGENTINA	AMERICA	11-435-520-4452	AUTOMOBILE
4	Customer#000000004	XxVSJsL	EGYPT 1	EGYPT	MIDDLE EAST	14-437-566-5322	MACHINERY
5	Customer#000000005	KvpyuHCplrB84WgAi	CANADA 4	CANADA	AMERICA	13-296-241-7137	HOUSEHOLD
6	Customer#000000006	sKZz0CsnMD7mp4Xd0YrBvx	SAUDI ARA3	SAUDI ARABIA	MIDDLE EAST	30-770-327-3725	AUTOMOBILE
7	Customer#000000007	TcGe5gaZNgVePxU5kR	CHINA 3	CHINA	ASIA	28-170-926-3814	AUTOMOBILE
8	Customer#000000008	I0B10bB0AymmC, 0PrRYBC	PERU 2	PERU	AMERICA	27-616-968-9441	BUILDING
9	Customer#000000009	xKiAFTjUsCuxfele	INDIA 6	INDIA	ASIA	18-485-980-9051	FURNITURE
10	Customer#000000010	6LrEaV6KR6PLVcgl2ArL	ETHIOPIA 4	ETHIOPIA	AFRICA	15-494-349-6659	HOUSEHOLD
11	Customer#000000011	PkWS 3HlXqwTuz	UNITED KI0	UNITED KINGDOM	EUROPE	33-426-700-1652	BUILDING
12	Customer#000000012	9PWKuhzT	JORDAN 1	JORDAN	MIDDLE EAST	23-756-802-5346	HOUSEHOLD
13	Customer#000000013	nsXQu0oVjD7PM6	CANADA 5	CANADA	AMERICA	13-503-737-3465	BUILDING
14	Customer#000000014	KXkletMlL	ARGENTINA0	ARGENTINA	AMERICA	11-344-555-5447	FURNITURE
15	Customer#000000015	YtWggXoOLdwdo7b0y,BZaGU	UNITED KI1	UNITED KINGDOM	EUROPE	33-963-915-2277	HOUSEHOLD
16	Customer#000000016	cYiaeMLZSMA	IRAN 7	IRAN	MIDDLE EAST	20-190-682-2104	FURNITURE
17	Customer#000000017	izrh 6jdqtp2eqdtbkswDD8	BRAZIL 5	BRAZIL	AMERICA	12-901-150-4327	AUTOMOBILE
18	Customer#000000018	3txGO AiuFux3zT	FRANCE 1	FRANCE	EUROPE	16-512-443-4758	BUILDING
19	Customer#000000019	uc,3bHIx84H,wdrmLO	CHINA 5	CHINA	ASIA	28-606-162-4557	HOUSEHOLD
20	Customer#000000020	JrPk8Pq	RUSSIA 5	RUSSIA	EUROPE	32-142-619-2599	FURNITURE
21	Customer#000000021	XYmVpr9y	INDIA 8	INDIA	ASIA	18-574-107-9285	MACHINERY
22	Customer#000000022	QI6p41,FNs5k7RZoC	CANADA 1	CANADA	AMERICA	13-422-356-4998	MACHINERY
23	Customer#000000023	OdY W13N7Be3OC5Mpg	CANADA 3	CANADA	AMERICA	13-172-550-2622	HOUSEHOLD

图 3-16

关系 PART 结构与数据如图 3-17 所示。

p_partkey	p_name	p_mfgr	p_category	p_brand1	p_color	p_type	p_size	p_container
1	lace spring	MFGR#1	MFGR#11	MFGR#1121	goldenrod	PROMO BURNISHED COPPER	7	JUMBO PKG
2	rosy metallic	MFGR#4	MFGR#43	MFGR#4318	blush	LARGE BRUSHED BRASS	1	LG CASE
3	green antique	MFGR#3	MFGR#32	MFGR#3210	dark	STANDARD POLISHED BRASS	21	WRAP CASE
4	metallic smoke	MFGR#1	MFGR#14	MFGR#1426	chocolate	SMALL PLATED BRASS	14	MED DRUM
5	blush chiffon	MFGR#4	MFGR#45	MFGR#4510	forest	STANDARD POLISHED TIN	15	SM PKG
6	ivory azure	MFGR#2	MFGR#23	MFGR#2325	white	PROMO PLATED STEEL	4	MED BAG
7	blanched tan	MFGR#5	MFGR#51	MFGR#513	blue	SMALL PLATED COPPER	45	SM BAG
8	khaki cream	MFGR#1	MFGR#13	MFGR#1328	ivory	PROMO BURNISHED TIN	41	LG DRUM
9	rose moccasin	MFGR#4	MFGR#41	MFGR#4117	thistle	SMALL BURNISHED STEEL	12	WRAP CASE
10	moccasin royal	MFGR#2	MFGR#21	MFGR#2128	floral	LARGE BURNISHED STEEL	44	LG CAN
11	turquoise sandy	MFGR#3	MFGR#34	MFGR#3438	chocolate	STANDARD BURNISHED NICKEL	43	WRAP BOX
12	ivory olive	MFGR#3	MFGR#35	MFGR#3524	peru	MEDIUM ANODIZED STEEL	25	JUMBO CASE
13	blue olive	MFGR#5	MFGR#53	MFGR#5333	ghost	MEDIUM BURNISHED NICKEL	1	JUMBO PACK
14	seashell burnished	MFGR#1	MFGR#14	MFGR#1421	linen	SMALL POLISHED STEEL	28	JUMBO BOX
15	dark sky	MFGR#3	MFGR#34	MFGR#3438	navajo	LARGE ANODIZED BRASS	45	LG CASE
16	brown turquoise	MFGR#5	MFGR#54	MFGR#5415	deep	PROMO PLATED TIN	2	MED PACK
17	navy orange	MFGR#2	MFGR#21	MFGR#2124	burnished	ECONOMY BRUSHED STEEL	16	LG BOX
18	indian forest	MFGR#4	MFGR#42	MFGR#425	spring	SMALL BURNISHED STEEL	42	JUMBO PACK
19	forest floral	MFGR#4	MFGR#44	MFGR#4418	dodger	SMALL ANODIZED NICKEL	33	WRAP BOX
20	salmon dark	MFGR#5	MFGR#52	MFGR#529	bisque	LARGE POLISHED NICKEL	48	MED BAG
21	aquamarine firebrick	MFGR#2	MFGR#25	MFGR#2517	lemon	SMALL BURNISHED TIN	31	MED BAG
22	floral beige	MFGR#4	MFGR#44	MFGR#4421	medium	PROMO POLISHED BRASS	19	LG DRUM
23	bisque slate	MFGR#4	MFGR#41	MFGR#4137	firebrick	MEDIUM BURNISHED TIN	42	JUMBO JAR

图 3-17

关系 SUPPLIER 结构与数据如图 3-18 所示。

s_suppkey	s_name	s_address	s_city	s_nation	s_region	s_phone
1	Supplier#000000001	N kD4on9OM Ip...	PERU 0	PERU	AMERICA	27-989-741-2988
2	Supplier#000000002	89eJ5ksX3Imx	ETHIOPIA 1	ETHIOPIA	AFRICA	15-768-687-3665
3	Supplier#000000003	q1,G3Pj6OjIuUY...	ARGENTINA7	ARGENTINA	AMERICA	11-719-748-3364
4	Supplier#000000004	Bk7ah4CK8SYQTep	MOROCCO 4	MOROCCO	AFRICA	25-128-190-5944
5	Supplier#000000005	Gcdm2rJRzl	IRAQ 5	IRAQ	MIDDLE EAST	21-750-942-6364
6	Supplier#000000006	tQxuVm7	KENYA 2	KENYA	AFRICA	24-114-968-4951
7	Supplier#000000007	s,4TicNGB4uO6	UNITED KI0	UNITED KINGDOM	EUROPE	33-190-982-9759
8	Supplier#000000008	9Sq4bBH2FQEm...	PERU 6	PERU	AMERICA	27-147-574-9335
9	Supplier#000000009	1KhUgZegwM3ua7	IRAN 6	IRAN	MIDDLE EAST	20-338-906-3675
10	Supplier#000000010	Saygah3gYWM	UNITED ST9	UNITED STATES	AMERICA	34-741-346-9870
11	Supplier#000000011	JfwTs,LZrV	CHINA 3	CHINA	ASIA	28-464-151-3439
12	Supplier#000000012	aLIW	INDIA 5	INDIA	ASIA	18-791-276-1263
13	Supplier#000000013	HK71HQyWoqR...	CANADA 8	CANADA	AMERICA	13-761-547-5974
14	Supplier#000000014	EXsnO5pTN	MOROCCO 0	MOROCCO	AFRICA	25-845-129-3851
15	Supplier#000000015	olXVbNBfVzRqg	INDIA 0	INDIA	ASIA	18-687-542-7601
16	Supplier#000000016	YjP5C55zHDXL7...	RUSSIA 5	RUSSIA	EUROPE	32-781-609-3107
17	Supplier#000000017	c2d,ESHRSkK3WYn	ROMANIA 6	ROMANIA	EUROPE	29-970-682-3487
18	Supplier#000000018	PGGVE5PWA	MOZAMBIQU0	MOZAMBIQUE	AFRICA	26-155-215-1315
19	Supplier#000000019	edZT3es,nBFD	UNITED ST3	UNITED STATES	AMERICA	34-396-526-5053
20	Supplier#000000020	iybAE,RmTymrZVY	CANADA 0	CANADA	AMERICA	13-957-234-8742
21	Supplier#000000021	81CaveIlcrJ0PQ...	BRAZIL 4	BRAZIL	AMERICA	12-902-614-8344
22	Supplier#000000022	okiiQFk 8lm6EV	EGYPT 6	EGYPT	MIDDLE EAST	14-806-545-9701

图 3-18

关系 DATE 结构与数据如图 3-19 所示。

d_datekey	d_date	d_dayofweek	d_month	d_year	d_yearmonthnum	d_yearmonth	d_daynuminweek	d_daynuminmonth	d_daynuminyear	d_monthnuminyear	d_weeknuminyear	d_se
19920101	January 1, 1992	Thursday	January	1992	199201	Jan1992	5	1	1	1	1	Winte
19920102	January 2, 1992	Friday	January	1992	199201	Jan1992	6	2	2	1	1	Winte
19920103	January 3, 1992	Saturday	January	1992	199201	Jan1992	7	3	3	1	1	Winte
19920104	January 4, 1992	Sunday	January	1992	199201	Jan1992	1	4	4	1	1	Winte
19920105	January 5, 1992	Monday	January	1992	199201	Jan1992	2	5	5	1	1	Winte
19920106	January 6, 1992	Tuesday	January	1992	199201	Jan1992	3	6	6	1	1	Winte
19920107	January 7, 1992	Wednesday	January	1992	199201	Jan1992	4	7	7	1	2	Winte
19920108	January 8, 1992	Thursday	January	1992	199201	Jan1992	5	8	8	1	2	Winte
19920109	January 9, 1992	Friday	January	1992	199201	Jan1992	6	9	9	1	2	Winte
19920110	January 10, 1992	Saturday	January	1992	199201	Jan1992	7	10	10	1	2	Winte
19920111	January 11, 1992	Sunday	January	1992	199201	Jan1992	1	11	11	1	2	Winte
19920112	January 12, 1992	Monday	January	1992	199201	Jan1992	2	12	12	1	2	Winte
19920113	January 13, 1992	Tuesday	January	1992	199201	Jan1992	3	13	13	1	2	Winte
19920114	January 14, 1992	Wednesday	January	1992	199201	Jan1992	4	14	14	1	3	Winte
19920115	January 15, 1992	Thursday	January	1992	199201	Jan1992	5	15	15	1	3	Winte
19920116	January 16, 1992	Friday	January	1992	199201	Jan1992	6	16	16	1	3	Winte
19920117	January 17, 1992	Saturday	January	1992	199201	Jan1992	7	17	17	1	3	Winte
19920118	January 18, 1992	Sunday	January	1992	199201	Jan1992	1	18	18	1	3	Winte
19920119	January 19, 1992	Monday	January	1992	199201	Jan1992	2	19	19	1	3	Winte
19920120	January 20, 1992	Tuesday	January	1992	199201	Jan1992	3	20	20	1	3	Winte
19920121	January 21, 1992	Wednesday	January	1992	199201	Jan1992	4	21	21	1	4	Winte
19920122	January 22, 1992	Thursday	January	1992	199201	Jan1992	5	22	22	1	4	Winte

图 3-19

【案例实践 8】

对关系模式 TPC-H 进行规范化分析，分析其属于第几范式，对比 SSB 数据库模式，分析当前关系模式设计在大数据分析处理时的优缺点，如图 3-20 所示。

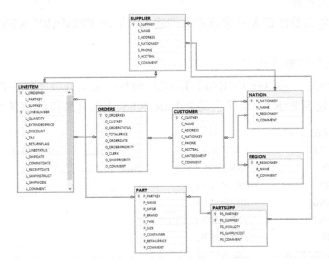

图 3-20

3.2.6 完整性约束

数据库的完整性（Integrity）是指数据的正确性（Correctness）和相容性（Compatability），反映了数据库需要保证数据符合现实语义，符合逻辑的要求。数据库完整性的目标是防止数据库中存在不符合语义的数据，即不正确或不符合数据语义逻辑的数据。数据库的完整性包括以下功能。

① 定义完整性约束条件的机制。

完整性约束条件称为完整性规则，是数据库中的数据必须满足的语义约束条件。完整性约束条件主要包括实体完整性、参照完整性和用户定义完整性，通常由 SQL 语句实现，作为数据库模式的组成部分。其中，实体完整性和参照完整性是关系模型必须满足的完整性约束条件，由关系系统自动支持；用户定义完整性是应用领域需要遵循的约束条件，主要表现为语义约束。

② 完整性检查机制。

完整性检查是数据库检查数据是否满足完整性约束条件的机制，通常在更新操作如 INSERT、UPDATE、DELETE 语句执行时开始检查，以确定这些语句执行后，数据库中的数据是否违背定义的完整性约束条件。

③ 违反完整性约束处理机制。

数据库管理系统在检查出 SQL 语句操作违背了定义的完整性约束条件时，将采取一定的动作，如拒绝执行或级联执行其他操作等违约处理方法，保证数据库的完整性。

1. 实体完整性

实体完整性（Entity Integrity）是指若属性 A（单个属性或属性组）是基本关系 R 的主属性时需要满足 A 不能取空值。空值（NULL）是未赋值的数据，通常是指元组中的属性未赋值的状态。

基本关系中的主码不能取空值。主码起到唯一区分关系中实体的作用，不能取重复值，也不能赋空值。

（1）定义实体完整性

关系模型的实体完整性在关系数据库中创建表时通过 PRIMARY KEY 和 NOT NULL 定义。

① 定义列级实体完整性约束。

当主码为单属性时，可以在 CREATE TABLE 命令中定义列级完整性约束条件。

【例 3.1】 创建表 PART，定义主码 P_PARTKEY 上的完整性约束条件。

```
CREATE TABLE PART (
    P_PARTKEY          INTEGER         NOT NULL    PRIMARY KEY,
    P_NAME             VARCHAR(55)     NOT NULL,
    P_MFGR             CHAR(25),
    P_BRAND            CHAR(10),
    P_TYPE             VARCHAR(25),
    P_SIZE             INTEGER,
    P_CONTAINER        CHAR(10),
    P_RETAILPRICE      FLOAT,
```

```
        P_COMMENT            VARCHAR(23) );
```

P_PARTKEY 为主码属性，需要保证不能取空值和定义为主码，对应 NOT NULL 和 PRIMARY KEY，其中 NOT NULL 可以省略。当 P_NAME 作为候选码时，需要定义 NOT NULL 属性。

② 定义表级实体完整性约束。

当主码为复合属性时，需要在 CREATE TABLE 命令中定义表级完整性约束条件。

【例 3.2】 创建表 PARTSUPP，定义复合主码上的完整性约束条件。

```
CREATE TABLE PARTSUPP(
    PS_PARTKEY        INTEGER NOT NULL,
    PS_SUPPKEY        INTEGER NOT NULL,
    PS_AVAILQTY       INTEGER,
    PS_SUPPLYCOST     FLOAT,
    PS_COMMENT        VARCHAR(199),
    PRIMARY KEY(PS_PARTKEY, PS_SUPPKEY) );
```

PS_PARTKEY 和 PS_SUPPKEY 共同构成复合主码，不能使用列级主码定义，必须使用表级主码定义方法。两个属性在列级定义中需要设置为非空属性（NOT NULL），以保证主属性满足完整性约束条件。在表级主码定义 PRIMARY KEY(PS_PARTKEY, PS_SUPPKEY)中，通过主码定义表上主码属性的完整性约束条件。

(2) 实体完整性检查和违约处理

使用 PRIMARY KEY 子句定义了关系的主码后，当可能破坏实体完整性约束条件的更新操作，如插入和更新主码列时，关系数据库管理系统需要进行实体完整性约束规则检查，如主码值是否唯一，如果不唯一则拒绝插入或修改记录，又如主属性是否为空，如果存在为空的主属性则拒绝插入或修改。

为加速主码值唯一性检查，关系数据库通常在主码上自动创建索引，如 B+树索引或哈希索引，通过索引查找加速主码值检测性能。

2．参照完整性

参照完整性（Referential Integrity）用于定义实体之间的联系。实体之间的联系主要体现在不同关系的元组之间存在的引用联系。

假设 F 是基本关系 R 的一个或一组属性，但不是关系 R 的码，K_S 是基本关系 S 的主码，如果 F 和 K_S 之间存在引用关系，则称 F 是 R 的外码（Foreign Key），基本关系 R 为参照关系（Referencing Relation），基本关系 S 为被参照关系（Referenced Relation）。参照完整性可以写为：$\Pi_F(R) \subseteq \Pi_{K_S}(S)$，即外码属性集为被参照表主码属性集的子集。

① 定义参照完整性。

PARTSUPP 表中 PS_PARTKEY 为外码，参照 PART 表中的主码 P_PARTKEY，列级参照完整性约束定义为 REFERENCES PART (P_PARTKEY)，表级参照完整性约束需要定义为 FOREIGN KEY (PS_PARTKEY) REFERENCES PART (P_PARTKEY)；PS_SUPPKEY 也为外码，参照 SUPPLIER 表中的主码 S_SUPPKEY，列级参照完整性约束定义为 REFERENCES SUPPLIER (S_SUPPKEY)，表级参照完整性约束需要定义为 FOREIGN KEY (PS_SUPPKEY) REFERENCES SUPPLIER (S_SUPPKEY)。

【例 3.3】 创建表 PARTSUPP，定义复合主码上的完整性约束条件，如图 3-21 所示。

```
CREATE TABLE PARTSUPP(
    PS_PARTKEY      INTEGER REFERENCES PART (P_PARTKEY),
    PS_SUPPKEY      INTEGER REFERENCES SUPPLIER (S_SUPPKEY),
    PS_AVAILQTY     INTEGER,
    PS_SUPPLYCOST   FLOAT,
    PS_COMMENT      VARCHAR(199),
PRIMARY KEY(PS_PARTKEY, PS_SUPPKEY) );
```

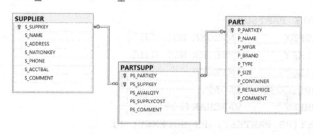

图 3-21

参照完整性约束定义了两相参照表上的实体完整性约束，即被参照表主码的完整性约束和参照表外码值在被参照表主码列上的完整性约束。

如果创建表时未建立参照完整性约束，则可以通过 ALTER TABLE 命令为表增加参照完整性约束，如【例 3.2】中 PARTSUPP 表未定义参照完整性约束，可以通过以下命令创建与【例 3.3】等价的参照完整性约束。

```
ALTER TABLE PARTSUPP ADD CONSTRAINT PS_P FOREIGN KEY (PS_PARTKEY)
REFERENCES PART (P_PARTKEY);
ALTER TABLE PARTSUPP ADD CONSTRAINT PS_S FOREIGN KEY (PS_SUPPKEY)
REFERENCES SUPPLIER (S_SUPPKEY);
```

在实际应用中，不仅多个关系之间可以存在引用关系，同一关系内部属性之间也可能存在引用关系，如职员表中"项目负责人"属性需要引用"职员姓名"属性，即项目负责人必须是当前的职员。

② 参照完整性检查和违约处理。

建立参照完整性约束条件后，被参照表上的更新操作改变元组的主码属性值时，如删除元组和修改主码值，会导致参照表中相应的外码元组失去参照联系，破坏参照完整性约束。根据数据库管理系统内部机制和用户设置可采取拒绝更新、级联删除或修改参照表中相应元组外码属性值，将参照表中相应外码属性值所在的记录设置为空值等方法。被参照表中插入记录时不影响参照完整性约束。

当参照表上执行插入新元组时，必须验证新元组的外码属性值在被参照表主码中唯一存在，并满足参照完整性约束。当修改元组外码属性值时，要求修改后的外码属性值必须对应被参照表主码列中的唯一值，即可以更改外码向主码的映射，但必须满足新外码值与主码的参照完整性约束。当参照表删除元组时，不破坏参照完整性约束。

3. 用户定义完整性

用户定义完整性是在实体完整性和参照完整性之外，面向特定应用场景由用户自行定义的、数据必须满足的语义要求。

① 属性约束。

在创建表时，通过定义属性上的约束条件对表属性值进行约束，主要约束如下。

- 非空（NOT NULL）：属性取值非空。
- 唯一值（UNIQUE）：属性值满足唯一性。
- 表达式（CHECK）：属性值满足条件表达式。

【例 3.4】 定义表是定义用户定义完整性约束条件。

```
CREATE TABLE PART(
    P_PARTKEY          INTEGER            PRIMARY KEY,
    P_NAME             VARCHAR(55)        UNIQUE  NOT NULL,
    P_MFGR             CHAR(25),
    CHECK (P_MFGR IN ('MANUFACTURER#1', 'MANUFACTURER#2',
           'MANUFACTURER#3', 'MANUFACTURER#4', 'MANUFACTURER#5')),
    P_BRAND            CHAR(10),
    P_TYPE             VARCHAR(25),
    P_SIZE             INTEGER CHECK (P_SIZE BETWEEN 1 AND 50),
    P_CONTAINER        CHAR(10),
    P_RETAILPRICE      FLOAT,
    P_COMMENT          VARCHAR(23) );
```

SQL 解析：用户定义完整性是针对某一具体关系数据库的约束条件，对数据需要满足的语义要求的定义。例如，属性 P_NAME 不能取空值，并且列值唯一；属性 P_SIZE 取值只能为 'MANUFACTURER#1'、'MANUFACTURER#2'、'MANUFACTURER#3'、'MANUFACTURER#4'、'MANUFACTURER#5'。

当表中插入元组或修改元组属性值时，数据库管理系统检查元组相关的属性值是否满足用户定义约束条件，如果不满足则拒绝执行该操作。

② 元组约束条件定义。

元组约束条件定义不同属性之间的取值相互约束条件。

【例 3.5】 在创建表 LINEITEM 的 SQL 命令中增加元组约束条件，当订单状态为"O"时，L_RECEIPTDATE 日期要晚于 L_SHIPDATE 日期。

```
CREATE TABLE LINEITEM (
    L_ORDERKEY         INTEGER REFERENCES ORDERS (O_ORDERKEY),
    L_PARTKEY          INTEGER REFERENCES PART (P_PARTKEY),
    L_SUPPKEY          INTEGER REFERENCES SUPPLIER (S_SUPPKEY),
    L_LINENUMBER       INTEGER,
    L_QUANTITY         FLOAT,
    L_EXTENDEDPRICE    FLOAT,
    L_DISCOUNT         FLOAT,
    L_TAX              FLOAT,
    L_RETURNFLAG       CHAR(1),
    L_LINESTATUS       CHAR(1),
    L_SHIPDATE         DATE,
    L_COMMITDATE       DATE,
    L_RECEIPTDATE      DATE,
```

```
            L_SHIPINSTRUCT    CHAR(25),
            L_SHIPMODE        CHAR(10),
            L_COMMENT         VARCHAR(44),
        PRIMARY KEY(L_ORDERKEY, L_LINENUMBER),
        FOREIGN KEY (L_PARTKEY, L_SUPPKEY)
        REFERENCES PARTSUPP (PS_PARTKEY, PS_SUPPKEY),
        CHECK (L_LINESTATUS='O' AND L_RECEIPTDATE > L_SHIPDATE) );
```

通过 CHECK 命令定义多属性之间的约束条件，当插入或修改记录时检查是否满足属性之间预定义的约束条件，当不满足约束条件时，则更新操作被拒绝，以保证数据满足用户定义的约束条件。

4. 完整性约束定义子句

完整性约束条件可以通过 CONSTRAINT 子句来定义，可以用在 CREATE TABLE 命令中，也可以用在 ALTER TABLE 命令中，用来定义或删除一个完整性约束条件。

命令：CONSTRAINT
功能：定义完整性约束。
语法：

```
    [ CONSTRAINT CONSTRAINT_NAME ]
    {
      { PRIMARY KEY | UNIQUE }
        [ CLUSTERED | NONCLUSTERED ]
        (COLUMN [ ASC | DESC ] [ ,...N ] )
      | FOREIGN KEY
          ( COLUMN [ ,...N ] )
          REFERENCES REFERENCED_TABLE_NAME [ ( REF_COLUMN [ ,...N ] ) ]
          [ ON DELETE { NO ACTION | CASCADE | SET NULL | SET DEFAULT } ]
          [ ON UPDATE { NO ACTION | CASCADE | SET NULL | SET DEFAULT } ]
      | DEFAULT CONSTANT_EXPRESSION FOR COLUMN [ WITH VALUES ]
      | CHECK ( LOGICAL_EXPRESSION )
    }
```

SQL 命令描述如下。

CONSTRAINT 语句用于定义约束条件。CONSTRAINT_NAME 指定约束条件名称，可以按名称删除约束条件。PRIMARY KEY | UNIQUE 指定索引约束为主键索引或唯一索引，聚集索引或非聚集索引，以及索引对应的属性组名称及升降序。FOREIGN KEY 定义参照完整性约束，需要指定参照列、被参照表和被参照列，还可以定义被参照元组删除和修改时参照元组采用拒绝、级联、设置空值或设置默认值等更新策略。DEFAULT 定义约束条件的默认值，CHECK 子句设置用户定义约束条件。

【例 3.6】 分析下面 SUPPLIER 表定义中的完整性约束定义。

```
    CREATE TABLE SUPPLIER(
        S_SUPPKEY         INTEGER       NOT NULL,
        S_NAME            CHAR(25)      NOT NULL,
        S_ADDRESS         VARCHAR(40),
        S_NATIONKEY       INTEGER       NOT NULL,
```

```
        S_PHONE         CHAR(15),
        S_ACCTBAL       FLOAT       DEFAULT 308,
        S_COMMENT       VARCHAR(101),
    CONSTRAINT S_PK PRIMARY KEY CLUSTERED (S_SUPPKEY),
    CONSTRAINT S_UK UNIQUE (S_NAME),
    CONSTRAINT S_INX ADD NONCLUSTERED INDEX (S_ADDRESS),
    CONSTRAINT S_FK_N FOREIGN KEY (S_NATIONKEY)
              REFERENCES NATION (N_NATIONKEY),
    CONSTRAINT S_PHONENUM
              CHECK LEN(S_PHONE)=15 AND SUBSTRING(S_PHONE,3,1)= '-'
    );
```

SQL 解析：CREATE TABLE 命令中使用列级完整性约束定义 NOT NULL 和 DEFAULT 约束，使用表级约束定义主键、唯一性约束、参照完整性约束和用户自定义约束。

【例 3.7】 通过 ALTER TABLE 命令修改 SUPPLIER 表中定义的完整性约束条件。

```
    ALTER TABLE SUPPLIER_TEST DROP CONSTRAINT S_UK;
```

SQL 解析：通过 DROP CONSTRAINT 按约束名删除表中定义的约束条件。

```
    ALTER TABLE SUPPLIER_TEST ADD CONSTRAINT S_ACCNUM CHECK (S_ACCTBAL>50);
```

SQL 解析：通过 ADD CONSTRAINT 增加新的约束条件。

5．断言

断言（Assertion）是一个谓词，用于定义数据库需要满足的一个条件。断言是具有一般性的约束条件，完整性约束是断言的一种形式。断言可以定义包含多表连接和聚集操作的复杂的完整性约束。创建断言后，关系数据库管理系统对关系操作进行断言检查，违反断言约束条件的操作会被拒绝。

【例 3.8】 创建断言，限制订单记录的 L_QUANTITY 值大于库存 PS_AVAILQTY。

```
    CREATE ASSERTION ASS_QUANTITY_CHECK
      CHECK (NOT EXISTS (SELECT * FROM LINEITEM, PARTSUPP
                        WHERE L_PARTKEY=PS_PARTKEY
                        AND L_SUPPKEY=PS_SUPPKEY
                        AND L_QUANTITY>PS_AVAILQTY);
```

SQL 解析：定义不存在记录的 L_QUANTITY 值大于库存 PS_AVAILQTY 的情况。

不同数据库对断言的支持不同。创建断言后，只有不破坏断言约束条件的操作才被执行，复杂的断言导致断言检查代价很高，带来较大的系统开销。

【例 3.9】 删除创建的断言。

```
    DROP ASSERTION ASS_QUANTITY_CHECK;
```

删除指定名称的断言。

6．触发器

触发器（Trigger）是由用户定义的一类由事件驱动的特殊过程。当定义的事件发生时，数据库管理系统对触发器定义的规则进行检查，条件成立则执行规则中的操作，否则不执行。不同数据库对触发器支持的程度不同,语法也各不相同。例如,SQL Server 支持在表及视图对象上的元组操作、数据库操作和日志操作等,下面以表上的元组操作触发器为例说明触发器的基本使用方法。

命令:CREATE TRIGGER

功能:定义触发器。

语法:

```
CREATE [ OR ALTER ] TRIGGER TRIGGER_NAME ON { TABLE }
{ FOR | AFTER }
{ [ INSERT ] [ , ] [ UPDATE ] [ , ] [ DELETE ] }
AS { SQL_STATEMENT [ ; ] [ ,...N ] }
```

其中,{ FOR | AFTER }设置触发器激活时间在执行触发事件之前或之后;{ [INSERT] [,] [UPDATE] [,] [DELETE] }定义了激活触发器的操作;AS { SQL_STATEMENT [;] [,...N] }定义了触发的条件和执行的操作。

【例 3.10】 创建触发器,当插入的订单记录 L_QUANTITY 值大于库存 PS_AVAILQTY 时回滚插入操作。

```
CREATE TRIGGER QUANTITY_CHECK ON LINEITEM
AFTER INSERT
AS
IF EXISTS (SELECT * FROM LINEITEM, PARTSUPP
        WHERE L_PARTKEY=PS_PARTKEY
          AND L_SUPPKEY=PS_SUPPKEY
          AND L_QUANTITY>PS_AVAILQTY
      )
BEGIN
RAISERROR ('A ORDER'S QUANTITY IS TOO LARGE FOR AVAILABLE QUANTITY.',
16, 1);
ROLLBACK TRANSACTION;
RETURN
END;
```

SQL 解析:在订单项表 LINEITEM 上创建触发器 Quantity_Check,执行完 LINEITEM 表上的插入操作后激活触发器,检查 LINEITEM 表中是否存在 L_QUANTITY 值大于库存 PS_AVAILQTY 值的记录,如果存在则给出错误信息并回滚插入操作。

【例 3.11】 删除创建的触发器。

```
DROP TRIGGER QUANTITY_CHECK;
```

通过名字删除所创建的触发器。

小结:在数据库中定义了这些完整性约束、断言、触发器后,数据库管理系统会对数据进行完整性检查,如插入新记录时检查该记录的主码是否为空,检查有参照引用关系的记录的外码是否在参照关系主码中存在,属性值是否满足用户定义完整性语义条件,是否符合断言条件和触发器条件等,只有满足各种约束条件的记录才能插入数据库,否则拒绝插入当前记录。数据库的约束机制保证了数据质量,避免无效或错误的数据进入数据库中,从而减少在数据分析处理过程中"垃圾进，垃圾出"的问题。

3.3 关系操作与关系代数

关系模式定义了关系的数据结构，关系操作定义了关系数据上的操作方法。通过代数方式执行关系操作的方法称为关系代数（Relational Algebra），商用数据库通用的方法是通过结构化查询语言 SQL 实现关系操作。

3.3.1 关系操作

1. 基本的关系操作

关系模型中常用的关系操作主要包括数据管理和数据处理两大类，在数据管理中主要包括关系的创建（create）和数据的维护，数据维护主要包括记录的插入（insert）、删除（delete）、修改（update）等操作；数据处理主要是查询（query）操作，通过选择（select）、投影（project）、连接（join）、除（divide）、并（union）、差（except）、交（intersection）、笛卡儿积（cartesian product）等操作实现在关系模式上的数据处理，其中，选择、投影、并、差、笛卡儿积是 5 种基本操作，其他操作可以通过基本操作定义和导出。

关系操作是一种集合操作，操作的对象和操作的输出结果都是集合，执行一次一集合（set-at-a-time）的操作方式。也就是说，操作的对象是一个或多个关系，操作的结果也是一个关系，是操作对象关系的一个子关系或新生成的关系。

2. 关系数据语言的分类

用户使用查询语言（Query Language）从数据库获取信息，查询语言分为过程化语言和非过程化语言，过程化语言（Procedural Language）需要用户指导系统对数据库执行操作以获得所需要的结果，而非过程化语言（Nonprocedural Language）只需要用户描述信息而不需要指定获得所需信息的操作过程。关系数据库的查询语言主要包括关系代数、关系演算和结构化查询语言 SQL，其中关系代数是过程化语言，关系演算和结构化查询语言 SQL 是非过程化语言。

关系代数是一种抽象的查询语言，用关系的运算来表达查询要求，是一种数学化的关系数据语言工具。关系代数以关系为运算对象，运算结果也是关系。关系代数的运算主要分为传统的集合运算和专门的关系运算两大类，集合运算执行关系元组上传统的并、交、差等集合运算，专门的运算面向选择、投影、连接、除等专门的关系操作。关系代数中使用比较运算符和逻辑运算符来辅助专门的关系运算符进行操作。

关系演算是以数理逻辑中谓词演算为基础的查询语言，根据谓词变元的不同可以分为元组关系演算和域关系演算。元组关系演算以元组变量作为谓词变元的基本对象，代表性语言是 ALPHA 语言和 INGRES 早期使用的 QUEL 语言。域关系演算以元组变量的分量（域变量）作为谓词变元的基本对象，代表性语言是 Microsoft Access QBE 语言。

SQL 是结构化查询语言，是一种介于关系代数和关系演算之间的查询语言。SQL 是一种高度非过程化的查询语言，用户只需要通过 SQL 语言描述查询需求，由数据库管理系统的优化机制自动地为查询选择优化的存取路径及执行计划。SQL 不仅有丰富的查询功能，而且具有数据定义和数据控制功能，是集查询、数据定义语言、数据操纵语言和数据控制语言于一体的关系数据语言。SQL 已成为关系数据库的标准语言,并且随着数据处理需求的变化而不断扩展 SQL 标准。

图 3-22 所示为 Microsoft SQL Server 中查询设计器,上部类似 QBE 查询方法,表之间通过关系模式所定义的主码与外码自动建立关联,用户可以直接选择表中的属性,设置筛选器内容,设置输出属性及排序方式,并且在窗口下部自动生成相应的 SQL 命令。

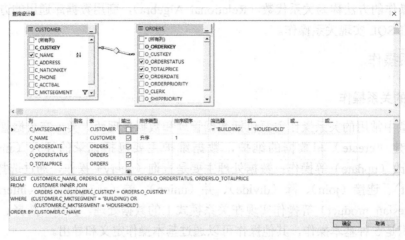

图 3-22

3.3.2 关系代数与关系运算

1. 传统的集合运算

传统的集合运算是二元运算,即对两个关系进行运算。基本的集合操作包括并、差、笛卡儿积 3 种运算,交运算是扩展的集合操作,可以由集合差运算来替代。

假设关系 R 和 S 具有相同的 n 目(两个关系都有 n 个属性),且相应的属性取自同一个域,t 是元组变量,$t \in R$ 表示 t 是 R 的一个元组。

(1)并(union)

集合并运算是在关系 R 和 S 中选择属于 R 或 S 的所有元组,记作:
$$R \cup S = \{t \mid t \in R \vee t \in S\}$$

集合并操作的结果仍为 n 目集合。

(2)差(except)

集合差运算是在关系 R 和 S 中选择属于 R 而不属于 S 的所有元组,记作:
$$R - S = \{t \mid t \in R \wedge t \notin S\}$$

集合差操作的结果仍为 n 目集合。

(3)笛卡儿积(except)

笛卡儿积运算将任意两个关系的信息组合在一起。两个分别是 n 目和 m 目的关系 R 和 S 的笛卡儿积是一个 $(n+m)$ 列的元组的集合。若 R 有 n_1 个元组,S 有 n_2 个元组,则关系 R 和 S 的笛卡儿积有 $n_1 \times n_2$ 个元组,记作:
$$R \times S = \{\widehat{t_r t_s} \mid t_r \in R \wedge t_s \in S\}$$

在笛卡儿积运算中,当两个关系中的属性名相同时,则需要以关系名为属性的前缀以区别两个关系中名字相同的属性。当一个关系需要与自身进行笛卡儿运算时,则需要给其中一个关系设置别名以引用名字相同的属性。

集合交运算不是基本运算,不能增加关系代数的表达能力,是附加的关系代数运算,可以通过集合差运算导出。

（4）交（intersection）

集合交运算是在关系 R 和 S 中选择既属于 R 又属于 S 的所有元组,记作:

$$R \cap S = \{t \mid t \in R \land t \in S\}$$

也可以记作:

$$R \cap S = R - (R - S)$$

集合交操作的结果仍为 n 目集合。

图 3-23 所示为集合并、交、差操作示意图,在 SQL 命令中并操作还分为 UNION ALL 和 UNION,分别表示直接合并两个关系元组和对关系元组去重后合并。

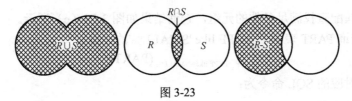

图 3-23

2. 专门的关系运算

专门的关系运算包括选择、投影、连接、除运算等。其中,选择和投影是基本操作,连接和除运算是导出操作。

（1）选择（select）

选择操作是在关系 R 中选择满足给定条件的元组集合的操作,记作:

$$\delta_F(R) = \{t \mid t \in R \land F(t) = \text{'True'}\}$$

式中,δ 表示选择,谓词写作 δ 的下标;F 表示选择条件,使用逻辑表达式形式,结果为 Ture 或 False。选择操作是对 R 中的每一个元组 t 在选择条件 F 上进行逻辑表达式计算,结果为 True 的元组为选择操作结果。

表 3-1 所示为常用的逻辑运算符,选择条件通常为属性名与常量或变量之间的逻辑表达式,根据表达式的结果对关系 R 中的元组进行过滤,选择满足条件的输出元组。

表 3-1 逻辑运算

查询条件	运 算 符	意 义	示 例
比较	=、>、<、>=、<=、!=、<>、!>、!<	比较大小	Cost>9000
确定范围	BETWEEN... AND,NOT BETWEEN... AND	判断值是否在范围内	Cost between 9000 and 12000
确定集合	IN、NOT IN	判断值是否为列表中的值	Promotion_name in('Big Promo', 'Super Savers')
字符匹配	LIKE、NOT LIKE	判断值是否与指定的字符通配格式相符	Promotion_name like 'Big%'
空值	IS NULL、IS NOT NULL	判断值是否为空	Promotion_name IS NULL
非运算	¬	逻辑结果取反	¬Cost>9000
与运算	∧	合取,需要同时满足两个条件	Cost>9000 ∧ Promotion_name IS NULL
或运算	∨	析取,满足一个条件即为 TRUE	Cost>9000 ∨ Promotion_name IS NULL

【例 3.12】 查询 PART 表中 P_SIZE 小于 10 的元组。

$$\delta_{\text{P_SIZE}<10}(\text{PART})$$

在数据库中对应的 SQL 命令为：

```
SELECT * FROM PART WHERE P_SIZE<10;
```

SELECT *代表输出全部属性，SQL 命令中 WHERE 短语的表达式对应关系代数中的选择操作谓词。

PART 表查询结果如图 3-24（a）所示，选择操作结果如图 3-24（b）所示。

【例 3.13】 查询 PART 表中 P_CONTAINER 的值为'JUMBO CAN'的元组。

$$\delta_{\text{P_CONTAINER='JUMBO CAN'}}(\text{PART})$$

在数据库中对应的 SQL 命令为：

```
SELECT * FROM PART WHERE P_CONTAINER='JUMBO CAN';
```

通过字符串匹配查找满足条件的元组，查询结果如图 3-24（c）所示。

【例 3.14】 查询 PART 表中 P_TYPE like 'SMALL%'的元组。

$$\delta_{\text{P_TYPE like='SMALL\%'}}(\text{PART})$$

在数据库中对应的 SQL 命令为：

```
SELECT * FROM PART WHERE P_TYPE LIKE 'SMALL%';
```

通过字符串模糊查找所有 P_TYPE 属性值以 SMALL 开头的元组，%代表任意字符，查询结果如图 3-24（d）所示。

P_PARTKEY	P_NAME	P_MFGR	P_BRAND	P_TYPE	P_SIZE	P_CONTAINER	P_RETAILPRICE	P_COMMENT
1	goldenrod lace spring peru powder	Manufacturer#1	Brand#13	PROMO BURNISHED COPPER	7	JUMBO PKG	901	final deposits s
2	blush rosy metallic lemon navajo	Manufacturer#1	Brand#13	LARGE BRUSHED BRASS	1	LG CASE	902	final platelets hang f
3	dark green antique puff wheat	Manufacturer#4	Brand#42	STANDARD POLISHED BRASS	21	WRAP CASE	903	unusual excuses ac
4	chocolate metallic smoke ghost drab	Manufacturer#3	Brand#34	SMALL PLATED BRASS	14	MED DRUM	904	ironi
5	forest blush chiffon thistle chocolate	Manufacturer#3	Brand#32	STANDARD POLISHED TIN	15	SM PKG	905	pending, spe
6	white ivory azure firebrick black	Manufacturer#2	Brand#24	PROMO PLATED STEEL	4	MED BAG	906	pending pinto be
7	blue blanched tan indian olive	Manufacturer#1	Brand#11	SMALL PLATED COPPER	45	SM BAG	907	blithely ironic
8	ivory khaki cream midnight rosy	Manufacturer#4	Brand#44	PROMO BURNISHED TIN	41	LG DRUM	908	furiously eve
9	thistle rose moccasin light floral	Manufacturer#4	Brand#43	SMALL BURNISHED STEEL	12	WRAP CASE	909	thinly even request
10	floral moccasin royal powder burnished	Manufacturer#5	Brand#54	LARGE BURNISHED STEEL	44	LG CAN	910	bold, ironic

（a）

P_PARTKEY	P_NAME	P_MFGR	P_BRAND	P_TYPE	P_SIZE	P_CONTAINER	P_RETAILPRICE	P_COMMENT
1	goldenrod lace spring peru powder	Manufacturer#1	Brand#13	PROMO BURNISHED COPPER	7	JUMBO PKG	901	final deposits s
2	blush rosy metallic lemon navajo	Manufacturer#1	Brand#13	LARGE BRUSHED BRASS	1	LG CASE	902	final platelets hang f
6	white ivory azure firebrick black	Manufacturer#2	Brand#24	PROMO PLATED STEEL	4	MED BAG	906	pending pinto be
13	ghost blue olive sky gainsboro	Manufacturer#5	Brand#55	MEDIUM BURNISHED NICKEL	1	JUMBO PACK	913	platelets poach blith
16	deep brown turquoise dim papaya	Manufacturer#3	Brand#32	PROMO PLATED TIN	2	MED PACK	916	slyly final de

（b）

P_PARTKEY	P_NAME	P_MFGR	P_BRAND	P_TYPE	P_SIZE	P_CONTAINER	P_RETAILPRICE	P_COMMENT
36	chiffon smoke floral misty navy	Manufacturer#2	Brand#25	SMALL BURNISHED COPPER	3	JUMBO CAN	936	ironic courts gro
63	frosted puff hot rose coral	Manufacturer#3	Brand#32	STANDARD BURNISHED NICKEL	10	JUMBO CAN	963	fluffily unus
64	aquamarine puff papaya hot floral	Manufacturer#2	Brand#21	MEDIUM ANODIZED BRASS	1	JUMBO CAN	964	unusual, regula
90	ghost goldenrod violet blue purple	Manufacturer#5	Brand#51	ECONOMY POLISHED STEEL	49	JUMBO CAN	990	regular courts de
112	hot burnished tomato chocolate peru	Manufacturer#4	Brand#43	PROMO BRUSHED STEEL	42	JUMBO CAN	1012	even theodoli

（c）

P_PARTKEY	P_NAME	P_MFGR	P_BRAND	P_TYPE	P_SIZE	P_CONTAINER	P_RETAILPRICE	P_COMMENT
4	chocolate metallic smoke ghost drab	Manufacturer#3	Brand#34	SMALL PLATED BRASS	14	MED DRUM	904	ironi
7	blue blanched tan indian olive	Manufacturer#1	Brand#11	SMALL PLATED COPPER	45	SM BAG	907	blithely ironic
9	thistle rose moccasin light floral	Manufacturer#4	Brand#43	SMALL BURNISHED STEEL	12	WRAP CASE	909	thinly even request
14	linen seashell burnished blue gainsboro	Manufacturer#1	Brand#13	SMALL POLISHED STEEL	28	JUMBO BOX	914	special, regular
18	spring indian forest khaki midnight	Manufacturer#1	Brand#11	SMALL BURNISHED STEEL	42	JUMBO PACK	918	ironic, iro

（d）

图 3-24

（2）投影（project）

投影操作是从关系 R 中选择若干属性列组成新的关系，记作：

$$\Pi_A(R) = \{t[A] \mid t \in R\}$$

投影操作可以看作属性列上的选择操作，通过投影操作可以只输出关系 R 的部分属性子集。当投影指定为属性列时，可以指定取消重复行来查询属性列中包含哪些不重复值。其中，Π 表示投影，A 为 R 中的属性列集合。

【例 3.15】 查询输出 CUSTOMER 表中 C_CUSTKEY、C_NAME、C_PHONE、C_MKTSEGMENT 列。

$$\Pi_{C_CUSTKEY, C_NAME, C_PHONE, C_MKTSEGMENT}(CUSTOMER)$$

在数据库中对应的 SQL 命令为：

```
SELECT C_CUSTKEY,C_NAME,C_PHONE,C_MKTSEGMENT FROM CUSTOMER;
```

SELECT 子句后面的属性名列表代表投影属性，实现关系投影结果输出。

查询结果如图 3-25（a）所示，仅输出关系 CUSTOMER 中指定的 4 个属性列。

【例 3.16】 查询输出 CUSTOMER 表中 C_MKTSEGMENT 有哪些类型。

$$\Pi_{DISTINCT(C_MKTSEGMENT)}(CUSTOMER)$$

在数据库中对应的 SQL 命令为：

```
SELECT DISTINCT C_MKTSEGMENT FROM CUSTOMER;
```

查询结果如图 3-25（b）所示，通过 DISTINCT 指定输出属性列 C_MKTSEGMENT 中不重复的行，获得 C_MKTSEGMENT 中包含哪些类型的信息。

C_CUSTKEY	C_NAME	C_PHONE	C_MKTSEGMENT
1	Customer#000000001	25-989-741-2988	BUILDING
2	Customer#000000002	23-768-687-3665	AUTOMOBILE
3	Customer#000000003	11-719-748-3364	AUTOMOBILE
4	Customer#000000004	14-128-190-5944	MACHINERY
5	Customer#000000005	13-750-942-6364	HOUSEHOLD
6	Customer#000000006	30-114-968-4951	AUTOMOBILE
7	Customer#000000007	28-190-982-9759	AUTOMOBILE
8	Customer#000000008	27-147-574-9335	BUILDING
9	Customer#000000009	18-338-906-3675	FURNITURE
10	Customer#000000010	15-741-346-9870	HOUSEHOLD

（a）

C_MKTSEGMENT
AUTOMOBILE
BUILDING
FURNITURE
HOUSEHOLD
MACHINERY

（b）

图 3-25

（3）连接（join）

连接也称 θ 连接，可以看作对两个关系 R、S 的笛卡儿积结果进行选择运算，是从两个关系 R、S 中选取属性间满足一定条件的元组组成新的元组的操作，记作：

$$R \underset{A\theta B}{\bowtie} S = \{\widehat{t_r t_s} \mid t_r \in R \wedge t_s \in S \wedge t_r[A]\theta t_s[B]\}$$

式中，A 和 B 分别是 R 和 S 上对应的连接属性；θ 是比较运算符，连接操作从关系 R 和关系 S 中选择在属性 A 和属性 B 上满足比较运算 θ 的元组组成新的元组，构成连接输出集合。

当 θ 为“=”时，连接操作称为等值连接，记作：

$$R \underset{A=B}{\bowtie} S = \{\widehat{t_r t_s} \mid t_r \in R \wedge t_s \in S \wedge t_r[A] = t_s[B]\}$$

等值连接是数据库中最常用的连接方法。

自然连接（natural join）是指两个关系执行等值连接，并在连接结果集中去掉重复的属性列，记作（其中 U 代表 R 与 S 属性的并集）：

$$R \bowtie R = \{\widehat{t_r, t_s}[U - B] \mid t_r \in R \wedge t_s \in S \wedge t_r[B] = t_s[B]\}$$

两个关系 R 和 S 执行连接操作时，R 或 S 中可能存在不满足连接条件的元组，自然连接中舍弃那些不满足连接条件的元组，而保留那些不满足条件的元组的连接称为外连接（outer join）。

当保留左侧关系所有元组，右侧关系不满足连接条件元组用空值（NULL）补充的连接称为左连接（left outer join 或 left join），记作 $R \bowtie S$：

$$R \bowtie S = R \bowtie S \cup \{\widehat{t_r, t_s}[U - B] \mid t_r \in R \wedge t_s = \text{NULL} \wedge \exists t_r[B] = t_s[B]\}$$

当保留右侧关系所有元组，左侧关系不满足连接条件元组用空值（NULL）补充的连接称为右连接（right outer join 或 right join），记作 $R \bowtie S$：

$$R \bowtie S = R \bowtie S \cup \{\widehat{t_r, t_s}[U - B] \mid t_r = \text{NULL} \wedge t_s \in R \wedge \exists (t_r[B] = t_s[B])\}$$

当左、右关系元组全部保留在连接结果中，左、右关系不满足连接条件元组均用空值（NULL）补充的连接称为全连接（full outer join 或 outer join），记作 $R \bowtie S$：

$$R \bowtie S = R \bowtie S \cup R \bowtie S \cup R \bowtie S$$

图 3-26（a）所示为由 TPC-H 数据库 NATION 和 REGION 表生成的示例关系 NATIONS 和 REGIONS，NATIONS 表中删除了部分国家以模拟外连接结果，NATIONS 与 REGIONS 删除了原始的 COMMENTS 列。

【例 3.17】 输出表 NATIONS 和 REGIONS 的不同连接结果。

表 NATIONS 和 REGIONS 的自然连接关系代数表示如下。

$$\text{NATIONS} \bowtie_{\text{N\_REGIONKEY=R\_REGIONKEY}} \text{REGIONS}$$

在数据库中对应的 SQL 命令为：

```
SELECT   N_NATIONKEY,N_NAME,R_REGIONKEY,R_NAME   FROM   NATIONS,REGIONS
WHERE N_REGIONKEY=R_REGIONKEY;
```

或

```
SELECT * FROM NATIONS NATURAL JOIN REGIONS ON N_REGIONKEY=R_REGIONKEY;
```

第一条 SQL 命令 where 子句中表达式 N_REGIONKEY=R_REGIONKEY 表示 NATIONS 表和 REGIONS 表以连接属性等值条件执行连接操作，将两个表中连接属性值相等的元组连接起来并输出；第二条 SQL 命令在 FROM 短语中定义自然连接 NATIONS NATURAL JOIN REGIONS，自然连接表达式为 ON N_REGIONKEY=R_REGIONKEY，连接结果如图 3-26（b）所示。

NATIONS 表和 REGIONS 表的左连接关系代数表示如下。

$$\text{NATIONS} \bowtie_{\text{N\_REGIONKEY=R\_REGIONKEY}} \text{REGIONS}$$

在数据库中对应的 SQL 命令为：

```
SELECT N_NATIONKEY,N_NAME,R_REGIONKEY,R_NAME FROM NATIONS LEFT JOIN
REGIONS ON N_REGIONKEY=R_REGIONKEY;
```

SQL 命令中的 NATIONS LEFT JOIN REGIONS 定义了 NATIONS 表与 REGIONS 表执行左连接，NATIONS 为左表，REGIONS 为右表，连接条件为 ON N_REGIONKEY =

R_REGIONKEY，NATIONS 表中每一条记录均作为连接结果输出，当 REGIONS 表中找不到与 NATIONS 表中连接属性相匹配的记录时，REGIONS 表属性输出为空值（NULL）。连接结果如图 3-26（b）所示。由于 NATIONS 表连接属性 N_REGIONKEY 为外码，参照 REGIONS 表中的主码 R_REGIONKEY，因此每一个 NATIONS 表记录的 N_REGIONKEY 外码属性值均能在 REGIONS 表中找到与之相等的 R_REGIONKEY 属性记录，左连接结果与自然连接结果相同。

NATIONS 表和 REGIONS 表的右连接关系代数表示如下。

$$\text{NATIONS}\overset{\bowtie}{}_{\text{N_REGIONKEY=R_REGIONKEY}}\text{REGIONS}$$

在数据库中对应的 SQL 命令为：

```
SELECT N_NATIONKEY,N_NAME,R_REGIONKEY,R_NAME FROM NATIONS RIGHT JOIN
REGIONS ON N_REGIONKEY=R_REGIONKEY;
```

SQL 命令中的 NATIONS RIGHT JOIN REGIONS 定义了 NATIONS 表与 REGIONS 表执行右连接，REGIONS 表中每一条记录均作为连接结果输出，当 NATIONS 表中找不到与 REGIONS 表中连接属性相匹配的记录时，NATIONS 表属性输出为空值（NULL）。连接结果如图 3-26（c）所示，REGIONS 表中 R_REGIONKEY 为 3、4 的记录在 NATIONS 表中找不到相匹配的记录，因此 NATIONS 输出属性显示为空值（NULL）。

N_NATIONKEY	N_NAME	N_REGIONKEY
0	ALGERIA	0
1	ARGENTINA	1
2	BRAZIL	1
3	CANADA	1
5	ETHIOPIA	0
8	INDIA	2
9	INDONESIA	2
12	JAPAN	2
14	KENYA	0
15	MOROCCO	0
16	MOZAMBIQUE	0
17	PERU	1
18	CHINA	2
21	VIETNAM	2
24	UNITED STATES	1

R_REGIONKEY	R_NAME
0	AFRICA
1	AMERICA
2	ASIA
3	EUROPE
4	MIDDLE EAST

（a）

N_NATIONKEY	N_NAME	R_REGIONKEY	R_NAME
0	ALGERIA	0	AFRICA
1	ARGENTINA	1	AMERICA
2	BRAZIL	1	AMERICA
3	CANADA	1	AMERICA
5	ETHIOPIA	0	AFRICA
8	INDIA	2	ASIA
9	INDONESIA	2	ASIA
12	JAPAN	2	ASIA
14	KENYA	0	AFRICA
15	MOROCCO	0	AFRICA
16	MOZAMBIQUE	0	AFRICA
17	PERU	1	AMERICA
18	CHINA	2	ASIA
21	VIETNAM	2	ASIA
24	UNITED STATES	1	AMERICA

（b）

N_NATIONKEY	N_NAME	R_REGIONKEY	R_NAME
0	ALGERIA	0	AFRICA
5	ETHIOPIA	0	AFRICA
14	KENYA	0	AFRICA
15	MOROCCO	0	AFRICA
16	MOZAMBIQUE	0	AFRICA
1	ARGENTINA	1	AMERICA
2	BRAZIL	1	AMERICA
3	CANADA	1	AMERICA
17	PERU	1	AMERICA
24	UNITED STATES	1	AMERICA
8	INDIA	2	ASIA
9	INDONESIA	2	ASIA
12	JAPAN	2	ASIA
18	CHINA	2	ASIA
21	VIETNAM	2	ASIA
NULL	NULL	3	EUROPE
NULL	NULL	4	MIDDLE EAST

（c）

图 3-26

NATIONS 表和 REGIONS 表的全连接关系代数表示如下。

$$\text{NATIONS} \bowtie_{\text{N\_REGIONKEY=R\_REGIONKEY}} \text{REGIONS}$$

在数据库中对应的 SQL 命令为：

```
SELECT N_NATIONKEY,N_NAME,R_REGIONKEY,R_NAME FROM NATIONS FULL OUTER
JOIN REGIONS ON N_REGIONKEY=R_REGIONKEY;
```

由于主码与外码的存在，所以 NATIONS 表与 REGIONS 表全连接的结果与右连接结果相同。

（4）除运算（division）

除运算用 ÷ 表示，假设 $T=R÷S$，则 T 包含所有在 R 但不在 S 中的属性及其值，而且 T 的元组与 S 的元组的所有组合都在 R 中。

在定义除运算前，先给出象集的概念。

给定一个关系 $R(X,Z)$，X 和 Z 为属性组。当 $t[X]=x$ 时，x 在 R 中的象集（image set）定义为：

$$Z_x = \{t[Z] | t \in R, t[X]=x\}$$

象集表示 R 中属性组 X 上值为 x 的诸元组在 Z 上分量的集合。如图 3-27 所示，关系 R 可以表示为：

$$R = \{x_1\} \times \{Z_1,Z_2,Z_3\} \cup \{x_2\} \times \{Z_2,Z_3\} \cup \{x_3\} \times \{Z_1,Z_3\}$$

x_1 在 R 中的象集 $Z_{x1}\{Z_1,Z_2,Z_3\}$，x_2 在 R 中的象集 $Z_{x2}\{Z_2,Z_3\}$，x_3 在 R 中的象集 $Z_{x3}\{Z_1,Z_3\}$。

基于象集的定义，除运算可以定义如下。

给定关系 $R(X,Y)$ 和 $S(Y,Z)$，其中 X、Y、Z 为属性组。R 中的 Y 与 S 中的 Y 可以有不同属性名，但必须来自相同的域集。R 与 S 的除运算得到一个新的关系 $P(X)$，P 是 R 中满足下列条件的元组在 X 属性列的投影：元组在 X 上分量值 x 的象集 Y_x 包含 S 在 Y 上投影的集合，记作：

$$P(X) = R \div S = \{t_r[X] | t_r \in R \wedge \Pi_Y(S) \subseteq Y_x\}$$

式中，Y_x 为 x 在 R 中的象集，$x = t_r[x]$。

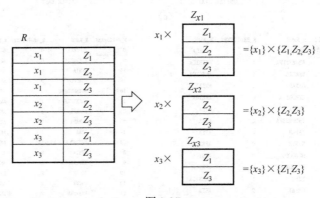

图 3-27

除运算除根据定义执行外，还可以从基础的选择、投影操作导出。如图 3-28 所示，假设 S 为关系 R 第二列上部分记录的投影，$S=\{Z_2,Z_3\}$，则 $R \div S=\{x_1,x_2\}$。

除运算通过基本运算来定义，记作：

$$R \div S = \Pi_X(R) - \Pi_X\{[\Pi_X(R) \times \Pi_Y(S)] - \Pi_{(X,Y)}(R)\}$$

在上式中，首先计算 S 与 R 中第一列投影集合$\{x_1, x_2, x_3\}$的笛卡儿积$\{x_1,x_2,x_3\}\times\{Z_2,Z_3\}$，然后通过集合差操作去掉 R 中的元组，从笛卡儿积中得出不在 R 中出现的元组对，投影出元组对的第一列属性值，从 R 中第一列投影集合$\{x_1, x_2, x_3\}$中去掉即得到 $R\div S$ 的结果。

$\{x_1,x_2,x_3\}\times\{Z_2,Z_3\}$

x_1	Z_2
x_1	Z_3
x_2	Z_2
x_2	Z_3
x_3	Z_2
x_3	Z_3

−

R

x_1	Z_1
x_1	Z_2
x_1	Z_3
x_2	Z_2
x_2	Z_3
x_3	Z_1
x_3	Z_3

= Π

x_3	Z_2

$= x_3$

$\{x_1,x_2,x_3\}-\{x_3\}=\{x_1,x_2\}$

图 3-28

【例 3.18】 设关系 R、S 分别如图 3-29（a）和图 3-29（b）所示，$R\div S$ 的结果如图 3-29（c）所示。

在关系 R 中，属性 A 的投影集为$\{a_1, a_2, a_3, a_4\}$，其中：

a_1 在 R 中的象集为$(B,C)_{a1}=\{(b_1, c_2),(b_2, c_1),(b_2, c_3)\}$；

a_2 在 R 中的象集为$(B,C)_{a2}=\{(b_3, c_7), (b_2, c_3)\}$；

a_3 在 R 中的象集为$(B,C)_{a3}=\{(b_4, c_6)\}$；

a_4 在 R 中的象集为$(B,C)_{a4}=\{(b_6, c_6)\}$。

关系 S 在(B,C)上的投影集为$\{(b_1, c_2),(b_2, c_1),(b_2, c_3)\}$，仅与关系 R 上 a_1 的象集$(B,C)_{a1}$相同，因此有 $R\div S=\{a_1\}$。

R

A	B	C
a_1	b_1	c_2
a_1	b_2	c_1
a_1	b_2	c_3
a_2	b_2	c_3
a_2	b_3	c_7
a_3	b_4	c_6
a_4	b_6	c_6

（a）

S

B	C	D
b_1	c_2	d_1
b_2	c_1	d_1
b_2	c_3	d_2

（b）

$R\div S$

A
a_1

（c）

图 3-29

【例 3.19】 在 TPC-H 数据库的 LINEITEM 表中查询 SHIPMODE 包含 AIR、RAIL、SHIP 三种方式的订单号。

采用除运算导出公式。首先投影出 LINEITEM 表中所有不重复的 L_ORDERKEY 集合，然后投影出满足条件的不重复 L_SHIPMODE 集合；两个集合做笛卡儿积，通过集合差操作（except）生成临时表 OS(L_ORDERKEY, L_SHIPMODE)；投影出 LINEITEM 表中所有不重复的 L_ORDERKEY 集合，通过集合差操作排除临时表 OS 中的 L_ORDERKEY，得到除运算结果集，即所有同时包含 AIR、RAIL、SHIP 三种方式的订单号。

```sql
SELECT DISTINCT L_ORDERKEY FROM LINEITEM
EXCEPT
SELECT DISTINCT L_ORDERKEY FROM
(
SELECT L_ORDERKEY, L_SHIPMODE    --笛卡儿积
FROM
    (SELECT DISTINCT L_ORDERKEY FROM LINEITEM) AS O,--投影 L_ORDERKEY
    (SELECT DISTINCT L_SHIPMODE FROM LINEITEM B
     WHERE L_SHIPMODE IN ('AIR','RAIL','SHIP')) AS S  --投影 L_SHIPMODE
EXCEPT
SELECT L_ORDERKEY, L_SHIPMODE FROM LINEITEM
) AS OS (L_ORDERKEY, L_SHIPMODE)
```

本例除运算的语义也可以通过自连接方式实现。分别生成包含三种 SHIPMODE 的元组子集，通过连接操作获得三个子集中订单号相同的元组的不重复 L_ORDERKEY。

```sql
SELECT DISTINCT L1.L_ORDERKEY FROM
(SELECT * FROM LINEITEM WHERE L_SHIPMODE='AIR') AS L1,
(SELECT * FROM LINEITEM WHERE L_SHIPMODE='RAIL') AS L2,
(SELECT * FROM LINEITEM WHERE L_SHIPMODE='SHIP') AS L3
WHERE L1.L_ORDERKEY=L2.L_ORDERKEY AND L1.L_ORDERKEY=L3.L_ORDERKEY;
```

除运算 $R(X,Y) \div S(Y,Z)$ 用 SQL 语言还可以表示为如下形式。

```sql
SELECT DISTINCT R.X FROM R R1
WHERE NOT EXISTS
(
    SELECT S.Y FROM S
    WHERE NOT EXISTS
    (
    SELECT * FROM R R2
    WHERE R2.X=R1.X AND R2.Y=S.Y
    )
)
```

【例 3.20】 在 TPC-H 数据库的 LINEITEM 表中查询一个订单中同时包含 SUPPLIER 表中 S_SUPPKEY 值为 638 和 4633 的订单号。

查询任务可以写为 LINEITEM 表与 SUPPLIER 表之间的除运算结果的投影集，记作：
$$\Pi_{L\_ORDERKEY}\{LINEITEM \div \Pi_{S\_SUPPKEY}[\delta_{S\_SUPPKEY\ in\ (638,4633)}]\}$$

对应的 SQL 命令如下。

```sql
SELECT DISTINCT L_ORDERKEY FROM LINEITEM A
WHERE NOT EXISTS
(
    SELECT * FROM SUPPLIER B WHERE S_SUPPKEY IN (638,4633) AND NOT EXISTS
    (
    SELECT * FROM LINEITEM C
    WHERE A.L_ORDERKEY=C.L_ORDERKEY AND B.S_SUPPKEY=C.L_SUPPKEY
    )
)
```

3.4 数据库系统结构

从数据库管理的角度看，数据库系统通常采用三级模式结构，即内模式、模式、外模式，如图 3-30 所示。内模式是存储模式，模式定义了数据的逻辑结构，外模式提供了用户视图。数据库系统通过三级模式实现各个模式的独立性，并通过二级映射机制保证了数据库的逻辑独立性和物理独立性。

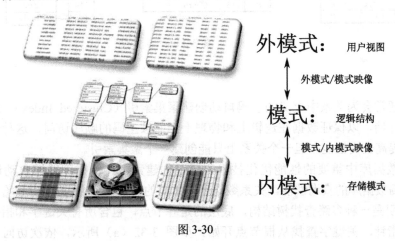

图 3-30

3.4.1 内模式（Internal Schema）

内模式也称存储模式（Storage Schema），是数据库中数据物理结构和存储方式的描述，是数据在数据库内部的表示方式，包括数据的存储模型、访问方式、索引类型、压缩技术、存储结构等方面的设计与规定。

数据库内模式的主要技术有存储模型、索引和数据压缩。

1. 存储模型

图 3-31 描述了关系数据存储的行存储与列存储模型。关系中的记录是关系中所有属性值的集合，如 R(Id, Name, Age)，行存储是将记录连续地存储在磁盘页面（页面是磁盘数据访问单位，通常大小为 4KB 或 8KB）中，能够一次性地访问记录全部的属性值。列存储是将关系的各个属性独立存储在磁盘文件中，相同的属性值连续存储和访问，但访问记录的多个或全部属性时需要同时访问多个文件并将各独立的属性值组合为完整的记录。

在数据库的事务处理应用中，需要一次性访问全部的记录，行存储模型能够实现一次性磁盘访问获得全部记录的属性值。在分析处理应用中，尤其是在大数据分析计算中，计算的对象通常是数据库中单个的属性列或极少部分的属性列，行存储模型需要从磁盘读取全部的记录并从中抽取少数查询相关的属性值，磁盘访问的利用率低，查询处理性能差；而采用列存储模型时，查询只需要访问查询相关属性对应的磁盘文件，不需要读取查询无关的属性列，磁盘访问利用率高，查询处理性能好。在当前大数据分析领域中，无论是关系数据库平台还是 Hadoop 大数据分析平台，都广泛采用列存储作为大数据分析处理的存储模型。

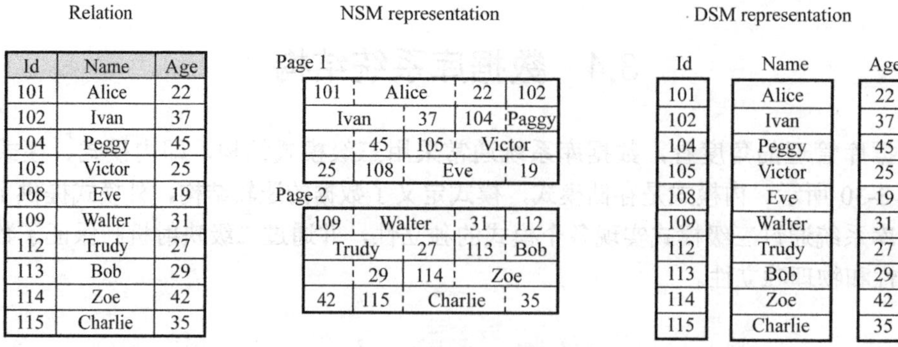

Relation			NSM representation				DSM representation		
Id	Name	Age	Page 1				Id	Name	Age
101	Alice	22	101	Alice	22	102	101	Alice	22
102	Ivan	37	Ivan	37	104	Paggy	102	Ivan	37
104	Peggy	45	45	105	Victor		104	Peggy	45
105	Victor	25	25	108	Eve	19	105	Victor	25
108	Eve	19	Page 2				108	Eve	19
109	Walter	31	109	Walter	31	112	109	Walter	31
112	Trudy	27	Trudy	27	113	Bob	112	Trudy	27
113	Bob	29		29	114	Zoe	113	Bob	29
114	Zoe	42	42	115	Charlie	35	114	Zoe	42
115	Charlie	35					115	Charlie	35

图 3-31

2. 索引

数据库通常会为关系中定义的主码自动创建聚集索引（Clustered Index），即记录按主码的顺序物理存储，以保证数据在逻辑上和物理上都能按主码的顺序访问，这种聚集存储机制能够有效地提高查询性能，但一个关系上只能创建一个聚集索引。

索引是数据库中重要的性能优化技术，通过创建索引，数据库能够自动地执行索引查找，从而提高数据库的查询性能，关系数据库中常用的索引包括 B+树索引和哈希索引。

B+树索引是一种多路查找树结构，底层的是叶节点，包含所有关键字和指向关键字在文件中位置的指针，关键字查找从根节点开始，如图 3-32（a）所示，依次访问下级节点，直至叶节点，最后通过叶节点中的记录指针从数据文件中访问关键字对应的记录。B+树索引由根节点、中间节点和叶节点组成。叶节点存储的是键值与记录地址对，根节点和中间节点存储指向下一级节点的地址和下一级节点中的最大或最小键值，用于判断要查找的键值沿着哪条路径向下级节点查找。作为键值的地址节点通常以 I/O 访问单位大小（4KB 或 8KB）组织键值–地址存储，较大的节点存储空间支持较高的分支，因此 B+树索引通常层次较低，相对于全表扫描操作，B+树索引只需要几个 I/O 访问即能定位所要查找键值对应的记录。如图 3-32（a）所示，查找键值为 61 的记录时，首先通过根节点存储键值判断所查找键值为 45~70，因此按存储的第 2 个地址访问下一级节点，在第二级节点内判断 61 大于存储的键值 53，因此按存储的第 2 个地址访问叶节点，在叶节点内找到键值 61，并按其存储的地址访问表中的记录，索引查找共需 4 次磁盘 I/O 即可找到相应的记录。

思考题：假设表记录宽度为 80B，记录行数为 10 亿条，在数据类型为 INT（4B）的列中查找给定键值的记录，估算采用全表扫描时的磁盘 I/O 数量和采用 B+树索引查找时的磁盘 I/O 数量（假设索引中的地址为 4B）。

哈希索引则是通过哈希函数将键值映射到指定的桶中，如图 3-32（b）所示，设置哈希函数为 mod(x,10)，即对关键字 x 模 10（x 除 10 取余），对应编号为 0~9 的桶，哈希值相同的关键字通过链表存储在一起，关键字通过哈希函数定位到哈希桶，然后在桶中顺序查找满足查询条件的关键字。哈希索引的原理是通过哈希函数将键值"打散"，通过哈希值计算直接定位键值对应的哈希桶，并确定是否存在所查找的键值，其效率主要取决于键值的分布规律和哈希函数的选取，其基本原则是通过哈希函数使键值分布尽量均匀，使哈希函数尽量映射到一个哈希桶中，以提高哈希索引查找的效率。

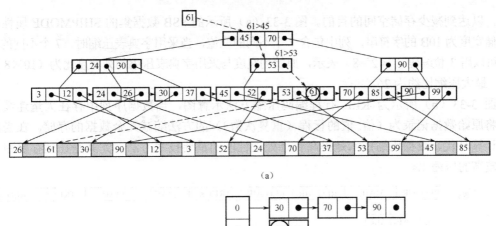

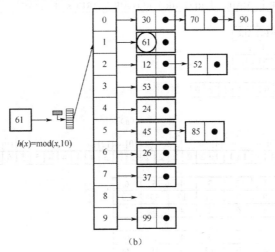

图 3-32

两种索引采用不同的键值存储与检索原理，B+树索引在底层存储顺序的键值数据，比较适合进行点查找和范围查找，在范围查找时只需要查找范围表达式的最小值后在叶节点上顺序访问，直到叶节点对应的数据超过最大值为止。而哈希索引适合进行等值查找，通过哈希函数计算直接得到数据存储位置，在查找效率上比 B+树索引要高，但不支持范围查找。

在传统的磁盘行存储数据库中，当按指定键值查找时，需要扫描全部的记录才能找到满足条件的记录，在查找过程中只有指定属性值被查找所使用，数据访问效率低。索引相对于将查找属性单独存储并通过索引优化查找操作，无论是数据访问效率还是查找效率都有较好的性能。索引是数据库重要的查询优化技术之一，为频繁访问的列创建索引是典型的优化策略。但另一方面，索引需要额外的存储开销和管理代价，当数据更新时，索引需要同步更新或重建，但同时增加了数据库更新时的代价，即索引优化了查找性能但恶化了更新性能，因此索引的使用需要综合权衡数据库的负载特点和应用特点，选择适当的索引策略以提高数据库的整体性能。

3. 数据压缩

数据压缩是大数据存储时重要的存储优化技术，通过数据压缩将原始数据用较小的数据形式表示，以节省数据存储空间，降低查询处理时的磁盘访问数量，提高查询处理性能。图 3-33（a）所示是字典表编码压缩示意图，当数据中包含大量重复的字符串时，为字符串创建字典表，为每一个字符串分配一个唯一的较短编码，然后用较短的编码代替原始较长的数据,以达到减少存储空间的目的。图 3-33(a)所示的 SSB 数据集的 SHIPMODE 属性,原始存储宽度为 10B 的字符串,列中包含 7 个不同的取值,当采用字典表压缩时,7 个不同的取值最小可以用 3 位编码($7<2^3=8$)表示,原始列宽度与采用字典表压缩的列宽度比为(10×8 位 : 3 位,最大压缩比约为 26。

图 3-33(b)所示为 RLE 行程编码压缩方法示意图,当数据序列中存在大量连续的值时,将原始数据记录为(值, 值的行程(重复次数))的方法缩减冗余数据的存储。在当前大数据计算时代,数据压缩技术是提高查询处理性能的重要技术方法,尤其是在列存储中能够获得较高的压缩比。

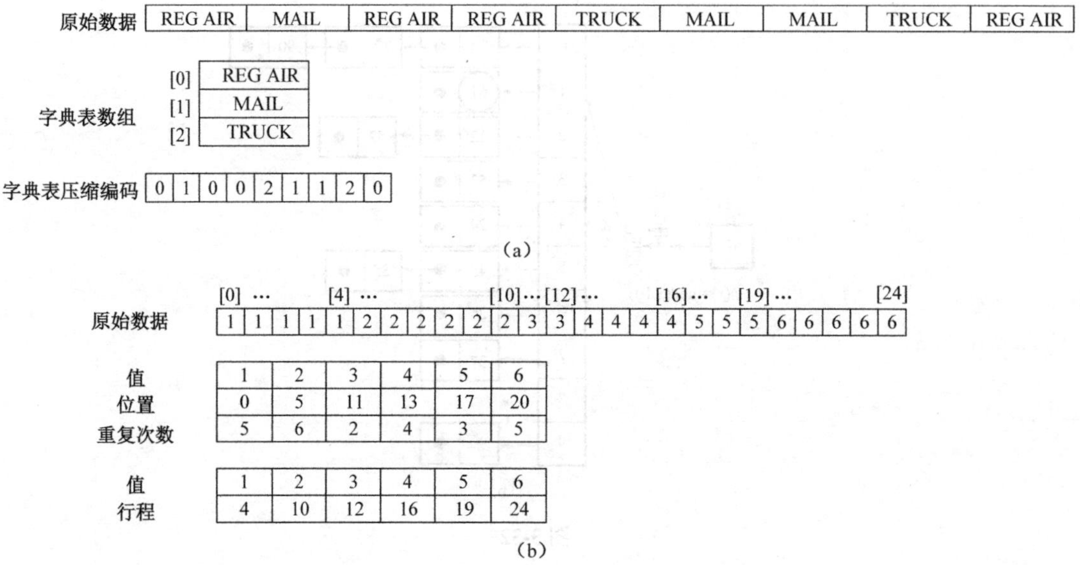

原始数据 | REG AIR | MAIL | REG AIR | REG AIR | TRUCK | MAIL | MAIL | TRUCK | REG AIR |

字典表数组:
[0] REG AIR
[1] MAIL
[2] TRUCK

字典表压缩编码 | 0 | 1 | 0 | 0 | 2 | 1 | 1 | 2 | 0 |

(a)

原始数据 [0]…[4]…[10]…[12]…[16]…[19]…[24]
1 1 1 1 1 2 2 2 2 2 2 3 3 4 4 4 4 5 5 5 6 6 6 6 6

值	1	2	3	4	5	6
位置	0	5	11	13	17	20
重复次数	5	6	2	4	3	5

值	1	2	3	4	5	6
行程	4	10	12	16	19	24

(b)

图 3-33

在存储结构设计方面需要规定记录结构的存储方式,如定长结构或变长结构,记录是否可以跨磁盘页存储,数据存储和访问的单位,关系采用磁盘表或内存表存储等。

数据库管理系统通过内模式数据定义语言 DDL 来定义内模式。

3.4.2 模式(Schema)

模式又称逻辑模式,是数据库中全体数据的逻辑结构和特征的描述,是所有用户的公共数据视图。模式不涉及数据的物理存储与硬件环境细节,与具体的应用、应用开发工具及高级程序设计语言无关。

模式是数据库的逻辑视图。模式定义了数据的逻辑结构,如关系由哪些属性组成,各个属性的数据类型、值域、函数依赖关系,以及关系之间的联系等。如图 3-34 所示为一个由 8 个表组成的具有复杂的参照引用关系的关系模式,形象地称为雪花状模式。模式由数据库管理系统提供的模式定义语言来定义,模式也确定了查询处理时表间连接操作的执行逻辑。

在模式设计时,主要采用规范化理论和模式优化技术优化数据库模式设计,在事务型数据库中的模式优化主要面向消除数据冗余、消除更新异常等问题。在分析型数据库中主要目标是采用适当的规范化技术来提高查询处理性能,在不同的数据库应用领域中,模式优化的目标和方法有所差异。

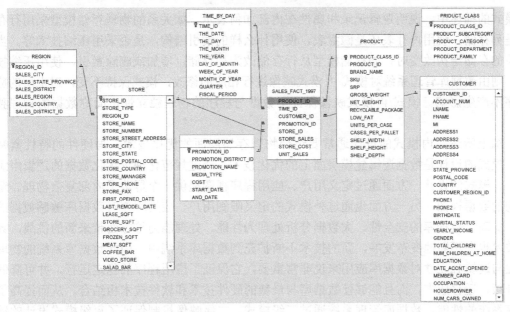

图 3-34

3.4.3 外模式（External Schema）

外模式又称用户模式，是数据库用户和应用程序的数据视图。

外模式通常是模式的子集，通过提供不同的外模式可为用户提供满足不同需求、安全性等级的数据视图。数据库管理系统通过定义外模式，为具有不同权限数据库用户提供相同数据上的不同数据视图，并赋予不同的访问权限，以保证数据库的安全性。通过定义外模式也能够向用户屏蔽复杂的模式设计，简化用户对数据库的访问。

例如，在 Tableau 数据可视化应用中，Tableau 内部的 VizQL 或 Hyper 数据库存储数据，对应内模式，确定了数据存储访问方法；导入多个相关表并创建表间关联则定义了模式，确定了表间数据的逻辑关系；用户在可视化设计时所面对的维度、度量窗口中的表与字段对象则对应外模式，为用户提供了统一的访问视图。

3.4.4 数据库的二级映像与数据独立性

1. 外模式/模式映像

模式是对数据全局逻辑结构的描述，外模式是对数据局部逻辑结构的描述。一个模式可以对应多个外模式，数据库管理系统通过外模式/模式映像定义了外模式之间的对应关系，通常采用定义视图的方式。

当模式发生改变时，如增加新的关系、对原有关系进行模式分解、增加新属性、修改属性等时，数据库管理系统对外模式/模式映像进行修改，从而保证外模式保持不变。应用程序通过外模式间接访问模式，模式的变化被外模式屏蔽，以保证数据和应用程序的逻辑独立性，简称数据的逻辑独立性。

2. 模式/内模式映像

模式/内模式映像定义了数据全局逻辑结构与存储结构之间的对应关系。该映像通常包含在模式的描述中，说明逻辑记录和属性在内部如何表示，如关系的物理存储模型采用行存储还是列存储，使用内存表还是磁盘表，使用什么样的索引结构，是否采用压缩技术等。当数据库的存储结构改变时，如存储模型从行存储改为列存储，增加或删除索引，使用压缩技术等，则由数据库管理系统对模式/内模式映像进行相应的修改，模式保持不变，对上层的应用程序不产生影响。模式/内模式映像保证了数据与程序的物理独立性，简称数据的物理独立性。

综上所述，内模式的设计通常要结合物理存储层面的优化技术，与硬件的特性紧密结合；模式的设计是数据逻辑建模层面上的优化技术，通过规范化理论优化数据的逻辑组织结构；外模式的设计一方面通过定义用户、应用程序视图提供一个屏蔽了内部复杂物理、逻辑结构的数据视图，另一方面也通过外模式的定义限制用户、应用程序对数据库敏感数据的访问，提高了数据库的安全性。大数据分析处理为性能、处理能力等方面带来新的挑战，数据库技术也在不断地变革发展，新的技术不断扩充到数据库系统中，因此数据库系统的物理独立性与逻辑独立性对数据库应用来说非常重要，它保证了应用程序的稳定运行，并可降低系统升级、迁移成本，而且能够使数据库与最新的硬件技术和软件技术相结合，从而提高了数据库系统的性能。数据库管理系统通过三级模式、二级映像机制保证了每级模式设计的独立性，简化了数据库系统管理。

3.5 数据库系统的组成

数据库系统由硬件系统、软件系统和人员构成。随着大数据库分析处理需求的不断提高，结构化数据库领域的大数据分析处理需求也成为一个重要的应用领域，因此大数据分析处理能力和大数据分析处理性能成为最为重要的指标。随着计算机硬件技术的飞速发展，多核处理器、大内存、闪存等新型硬件提供了强大的计算和数据访问性能，数据库系统需要与硬件优化技术紧密结合来提高数据库的处理能力和性能。随着硬件的发展，数据库系统的软件技术也在不断提高，查询优化技术、列存储技术、大规模并行处理技术等也不断扩展了数据库软件系统的功能与性能，提高了数据库系统的处理能力。随着数据库技术的发展和应用需求的变化，数据库的用户特征也在发生变化，数据库管理员对数据库系统进行维护，是保证数据库系统可靠、高效运行的基础，但随着云计算的成熟和普及，传统的数据库管理员角色逐渐被云服务功能所取代；数据库的用户群体也随着 Web 应用的发展而不断壮大，因此需要数据库系统提高并发用户处理能力和数据库安全管理能力。

3.5.1 数据库硬件平台

数据库是结构化的大数据管理平台，需要管理海量数据，并在海量数据的基础上提供高性能的查询处理能力，因此数据库系统的性能始终是重要的技术指标，并对硬件平台的性能提出较高的要求。数据库系统对硬件平台的要求主要体现在计算性能和数据访问性能两个方面。

1. 计算性能

数据库系统需要提供海量数据上的高性能查询处理能力，并服务于大量的并发共享访问用户，因此需要硬件平台提供强大的并行计算能力。当前，处理器的发展趋势是多核/众核并行处理技术,即在一块 CPU 或协处理器上集成几十到上千个计算核心,支持几十到几百个并行处理的任务。当前具有代表性的处理器技术包括通用多核处理器和众核协处理器,如图 3-35(a)所示。通用多核处理器中包含多个处理核心,能够支持几十个并行处理线程(如 Inter 公司至强铂金 8180 处理器集成了 28 个内核,支持 56 线程)。协处理器包括 NVIDIA 公司的 GPGPU(通用图形处理器)和 Intel 公司的 Xeon Phi 协处理器,均可支持几百至上千个处理核心和线程,具有强大的并行计算能力,主要应用于高性能计算平台。数据库的硬件平台逐渐转移到多核/众核计算平台,能够通过硬件强大的并行计算能力提升数据库的计算性能。

2. 数据访问性能

数据库的查询处理以在海量数据上的访问为基础,数据库性能主要取决于对数据的访问性能。高性能存储设备和高速通信技术的发展提供了高性能数据访问的基础。如图 3-35(b)所示,大容量内存已经成为新的硬件平台特征,当前主流的处理器能够支持几百 GB 至 TB 级的内存,企业级的核心数据已经能够实现完全内存高性能处理。Optane Memory 作为新型非易失内存扩展了非易失缓存容量,大容量、低成本的非易失性内存将逐渐成为高性能计算的主要存储设备。基于闪存结构的固态硬盘逐渐取代传统的机械硬盘,成为大容量高性能存储设备,并已经在高性能计算领域被广泛采用。硬盘性能的提升相对缓慢,但其存储容量的不断提升和价格的不断下降使其成为性价比较高的存储设备,仍然是大数据分析领域最重要的存储设备。网络技术的发展提供了良好的远程数据访问能力,提高了集群处理时的通信性能。当前的千兆网提供~100MB/s 的通信能力(1Gb/s=125MB/s),高性能计算领域中的 InfiniBand 高速网络技术则能够提供 40Gb/s 的通信能力,相当于 5GB/s 的网络通信能力,高速网络技术的通信性能已经超过本地硬盘访问速度,为大规模集群并行数据库查询处理提供了强大的通信性能保障。

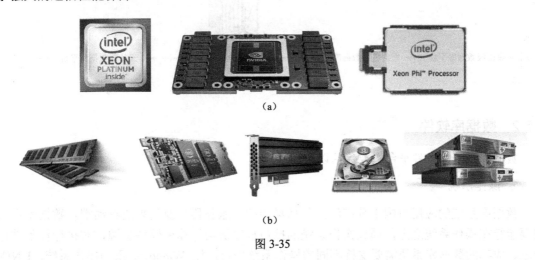

图 3-35

3. 数据库平台

数据库技术的发展趋势是硬件与软件相结合的一体化数据库平台。小型的或部门级的数据库可以部署在桌面级数据库平台,使用 PC 或工作站提供数据库系统功能,通常配置有 1~2 个处理器,十几到几十 GB 内存,几百 GB 至 TB 级硬盘存储能力。中小企业级数据库系统部署在专用服务器平台中,通常配置有 2~4 个处理器,几十到几百 GB 内存,TB 级硬盘存储能力。近年来推出的数据库一体机概念是软/硬件一体化设计的高性能数据库系统平台,通常配置十几个服务器,几十个处理器,TB 级内存或闪存,几百 TB 的硬盘存储能力,能够满足大型企业或数据中心的数据处理需求。随着软/硬件技术的成熟,云计算在一些领域逐渐取代了专用的硬件平台,成为新兴的大数据计算平台,数据库系统也在通过云计算扩展其数据处理能力,从而降低了数据库系统的软、硬件成本。

随着新硬件技术的不断发展和大数据分析需求的不断扩展,传统的数据库技术与新兴的软/硬件技术相结合,也在不断地扩展其功能和处理能力,满足了大数据分析处理需求,如图 3-36 所示。

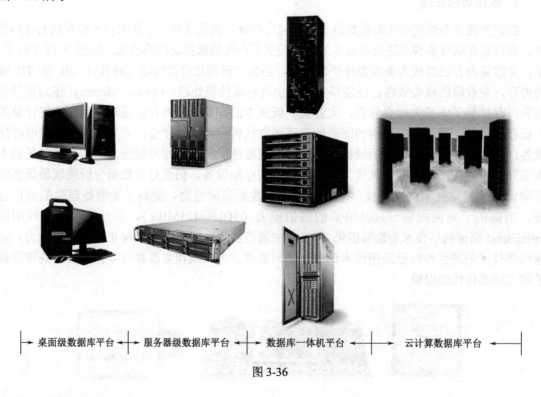

| 桌面级数据库平台 | 服务器级数据库平台 | 数据库一体机平台 | 云计算数据库平台 |

图 3-36

3.5.2 数据库软件

数据库系统的软件平台主要包括以下内容。

1. 操作系统

数据库系统的应用范围十分广泛,包括桌面端、服务器端及新兴的移动端。数据库系统需要运行在操作系统之上,通过操作系统的接口程序访问计算机硬件资源,对执行任务进行调度。成熟的数据库系统需要支持不同的操作系统平台,如 Windows 系列操作系统、UNIX 系统操作系统、MAC 操作系统及 Linux 系列操作系统等。

2. 数据库管理系统

数据库管理系统负责数据库的建立、使用、维护、系统配置、数据处理、接口管理等功能。如图 3-37 所示,具有代表性的数据库管理系统包括传统的面向事务处理的数据库

Oracle、IBM DB2、SQL Server，面向分析处理的数据库 Teradata、Vertica、Sybase，新兴的高性能内存数据库 SAP HANA，开源数据库 MySQL、PostgreSQL 等。数据库应用领域广泛，数据库衍生出不同的产品，面向不同的应用领域，从数据处理的类型可以分为联机事务处理（OLTP）数据库和联机分析处理（OLAP）数据库，从存储模型类型可以分为行存储数据库和列存储数据库，从存储设备类型可以分为磁盘数据库和内存数据库……当前数据库技术发展的一个趋势是软件与硬件技术相结合，不同应用领域相结合。数据库一体机是一个新兴的产品系统，它将数据库平台与先进硬件平台一体化部署和优化配置，将高性能事务处理、大数据分析处理、高性能内存计算及商务智能等功能集成在统一的平台，实现一站式数据库服务。

3. 高级语言开发工具

数据库是面向不同应用程序的共享数据访问平台，是一种基础软件。高级语言开发工具用于开发面向数据库的应用系统，如当前具有代表性的 Java、Python、R、C++等高级语言及其开发工具。

4. 数据库应用系统

数据库应用系统是以数据库为基础的应用软件，是面向应用领域和特定功能的应用软件系统。数据库应用系统包括各种 BI（商业智能）系统、OA（办公自动化）系统、CRM（客户关系管理）系统、ERP（企业资源管理）系统等数据库应用软件。

图 3-37

3.5.3 数据库人员

在数据库系统的运行和应用过程中需要不同层面的人员，主要包括数据库管理员、系统分析员和数据库设计人员、应用开发人员和最终用户。

1. 数据库管理员

数据库管理员是数据库系统中最重要的人员。数据库管理员的职能包括监视和管理数据库系统的运行，配置数据库系统的参数，决定数据库系统的存储结构和存取策略，管理数据库系统用户访问权限，解决数据库系统运行故障，优化数据库系统性能等方面。

数据库管理员需要对数据库系统技术有深入的了解，具有丰富的经验，可以解决系统问题和各种软件、硬件故障，对数据库系统性能调优，保证大型系统可靠、稳定、安全运行。

数据库管理员的人力成本很高，是大型系统运行必不可少的因素。当前云计算应用模式简化了数据库管理员的部分职能，通过服务方式提供可靠的数据库支持。

2. 系统分析员和数据库设计人员

系统分析员根据应用系统的需求分析和规范确定系统的软件、硬件配置，并参与数据库系统的设计工作。

数据库设计人负责数据库中数据结构、数据库各级模式的设计工作，完成数据库的整体设计。

3. 应用开发人员

应用开发人员负责应用程序开发、调试和系统部署工作。应用开发人员通过标准的数据库访问接口实现对数据库的访问和查询处理，实现系统功能模块的应用。应用开发人员主要访问数据库的外模式，不需要了解数据库的物理结构和逻辑结构。

4. 最终用户

数据库系统的最终用户是指通过应用系统使用数据库的终端用户。最终用户通过应用系统界面访问数据库，完成应用操作，不需要了解数据库。随着互联网的普及和电子商务、电子政务等信息化技术的广泛使用，数据库应用系统不是面对较少的内部用户，而是要面对大量的通过互联网访问的终端用户，因此对数据库应用系统的高并发处理能力提出较高的要求，对数据库系统的性能，如实时查询处理能力、高并发查询处理能力等方面提出了更高的要求。

小　结

数据库既是计算机系统中重要的系统软件，也是数据处理的"操作系统"，它提供了大数据存储、管理和分析处理的平台。虽然传统的关系数据库面向结构化的数据处理任务，但是通过数据库技术与多媒体、非结构化数据管理等技术的不断融合，在未来数据库技术的发展中，关系数据库、NoSQL 数据库、NewSQL 数据库等传统和新兴的技术构建了一个数据处理的基础平台，提供多样化的数据分析处理技术。

第 4 章 关系数据库结构化查询语言 SQL

学习目标/本章要点

SQL 是结构化查询语言（Structured Query Language）的简称，是关系数据库的标准语言。SQL 是一种通用的、功能强大的数据库查询和程序设计语言，用于存取数据及查询、更新和管理关系数据库系统，几乎所有关系数据库系统都支持 SQL，而且一些非关系数据库也支持类似 SQL 或与 SQL 部分兼容的查询语言，如 Hive SQL、SciDB AQL、SparkSQL 等。SQL 同样得到其他领域的重视和采用，如人工智能领域的数据检索。同时，SQL 语言也在不断发展，SQL 标准中增加了对 JSON 的支持，SQL Server 2017 增加了对图数据处理的支持。

本章学习的目标是掌握 SQL 语言的基本语法与使用技术，能够面向企业级数据库进行管理和数据处理，实现基于 SQL 的数据分析处理。

4.1 SQL 概述

SQL 语言是一种数据库查询和程序设计语言，允许用户在高层数据结构上工作，是一个通用的、功能强大的关系数据库的标准语言。SQL 语言是高级的非过程化编程语言，不要求用户指定对数据的存放方法，也不需要用户了解具体的数据存放方式，这种特性保证了具有完全不同底层结构的数据库系统可以使用相同的 SQL 查询语言作为数据输入与管理的接口。SQL 语言具有独立性，基本上独立于数据库本身、所使用的计算机系统、网络、操作系统等，基于 SQL 的 DBMS 产品可以运行在从个人机、工作站到基于局域网、小型机和大型机的各种计算机系统上，具有良好的可移植性。SQL 语言具有共享性，数据库和各种产品都使用 SQL 作为共同的数据存取语言和标准的接口，使不同数据库系统之间的互操作有了共同的查询操作语言基础，能够实现异构系统、异构操作系统之间的共享与移植。SQL 语言具有丰富的语义，其功能不仅是交互式数据操纵语言，还包括数据定义、数据库的插入、删除、修改等更新操作，数据库安全性完整性定义与控制，事务控制等功能，SQL 语句可以嵌套，具有极大的灵活性并能够表述复杂的语义。

本节所使用的示例数据库是 TPC-H，SQL 命令执行平台为 SQL Server 2017。

1. SQL 的产生与发展

SQL 语言起源于 1974 年 IBM 公司圣约瑟研究实验室研制的大型关系数据库管理系统 System R 中使用的 SEQUEL 语言（由 Boyce 和 Chamberlin 提出），后来在 SEQUEL 的基础上发展了 SQL 语言。20 世纪 80 年代初，美国国家标准局（ANSI）开始着手制定 SQL 标准，最早的 ANSI 标准于 1986 年完成，称为 SQL86。标准的出台使 SQL 作为标准的关系数据库语言的地位得到加强。SQL 标准几经修改和完善，1992 年制定了 SQL92 标准，全名是 "International Standard ISO/IEC 9075:1992,Database Language SQL"。SQL99 则进一步扩展为框架、SQL 基础部分、SQL 调用接口、SQL 永久存储模块、SQL 宿主语言绑定、SQL 外部数据的管理和 SQL 对象语言绑定等多个部分。SQL2003 包含了 XML 相关内容，自动生成列值（Column Values）。SQL2006 定义了结构化查询语言与 XML（包含 XQuery）的关联应用，2006 年，Sun 公司将以结构化查询语言基础的数据库管理系统嵌入 JavaV6。SQL2008、SQL2011、SQL2016 分别增加了一些新的语法、时序数据类型支持及对 JSON 等多样化数据类型的支持。

2. SQL 结构

SQL 包含 6 部分。

（1）数据定义语言（Data Definition Language，DDL）

DDL 包括动词 CREATE 和 DROP，用于在数据库中创建新表或删除表（CREAT TABLE 或 DROP TABLE）、表创建或删除索引（CREATE INDEX 或 DROP INDEX）等。

（2）数据操作语言（Data Manipulation Language，DML）

DML 包括动词 INSERT、UPDATE 和 DELETE，分别用于插入、修改和删除表中的元组。

（3）事务处理语言（Transaction Control Language，TPL）

TPL 能确保被 DML 语句影响的表的所有行能够得到可靠的更新。TPL 包括 BEGIN TRANSACTION、COMMIT 和 ROLLBACK。

（4）数据控制语言（Data Control Language，DCL）

DCL 通过 GRANT 或 REVOKE 获得授权，分配或取消单个用户和用户组对数据库对象的访问权限。

（5）数据查询语言（Data Query Language，DQL）

DQL 用于在表中查询数据。保留字 SELECT 是 DQL（也是所有 SQL）用得最多的动词，其他 DQL 常用的保留字有 WHERE、ORDER BY、GROUP BY 和 HAVING 等。

（6）指针控制语言（Cursor Control Language，CCL）

CCL 用于对一个或多个表单独行的操作，如 DECLARE CURSOR、FETCH INTO 和 UPDATE WHERE CURRENT。

3. SQL 语言的特点

① 统一的数据操作语言：SQL 集 DDL、DML 和 DCL 于一体，可以完成数据库中的全部工作。

② 高度非过程化：与"面向过程"的语言不同，SQL 进行数据操作时只提出要"做什么"，不必描述"怎么做"，也不需要了解存储路径。数据存储路径的选择及数据操作的过程由数据库系统的查询优化引擎自动完成，既减轻了用户的负担，又提高了数据的独立性。

③ 面向集合的操作：SQL 采用集合操作方式，即数据操作的对象是元组的集合，关系操作的对象是关系，关系操作的输出也是关系。

④ 使用方式灵活：SQL 既可以以交互语言方式独立地使用，也可以作为嵌入式语言嵌入 C、C++、FORTRAN、Java、Python、R 等主语言中使用。两种语言的使用方式相同，使用方便和灵活。

⑤ 语法简洁，表达能力强，易于学习：在 ANSI 标准中，只包含了 94 个英文单词，核心功能只使用 9 个动词，语法接近英语口语，易于学习。

● 数据查询：SELECT。

- 数据定义：CREATE、DROP、ALTER。
- 数据操纵：INSERT、DELETE、UPDATE。
- 数据控制：GRANT、REVOKE。

4．SQL 数据类型

SQL 语言中的 5 种主要的数据类型包括字符型、文本型、数值型、逻辑型和日期型。

（1）字符型

字符型用于字符串存储，根据字符串长度与存储长度的关系可以分为两大类，CHAR(n) 和 VARCHAR(n)，用于表示最大长度为 n 的字符串。

CHAR(n)采用固定长度存储，当字符串长度小于宽度时，尾部自动增加空格。VARCHAR(n)按照字符串实际长度存储，字符串需要加上表示字节长度值的前缀，当 n 不超过 255 时使用 1 字节前缀数据，当 n 超过 255 时则使用 2 字节前缀数据。当字符串长度超过 CHAR(n)或 VARCHAR(n)的最大长度时，则按 n 对字符串截断填充。

图 4-1 所示为字符串"（空串，长度为 0）、'Hello'、'Hello World'、'Hello WorldCup' 在 CHAR(12)或 VARCHAR(12)中的存储空间分配。如图 4-1（a）所示，CHAR(12)无论存储多长的字符串其长度都为 12。如图 4-1（b）所示，VARCHAR(12)长度比实际字符串长度增加 1 个前缀数据字节，不同长度的字符串存储时实际使用的空间为 $n+1$ 字节。CHAR(n)会浪费一定的存储空间，但对于数据长度变化范围较小的数据来说，存储和访问简单，在列存储数据库中定长列易于实现根据逻辑位置访问数据物理地址；VARCHAR(n)在字符串长度变化范围较大时存储效率较高，但在存储管理和访问上较为复杂。

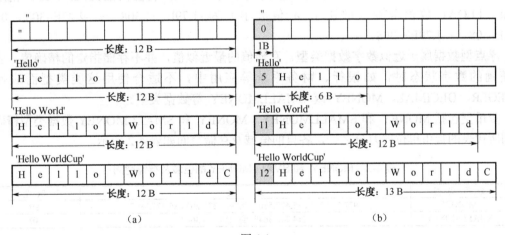

图 4-1

NCHAR(n)和 NVARCHAR(n)数据类型采用 Unicode 标准字符集，Unicode 标准用 2 字节为一个存储单位。

（2）文本型

文本型数据 TEXT 中可以存放 $2^{31}-1$ 个字符，用于存储较大的字符串，如 HTML FORM 的多行文本编辑框（TEXTAREA）中收集的文本型信息。

VARCHAR (max) 可以存储最大为 $2^{31}-1$ 字节的数据，可以取代 TEXT 数据类型。

数据库还可以使用 CLOB 存储字符串大对象，如 XML 文档等。BLOB 使用二进制保存数据，如保存位图。CLOB 与 BLOB 最大支持 4GB 大小的数据存储。

(3) 数值型

数值型主要包括整型、小数、浮点型、货币型。

整型包括 BIGINT、INT、SMALLINT 和 TINYINT。为了节省数据库的存储空间，在设计表时需要为列设置适合的数据类型，以免浪费存储空间。其值域和存储空间如表 4-1 所示。

表 4-1 BIGINT、INT、SMALLINT 和 TINYINT 值域及存储空间

数据类型	范围	存储空间
BIGINT	-2^{63} (–9,223,372,036,854,775,808) ～ $2^{63}-1$ (9,223,372,036,854,775,807)	8B
INT	-2^{31} (–2,147,483,648) ～ $2^{31}-1$ (2,147,483,647)	4B
SMALLINT	-2^{15} (–32,768) ～ $2^{15}-1$ (32,767)	2B
TINYINT	0 ～ 255	1B

NUMERIC 型数据用于表示一个数的整数部分和小数部分。NUMERIC $[(p[, s])]$ 中，p 表示不包含符号、小数点的总位数，范围是 1~38，默认为 18；s 表示小数位数，默认为 0，满足 $0 \leq s \leq p$。NUMERIC 型数据使用最大精度时可以存储 $-10^{38}+1 \sim 10^{38}-1$ 范围内的数。DECIMAL 与 NUMERIC 的用法相同。

浮点型包括 REAL、FLOAT (n)、DOUBLE。REAL、FLOAT 与 DOUBLE 分别对应单精度（4B）与以精度浮点数（8B），REAL 的 SQL-92 同义词为 FLOAT(24)，数值范围为 $-3.40E+38 \sim -1.18E-38$、0 及 $1.18E-38 \sim 3.40E+38$。FLOAT(n)类型 n 为用于存储 FLOAT 数值尾数，当存储大小为 4B 时 n 取值范围为 1～24，精度是 7bit；DOUBLE PRECISION 的同义词为 FLOAT(53)，存储大小为 8B，n 取值范围为 25～53，精度是 15bit。FLOAT 数值范围（取决于 n 值大小）为 $-1.79E+308 \sim -2.23E-308$、0 及 $2.23E-308 \sim 1.79E+308$。

浮点型数据属于近似数字数据类型，存储值的最近似值，并不存储指定的精确值。当要求精确的数字状态时，如银行、财务系统等应用中，不适合使用这类类型而应使用 INTEGER、DECIMAL、MONEY 或 SMALLMONEY 等数据类型。

货币型包括 MONEY 和 SMALLMONEY。MONEY 和 SMALLMONEY 数据类型精确到它所代表的货币单位的万分之一，各自的值域及存储空间如表 4-2 所示。

表 4-2 MONEY 和 SMALLMONEY 的值域及存储空间

数据类型	范围	存储空间
MONEY	-922,337,203,685,477.5808 到 922,337,203,685,477.5807	8B
SMALLMONEY	-214,748.3648 到 214,748.3647	4B

(4) 逻辑型

逻辑型 BOOLEAN 类型只有两个取值，真（TRUE）或假（FALSE），用于表示逻辑结果。

(5) 日期型

日期型数据包含多种数据类型，如 DATE、TIME、TIMESTAMP 等，以 DATETIME 和 SMALLDATETIME 为例，说明日期型数据的存储大小与取值范围。

一个 DATETIME 型的字段可以存储的日期范围是 1753 年 1 月 1 日第一毫秒到 9999 年 12 月 31 日最后一毫秒，存储长度为 8B。

SMALLDATETIME 与 DATETIME 型数据同样使用，只不过它能表示的日期和时间范围比

DATETIME 型数据小,而且不如 DATETIME 型数据精确。一个 SMALLDATETIME 型的字段能够存储 1900 年 1 月 1 日到 2079 年 6 月 6 日的日期,它只能精确到秒,存储长度为 4B。

SQL 标准支持多种数据类型,不同关系数据库管理系统支持的数据类型不完全相同。随着 SQL 标准的发展与新型数据处理需求的增长,数据库增加了对新型数据的支持,如对 JSON 结构的数据存储和查询。

4.2 数据定义 SQL

数据库中的关系必须由数据定义语言(DDL)指定给系统,SQL 的 DDL 用于定义关系及关系的一系列信息,包括:
- 关系模式;
- 属性的值域;
- 完整性约束;
- 索引;
- 安全与权限;
- 存储结构。

SQL 的数据定义功能包括模式、表、视图和索引。SQL 标准通常不提供修改模式、修改视图和修改索引定义的操作,用户可以通过先删除原对象再重新建立的方式修改这些对象。数据定义 SQL 命令如表 4-3 所示。

表 4-3 数据定义 SQL 命令

操作对象	操作方式		
	创建	删除	修改
模式	CREATE SCHEMA	DROP SCHEMA	
表	CREATE TABLE	DROP TABLE	ALTER TABLE
索引	CREATE INDEX	DROP INDEX	
视图	CREATE VIEW	DROP VIEW	

现代关系数据库管理系统提供层次化的数据库对象命名机制,顶层是数据库(也称目录),数据库中可以创建多个模式,模式中包括多个表、视图、索引等数据库对象。

4.2.1 模式的定义与删除

1. 模式的定义

命令:CREATE SCHEMA

功能:创建一个新模式。模式是形成单个命名空间的数据库实体的集合,模式中包含表、视图、索引、权限定义等对象。该命令需要获得数据库管理员权限,或者用户被授予 CREATE SCHEMA 权限。

语法:

```
CREATE SCHEMA SCHEMA_NAME [ AUTHORIZATION USERNAME ] [SCHEMA_ELEMENT
[ ... ] ]
CREATE SCHEMA AUTHORIZATION USERNAME [SCHEMA_ELEMENT [ ... ] ]
```

SQL 命令描述:

模式名 SCHEMA_NAME 省略时使用用户名作为模式名，用户名 USERNAME 默认使用执行命令的用户名，只有超级用户才能创建不属于自己的模式。模式成员 SCHEMA_ELEMENT 定义了要在模式中创建的对象，包含 CREATE TABLE、CREATE VIEW 和 GRANT 命令创建的对象，其他对象可以在创建模式后独立创建。

模式是数据库的命名空间，模式内的对象命名唯一，但可以与其他模式内的对象重名。当创建模式的用户需要被删除时，可以通过转让模式的所有权实现用户与模式的分离，避免了因删除用户而导致的数据丢失问题。

【例 4-1】 创建一个模式 TPCHDEMO，授权给用户 TPCH_USER，并且在模式里面创建表和视图。

```
CREATE SCHEMA TPCHDEMO AUTHORIZATION TPCH_USER
    CREATE TABLE PART (P_PARTKEY INT, P_NAME VARCHAR(22), P_CATEGORY VARCHAR(7))
    CREATE VIEW PART_VIEW AS
        SELECT P_NAME, P_CATEGORY FROM PART WHERE P_PARTKEY <200;
```

上面的 SQL 命令与以下三个 SQL 命令等价：

```
CREATE SCHEMA TPCHDEMO;
CREATE TABLE TPCHDEMO.PART (P_PARTKEY INT, P_NAME VARCHAR(22), P_CATEGORY VARCHAR(7));
CREATE VIEW TPCHDEMO.PART_VIEW AS
    SELECT P_NAME, P_CATEGORY FROM PART WHERE P_PARTKEY <200;
```

首先创建模式 TPCHDEMO，然后创建以 TPCHDEMO 为前缀的表 PART 和视图 PART_VIEW。也就是说，用户在创建模式的同时可以在模式中进一步创建表、视图、定义授权等。

在指定模式名前，模式名隐含为用户名 TPCH_USER，如：

```
CREATE SCHEMA AUTHORIZATION TPCH_USER;
```

2. 删除模式

命令：DROP SCHEMA
功能：删除指定模式。
语法：

```
DROP SCHEMA SCHEMA_NAME;
```

SQL 命令描述：

当删除模式时，如果模式中已经定义了下属的数据库对象，则中止该删除模式语句的执行时，需要首先将模式内的对象删除，然后才能将模式删除。

【例 4-2】 删除模式 TPCHDEMO。

删除模式 TPCHDEMO 时需要首先删除表 PART 和视图 PART_VIEW，然再删除模式 TPCHDEMO：

```
DROP TABLE TPCHDEMO.PART;
DROP VIEW TPCHDEMO.PART_VIEW;
DROP SCHEMA TPCHDEMO;
```

3. 模式转移

模式转移命令用于将一个模式中的数据库对象转换给另一个模式。

【例 4-3】 创建一个模式 TEMP 并在模式中创建表 USERS，然后将 USERS 转移给模式 TPCHDEMO，如图 4-2 所示。

```
CREATE SCHEMA TEMP
CREATE TABLE USERS (ID INT, USERNAME VARCHAR(30));
ALTER SCHEMA TPCHDEMO TRANSFER OBJECT::TEMP.USERS;
```

图 4-2

首先创建模式 TEMP 和模式中的表 USERS，在 SQL SERVER 2017 管理器中查看数据库中的表对象存在名称为 TEMP.USERS 的表。通过 ALTER SCHEMA 命令将模式 TEMP 中的表 USERS 转移给模式 DBO，命令执行完毕后查询管理器，确认表名称改为 DBO.USERS，实现了模式中对象的转移。

4.2.2 表的定义、删除与修改

1. 定义表

命令：CREATE TABLE
功能：创建一个基本表。
语法：

```
CREATE TABLE [ DATABASE_NAME . [ SCHEMA_NAME ] . | SCHEMA_NAME . ] TABLE_NAME
              (<COLUMN_NAME> < TYPE_NAME > [CONSTRAINT_NAME]
              [,<COLUMN_NAME> < TYPE_NAME > [CONSTRAINT_NAME]]
              ...
              [,<TABLE_CONSTRAINT >]);
```

SQL 命令描述：

基本表是关系的物理实现。表名 (TABLE_NAME) 定义了关系的名称，相同的模式中表名不能相同，不同的模式或数据库之间表名可以相同。列名 (COLUMN_NAME) 是属性的标识，表中的列名不能相同，不同表的列名可以相同。当查询中所使用不同表的列名相同时，需要使用"表名.列名"来标识相同名称的列，当列名不同时，不同表的列可以直接通过列名访问，因此在标准化的设计中通常采用表名缩写，通过下画线与列名组成复合列名的命名方式来唯一标识不同的列，如 PART 表的 NAME 列命名为"P_NAME"，SUPPLIER 表的 NAME 列命名为"S_NAME"，通过表名缩写前缀来区分不同表中的列。

数据类型 TYPE_NAME 规定了列的取值范围，需要根据列的数据特点定义适合的数据类型，既要避免因数据类型值域过小引起的数据溢出问题，也要避免因数据类型值域过大导致

的存储空间浪费问题。在大数据存储时,数据类型的宽度决定了数据存储空间,需要合理地根据应用的特征选择适当的数据类型。

列级完整性约束 CONSTRAINT_NAME 包括以下内容。

- 列是否可以取空值。

   [NULL | NOT NULL]

如 P_SIZE INT NULL 表示列 P_SIZE 可以取空值。注意,表中设置为主码的列不可为空,需要设置 NOT NULL 约束条件。

- 列是否为主键/唯一键。

   { PRIMARY KEY | UNIQUE } [CLUSTERED | NONCLUSTERED]

如 S_SUPPKEY INT PRIMARY KEY CLUSTERED 表示列 S_SUPPKEY 设置为主码并创建聚集索引。聚集索引是指表中行数据的物理顺序与键值的逻辑(索引)顺序相同,一个表只能有一个聚集索引,一些数据库系统默认为主码建立聚集索引。

- 列是否是外码。

   REFERENCES [SCHEMA_NAME.] REFERENCED_TABLE_NAME [(REF_COLUMN)]

如 N_REGIONKE INT REFERENCES REGION (R_REGIONKEY)表示列 N_REGIONKE 是外码,参照表 REGION 中的列 R_REGIONKEY。约束条件定义在列之后的方式称为列级约束。

表级约束 TABLE_CONSTRAINT 是为表中的列所定义的约束。当表中使用多个属性的复合主码时,主码的定义需要使用表级约束。列级参照完整性约束也可以表示为表级参照完整性约束。

【例 4-4】 参照图 3-13(a)所示的模式,写出 TPC-H 数据库中各表的定义命令。

```
CREATE TABLE REGION
   ( R_REGIONKEY      INTEGER      PRIMARY KEY,
     R_NAME           CHAR(25),
     R_COMMENT        VARCHAR(152) );
CREATE TABLE NATION
   ( N_NATIONKEY      INTEGER      PRIMARY KEY,
     N_NAME           CHAR(25),
     N_REGIONKEY      INTEGER      REFERENCES REGION (R_REGIONKEY),
     N_COMMENT        VARCHAR(152) );
CREATE TABLE PART
   ( P_PARTKEY        INTEGER      PRIMARY KEY,
     P_NAME           VARCHAR(55),
     P_MFGR           CHAR(25),
     P_BRAND          CHAR(10),
     P_TYPE           VARCHAR(25),
     P_SIZE           INTEGER,
     P_CONTAINER      CHAR(10),
     P_RETAILPRICE    FLOAT,
     P_COMMENT        VARCHAR(23) );
CREATE TABLE SUPPLIER
```

```
    ( S_SUPPKEY         INTEGER      PRIMARY KEY,
      S_NAME            CHAR(25),
      S_ADDRESS         VARCHAR(40),
      S_NATIONKEY   INTEGER   REFERENCES NATION (N_NATIONKEY),
      S_PHONE           CHAR(15),
      S_ACCTBAL         FLOAT,
      S_COMMENT         VARCHAR(101) );
CREATE TABLE PARTSUPP
    ( PS_PARTKEY        INTEGER REFERENCES PART (P_PARTKEY),
      PS_SUPPKEY        INTEGER REFERENCES SUPPLIER (S_SUPPKEY),
      PS_AVAILQTY       INTEGER,
      PS_SUPPLYCOST     FLOAT,
      PS_COMMENT        VARCHAR(199),
      PRIMARY KEY(PS_PARTKEY, PS_SUPPKEY) );
CREATE TABLE CUSTOMER
    ( C_CUSTKEY   INTEGER    PRIMARY KEY,
      C_NAME            VARCHAR(25),
      C_ADDRESS         VARCHAR(40),
      C_NATIONKEY   INTEGER    REFERENCES NATION (N_NATIONKEY),
      C_PHONE           CHAR(15),
      C_ACCTBAL         FLOAT,
      C_MKTSEGMENT      CHAR(10),
      C_COMMENT         VARCHAR(117) );
CREATE TABLE ORDERS
    ( O_ORDERKEY        INTEGER      PRIMARY KEY,
      O_CUSTKEY         INTEGER,
      O_ORDERSTATUS     CHAR(1),
      O_TOTALPRICE      FLOAT,
      O_ORDERDATE       DATE,
      O_ORDERPRIORITY   CHAR(15),
      O_CLERK           CHAR(15),
      O_SHIPPRIORITY    INTEGER,
      O_COMMENT         VARCHAR(79) );
CREATE TABLE LINEITEM
    ( L_ORDERKEY        INTEGER REFERENCES ORDERS (O_ORDERKEY),
      L_PARTKEY         INTEGER REFERENCES PART (P_PARTKEY),
      L_SUPPKEY         INTEGER REFERENCES SUPPLIER (S_SUPPKEY),
      L_LINENUMBER      INTEGER,
      L_QUANTITY        FLOAT,
      L_EXTENDEDPRICE   FLOAT,
      L_DISCOUNT        FLOAT,
      L_TAX             FLOAT,
      L_RETURNFLAG      CHAR(1),
      L_LINESTATUS      CHAR(1),
      L_SHIPDATE        DATE,
      L_COMMITDATE      DATE,
      L_RECEIPTDATE     DATE,
      L_SHIPINSTRUCT    CHAR(25),
```

```
            L_SHIPMODE           CHAR(10),
            L_COMMENT            VARCHAR(44),
            PRIMARY KEY(L_ORDERKEY, L_LINENUMBER),
            FOREIGN KEY (L_PARTKEY, L_SUPPKEY) REFERENCES PARTSUPP (PS_PARTKEY,
    PS_SUPPKEY));
```

在表定义命令中，单属性上的主码及参照完整性约束定义可以使用列级约束定义，直接写在列定义语句中，复合属性主、外码定义则需要使用表级定义，通过独立的语句写在表定义命令中。在参照完整性约束定义中，使用列级约束定义完整性约束时只需要定义参照的表及列，而使用表级约束定义完整性约束时则需要定义外码及参照的表和列。

2. 修改表

命令：ALTER TABLE
功能：修改基本表。
语法：

```
    ALTER TABLE < TABLE_NAME >
        [ADD <COLUMN_NAME> < TYPE_NAME > [CONSTRAINT_NAME]]
        [ADD <TABLE_CONSTRAINT>]
        [DROP <COLUMN_NAME>]
        [DROP <CONSTRAINT_NAME >]
        [ALTER COLUMN < COLUMN_NAME > [TYPE_NAME] | [ NULL | NOT NULL ]];
```

SQL 命令描述：

修改基本表，其中 ADD 子句用于增加新的列（列名、数据类型、列级约束）和新的表级约束条件；DROP 子句用于删除指定的列或指定的完整性约束条件；ALTER COLUMN 子句用于修改原有的列定义，包括列名、数据类型等。

【例 4-5】 完成下面的表修改操作。

```
    ALTER TABLE LINEITEM ADD L_SURRKEY int;
```

SQL 解析：增加一个 INT 类型的列 L_SURRKEY。

```
    ALTER TABLE LINEITEM ALTER COLUMN L_QUANTITY SMALLINT;
```

SQL 解析：将 L_QUANTITY 列的数据类型修改为 SMALLINT。

```
    ALTER TABLE ORDERS ALTER COLUMN O_ORDERPRIORITY varchar(15) NOT NULL;
```

SQL 解析：将 O_ORDERPRIORITY 列的约束修改为 NOT NULL 约束。

```
    ALTER TABLE LINEITEM ADD CONSTRAINT FK_S FOREIGN KEY (L_SURRKEY)
    REFERENCES SUPPLIER(S_SUPPKEY);
```

SQL 解析：在 LINEITEM 表中增加一个外键约束。CONSTRAINT 关键字定义约束的名称 FK_S，然后定义表级参照完整性约束条件。

```
    ALTER TABLE LINEITEM DROP CONSTRAINT FK_S;
```

SQL 解析：在 LINEITEM 表中删除外键约束 FK_S。

```
    ALTER TABLE LINEITEM DROP COLUMN L_SURRKEY;
```

SQL 解析：删除表中的列 L_SURRKEY。

命令执行约束：

在列的修改操作中，如果将数据宽度由小变大则可以直接在原始数据上修改，如果数据宽度由大变小或改变数据类型，则通常需要先清除数据库中该列的内容后才能修改。在这种情况下，可以通过临时列完成列数据类型修改时的数据交换，如修改列数据类型时先增加一个与被修改的列类型一样的列作为临时列，将要修改列的数据复制到临时列并置空要修改的列，然后修改该列的数据类型，再从临时列将数据经过数据类型转换后复制回被修改的列，最后删除临时列。

当数据库中存储了大量数据时，表结构的修改会产生较高的列数据更新代价，因此需要在基本表的设计阶段全面考虑列的数量、数据类型和数据宽度，尽量避免对列的修改。

3. 删除表

命令：DROP TABLE

功能：删除一个基本表。

语法：

```
DROP TABLE < TABLE_NAME > [RESTRICT|CASCADE];
```

SQL 命令描述：

RESTRICT：默认选项，表的删除有限制条件。删除的基本表不能被其他表的约束所引用，如 FOREIGN KEY，不能有视图、触发器、存储过程及函数等依赖于该表的对象，如果存在，则需要首先删除这些对象或解除与该表的依赖后才能删除该表。

CASCADE：无限制条件，表删除时相关对象一起删除。

【例 4-6】 删除表 PART。

```
DROP TABLE PART;
```

不同的数据库对 DROP TABLE 命令有不同的规定，有的数据库不支持 RESTRICT | CASCADE 选项，在删除表时需要手工删除与表相关的对象或解除删除表与其他表的依赖关系。对于依赖于基本表的对象，如索引、视图、存储过程和函数、触发器等对象，不同的数据库在删除基本表时采取的策略有所不同，通常来说，删除基本表后索引会自动删除，视图、存储过程和函数在不删除时也会失效，触发器和约束引用在不同数据库中有不同的策略。

4. 内存存储模型

随着硬件技术的发展，大内存与多核处理器成为新一代数据库主流的高性能计算平台，内存数据库通过内存存储模型实现数据存储在高性能内存中，从而显著提高查询处理性能。

以 SQL Server Hekaton 内存引擎为例，数据库可以创建内存优化表。在 SQL Server 2017 中创建内存表需要以下几个步骤。

- 创建内存优化数据文件组并为文件组增加容器。
- 创建内存优化表。
- 导入数据到内存优化表。

【例 4-7】 为 TPC-H（TPCH）数据库的 LINEITEM 表创建内存表。

(1) 为数据库 TPCH 创建内存优化数据文件组并为文件组增加容器

```
ALTER DATABASE TPCH ADD FILEGROUP TPCH_MOD CONTAINS MEMORY_OPTIMIZED_
DATA
ALTER DATABASE TPCH ADD FILE (NAME='TPCH_MOD', FILENAME= 'C:\IM_DATA\
TPCH_MOD') TO FILEGROUP TPCH_MOD;
```

为数据库 TPCH 增加文件组 TPCH_MOD，为文件组增加文件 C:\IM_DATA\TPCH_MOD 作为数据容器。

(2) 创建内存表

通过下面的 SQL 命令创建内存表 LINEITEM_IM，其中，子句 INDEX IX_ORDERKEY NONCLUSTERED HASH (LO_ORDERKEY,LO_LINENUMBER) WITH (BUCKET_COUNT= 8000000)用于创建主键哈希索引，测试集（SF=1）LINEITEM 表中记录数量约为 600 万，因此指定哈希桶数量为 8 000 000。哈希桶数量设置较大能够提高哈希查找性能，但过大的哈希桶数量也会造成存储空间的浪费。

命令子句 WITH (MEMORY_OPTIMIZED=ON, DURABILITY=SCHEMA_ONLY)用于设置内存表类型，MEMORY_OPTIMIZED=ON 表示创建表为内存表。DURABILITY = SCHEMA_ONLY 表示创建非持久化内存优化表，不记录这些表的日志且不在磁盘上保存它们的数据，即这些表上的事务不需要任何磁盘 I/O，但如果服务器崩溃或进行故障转移，则无法恢复数据；DURABILITY=SCHEMA_AND_DATA 表示内存优化表是完全持久性的，整个表的主存储在内存中，即从内存读取表中的行，可以更新内存中存储的这些行数据，但内存优化表的数据同时还在磁盘上维护着一个仅用于持久性目的的副本，在数据库恢复期间，内存优化表中的数据可以再次从磁盘中装载。

以下为创建非持久化内存优化表示例。

```
CREATE TABLE LINEITEM_IM (
    L_ORDERKEY          INTEGER         NOT NULL,
    L_PARTKEY           INTEGER         NOT NULL,
    L_SUPPKEY           INTEGER         NOT NULL,
    L_LINENUMBER        INTEGER         NOT NULL,
    L_QUANTITY          FLOAT           NOT NULL,,
    L_EXTENDEDPRICE     FLOAT           NOT NULL,,
    L_DISCOUNT          FLOAT           NOT NULL,,
    L_TAX    FLOAT      NOT NULL,,
    L_RETURNFLAG        CHAR(1)         NOT NULL,,
    L_LINESTATUS        CHAR(1)         NOT NULL,,
    L_SHIPDATE          DATE            NOT NULL,,
    L_COMMITDATE        DATE            NOT NULL,,
    L_RECEIPTDATE       DATE            NOT NULL,,
    L_SHIPINSTRUCT      CHAR(25)        NOT NULL,,
    L_SHIPMODE          CHAR(10)        NOT NULL,,
    L_COMMENT           VARCHAR(44)     NOT NULL,,
    INDEX IX_ORDERKEY NONCLUSTERED HASH (L_ORDERKEY,L_LINENUMBER ) WITH
(BUCKET_COUNT=8000000)
) WITH (MEMORY_OPTIMIZED=ON, DURABILITY=SCHEMA_ONLY);
```

4.2.3 代表性的索引技术

当表的数据量比较大时，查询操作需要扫描大量的数据而产生较大的耗时。索引是数据库中重要的性能优化技术，通过创建索引，在表上创建一个或多个索引，提供多种存储路径，数据库能够自动地执行索引查找，提高数据库的查询性能。关系数据库中常用的索引包括 B+树索引、哈希索引、位图索引、位图连接索引、存储索引和列存储索引等。

1. 索引类型

（1）聚集索引

数据库通常会为关系中定义的主码自动创建聚集索引（Clustered Index），即记录按主码的顺序物理存储，保持数据在逻辑上和物理上都能按主码的顺序访问，这种聚集存储机制能够有效地提高查询性能，但一个关系上只能创建一个聚集索引。

（2）B+树索引

B+树索引是磁盘数据库的一般经典索引结构，它的基本思想是以 PAGE 为单位组织表记录键值-地址（PAGEID）对的分层存储。在创建索引时，原始表中较长的记录按索引的结构抽取出键值-地址对排序后以 PAGE 为单位存储在 B+树索引叶节点层，各叶节点形成链表结构，记录了索引键值的排序序列。每个叶节点 PAGE 中的最小值抽取出构建上级非叶索引节点，以 PAGE 为单位依次存储每个叶节点最小值-地址对数据，即叶节点为记录建立索引，非叶节点为下一级索引节点建立索引。非叶节点依次向上构建，直到只产生唯一的非叶节点作为 B+树索引的根节点。

假设表记录宽度为 80B，记录行数为 10 亿条，索引列数据类型为 INT（4B），PAGE 大小为 4KB，则记录需要存储在 80*1 000 000 000/(4*1024) = 19 531 250 个 PAGE 中，即在没有索引的情况下如果查找某个键值对应的记录需要顺序扫描 19 531 250 个 PAGE。在建立 B+树索引时，10 亿条记录键值-地址对宽度为 8B（假设键值 4B，地址 4B），则每个 4KB 大小的 PAGE 中可以存储 512 个索引项，B+树索引的叶节点需要 38 147 个 PAGE，叶节点中的每个 PAGE 中的最小值和 PAGEID 构成第二级非叶节点的索引项，需要 74 个二级非叶节点索引 PAGE，然后 74 个索引 PAGE 中的最小值-地址对继续构造一个第三级根节点 PAGE。在执行索引查找时，首先访问 B+树索引的根节点，根据键值大小访问下一级非叶索引节点，再依次访问叶节点，获得键值匹配记录的地址（PAGEID），最后访问数据 PAGE，在 PAGE 页面内顺序扫描，读取相应的记录。键值为 61 记录的查找过程如图 4-3 所示。

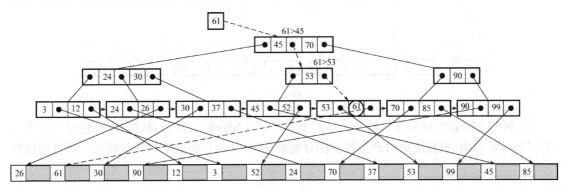

图 4-3

B+树索引在底层存储顺序的键值数据，比较适合进行点查找和范围查找，在范围查找时只需要查找范围表达式的最小值后在叶节点上顺序访问，直到叶节点对应的数据超过最大值为止。

（3）CSB+树索引

B+树索引是一种磁盘索引结构，在内存数据库中，CSB+树是一种 Cache 敏感的内存 B+树索引。内存索引优化技术的关键是提高索引查找过程的 Cache Line 利用率，即在一个 Cache Line 中存储尽可能多的索引信息。通常的 B+树节点中至少有一半的空间用于存储下级节点的指针，而 CSB+树将给定节点的下一级子节点在数组中连续存储，并且只保留第一个子节点的指针，其他子节点的地址通过第一个子节点地址加上偏移地址计算而得到。通过这种地址计算机制，CSB+树的非叶节点中减少了指针的存储空间，能够存储更多的节点信息，从而提高 Cache Line 的利用率。

内存访问以 Cache Line 为单位，一个 Cache Line 长度通常为 64B，内存 B+树索引的节点以 Cache Line 为单位，假设一个键值和指针的长度均为 4B，则一个 Cache Line 节点中最多能存储 7 个子节点（7 个键值，8 个指针）信息，而 CSB+树节点中只存储一个下级子节点指针，则一个 Cache Line 节点中能够存储 14 个子节点（1 个 INT 型节点内键值数量字段，1 个下级第一个子节点地址指针，14 个键值）信息，从而提高了索引查找时 Cache Line 的利用率，降低了索引树的高度。

图 4-4 所示为 CSB+树示意图，虚线部分是连续存储的下级子节点组（Node Group），非叶节点上的箭头代表指向下一级子节点中第一个子节点的指针，节点组的所有节点物理相邻地存储在连续的地址区域中。CSB+树节点组中包含不超过 3 个的节点，如节点 3 的下级节点有两个，节点 13、19 的下级节点有 3 个，下级节点定长连续存储，通过首节点地址和偏移地址可以计算出下一级每个节点的地址。

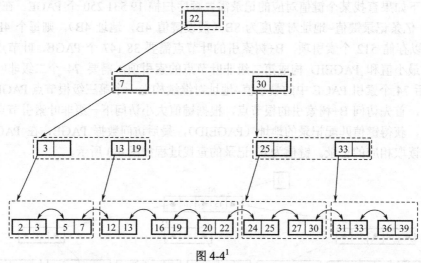

图 4-4[1]

B+树节点分裂时只需要创建一个新的节点，而 CSB+树节点分裂时则需要创建一个新的节点组，当 CSB+树在更新时产生较多的分裂操作时，CSB+树的维护代价较大，可以通过在

---

[1] Jun Rao, Kenneth A. Ross: Making B+-Trees Cache Conscious in Main Memory[C]. SIGMOD Conference 2000, 475-486.

CSB+树节点中预留较大的空间来减少分裂代价。CSB+树分裂时节点组的复制代价较大,进一步的优化策略是将节点组存储为多个段,插入数据产生分裂时通过段复制代替代价较大的节点组复制,从而降低 CSB+树索引维护代价。

总体上说,CSB+树索引具有较好的查找性能,能够提高 Cache Line 利用率,提高索引性能。但由于采用偏移地址计算来代替节点地址存储的策略需要将节点的下一级节点组连续存储,因此产生较大的索引维护代价。CSB+树索引适用于读密集型的决策支持负载,如 SSB、TPC-H、TPC-DS 等负载中索引字段为顺序递增的主键,使用 CSB+树索引能够获得较好的索引查找代价并具有较低的索引维护代价。

(4) CST-Tree 索引

T-Tree 是 AVL-Tree 的变种,是一种适合内存存储的索引结构,它在一个节点中存储 n 个键值和左、右子树指针。相对于 B+树索引,T-Tree 一个节点中只有两个指针,因此 T-Tree 的高度远远高于 B+树,从根节点到叶节点检索时的内存访问代价较高。提高 T-Tree 内存访问性能的另一个方法是按 Cache Line 大小设计 T-Tree 节点。在 T-Tree 检索中,每个节点的访问产生一个 Cache Line Miss,但在一个节点中通常只有最大值和最小值用于比较查找键值,Cache Line 的利用率低,一个检索操作产生较多的 Cache Line Misses。

在图 4-5(a)所示的 T-Tree 中,只有最大值用于节点查找。图 4-5(b)所示为 T-Tree 节点的最大值构建一个二分查找树,该二分查找树用作 T-Tree 节点的索引结构,用于定位包含查找键值的 T-Tree 节点。该二分查找树相对于 T-Tree 只占用较少的存储空间,并且能够显著提高索引查找时的 Cache 命中率。

当二分查找树存储为数组时,不需要存储父节点和子节点的指针,可以根据节点的位置 i 分别计算出其父节点、左子节点、右子节点的位置为 $i/2$、$i*2$ 和 $i*2+1$。如图 4-5(b)所示的第一个二分查找子树中第 3 个节点 240 对应的父节点位置为 1,左子节点位置为 6,右子节点位置为 7。当每个二分查找子树连续存储时,节点只需要存储下级第一个子树的地址指针,其他子树可以通过偏移地址计算得到其存储地址。图 4-5(c)所示为使用 Cache Line 长度的数组存储节点组,当键值为 4B,Cache Line 长度为 32B 时,一个节点组的二分查找树包含 7 个键值,高度为 3。节点组内部的查找只产生一个 Cache Line Miss,节点组之间的查找产生新的 Cache Line Miss。

例如,在 T-Tree 索引中查找 287 时,首先在根节点组中查找,通过一次 Cache Line 访问在节点组内部完成与 3 个节点 160、240 和 280 的比较,然后访问另一个节点组,产生一个 Cache Line Miss;在图 4-5(c)所示的最右侧的节点组中与节点 300 和 290 进行比较,确定键值 287 在节点 290 对应的 T-Tree 节点中,访问对应的 T-Tree 节点并找到匹配的键值。

当 CST-Tree 插入新的数据产生节点分裂时,需要增加新的节点及新的节点组。

CST-Tree 和 CSB+树索引一方面以 Cache Line 为节点存储单位,减少索引查找时的 Cache Line Miss 数量,另一方面采用连续的数组存储消除指针存储代价,提高 Cache Line 的利用率,提高索引的 Cache 性能。但 CST-Tree 和 CSB+树索引需要保证节点组的连续存储,当数据更新产生较多的节点分裂时,索引维护代价比传统索引要高,因此其适用于更新较少或按索引键值顺序更新的应用场景。

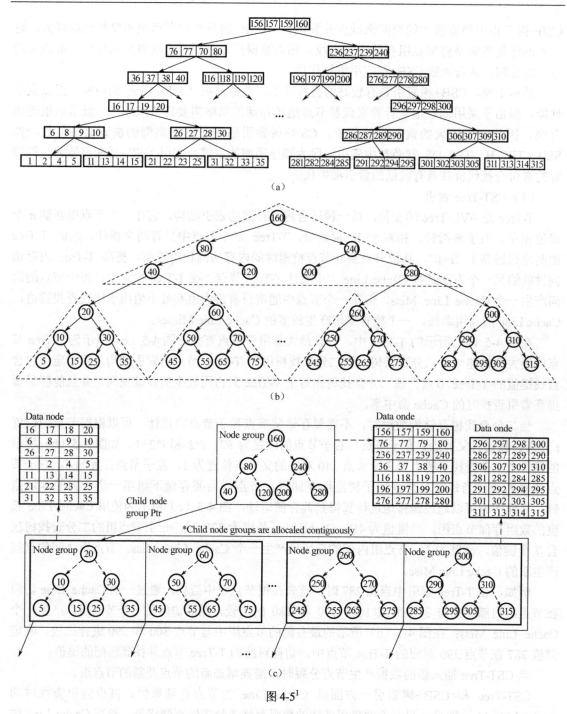

图 4-5[1]

（5）哈希索引

B+树索引是一种分层的、键值有序的索引结构，可以支持点查询和范围查询。哈希索引主要支持点查询，通过哈希函数建立键值与地址之间的直接映射关系，哈希索引结构如图 4-6

---

1 Ig-hoon Lee, Sang-goo Lee, Junho Shim. Making T-Trees Cache Conscious on Commodity Microprocessors. J. Inf. Sci. Eng, 2011, 27(1): 143-161.

所示。哈希索引对应随机查找过程，索引的效率受随机访问性能的影响较大，如通过哈希索引访问较多的键值时，每个索引访问都可能导致一个磁盘 PAGE 的随机访问，产生大量随机磁盘 I/O，索引访问性能在选择率较高时可能低于不使用索引的顺序扫描方法。提高哈希索引性能的方法是将哈希表建立在高性能随机访问存储设备中，如通过数据分区技术将表划分为较小的分区，在较小的分区上建立哈希表，使哈希表位于内存或容量更小、性能更高的 Cache 中，从而提高哈希索引访问性能。

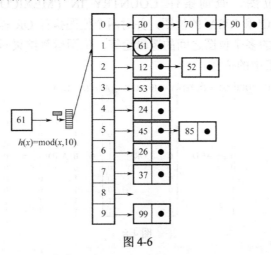

图 4-6

哈希查询适合于进行等值查找，通过哈希函数计算直接得到数据存储位置，在等值查找效率上比 B+树索引要高，但不支持范围查找。

（6）位图索引

位图索引是一种通过位图记录属性列的每个成员在行中位置的技术，位图索引适用于属性列中不同成员的数量与行数之比小于 1%的低势集属性。如图 4-7 所示，关系中的属性 GENDER 和 COUNTRY 分别有 2 个和 3 个成员，为属性 GENDER 创建的位图索引包含两个位图，分别表示 GENDER 值为 M 或 F 的记录在表中的位置。图 4-7（b）所示的位图索引结构可以看作属性 GENDER 按属性成员的数量创建一个位图矩阵，GENDER 属性每一行的取值在 GENDER 位图矩阵的每一行中只有一个对应位置取值为 1，其余位置取值为 0。通过位图索引机制，GENDER 属性存储为 2 个位图，压缩了属性存储空间，而且通过位图索引能够直接获得 GENDER 取指定值时所有满足条件记录的位置。

CUSTOMER_ID	GENDER	COUNTRY
1	F	MEXICO
2	M	CANADA
3	F	USA
4	M	CANADA
5	F	USA
6	F	USA
7	F	MEXICO
8	M	MEXICO
9	M	CANADA
10	M	USA
11	M	USA

(a)

CUSTOMER_ID	GENDER		COUNTRY		
	M	F	MEXICO	CANADA	USA
1	0	1	1	0	0
2	1	0	0	1	0
3	0	1	0	0	1
4	1	0	0	1	0
5	0	1	0	0	1
6	0	1	0	0	1
7	0	1	1	0	0
8	1	0	1	0	0
9	1	0	0	1	0
10	1	0	0	0	1
11	1	0	0	0	1

(b)

图 4-7

在为 GENDER 和 COUNTRY 属性创建位图索引后执行查询时位图索引的计算过程如图 4-8 所示。代码如下：

```
SELECT COUNT(*) FROM CUSTOMER
WHERE GENDER='M' AND COUNTRY IN ('MEXICO' , 'USA');
```

查询中的谓词条件对应已建立位图索引的属性，将谓词条件 GENDER = 'M'转换为访问 GENDER 值为 'M' 的位图，查询条件 COUNTRY IN ('MEXICO' ，'USA')转换为访问 COUNTRY 值为'MEXICO' 和 'USA' 的位图，并对两个位图执行 OR 操作。查询中的复合谓词条件转换为图 4-8 所示的多个位图之间的逻辑运算，位图运算结果对应的位图则指标了满足查询谓词条件的记录在表中的位置。

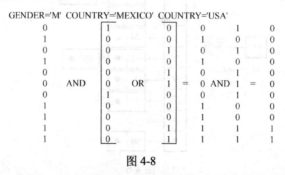

图 4-8

属性中的成员数量越多，位图索引中的位图数量就越多，位图存储空间代价越大。但属性中的成员数量越多，每个位图中 1 的数量越稀疏，位图运算对应的选择率越低，查询性能提升越大。当表中记录数量非常大时，稀疏的位图可以通过压缩技术缩减位图索引存储空间，同时，当位图很大时，位图运算也消耗大量的 CPU 计算资源，可以通过 SIMD 并行计算技术提高位图计算性能，也可以通过协处理器，如 GPGPU、Phi 协处理器所支持的 512 位 SIMD 计算能力来提高位图索引的计算性能。

图 4-9 所示的表 CUSTOMER 的属性 GENDER 和 COUNTRY 为低势集属性，事实表 SALES 中包含 CUSTOMER 表的外键属性 CUSTOMER_ID。我们可以使用如下的 SQL 命令为 CUSTOMER 表的 GENDER 和 COUNTRY 属性创建与 SALES 表的位图连接索引。

```
CREATE BITMAP INDEX SALES_C_GENDER_COUNTRY
ON SALES(CUSTOMER. GENDER, CUSTOMER. COUNTRY)
FROM SALES, CUSTOMER
WHERE SALES.CUSTOMER_ID = CUSTOMER.CUSTOMER_ID;
```

CUSTOMER

CUSTOMER_ID	GENDER	COUNTRY
1	F	MEXICO
2	M	CANADA
3	F	USA
4	M	CANADA
5	F	USA

BITMAP JOIN INDEX

SALES_ID	GENDER		COUNTRY		
	M	F	MEXICO	CANADA	USA
1	1	0	0	1	0
2	0	1	0	0	1
3	0	1	1	0	0
4	0	1	0	0	1
5	1	0	0	1	0
6	1	0	0	1	0
7	0	1	0	0	1
8	1	0	0	1	0
9	0	1	0	0	1
10	0	1	1	0	0
11	0	1	0	0	1

SALES

TIME_ID	CUSTOMER_ID	REVENUE
20120301	4	3452
20120301	3	4432
20120302	1	5356
20120303	5	2352
20120303	2	5536
20120304	4	6737
20120305	3	5648
20120306	2	9345
20120306	5	5547
20120307	1	7578
20120308	3	5533

图 4-9

位图索引表示的是属性成员在当前表中的位置信息,而位图连接索引则表示属性成员在连接表中的位置信息。位图连接索引相当于为物化连接表属性创建的位图索引,在实际应用中能够有效地减少连接操作代价。

位图索引和位图连接索引都是在选定属性上为所有成员创建位图的,低势集的属性上创建的位图数量较少,索引空间开销较小,但由于属性成员数量少,每个位图对应的选择率较高,对连接操作的加速能力较低,而高势集属性的成员数量较多,需要创建较多的位图,索引存储空间开销较大,但位图的选择率低,对连接操作的加速能力强,因此位图连接索引的创建和使用需要权衡位图连接索引的存储开销和查询性能优化收益而综合评估。

（7）存储索引（Storage Index）

存储索引是一种根据数据块元信息过滤查询访问数据块的索引技术。如图 4-10 所示,数据库为每设定大小的数据块在内存中建立汇总元信息,如最小值、最大值、数据块中记录数、数值型列累加和等信息,可以对常用列自动收集这些汇总信息并在内存建立存储索引。在查询执行时,首先扫描内存中存储索引各数据块的元信息,根据查询条件与元信息过滤掉不符合条件的数据块,如查询条件"PROD_CODE BETWEEN 75000 AND 90000"超出第一个数据块中 PROD_CODE 最大值,因此查询时可以完全跳过对该数据块的访问,查询条件与第二个数据块的最小值（39 023）、最大值（87 431）范围有交集,因此需要扫描第二个数据块。存储索引只记录数据块中汇总的元信息,数据量极小,可以常驻内存。通过存储索引过滤掉与查询条件不相关的磁盘数据块,提高查询的 I/O 效率。当数据分布比较偏斜时,块中最小值与最大值分布也比较偏斜,在查询中存储索引的过滤效果较好。

与其他索引不同,存储索引不是一种精确的索引,而是基于元数据统计的粗糙过滤索引,索引访问的粒度是数据块,数据块内还需要通过扫描操作完成查询。

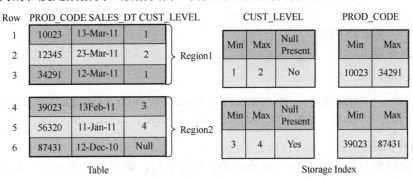

图 4-10[1]

（8）列存储索引（Column Store Index）

列存储索引是一种基于列存储模型的索引结构。SQL Server 2012/2016/2017 中采用了列存储索引技术,如图 4-11 所示,行记录以 1M 行为单位划分为 Row Group,每个 Row Group 中的属性按列存储并进行压缩,采用字典表压缩技术的列需要在 Row Group 中存储字典表。在查询处理时,索引涉及的列在列存储索引上按列处理,提高查询处理性能。

---

[1] http://www.oracle.com/technetwork/testcontent/o31exadata-354069.html

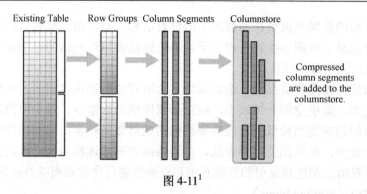

图 4-11[1]

在传统的磁盘行存储数据库中,当按指定键值查找时需要扫描全部的记录才能找到满足条件的记录,在查找过程中只有指定属性值被查找所使用,数据访问效率低。索引相对于将查找属性单独存储并通过索引优化查找操作,无论是数据访问效率还是查找效率都有较好的性能。索引是数据库重要的查询优化技术之一,为频繁访问的列创建索引是典型的优化策略。但另一方面,索引需要额外的存储开销和管理代价,当数据更新时,索引需要同步更新或重建,增加数据库更新时的代价,即索引优化了查找性能但恶化了更新性能,因此索引的使用需要综合权衡数据库的负载特点和应用特点,选择适当的索引策略以提高数据库的整体性能。

4.2.4 索引的创建与删除

索引依赖于基本表的数据结构,为基本表中的索引列创建适合查找的索引结构,查询时先在索引上查找,然后再通过索引中记录的地址定位到基本表中对应的记录,以加快查找速度。

命令:CREATE INDEX
功能:创建索引。
语法:

```
CREATE [ UNIQUE ] [ CLUSTERED | NONCLUSTERED ] INDEX INDEX_NAME
    ON <OBJECT> (COLUMN_NAME [ ASC | DESC ] [ ,...N ] );
```

SQL 命令描述:

命令为数据库对象 OBJECT(表或视图)创建索引,索引可以建立在一列或多列上,各列通过逗号分隔,ASC 表示升序,DESC 表示降序。

UNIQUE 表示索引的每一个索引值对应唯一的数据记录。

CLUSTERED 表示建立的索引是聚集索引。聚集索引按索引列(或多个列)值的顺序组织数据在表中的物理存储顺序,一个基本表上只能创建一个聚集索引,一些数据库默认为主键创建聚集索引。

索引需要占用额外的存储空间,基本表更新时索引也需要同步更新,数据库管理员需要权衡索引优化策略,有选择地创建索引来以较低的存储和更新代价达到加速查询性能的目

---

[1] Per-Åke Larson, Cipri Clinciu, Campbell Fraser, Eric N. Hanson, Mostafa Mokhtar, Michal Nowakiewicz, Vassilis Papadimos, Susan L. Price, Srikumar Rangarajan, Remus Rusanu, Mayukh Saubhasik. Enhancements to SQL server column stores[C]. SIGMOD Conference 2013, 1159-1168.

的。索引建立后，数据库系统在执行查询时会自动选择适合的索引作为查询存取路径，不需要用户指定索引的使用。

【例4-8】 为TPC-H数据库的SUPPLIER表的S_NAME列创建唯一索引，为S_NATION列和S_CITY列创建复合索引，其中S_NATION为升序，S_CITY为降序。

```
CREATE UNIQUE INDEX S_NAME_INX ON SUPPLIER(S_NAME);
CREATE INDEX S_N_C_INX ON SUPPLIER(S_NATION ASC, S_CITY DESC);
```

在创建唯一索引时，要求唯一索引的列中不能有重复值，即唯一索引列应该是候选码。
查询：

```
SELECT * FROM SUPPLIER WHERE S_NAME='SUPPLIER#000000728';
```

在创建索引之前和之后执行时的执行计划不同，无索引时采用顺序扫描查找，建立索引后在索引列上的查找先在索引中进行，然后再从原始表的定位索引中查找记录，如图4-12所示。

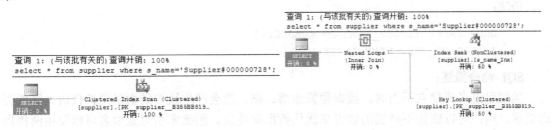

图 4-12

【例4-9】 为TPC-H数据库的LINEITEM表创建列存储索引。
测试查询为简化的Q1查询，涉及LINEITEM表上多个列的谓词、分组、聚集计算。

```
SELECT L_RETURNFLAG, L_LINESTATUS, SUM(L_EXTENDEDPRICE*(1-L_DISCOUNT)*(1+L_TAX))
FROM LINEITEM
WHERE L_SHIPDATE <= '1998-12-01'
GROUP BY L_RETURNFLAG, L_LINESTATUS;
```

查询执行的主要代价是在LINEITEM表上的扫描代价，通过全表扫描逐行读取查询相关属性，并完成查询处理任务，如图4-13所示。

图 4-13

为查询中访问的列创建列存储索引，将查询的表扫描操作转换为高效的列存储索引扫描。创建列存储索引命令如下。

```
CREATE NONCLUSTERED COLUMNSTORE INDEX CSINDX_LINEORDER
    ON LINEITEM(L_RETURNFLAG, L_LINESTATUS, L_EXTENDEDPRICE,L_DISCOUNT,L_TAX,L_SHIPDATE);
```

创建列存储索引后，执行查询时数据库查询处理引擎自动选择列存储索引加速查询处理性能，在查询计划中使用列存储索引扫描操作代替原始的表扫描操作，提高查询性能，如图

4-14 所示。

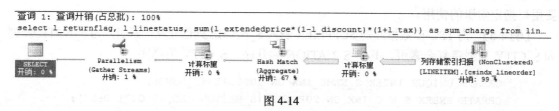

图 4-14

索引创建后由数据库系统自动使用和维护，不需要用户干预。索引提高了数据库查询性能，但数据的更新操作，如增、删、改操作在更新表中数据的同时也需要在相关索引中同步更新，当索引较多时会降低数据库更新操作性能。索引需要较大的存储空间，当索引数量较多时可能会超过原始表大小，提高了数据库系统的维护成本。

命令：DROP INDEX

功能：删除索引。

语法：

```
DROP INDEX [INDEX_NAME ON <OBJECT>]
[TABLE_OR_VIEW_NAME.INDEX_NAME];
```

SQL 命令描述：

当索引过多或建立不当时，数据频繁地增、删、改会产生较多的索引维护代价，降低查询效率。用户可以删除不必要的索引来优化数据库性能。删除索引时索引名可以使用两种指定方法：INDEX_NAME ON <OBJECT>和 TABLE_OR_VIEW_NAME.INDEX_NAME，指示索引依赖的表名和索引名。

【例 4-10】 删除基本表 SUPPLIER 上的索引 S_N_C_INX 和 S_NAME_INX。

```
DROP INDEX SUPPLIER.S_N_C_INX;
DROP INDEX S_NAME_INX ON SUPPLIER;
```

4.3 数据查询 SQL

查询是数据库的核心操作，SQL 提供 SELECT 命令进行数据查询。SELECT 命令具有丰富的功能，在不同的数据库系统中语法各有不同，比较有代表性的格式如下。

命令：SELECT

功能：查询。

语法：

```
[ WITH <COMMON_TABLE_EXPRESSION>]
SELECT SELECT_LIST [ INTO NEW_TABLE ]
[ FROM TABLE_SOURCE ] [ WHERE SEARCH_CONDITION ]
[ GROUP BY GROUP_BY_EXPRESSION]
[ HAVING SEARCH_CONDITION]
[ ORDER BY ORDER_EXPRESSION [ ASC | DESC ] ]
```

SQL 命令描述：

WITH 命令可以定义一个公用表表达式，将一个简单查询表达式定义为临时表使用。

SELECT 命令的含义是从 FROM 子句 TABLE_SOURCE 指定的基本表、视图、派生表或公用表表达式中按 WHERE 子句 SEARCH_CONDITION 指定的条件表达式选择出目标列表达式 SELECT_LIST 指定的元组属性，按 GROUP BY 子句 GROUP_BY_EXPRESSION 指定的分组列进行分组，并按 SELECT_LIST 指定的聚集函数进行聚集计算，分组聚集计算的结果按 HAVING 子句 SEARCH_CONDITION 指定的条件输出，输出的结果按 ORDER BY 子句 ORDER_EXPRESSION 指定的列进行排序。

SELECT 命令可以是单表查询，可以是连接查询和嵌套查询，也可以通过集合操作将多个查询的结果组合，还可以使用派生表进行查询，下面分别对不同的查询执行方式进行分析和说明。

4.3.1 单表查询

单表查询是针对一个表的查询操作，主要包括选择、投影、聚集、分组、排序等关系操作，其中 FROM 子句指定查询的表名。

1. 投影操作

选择输出表中全部或部分指定的列。

（1）查询全部的列

查询全部的列时，SELECT_LIST 可以用*或表中全部列名来表示。

【例 4-11】查询 PART 表中全部的记录。

```
SELECT * FROM PART;
```

或

```
SELECT P_PARTKEY, P_NAME, P_MFGR, P_BRAND, P_TYPE,
       P_SIZE, P_CONTAINER, P_RETAILPRICE, P_COMMENT
FROM PART;
```

当表中列数量较多时，*能够更加快捷地指代全部的列。

（2）查询指定的列

通过在 SELECT_LIST 中指定输出列的名称和顺序定义查询输出的列。

【例 4-12】查询 PART 表中 P_NAME、P_BRAND 和 P_CONTAINER 列。

```
SELECT P_NAME, P_BRAND, P_CONTAINER FROM PART;
```

在查询执行时，从 PART 表中取出一个元组，按 SELECT_LIST 中指定输出列的名称和顺序取出属性 P_NAME、P_BRAND 和 P_CONTAINER 的值，组成一个新的元组输出。列输出的顺序可以与表中列存储的顺序不一致。

在行存储数据库中，各个列的属性顺序地存储在一起，虽然查询中可能只输出少数的列，但需要访问全部的元组才能投影出指定的少数列，如图 4-15（a）所示，投影操作不能减少从磁盘访问数据的代价。而列存储是将各列独立存储，查询可以只读取查询访问的列，如图 4-15（b）所示，数据的磁盘访问效率更高。

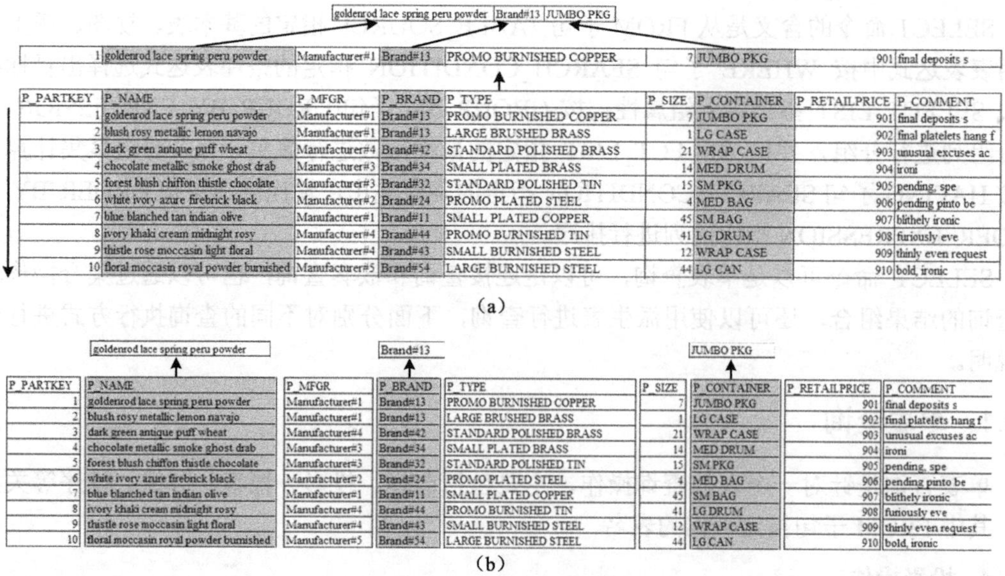

图 4-15 (a)

图 4-15 (b)

图 4-15

（3）查询表达式列

SELECT 子句中的目标列表达式既可以是表中的列，也可以是列表达式，表达式可以是列的算术/字符串表达式、字符串常量、函数等，可以灵活地输出原始列或派生列。

【例 4-13】 查询 LINEITEM 表中 COMMITDATE、RECEIPTDATE、间隔时间、折扣后价格，以及折扣和税后价格。

```
SELECT L_COMMITDATE, L_RECEIPTDATE, 'INTERVAL DAYS:' AS RECEIPTING,
    DATEDIFF (DAY, L_COMMITDATE, L_RECEIPTDATE) AS INTERVALDAY,
    L_EXTENDEDPRICE*(1-L_DISCOUNT) AS DISCOUNTEDPRICE,
    L_EXTENDEDPRICE*(1-L_DISCOUNT)*(1+L_TAX) AS DISCOUNTEDTAXEDPRICE
FROM LINEITEM
```

SQL 解析：输出表中原始的列信息，常量'INTERVAL DAYS:'作为常量列，AS 短语为列设置别名，日期函数 DATEDIFF (DAY, L_COMMITDATE, L_RECEIPTDATE) 计算 RECEIPTDATE 与 COMMITDATE 间隔的天数并作为 INTERVALDAY 输出，折扣价格表达式 L_EXTENDEDPRICE*(1-L_DISCOUNT) 与折扣税后价格表达式 L_EXTENDEDPRICE*(1-L_DISCOUNT)*(1+L_TAX)结果作为新列输出。

如图 4-16 所示，列表达式在查询时实时生成列表达式结果并输出，扩展了表中数据的应用范围，增加了查询的灵活性。

	L_COMMITDATE	L_RECEIPTDATE	Receipting	IntevalDay	DiscountedPrice	DiscountedTaxedPrice
1	1996-02-12	1996-03-22	Inteval Days:	39	21168	21168
2	1996-02-28	1996-04-20	Inteval Days:	52	45983	45983
3	1996-03-05	1996-01-31	Inteval Days:	-34	13309	13309
4	1996-03-30	1996-05-16	Inteval Days:	47	28955	28955
5	1996-03-14	1996-04-01	Inteval Days:	18	22824	22824
6	1996-02-07	1996-02-03	Inteval Days:	-4	49620	49620
7	1997-01-14	1997-02-02	Inteval Days:	19	44694	44694
8	1994-01-04	1994-02-23	Inteval Days:	50	54058	54058
9	1993-12-20	1993-11-24	Inteval Days:	-26	46796	46796
10	1993-11-22	1994-01-23	Inteval Days:	62	39890	39890

图 4-16

（4）投影出列中不同的成员

列中取值既可以各不相同，也可以存在重复值。对于候选码属性，列中的取值必须各不相同，在此基础上才能建立唯一索引或主键索引。非码属性中存在重复值，通过 DISTINCT 命令可以输出指定列中不重复取值的成员。

【例 4-14】 查出 LINEITEM 表中各订单项的 L_SHIPMODE 方式以及查询共有哪些 L_SHIPMODE 方式。

```
SELECT L_SHIPMODE FROM LINEITEM;
```

SQL 解析：输出 L_SHIPMODE 列中全部的取值，包括了重复的取值。

```
SELECT DISTINCT L_SHIPMODE FROM LINEITEM;
```

SQL 解析：通过 DISTINCT 短语指定列 L_SHIPMODE 只输出不同取值的成员，列中的每个取值只输出一次。

码属性上的 DISTINCT 成员数量与表中记录行数相同，非码属性上的 DISTINCT 成员数量小于或等于表中记录行数。通过对列 DISTINCT 取值的分析，用户可以了解数据的分布特征，如图 4-17 所示。

图 4-17

2. 选择操作

选择操作通过 WHERE 子句的条件表达式对表中记录进行筛选，输出查询结果。常用的条件表达式可以分为 6 类，如表 4-4 所示。

表 4-4 条件表达式

查询条件	查询条件运算符
比较大小	=, >, <, >=, <=, !=, <>, NOT+比较运算符
范围判断	BETWEEN AND , NOT BETWEEN AND
集合判断	IN, NOT IN
字符匹配	LIKE, NOT LIKE
空值判断	IS NULL, IS NOT NULL
逻辑运算	AND, OR, NOT

（1）比较大小

比较运算符对应具有大小关系的数值型、字符型、日期型等进行数据上的比较操作，通常是列名+比较操作符+常量或变量的格式，在实际应用中可以与包括函数的表达式共同使用。

【例 4-15】 输出 LINEITEM 表中满足条件的记录。

```
SELECT * FROM LINEITEM WHERE L_QUANTITY>45;
```

SQL 解析：输出 LINEITEM 表中 L_QUANTITY 大于 45 的记录。

```
SELECT * FROM LINEITEM WHERE L_SHIPINSTRUCT='COLLECT COD';
```

SQL 解析：输出表中 L_SHIPINSTRUCT 值为 COLLECT COD 的记录。

```
SELECT * FROM LINEITEM WHERE NOT L_COMMITDATE>L_SHIPDATE;
```

SQL 解析：输出表中 L_COMMITDATE 时间不晚于 L_SHIPDATE 时间的记录。

```
SELECT * FROM LINEITEM WHERE DATEDIFF(DAY,L_COMMITDATE,L_RECEIPTDATE)> 10;
```

SQL 解析：输出表中 RECEIPTDATE 与 COMMITDATE 超过 10 天的记录。

（2）范围判断

范围操作符 BETWEEN AND 和 NOT BETWEEN AND 用于判断元组条件表达式是否在或不在指定范围之内。C BETWEEN a AND b 等价于 $C \geqslant a$ AND $C \leqslant b$。

【例 4-16】 输出 LINEITEM 表中指定范围之间的记录。

```
SELECT * FROM LINEITEM
WHERE L_COMMITDATE BETWEEN L_SHIPDATE AND L_RECEIPTDATE;
```

SQL 解析：输出 LINEITEM 表中 COMMITDATE 介于 SHIPDATE 和 RECEIPTDATE 之间的记录。

```
SELECT * FROM LINEITEM
WHERE L_COMMITDATE NOT BETWEEN '1996-01-01' AND '1997-12-31';
```

SQL 解析：输出 LINEITEM 表中 1996—1997 年以外的记录。

（3）集合判断

集合判断操作符 IN 和 NOT IN 用于判断表达式是否在指定集合范围之内。集合判断操作符 C IN (a,b,c) 等价于 $C=a$ OR $C=b$ OR $C=c$，集合操作符使用时更加简洁方便。

【例 4-17】 输出 LINEITEM 表中集合之内的记录。

```
SELECT * FROM LINEITEM WHERE L_SHIPMODE IN ('MAIL', 'SHIP');
```

SQL 解析：输出 L_SHIPMODE 类型为 MAIL 和 SHIP 的记录。

```
SELECT * FROM PART WHERE P_SIZE NOT IN (49,14,23,45,19,3,36,9);
```

SQL 解析：输出 PART 表中为 P_SIZE 不是 49,14,23,45,19,3,36,9 的记录。

当条件列为不同的数据类型时，IN 集合中常量的数据类型应该与查询列数据类型格式保持一致。

（4）字符匹配

字符匹配操作符用于字符型数据上的模糊查询，其语法格式如下。

```
MATCH_EXPRESSION [ NOT ] LIKE PATTERN [ ESCAPE ESCAPE_CHARACTER ]
```

MATCH_EXPRESSION 为需要匹配的字符表达式。PATTERN 为匹配字符串，可以是完整的字符串，也可以是包含通配符%和_的字符串，其中：

- %表示任意长度的字符串；

- _ 表示任意单个字符。

ESCAPE ESCAPE_CHARACTER 表示 ESCAPE_CHARACTER 为换码字符，换码字符后面的字符为普通字符。

【例 4-18】 输出模糊查询的结果。

```
SELECT * FROM PART WHERE P_TYPE LIKE 'PROMO%';
```

SQL 解析：输出 PART 表中 P_TYPE 列中以 PROMO 开头的记录。

```
SELECT * FROM SUPPLIER WHERE S_COMMENT LIKE '%CUSTOMER%COMPLAINTS%';
```

SQL 解析：输出 SUPPLIER 表中 S_COMMENT 中任意位置包含 CUSTOMER 且后面字符中包含 COMPLAINTS 的记录。

```
SELECT * FROM PART WHERE P_CONTAINER LIKE '%_AG';
```

SQL 解析：输出 PART 表 P_CONTAINER 列中倒数第 3 个为任意字符，最后 2 个字符为 AG 的记录。

```
SELECT * FROM LINEITEM WHERE L_COMMENT LIKE '%RETURN RATE __\%FOR%'
ESCAPE '\';
```

SQL 解析：输出 LINEITEM 表 L_COMMENT 列中包含 RETURN RATE 和两位数字、百分比符号和 FOR 字符的记录，其中_为通配符，由'\'表示其后的%为百分比符号。

（5）空值判断

在数据库中，空值一般表示数据未知、不适用或将在以后添加数据。空值不同于空白或零值，空值用 NULL 表示，在查询中判断空值时，需要在 WHERE 子句中使用 IS NULL 或 IS NOT NULL，不能使用=NULL。

【例 4-19】 输出 LINEITEM 表中没有客户评价 L_COMMENT 的记录。

```
SELECT * FROM LINEITEM WHERE L_COMMENT IS NULL;
```

SQL 解析：输出 LINEITEM 表中 L_COMMENT 列为空值的记录。

（6）逻辑运算

逻辑运算符 AND 和 OR 可以连接多个查询条件，实现在表上按照多个条件表达式的复合条件进行查询。AND 的优化级高于 OR，可以通过括号改变逻辑运算符的优化级。

【例 4-20】 输出 LINEITEM 表中满足复合条件的记录。

```
SELECT SUM(L_EXTENDEDPRICE*L_DISCOUNT) AS REVENUE FROM LINEITEM
WHERE L_SHIPDATE BETWEEN '1994-01-01' AND '1994-12-31'
    AND L_DISCOUNT BETWEEN 0.06 - 0.01 AND 0.06 + 0.01 AND L_QUANTITY < 24;
```

SQL 解析：输出 LINEITEM 表中 SHIPDATE 在 1994 年、折扣为 5%~7%、数量小于 24 的订单项记录。多个查询条件用 AND、OR 连接，AND 优先级高于 OR。

```
SELECT * FROM LINEITEM
WHERE L_SHIPMODE IN ('AIR', 'AIR REG')
    AND L_SHIPINSTRUCT ='DELIVER IN PERSON'
    AND ((L_QUANTITY >= 10 AND L_QUANTITY <= 20) OR (L_QUANTITY >= 30
AND L_QUANTITY <= 40));
```

SQL 解析：输出 LINEITEM 表中 SHIPMODE 列为 AIR 或 AIR REG，SHIPINSTRUCT

类型为 DELIVER IN PERSON，QUANTITY 为 10～20 或 30～40 的记录。

当查询条件中包含多个由 AND 和 OR 连接的表达式时，需要适当地使用括号来保证复合查询条件执行顺序的正确性。

3. 聚集操作

选择和投影操作查询对应的是元组操作，查看的是记录的明细。数据库的聚集函数提供了对列中数据总量的统计方法，为用户提供对数据总量的计算方法。SQL 提供的聚集函数主要包括：

COUNT(*)为统计元组的个数；
COUNT([DISTINCT|ALL]<COLUMN_NAME>)为统计一列中不同值的个数；
SUM([DISTINCT|ALL]< EXPRESSION >)为计算表达式的总和；
AVG([DISTINCT|ALL]< EXPRESSION >)为计算表达式的平均值；
MAX([DISTINCT|ALL]< EXPRESSION >)为计算表达式的最大值；
MIN([DISTINCT|ALL]< EXPRESSION >)为计算表达式的最小值。

当指定 DISTINCT 短语时，聚集操作时只计算列中不重复值记录，默认（ALL）时聚集操作对列中所有的值进行计算。COUNT(*)为统计表中元组的数量，COUNT 指定列则统计该列中非空元组的数量。聚集操作的对象可以是表中的列，也可以是包含函数的表达式。

【例 4-21】 执行 TPC-H 查询 Q1 中聚集计算部分。

```
SELECT
SUM(L_QUANTITY) AS SUM_QTY,
SUM(L_EXTENDEDPRICE) AS SUM_BASE_PRICE,
SUM(L_EXTENDEDPRICE*(1-L_DISCOUNT)) AS SUM_DISC_PRICE,
SUM(L_EXTENDEDPRICE*(1-L_DISCOUNT)*(1+L_TAX)) AS SUM_CHARGE,
AVG(L_QUANTITY) AS AVG_QTY,
AVG(L_EXTENDEDPRICE) AS AVG_PRICE,
AVG(L_DISCOUNT) AS AVG_DISC,
COUNT(*) AS COUNT_ORDER
FROM LINEITEM
```

SQL 解析：统计 LINEITEM 表中不同表达式的聚集计算结果。COUNT 对象是*时表示统计表中记录数量，聚集函数可以对原始列或表达式进行聚集计算，均值 AVG 函数为导出函数，通过 SUM 与 COUNT 聚集结果计算而得到均值。

【例 4-22】 统计 LINEITEM 表中 L_QUANTITY 列的数据特征。

```
SELECT COUNT(DISTINCT L_QUANTITY) AS CARD, MAX(L_QUANTITY) AS MAXVALUE,
    MIN(L_QUANTITY) AS MINVALUE FROM LINEITEM;
```

SQL 解析：统计 LINEITEM 表中 L_QUANTITY 列中不同取值的数量，最大值与最小值。

【例 4-23】 统计 ORDERS 表中高优化级与低优化级订单的数量。

```
SELECT SUM(CASE
        WHEN O_ORDERPRIORITY ='1-URGENT' OR O_ORDERPRIORITY ='2-HIGH'
        THEN 1 ELSE 0 END) AS HIGH_LINE_COUNT,
    SUM(CASE
```

```
               WHEN O_ORDERPRIORITY <> '1-URGENT' AND O_ORDERPRIORITY <> '2-HIGH'
               THEN 1 ELSE 0 END) AS LOW_LINE_COUNT
    FROM ORDERS;
```

SQL 分析：通过 CASE 语句根据构建的选择条件输出分支结果，并对结果进行聚集计算。

4. 分组操作

GPOUP BY 语句将查询记录集按指定的一列或多列进行分组，然后对相同分组的记录进行聚集计算。分组操作扩展了聚集函数的应用范围，将一个汇总结果细分为若干个分组上的聚集计算结果，为用户提供更多维度、更细粒度的分析结果。

【例 4-24】 对 LINEITEM 表按 RETURNFLAG、SHIPMODE 不同的方式统计销售数量。

```
    SELECT SUM(L_QUANTITY) AS SUM_QUANTITY FROM LINEITEM;
```

SQL 解析：统计 LINEITEM 表所有记录 L_QUANTITY 的汇总值。

```
    SELECT  L_RETURNFLAG,SUM(L_QUANTITY)  AS  SUM_QUANTITY  FROM  LINEITEM
    GROUP BY L_RETURNFLAG;
```

SQL 解析：按 L_RETURNFLAG 属性分组统计 LINEITEM 表所有记录 L_QUANTITY 的汇总值。

```
    SELECT  L_RETURNFLAG,L_LINESTATUS,SUM(L_QUANTITY)  AS  SUM_QUANTITY  FROM
    LINEITEM GROUP BY L_RETURNFLAG,L_LINESTATUS;
```

SQL 解析：按 L_RETURNFLAG 和 L_LINESTATUS 属性分组统计 LINEITEM 表所有记录 L_QUANTITY 的汇总值。

如图 4-18 所示，三个 SQL 命令按不同的粒度分组聚集计算的结果，为用户展示了一个分析维度由少到多，粒度由粗到细的聚集计算过程。

	SUM_QUANTITY
1	153078795

	L_RETURNFLAG	SUM_QUANTITY
1	R	37719753
2	N	77624935
3	A	37734107

	L_RETURNFLAG	L_LINESTATUS	SUM_QUANTITY
1	R	F	37719753
2	N	O	76633518
3	A	F	37734107
4	N	F	991417

图 4-18

在分析处理任务中，GROUP BY 子句中的多个分组属性可以看作多个聚合计算维度，如图 4-19 所示，三个分组属性 {A,B,C} 构成一个三维聚合计算空间，包含 2^3 个聚合分组：{A,B,C}、{A,B}、{A,C}、{B,C}、{A}、{B}、{C}、{}，代表三个分组属性所构成的所有可能的分组方案。

SQL 的 GROUP BY 子句中支持按照简单分组、上卷分组和 CUBE 分组方式进行聚合计算。

```
GROUP BY
    < GROUP_BY_EXPRESSION >：直接按分组属性列表进
行分组
    | ROLLUP (<GROUP_BY_EXPRESSION >)：按分组属
性列表的上卷轴分组
```

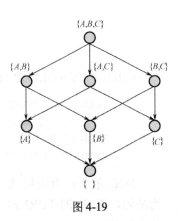

图 4-19

| CUBE (<SPEC>)：按分组属性列表的数据立方体分组

例如：

```
SELECT A, B, C, SUM ( <EXPRESSION> )
FROM T
GROUP BY ROLLUP (A,B,C);
```

查询按 (A, B, C)、(A, B) 和 (A) 值的每个唯一组合生成一个带有小计的行。还将计算一个总计行。

查询：

```
SELECT A, B, C, SUM ( <EXPRESSION> )
FROM T
GROUP BY CUBE (A,B,C);
```

针对 (A,B,C) 中表达式的所有排列输出一个分组。生成的分组数等于 (2^n)，其中 n = 分组子句中的表达式数。

【例 4-25】 输出 LINEITEM 表中 L_QUANTITY 按 L_RETURNFLAG、L_LINESTATUS、L_SHIPINSTRUCT 三个属性的聚合结果。

简单 GROUP BY 分组。

```
SELECT L_RETURNFLAG, L_LINESTATUS, L_SHIPINSTRUCT,
    SUM(L_QUANTITY) AS SUM_QUANTITY
FROM LINEITEM
GROUP BY L_RETURNFLAG, L_LINESTATUS, L_SHIPINSTRUCT;
```

SQL 解析：查询按 L_RETURNFLAG、L_LINESTATUS、L_SHIPINSTRUCT 三个属性直接进行分组聚集计算，查询结果如图 4-20 所示。

	L_RETURNFLAG	L_LINESTATUS	L_SHIPINSTRUCT	sum_quantity
1	A	F	DELIVER IN PERSON	9434359
2	N	O	DELIVER IN PERSON	19149263
3	N	O	TAKE BACK RETURN	19177526
4	N	F	TAKE BACK RETURN	244383
5	N	F	NONE	251993
6	R	F	TAKE BACK RETURN	9415686
7	N	O	NONE	19171510
8	R	F	DELIVER IN PERSON	9430274
9	A	F	NONE	9438372
10	R	F	NONE	9414140
11	N	F	COLLECT COD	245395
12	N	O	COLLECT COD	19135219
13	N	F	DELIVER IN PERSON	249856
14	A	F	COLLECT COD	9432010
15	A	F	TAKE BACK RETURN	9429366
16	R	F	COLLECT COD	9459653

图 4-20

GROUP BY ROLLUP 分组。

```
SELECT L_RETURNFLAG, L_LINESTATUS, L_SHIPINSTRUCT,
    SUM(L_QUANTITY) AS SUM_QUANTITY
FROM LINEITEM
GROUP BY ROLLUP (L_RETURNFLAG, L_LINESTATUS, L_SHIPINSTRUCT);
```

SQL 解析：查询以 L_RETURNFLAG、L_LINESTATUS、L_SHIPINSTRUCT 三个属性为基础，以 L_RETURNFLAG 为上卷轴由细到粗进行多个分组属性聚集计算。查询结果如图 4-21 所示。

	L_RETURNFLAG	L_LINESTATUS	L_SHIPINSTRUCT	sum_quantity
1	A	F	COLLECT COD	9432010
2	A	F	DELIVER IN PERSON	9434359
3	A	F	NONE	9438372
4	A	F	TAKE BACK RETURN	9429366
5	A	F	NULL	37734107
6	A	NULL	NULL	37734107
7	N	F	COLLECT COD	245385
8	N	F	DELIVER IN PERSON	249656
9	N	F	NONE	251993
10	N	F	TAKE BACK RETURN	244383
11	N	F	NULL	991417
12	N	O	COLLECT COD	19135219
13	N	O	DELIVER IN PERSON	19149263
14	N	O	NONE	19171510
15	N	O	TAKE BACK RETURN	19177526
16	N	O	NULL	76633518
17	N	NULL	NULL	77624935
18	R	F	COLLECT COD	9459653
19	R	F	DELIVER IN PERSON	9430274
20	R	F	NONE	9414140
21	R	F	TAKE BACK RETURN	9415686
22	R	F	NULL	37719753
23	R	NULL	NULL	37719753
24	NULL	NULL	NULL	153078795

图 4-21

GROUP BY CUBE 分组。

```
SELECT L_RETURNFLAG, L_LINESTATUS, L_SHIPINSTRUCT,
    SUM(L_QUANTITY) AS SUM_QUANTITY
FROM LINEITEM
GROUP BY CUBE (L_RETURNFLAG, L_LINESTATUS, L_SHIPINSTRUCT);
```

SQL 解析：查询以 GENDER、MARITAL_STATUS 和 HOUSEOWNER 三个属性为基础，为每一个分组属性组合进行分组聚集计算，查询结果如图 4-22 所示。

	L_RETURNFLAG	L_LINESTATUS	L_SHIPINSTRUCT	sum_quantity
1	A	F	COLLECT COD	9432010
2	N	F	COLLECT COD	245385
3	R	F	COLLECT COD	9459653
4	NULL	F	COLLECT COD	19137048
5	N	O	COLLECT COD	19135219
6	NULL	O	COLLECT COD	19135219
7	NULL	NULL	COLLECT COD	38272267
8	A	F	DELIVER IN PERSON	9434359
9	N	F	DELIVER IN PERSON	249656
10	R	F	DELIVER IN PERSON	9430274
11	NULL	F	DELIVER IN PERSON	19114289
12	N	O	DELIVER IN PERSON	19149263
13	NULL	O	DELIVER IN PERSON	19149263
14	NULL	NULL	DELIVER IN PERSON	38263552
15	A	F	NONE	9438372
16	N	F	NONE	251993
17	R	F	NONE	9414140
18	NULL	F	NONE	19104505
19	N	O	NONE	19171510
20	NULL	O	NONE	19171510
21	NULL	NULL	NONE	38276015
22	A	F	TAKE BACK RETURN	9429366
23	N	F	TAKE BACK RETURN	244383
24	R	F	TAKE BACK RETURN	9415686
25	NULL	F	TAKE BACK RETURN	19089435
26	N	O	TAKE BACK RETURN	19177526
27	NULL	O	TAKE BACK RETURN	19177526
28	NULL	NULL	TAKE BACK RETURN	38266961
29	NULL	NULL	NULL	153078795
30	A	NULL	COLLECT COD	9432010
31	A	NULL	DELIVER IN PERSON	9434359
32	A	NULL	NONE	9438372
33	A	NULL	TAKE BACK RETURN	9429366
34	A	NULL	NULL	37734107
35	N	NULL	COLLECT COD	19380604
36	N	NULL	DELIVER IN PERSON	19398919
37	N	NULL	NONE	19423503
38	N	NULL	TAKE BACK RETURN	19421909
39	N	NULL	NULL	77624935
40	R	NULL	COLLECT COD	9459653
41	R	NULL	DELIVER IN PERSON	9430274
42	R	NULL	NONE	9414140
43	R	NULL	TAKE BACK RETURN	9415686
44	R	NULL	NULL	37719753
45	A	F	NULL	37734107
46	N	F	NULL	991417
47	R	F	NULL	37719753
48	NULL	F	NULL	76445277
49	N	O	NULL	76633518
50	NULL	O	NULL	76633518

图 4-22

分组聚集查询结果集中的元组并非来自基本表，而是来自分组聚集表达式，因此分组聚集结果集上的筛选不能使用 WHERE 子句，当需要对分组聚集计算的结果进行过滤输出时，需要使用 HAVING 短语指定聚集结果的筛选条件，HAVING 短语的筛选条件是聚集计算表达式构成的条件表达式。

【例 4-26】 输出 LINEITEM 表订单中项目超过 5 项的订单号。

```
SELECT L_ORDERKEY, COUNT(*) AS ORDER_COUNTER
FROM LINEITEM
GROUP BY L_ORDERKEY
HAVING COUNT(*)>5;
```

SQL 解析：HAVING 短语中的 COUNT(*)>5 作为分组聚集计算结果的过滤条件，对分组聚集结果进行筛选。

【例 4-27】 输出 LINEITEM 表订单中项目超过 5 项并且平均销售数量为 28～30 的订单的平均销售价格。

```
SELECT L_ORDERKEY, AVG(L_EXTENDEDPRICE)
FROM LINEITEM
GROUP BY L_ORDERKEY
HAVING AVG(L_QUANTITY) BETWEEN 28 AND 30 AND COUNT(*)>5;
```

SQL 解析：HAVING 短语中可以使用输出目标列中没有的聚集函数表达式。如 HAVING AVG(L_QUANTITY) BETWEEN 28 AND 30 AND COUNT(*)>5 短语中的表达式 AVG(L_QUANTITY) BETWEEN 28 AND 30 AND COUNT(*)>5 均不是查询输出的聚集函数表达式，只用于对分组聚集计算结果进行筛选。

5. 排序操作

SQL 中的 ORDER BY 子句用于对查询结果按照指定的属性顺序排列，排序属性可以是多个，DESC 短语表示降序，默认为升序（ASC）。

【例 4-28】 对 LINEITEM 表进行分组聚集计算，输出排序的查询结果。

```
SELECT L_RETURNFLAG,L_LINESTATUS,
SUM(L_QUANTITY) AS SUM_QUANTITY
FROM LINEITEM
GROUP BY L_RETURNFLAG,L_LINESTATUS
ORDER BY L_RETURNFLAG,L_LINESTATUS;
```

SQL 解析：对查询结果按分组属性排序，第一排序属性为 L_RETURNFLAG，第二排序属性为 L_LINESTATUS。

```
SELECT L_RETURNFLAG,L_LINESTATUS,
SUM(L_QUANTITY) AS SUM_QUANTITY
FROM LINEITEM
GROUP BY L_RETURNFLAG,L_LINESTATUS
ORDER BY SUM(L_QUANTITY) DESC;
```

SQL 解析：对分组聚集结果按聚集表达式结果降序排列。

```
SELECT L_RETURNFLAG,L_LINESTATUS,
```

```
SUM(L_QUANTITY) AS SUM_QUANTITY
FROM LINEITEM
GROUP BY L_RETURNFLAG,L_LINESTATUS
ORDER BY SUM_QUANTITY DESC;
```

SQL 解析：当聚集表达式设置别名时，可以使用别名作为排序属性名，指代聚集表达式。

三个查询结果如图 4-23 所示。

	L_RETURNFLAG	L_LINESTATUS	sum_quantity
1	A	F	37734107
2	N	F	991417
3	N	O	76633518
4	R	F	37719753

	L_RETURNFLAG	L_LINESTATUS	sum_quantity
1	N	O	76633518
2	A	F	37734107
3	R	F	37719753
4	N	F	991417

	L_RETURNFLAG	L_LINESTATUS	sum_quantity
1	N	O	76633518
2	A	F	37734107
3	R	F	37719753
4	N	F	991417

图 4-23

4.3.2 连接查询

连接查询通过连接表达式将两个以上的表连接起来进行查询处理。连接查询是数据库中最重要的关系操作，包括笛卡儿连接、等值连接、自然连接、非等值连接、自身连接、外连接和多表连接等不同的类型。

1. 笛卡儿连接、等值连接、自然连接、非等值连接

在 SQL 命令中，当在 FROM 子句中指定了连接的表名，但没有设置连接条件时，两表执行笛卡儿连接，如 SELECT * FROM NATION,REGION; 表示 NATION 表中的每一条元组与 REGION 表中的全部元组进行连接。

当在 SQL 命令中进一步给出连接列的名称及连接列需要满足的连接条件（连接谓词）时，执行普通连接操作。连接操作中连接表名通常为 FROM 子句中的表名列表，连接条件为 WHERE 子句中的连接表达式，其格式如下。

```
[<TABLE_NAME1>.]<COLUMN_NAME1> <OPERATOR> [<TABLE_NAME2>.]<COLUMN_NAME2>
```

其中，比较运算符 OPERATOR 主要为=、>、<、>=、<=、!=(<>)等比较运算符。当比较运算符为=时称为等值连接，使用其他不等值运算符时的连接称为非等值连接。

在 SQL 语法中，只要连接列满足连接条件表达式即可执行连接操作，在实际应用中，连接列通常具有可比性，需要满足一定的语义条件。当两个表上存在主码与外码参照关系时，通常执行两个表的主码和外码上的等值连接条件。

【例 4-29】 执行 NATION 表和 REGION 表上的等值连接操作。

```
SELECT * FROM NATION, REGION WHERE N_REGIONKEY=R_REGIONKEY;
```

SQL 解析：NATION 表的 N_REGIONKEY 属性为外码，参照 REGION 表上的主码 R_REGIONKEY，连接条件设置为主、外码相等，表示将两个表中 REGIONKEY 相同的元组连接起来作为查询结果。

```
SELECT * FROM NATION INNER JOIN REGION ON N_REGIONKEY=R_REGIONKEY;
```

SQL 解析：等值连接操作还可以采用内连接的语法结构表示。内连接语法如下。

```
<TABLE_NAME1> INNER JOIN <TABLE_NAME2>
```

```
ON [<TABLE_NAME1>.]<COLUMN_NAME1> = [<TABLE_NAME2>.]<COLUMN_NAME2>
```

在 SQL 命令的 WHERE 子句中，连接条件可以和其他选择条件组成复合条件，对连接表进行筛选后连接。

【例 4-30】 执行表 CUSTOMER、ORDERS、LINEITEM 上的查询操作。

```sql
SELECT L_ORDERKEY, SUM(L_EXTENDEDPRICE*(1-L_DISCOUNT)) AS REVENUE,
       O_ORDERDATE, O_SHIPPRIORITY
FROM CUSTOMER, ORDERS, LINEITEM
WHERE C_MKTSEGMENT = 'BUILDING' AND C_CUSTKEY = O_CUSTKEY
    AND L_ORDERKEY = O_ORDERKEY AND O_ORDERDATE < '1995-03-15'
    AND L_SHIPDATE > '1995-03-15'
GROUP BY L_ORDERKEY, O_ORDERDATE, O_SHIPPRIORITY
ORDER BY REVENUE DESC, O_ORDERDATE;
```

SQL 解析：CUSTOMER、ORDERS、LINEITEM 表间存在主-外码参照关系，CUSTOMER 与 ORDERS 表之间的主-外码等值连接表达式为 C_CUSTKEY = O_CUSTKEY，ORDERS 表与 LINEITEM 表之间的主-外码等值连接表达式为 L_ORDERKEY = O_ORDERKEY，与其他不同表上的选择条件构成复合条件，完成连接表上的分组聚集计算。

2. 自身连接

表与自己进行的连接操作称为表的自身连接，简称自连接（SELF JOIN）。使用自连接可以将自身表的一个镜像当作另一个表来对待，通常采用为表取两个别名的方式实现自连接。

【例 4-31】 输出 LINEITEM 表上订单中 L_SHIPINSTRUCT 既包含 DELIVER IN PERSON 又包含 TAKE BACK RETURN 的订单号。

```sql
SELECT DISTINCT L1.L_ORDERKEY
FROM LINEITEM L1, LINEITEM L2
WHERE L1.L_SHIPINSTRUCT='DELIVER IN PERSON'
    AND L2.L_SHIPINSTRUCT='TAKE BACK RETURN'
    AND L1.L_ORDERKEY=L2.L_ORDERKEY;
```

SQL 解析：LINEITEM 表中一个订单包含多个订单项，每个订单项包含特定的 L_SHIPINSTRUCT 值，存在一个订单不同的订单项 L_SHIPINSTRUCT 值既包含 DELIVER IN PERSON 又包含 TAKE BACK RETURN 的元组。查询在 LINEITEM 表中选择 L_SHIPINSTRUCT 值为 DELIVER IN PERSON 的元组，再从相同的 LINEITEM 表以别名的方式选择 L_SHIPINSTRUCT 值为 TAKE BACK RETURN 的元组，并且满足两个元组集上 L_ORDERKEY 等值条件。自身连接通过别名将一个表用作多个表，然后按查询需求进行连接。

3. 外连接

在通常的连接操作中，两个表中满足连接条件的记录才能作为连接结果记录输出。当不仅需要输出连接记录，还要输出不满足连接条件的记录时，可以通过外连接将不满足连接条件的记录对应的连接属性值置为 NULL，表示表间记录完整的连接信息。

左外连接列出左边关系的所有元组，当右边关系中没有满足连接条件的记录时，右边关系属性设置空值；右外连接列出右边关系的所有元组，当左边关系中没有满足连接条件的记录时,左边关系属性设置为空值;全外连接为左外连接与右外连接的组合。

【例 4-32】 输出 ORDERS 表与 CUSTOMER 表左外连接与右外连接的结果。

```
SELECT O_ORDERKEY, O_CUSTKEY, C_CUSTKEY
FROM ORDERS LEFT OUTER JOIN CUSTOMER ON O_CUSTKEY=C_CUSTKEY;
SELECT O_ORDERKEY, O_CUSTKEY, C_CUSTKEY
FROM ORDERS RIGHT OUTER JOIN CUSTOMER ON O_CUSTKEY=C_CUSTKEY;
```

SQL 解析:ORDERS 表外码 O_CUSTKEY 参照 CUSTOMER 表的主码 C_CUSTKEY,在执行 ORDERS 表与 CUSTOMER 表左外连接操作时,ORDERS 表每一个元组都能够从 CUSTOMER 表中找到所参照主码与外码相等的记录,连接结果集元组数量与 ORDERS 表行数相同;在执行右外连接时,CUSTOMER 表每一个元组与 ORDERS 表中的元组执行主码与外码属性相等的连接操作,CUSTOMER 表元组的 C_CUSTKEY 属性值在 ORDERS 表中没有匹配的元组时,ORDERS 属性输出为空值。左外连接可以找到在 CUSTOMER 表中存在但没有购物记录的用户,其特征是左外连接结果数据集的 CUSTOMER 表属性非空而 ORDERS 表属性为空。左外连接与右外连接结果如图 4-24 所示。

	O_ORDERKEY	O_CUSTKEY	C_CUSTKEY		O_ORDERKEY	O_CUSTKEY	C_CUSTKEY
1499997	4	136777	136777	1499992	5881445	95725	95725
1499998	3	123314	123314	1499993	5881472	61198	61198
1499999	2	78002	78002	1499994	5881474	33505	33505
1500000	1	36901	36901	1499995	5881476	99238	99238
1500001	NULL	NULL	15675	1499996	5881478	42547	42547
1500002	NULL	NULL	32655	1499997	5881507	134936	134936
1500003	NULL	NULL	49635	1499998	5881537	96011	96011
1500004	NULL	NULL	66615	1499999	5881568	31417	31417
1500005	NULL	NULL	48330	1500000	5881572	61465	61465

图 4-24

全外连接命令为 FULL OUTER JOIN,在本例中,全连接执行结果与左连接相同。

4. 多表连接

连接操作可以是两表连接,也可以是多表连接。一个位于中心的表与多个表之间的多表连接称为星状连接,对应星状模式。多表连接是数据库的重要技术,表连接顺序对于查询执行性能有重要的影响,也是查询优化技术的重要研究内容。

【例 4-33】 在 TPC-H 数据库中执行 PARTSUPP 表与 PART 表、SUPPLIER 表的星状连接操作。

```
SELECT P_NAME,P_BRAND, S_NAME,S_NAME,PS_AVAILQTY
FROM PART,SUPPLIER,PARTSUPP
WHERE PS_PARTKEY=P_PARTKEY AND PS_SUPPKEY=S_SUPPKEY;
```

SQL 解析:PARTSUPP 表与 PART 表、SUPPLIER 表存在主–外码参照关系,PARTSUPP 表分别与 PART 表、SUPPLIER 表通过主码、外码进行等值连接。SQL 命令中 FROM 子句包含 3 个连接表名,WHERE 子句中包含 PARTSUPP 表与 2 个表基于主码、外码的等值连接条件,分别对应 3 个表间连接关系。若使用 INNER JOIN 语法,则 SQL 命令如下。

```
SELECT P_NAME,P_BRAND, S_NAME,S_NAME,PS_AVAILQTY
FROM PARTSUPP INNER JOIN PART ON PS_PARTKEY=P_PARTKEY
              INNER JOIN SUPPLIER ON PS_SUPPKEY=S_SUPPKEY;
```

【例 4-34】 在 TPC-H 数据库中执行雪花状连接操作。

```
SELECT C_NAME,O_ORDERDATE,S_NAME,P_NAME,N_NAME,R_NAME,
L_EXTENDEDPRICE*(1-L_DISCOUNT)- PS_SUPPLYCOST * L_QUANTITY AS AMOUNT
FROM PART, SUPPLIER, PARTSUPP, LINEITEM, ORDERS, CUSTOMER,
    NATION, REGION
WHERE S_SUPPKEY = L_SUPPKEY
AND PS_SUPPKEY = L_SUPPKEY
AND PS_PARTKEY = L_PARTKEY
AND P_PARTKEY = L_PARTKEY
AND O_ORDERKEY = L_ORDERKEY
AND C_CUSTKEY=O_ORDERKEY
AND S_NATIONKEY = N_NATIONKEY
AND C_NATIONKEY=N_NATIONKEY
AND N_REGIONKEY=R_REGIONKEY;
```

SQL 解析：如图 4-25 所示，TPC-H 数据库是一种典型的雪花状模式，模式以 LINEITEM 表为中心，通过主–外码参照关系与其他表连接，而 ORDERS、PART、SUPPLIER 等表又有下级的参照表，整体上形成雪花状分支结构。执行雪花状连接时，可以根据数据库模式图，将表间主–外码参照关系一一转换为表间主–外码属性间的等值连接表达式，完成雪花状连接操作。

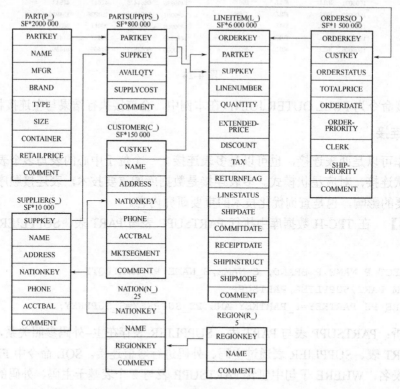

图 4-25

5. 连接操作的基本实现技术

连接是关系数据库中重要的操作，也是数据库中执行代价较高的操作，是关系数据库查询优化的核心技术。连接操作的主要实现技术如下。

（1）嵌套循环连接

嵌套循环连接是最基本的连接算法，适用于等值与非等值连接。如 4-26（a）所示，嵌套循环连接将两个连接表用作外表与内表，外表循环扫描每一条记录，内表根据外表当前记录的连接属性在内表中循环扫描每一条记录，找到与外表相匹配的记录连接输出。R 和 S 的记录数记作$|R|$和$|S|$，则嵌套循环连接需要执行$|R|\times|S|$次循环比较操作。在嵌套循环连接中，内表通常为排序表或在连接属性上建有索引，以加速内表记录查找性能。也可以将较小的 R 表作为内表，R 和 S 通过连接属性上的分区（partition）操作将 R 表划分为小于 Cache 大小的子表，然后 S 分区子表与 R 分区子表执行嵌套循环连接操作，R 分区子表采用简单的顺序扫描方法，通过 Cache 内的高性能扫描提高内表记录查找性能。在新型处理器平台下，嵌套循环连接算法还可以通过 SIMD 单指令多数据技术一次执行多个内表记录的连接属性比较操作，也可以通过 GPU、Phi 等众核计算架构加速嵌套循环连接算法性能。

（2）排序归并连接

排序归并连接将连接表 R 和 S 按连接属性排序，然后从两个关系中各取第一行判断是否符合连接条件，如果符合则输出连接结果，否则比较较小值关系的下一条记录。如图 4-26（b）所示，排序归并连接算法的主要代价在于排序操作，当前具有代表性的优化技术是基于 SIMD 优化排序算法，以及使用 GPU 加速排序操作等。

（3）哈希连接

哈希连接算法主要通过哈希匹配查找连接记录。当前具有代表性的哈希连接算法主要包括基于共享哈希表的无分区哈希连接算法，如图 4-26（c）所示，以及基于 Radix 分区的哈希连接算法，如图 4-26（d）所示。

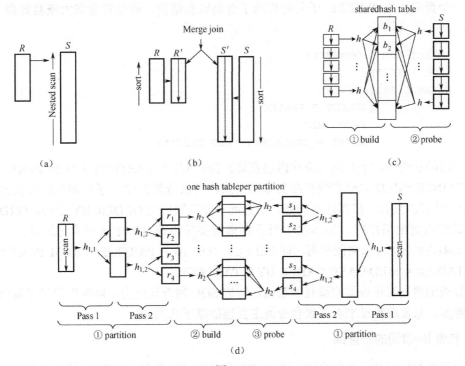

图 4-26

无分区哈希连接算法分为生成（build）和探测（probe）两个阶段，在生成阶段通过扫描 R 表，为满足选择条件的记录生成哈希表；在探测阶段扫描 S 表，将 S 表中的每一条记录按连接属性值在哈希表中进行探测，找到匹配的连接属性值则输出连接记录。在多核处理器平台，哈希表生成阶段可以并行完成。将 R 表逻辑划分为 n 个分区，n 个线程并行扫描 n 个分区，并创建线程间共享的哈希表。当线程数量较多时，哈希表由于大量的并发访问冲突而导致哈希表生成性能降低。在探测阶段，n 个线程对应的 n 个分区可以并行执行哈希探测操作，当共享哈希表小于 Cache 时，哈希探测性能较高，当共享哈希表较大时，哈希探测产生较多的 Cache Miss，增加了内存访问代价，降低了哈希探测性能。

Radix 分区的哈希连接算法对 R 表和 S 表的连接属性按相同的 Radix 进行多趟分区，保证每趟分区时分区数量不超过处理器的 TLB（虚拟地址与物理地址映射缓存）大小，优化 TLB 访问性能，通过多趟 Radix 分区将 R 表划分为适合 Cache 大小的分区，然后在分区上创建哈希表。在哈希探测阶段，每个线程执行一对 R 表和 S 表分区上的连接操作，通过 Cache 内的哈希表探测优化连接性能。

在多核 CPU 平台，连接优化技术主要集中在提高 Cache 利用率，提高连接时的 Cache 命中率，以及通过 SIMD 技术提高数据并行处理性能等方面；在新兴的硬件加速器平台，如 GPU、Phi，连接优化技术主要面向高并行连接算法实现，512 位 SIMD 向量处理优化技术等方面，面向不同的处理器硬件架构连接优化技术有所不同，这也是当前学术界研究的主要课题。

4.3.3 嵌套查询

在 SQL 语言中，一个 SELECT-FROM-WHERE 语句称为一个查询块。当一个查询块嵌套在另一个查询块的 WHERE 子句时构成了查询嵌套结构，称这种查询为嵌套查询（nested query）。

```
SELECT SUM(L_QUANTITY)
FROM LINEITEM
WHERE L_PARTKEY IN
        (SELECT P_PARTKEY
         FROM PART
         WHERE P_CONTAINER='MED CASE');
```

在上面的示例中，子查询（或称内层查询）SELECT P_PARTKEY FROM PART WHERE P_CONTAINER='MED CASE'嵌套在父查询（或称外层查询）中，子查询的结果相当于父查询中 IN 表达式的集合。值得注意的是，子查询不能直接使用 ORDER BY 子句，ORDER BY 子句对最终查询结果排序。但本例中当子查询需要输出前 10 个子查询记录时，子查询中 TOP 与 ORDER BY 可以共同使用，即 SELECT TOP 10 P_PARTKEY FROM PART WHERE P_CONTAINER = 'MED CASE' ORDER BY P_PARTKEY。

嵌套查询通过简单查询构造复杂查询，增加 SQL 的查询能力，降低用户进行复杂数据处理时的难度。从使用特点来看，嵌套查询主要包括以下几类。

1. 包含 IN 谓词的子查询

当子查询的结果是一个集合时，通过 IN 谓词实现父查询 WHERE 子句中向子查询集合的谓词嵌套判断。

【例 4-35】带有 IN 子查询的嵌套查询执行。

```
SELECT  P_BRAND,  P_TYPE,  P_SIZE,  COUNT  (DISTINCT  PS_SUPPKEY)  AS
SUPPLIER_CNT
FROM PARTSUPP, PART
WHERE P_PARTKEY = PS_PARTKEY AND P_BRAND <> 'BRAND#45'
AND P_TYPE NOT LIKE 'MEDIUM POLISHED%'
AND P_SIZE IN (49, 14, 23, 45, 19, 3, 36, 9)
AND PS_SUPPKEY NOT IN (
SELECT S_SUPPKEY
FROM SUPPLIER
WHERE S_COMMENT LIKE '%CUSTOMER%COMPLAINTS%'
)
GROUP BY P_BRAND, P_TYPE, P_SIZE
ORDER BY SUPPLIER_CNT DESC, P_BRAND, P_TYPE, P_SIZE;
```

SQL 解析：首先执行子查询 SELECT S_SUPPKEY FROM SUPPLIER WHERE S_COMMENT LIKE '%CUSTOMER%COMPLAINTS%'，得到满足条件的 S_SUPPKEY 结果集；然后执行外层查询，将子查询结果集作为 NOT IN 的操作集，排除父查询表 PARTSUPP 中与内存查询 S_SUPPKEY 结果集相等的记录，完成父查询。

当子查询的查询条件不依赖于父查询时，子查询可以独立执行，这类子查询称为不相关子查询。一种查询执行方法是先执行独立的子查询，然后父查询在子查询的结果集上执行；另一种查询执行方法是将 IN 谓词操作转换为连接操作，IN 谓词执行的列作为连接列，上面的查询可以改写为：

```
SELECT  P_BRAND,  P_TYPE,  P_SIZE,  COUNT  (DISTINCT  PS_SUPPKEY)  AS
SUPPLIER_CNT
FROM PARTSUPP, PART, SUPPLIER
WHERE P_PARTKEY = PS_PARTKEY AND S_SUPPKEY=PS_SUPPKEY
AND P_BRAND <> 'BRAND#45' AND P_TYPE NOT LIKE 'MEDIUM POLISHED%'
AND P_SIZE IN (49, 14, 23, 45, 19, 3, 36, 9)
AND S_COMMENT NOT LIKE '%CUSTOMER%COMPLAINTS%'
GROUP BY P_BRAND, P_TYPE, P_SIZE
ORDER BY SUPPLIER_CNT DESC, P_BRAND, P_TYPE, P_SIZE;
```

SQL 解析：嵌套查询条件是 NOT IN，改写为连接操作时需要将子查询的条件取反，即将原子查询中 S_COMMENT LIKE '%CUSTOMER%COMPLAINTS%' 改写为 S_COMMENT NOT LIKE '%CUSTOMER%COMPLAINTS%'，以获得与原始嵌套查询相同的执行结果。

【例 4-36】 通过 IN 子查询完成 CUSTOMER、NATION 与 REGION 表间的查询，统计 ASIA 地区顾客的数量。CUSTOMER、NATION 与 REGION 表之间的参照关系如图 4-27 所示。

图 4-27

```sql
SELECT COUNT(*) FROM CUSTOMER WHERE C_NATIONKEY IN
    (SELECT N_NATIONKEY FROM NATION WHERE N_REGIONKEY IN
        (SELECT R_REGIONKEY FROM REGION
          WHERE R_NAME='ASIA'));
```

SQL 解析：这三个表之间的连接关系为 CUSTOMER $\xrightarrow{C\_NATIONKEY}$ NATION $\xrightarrow{N\_REGIONKEY}$ REGION，查询的谓词条件为最远端表 REGION 表上的 R_NAME='ASIA'，需要将谓词结果投影到连接列 R_REGIONKEY 上，生成集合(2)传递给 NATION 表，在 NATION 表上生成谓词条件 N_REGIONKEY IN (2)，投影在连接列 N_NATIONKEY 上，生成连接列结果集 (8,9,12,18,21) 传递给 CUSTOMER 表，最后转换为 CUSTOMER 表上的谓词条件 C_NATIONKEY IN(8,9,12,18,21)，完成在父查询中的处理。

当前嵌套子查询可以转换为连接查询：

```sql
SELECT COUNT(*)
FROM CUSTOMER, NATION, REGION
WHERE C_NATIONKEY=N_NATIONKEY AND N_REGIONKEY=R_REGIONKEY
AND R_NAME='ASIA';
```

SQL 解析：IN 嵌套子查询实现连接列结果集的逐级向上传递，通过对连接列的逐级过滤完成查询处理。上面的连接查询中深色灰底部分代码实现三个表之间的连接操作，然后可以将连接表上的谓词操作看作连接后的单表上的谓词操作。

当子查询的查询条件依赖父查询时，子查询需要迭代地从父查询获得数据才能完成子查询上的处理，这类子查询称为相关子查询，整个查询称为相关嵌套查询。

2. 带有比较运算符的相关子查询

在相关子查询中，外层父查询提供内层子查询执行时的谓词变量，由外层父查询驱动内存子查询的执行。带有比较运算符的子查询是父查询与子查询之间用比较运算符进行连接的，当内存子查询返回结果是单个值时，用>、<、=、>=、<=、!=或<>等比较运算符。

【例 4-37】带有=比较运算符的子查询。

```sql
SELECT S_ACCTBAL, S_NAME, N_NAME, P_PARTKEY, P_MFGR, S_ADDRESS,
S_PHONE, S_COMMENT
FROM PART, SUPPLIER, PARTSUPP, NATION, REGION
WHERE P_PARTKEY = PS_PARTKEY AND S_SUPPKEY = PS_SUPPKEY
AND P_SIZE = 15 AND P_TYPE LIKE '%BRASS'
AND S_NATIONKEY = N_NATIONKEY AND N_REGIONKEY = R_REGIONKEY
AND R_NAME = 'EUROPE'
AND PS_SUPPLYCOST = (
SELECT MIN(PS_SUPPLYCOST)
FROM PARTSUPP, SUPPLIER, NATION, REGION
WHERE P_PARTKEY = PS_PARTKEY AND S_SUPPKEY = PS_SUPPKEY
AND S_NATIONKEY = N_NATIONKEY AND N_REGIONKEY = R_REGIONKEY
AND R_NAME = 'EUROPE'
)
ORDER BY S_ACCTBAL DESC, N_NAME, S_NAME, P_PARTKEY;
```

SQL 解析：外层查询 PS_SUPPLYCOST = 表达式为子查询结果，即内层子查询输入的

MIN(PS_SUPPLYCOST)结果。内层子查询因缺失 P_PARTKEY 信息而不能独立执行,该查询是相关子查询。查询执行时,外层查询产生的结果集,下推到内层查询各 P_PARTKEY 值,下层查询根据外层查询推送 P_PARTKEY 计算出的结果集,外层查询通过 PS_SUPPLYCOST = (…)表达式筛选内层查询的结果,最终产生输出记录。

嵌套相关子查询由外层查询通过数据驱动内层查询执行,每一条外层查询产生的记录调用一次内层查询执行。这种执行方式可以转换为两个独立查询执行结果集的连接操作。

改写后的查询命令如下。

```
WITH PS_SUPPLYCOSTTABLE (MIN_SUPPLYCOST, PARTKEY)
AS
(
    SELECT MIN(PS_SUPPLYCOST) AS MIN_PS_SUPPLYCOST, P_PARTKEY
    FROM PARTSUPP, SUPPLIER, NATION, REGION, PART
    WHERE P_PARTKEY = PS_PARTKEY AND S_SUPPKEY = PS_SUPPKEY
AND P_SIZE = 15 AND P_TYPE LIKE '%BRASS'
AND S_NATIONKEY = N_NATIONKEY AND N_REGIONKEY = R_REGIONKEY
AND R_NAME = 'EUROPE'
    GROUP BY P_PARTKEY
)
SELECT
S_ACCTBAL, S_NAME, N_NAME, P_PARTKEY, PS_SUPPLYCOST, P_MFGR, S_ADDRESS,
S_PHONE, S_COMMENT
FROM PART, SUPPLIER, PARTSUPP, NATION, REGION, PS_SUPPLYCOSTTABLE
WHERE P_PARTKEY = PS_PARTKEY AND S_SUPPKEY = PS_SUPPKEY
AND PARTKEY=P_PARTKEY     --增加与派生表 PARTKEY 连接表达式
AND PS_SUPPLYCOST =MIN_SUPPLYCOST   --增加与派生表 SUPPLYCOST 等值表达式
AND P_SIZE = 15 AND P_TYPE LIKE '%BRASS'
AND S_NATIONKEY = N_NATIONKEY AND N_REGIONKEY = R_REGIONKEY
AND R_NAME = 'EUROPE'
ORDER BY S_ACCTBAL DESC, N_NAME, S_NAME, P_PARTKEY;
```

SQL 解析:首先将外层查询 PART 表上的谓词条件下推到内层查询,通过 WITH 派生表查询所有候选的 P_PARTKEY 与相应的聚集结果;然后外层查询与 WITH 派生表连接将比较运算符子查询改写为与 WITH 派生表属性的等值表达式。

3. 带有 ANY 或 ALL 谓词的子查询

当子查询返回的结果是多值的时,比较运算符包含两种语义:与多值的全部结果(ALL)比较,或者与多值的某个结果(ANY)比较。使用 ANY 或 ALL 谓词时必须同时使用比较运算符,其语义如下。

- \>/>=/</<=/!=/= ANY:大于/大于或等于/小于/小于或等于/不等于/等于结果中的某个值。
- \>/>=/</<=/!=/= ALL:大于/大于或等于/小于/小于或等于/不等于/等于结果中的所有值。

【例 4-38】 统计 LINEITEM 表中 L_EXTENDEDPRICE 大于任何一个中国顾客订单 L_EXTENDEDPRICE 记录的数量。

```
SELECT COUNT(*) FROM LINEITEM WHERE L_EXTENDEDPRICE>ANY(
SELECT L_EXTENDEDPRICE FROM LINEITEM, SUPPLIER, NATION
```

```
        WHERE L_SUPPKEY=S_SUPPKEY AND S_NATIONKEY=N_NATIONKEY
            AND N_NAME='CHINA');
```

SQL 解析：子查询选出满足条件的 L_EXTENDEDPRICE 子集，父查询判断是否当前记录的 L_EXTENDEDPRICE 大于任意 L_EXTENDEDPRICE 子集元素。

>ANY 子查询可以改写为子查询中的最小值，即：

```
        SELECT COUNT(*) FROM LINEITEM WHERE L_EXTENDEDPRICE>(
        SELECT MIN(L_EXTENDEDPRICE) FROM LINEITEM, SUPPLIER, NATION
        WHERE L_SUPPKEY=S_SUPPKEY AND S_NATIONKEY=N_NATIONKEY
            AND N_NAME='CHINA');
```

SQL 解析：大于集合中任意一个元素值等价于大于集合中最小值。查询改写前需要通过嵌套循环连接算法扫描外层查询的每一条记录，然后将与内层查询的结果集进行比较，查询执行代价较高。改写后的查询先执行内层查询，计算出 MIN 聚集结果，然后外层查询与固定的内层 MIN 聚集结果比较，查询代价较小。

同理，ANY 或 ALL 子查询转换聚集函数的对应关系还包括：

- =ANY 等价于 IN 谓词；
- <>ALL 等价于 NOT IN 谓词；
- <(<=)ANY 等价于<(<=)MAX 谓词；
- >(>=)ANY 等价于>(>=)MIN 谓词；
- <(<=)ALL 等价于<(<=)MIN 谓词；
- >(>=)ALL 等价于>(>=)MAX 谓词。

4. 带有 EXIST 谓词的子查询

带有 EXIST 谓词的子查询不返回任何数据，只产生逻辑结果 TRUE 或 FALSE。

【例 4-39】 分析下面查询 EXISTS 子查询的作用。

```
        SELECT O_ORDERPRIORITY, COUNT(*) AS ORDER_COUNT
        FROM ORDERS
        WHERE O_ORDERDATE >= '1993-07-01'
        AND O_ORDERDATE < DATEADD(MONTH, 3,'1993-07-01' )
        AND EXISTS (
        SELECT *
        FROM LINEITEM
        WHERE L_ORDERKEY = O_ORDERKEY AND L_COMMITDATE < L_RECEIPTDATE )
        GROUP BY O_ORDERPRIORITY
        ORDER BY O_ORDERPRIORITY;
```

SQL 解析：查询在 ORDERS 表的执行谓词条件，满足谓词条件的 ORDERS 记录的 O_ORDERKEY 下推到内层子查询，与 LINEITEM 表谓词 L_COMMITDATE < L_RECEIPTDATE 执行结果集进行连接，判断 LINEITEM 表中是否存在至少有一个 RECEIPTDATE 晚于 COMMITDATE 日期的情况。子查询存在量词 EXISTS 在内层查询结果为空时，外层 WHERE 子句返回真值，反之返回假值。如果返回值为真，则外层查询执行分组计数操作。该查询可以改写为使用连接运算的 SQL 语句：

```
        SELECT O_ORDERPRIORITY, COUNT (DISTINCT L_ORDERKEY) AS ORDER_COUNT
```

```
FROM ORDERS, LINEITEM
WHERE O_ORDERKEY=L_ORDERKEY AND O_ORDERDATE >= '1993-07-01'
AND O_ORDERDATE < DATEADD(MONTH, 3,'1993-07-01')
AND L_COMMITDATE < L_RECEIPTDATE
GROUP BY O_ORDERPRIORITY
ORDER BY O_ORDERPRIORITY;
```

SQL 解析：将查询改写为两表连接操作。原始查询判断 ORDERS 表上是否存在满足连接条件的记录后再进行分组计数操作，改写后的查询直接在满足连接条件的记录上执行分组计数操作。需要注意的是，ORDERS 表上 O_ORDERKEY 为主键，而 L_ORDERKEY 为外键，将查询改写为两表连接方式时一条满足条件的 ORDERS 表记录会与多个 LINEITEM 表记录连接，因此需要对连接结果集中的 O_ORDERKEY 去重统计。

【例 4-40】 查询在没有购买任何商品的顾客的数量。

```
SELECT COUNT(C_CUSTKEY)
FROM CUSTOMER
WHERE NOT EXISTS(
SELECT * FROM ORDERS, LINEITEM
WHERE L_ORDERKEY=O_ORDERKEY AND O_CUSTKEY=C_CUSTKEY
);
```

SQL 解析：通过存在量词 NOT EXISTS 检查内层子查询中是否有该用户的订单记录，当子查询结果集为空时向外层查询返回真值，确定该顾客为满足查询条件的顾客。

```
SELECT COUNT(*)
FROM ORDERS RIGHT OUTER JOIN CUSTOMER ON O_CUSTKEY=C_CUSTKEY
WHERE O_ORDERKEY IS NULL;
```

SQL 解析：本查询还可以改写为右连接方式。对 ORDERS 表与 CUSTOMER 执行右连接操作，没有购买记录的顾客在右连接结果中 ORDERS 表属性为空值，可以作为顾客没有购买行为的判断条件。

【例 4-41】 查询从 1993 年 7 月起的 3 个月内没有购买任何商品的顾客数量。

```
SELECT COUNT(C_CUSTKEY)
FROM CUSTOMER
WHERE NOT EXISTS(
SELECT * FROM ORDERS
WHERE O_CUSTKEY=C_CUSTKEY
     AND O_ORDERDATE BETWEEN '1993-07-01' AND DATEADD(YEAR, 1,'1993-07-01')
);
```

SQL 解析：在外层查询扫描 CUSTOMER 表，将 C_CUSTKEY 下推到内层查询判断是否存在从 1993 年 7 月起的 3 个月内在 ORDERS 表上的订单记录，如果不存在则返回真值，该记录为满足查询条件的记录并计数。

```
SELECT COUNT(DISTINCT C_CUSTKEY)
FROM (SELECT O_CUSTKEY FROM ORDERS
WHERE  O_ORDERDATE  BETWEEN  '1993-07-01'  AND  DATEADD(MONTH,3,'1993-07-01')) ORDER_3MON(CUSTKEY)
```

```
RIGHT OUTER JOIN CUSTOMER ON CUSTKEY=C_CUSTKEY
WHERE CUSTKEY IS NULL;
```

SQL 解析：查询还可以改写为基于右连接的查询命令。首先需要从 ORDERS 表中筛选出从 1993 年 7 月起 3 个月内的订单记录，将这部分查询命令作为派生表嵌入 FROM 子句中，并设置派生表的名称和属性名 ORDER_3MON(CUSTKEY)，然后将派生表与 CUSTOMER 表做右连接操作，以派生表 CUSTKEY 为空作为判断 C_CUSTKEY 在派生表中没有订单的依据。

查询的结果还可以通过集合操作来验证。

```
SELECT C_CUSTKEY FROM CUSTOMER
EXCEPT
SELECT DISTINCT O_CUSTKEY FROM ORDERS, CUSTOMER
WHERE O_CUSTKEY=C_CUSTKEY
AND O_ORDERDATE BETWEEN '1993-07-01' AND DATEADD(YEAR,1,'1993-07-01');
```

SQL 解析：首先选择 CUSTOMER 表中所有 C_CUSTKEY 集合，然后再选出 ORDERS 表中 1993 年 7 月起 3 个月内的订单的去重 O_CUSTKEY 集合，两个集合的差运算结果即为 CUSTOMER 表中 1993 年 7 月起 3 个月内没有产生订单的顾客。

【案例实践 9】

创建 TPC-H 数据库，导入 TPC-H 数据，调试并分析嵌套查询 Q2、Q4、Q7、Q8、Q9、Q11、Q13、Q15、Q16、Q17、Q18、Q20、Q21、Q22，尝试能否将嵌套查询命令改写为非嵌套查询命令，并对比不同形式 SQL 命令执行的效率。

4.3.4 集合查询

当多个查询的结果集具有相同的列和数据类型时，查询结果集之间可以进行集合的并（UNION）、交（INTERSECT）和差（EXCEPT）操作。参与集合操作的原始表的结构可以不同，但结果集需要具有相同的结构，即相同的列数，对应列的数据类型相同。

【例 4-42】集合并运算。查询 LINEITEM 表中 L_SHIPMODE 模式为 AIR 或 AIR REG，以及 L_SHIPINSTRUCT 方式为 DELIVER IN PERSON 的订单号。

```
SELECT DISTINCT L_ORDERKEY FROM LINEITEM
WHERE L_SHIPMODE IN ('AIR','AIR REG')
UNION
SELECT DISTINCT L_ORDERKEY FROM LINEITEM
WHERE L_SHIPINSTRUCT ='DELIVER IN PERSON'

SELECT DISTINCT L_ORDERKEY FROM LINEITEM
WHERE L_SHIPMODE IN ('AIR','AIR REG')
UNION ALL
SELECT DISTINCT L_ORDERKEY FROM LINEITEM
WHERE L_SHIPINSTRUCT ='DELIVER IN PERSON'
```

SQL 解析：UNION 将两个查询的结果集进行合并，UNION ALL 保留两个结果集中全部的结果，包括重复的结果，UNION 则在结果集中去掉重复的结果。当在相同的表上执行 UNION 操作时，可以将 UNION 操作转换为选择谓词的或 OR 表达式，如：

```
SELECT DISTINCT L_ORDERKEY FROM LINEITEM
WHERE L_SHIPMODE IN ('AIR','AIR REG') OR L_SHIPINSTRUCT ='DELIVER IN
PERSON';
```

【例 4-43】 集合交运算。查询 CONTAINER 为 WRAP BOX、MED CASE、JUMBO PACK，并且 PS_AVAILQTY 小于 1000 的产品名称。

```
SELECT P_NAME FROM PART
WHERE P_CONTAINER IN ('WRAP BOX','MED CASE','JUMBO PACK')
INTERSECT
SELECT P_NAME FROM PART, PARTSUPP
WHERE P_PARTKEY=PS_PARTKEY AND PS_AVAILQTY<1000;
```

SQL 解析：首先在 PART 表上投影出 CONTAINER 为 WRAP BOX、MED CASE、JUMBO PACK 的 P_NAME；然后连接 PART 与 PARTSUPP 表，按 PS_AVAILQTY<1000 条件筛选出 P_NAME，由于 PART 与 PARTSUPP 的主–外码参照关系，P_NAME 存在重复的记录；最后执行两个集合的并操作，获得满足两个集合条件的 P_NAME 结果集，并且通过集合操作消除重复的 P_NAME。

本例可以改写为基于连接操作的查询，但需要注意的是，P_PARTKEY 在输出时需要通过 DISTINCT 消除连接操作产生的重复值，改写的 SQL 命令如下。

```
SELECT DISTINCT P_PARTKEY FROM PART, PARTSUPP
WHERE P_PARTKEY=PS_PARTKEY AND PS_AVAILQTY<1000
      AND P_CONTAINER IN ('WRAP BOX','MED CASE','JUMBO PACK')
ORDER BY P_PARTKEY;
```

【例 4-44】 集合差运算。查询 ORDERS 表中 O_ORDERPRIORITY 类型为 1-URGENT 和 2-HIGH，但 O_ORDERSTATUS 状态不为 F 的订单号。

```
SELECT O_ORDERKEY FROM ORDERS
WHERE O_ORDERPRIORITY IN ('1-URGENT','2-HIGH')
EXCEPT
SELECT O_ORDERKEY FROM ORDERS
WHERE O_ORDERSTATUS='F';

SELECT O_ORDERKEY FROM ORDERS
WHERE O_ORDERPRIORITY IN ('1-URGENT','2-HIGH') AND NOT O_ORDERSTATUS='F';
```

SQL 解析：ORDERS 表的主码为 O_ORDERKE，集合差操作的两个集合操作都是面向相同记录的不同属性，可以将差操作改写为第一个谓词与第二个谓词取反的合取表达式查询命令。

【例 4-45】 多值列集合差运算。查询 LINEITEM 表中执行 L_SHIPMODE 模式为 AIR 或 AIR REG，但 L_SHIPINSTRUCT 方式不是 DELIVER IN PERSON 的订单号。

按查询要求将查询条件 L_SHIPMODE 模式为 AIR 或 AIR REG 作为一个集合，查询条件 L_SHIPINSTRUCT 模式是 DELIVER IN PERSON 作为另一个集合，然后求集合差操作。查询命令如下。

```
SELECT L_ORDERKEY FROM LINEITEM
WHERE L_SHIPMODE IN ('AIR','AIR REG')
```

```
EXCEPT
SELECT L_ORDERKEY FROM LINEITEM
WHERE L_SHIPINSTRUCT ='DELIVER IN PERSON'
```

由于执行的是集合运算，集合的结果自动去重。

当改写此查询时，在输出的 L_ORDERKEY 前面需要手工增加 DISTINCT 语句对结果集去重，差操作集合谓词条件改为 L_SHIPINSTRUCT! ='DELIVER IN PERSON'，查询命令如下。

```
SELECT DISTINCT L_ORDERKEY FROM LINEITEM
WHERE L_SHIPMODE IN ('AIR','AIR REG') AND L_SHIPINSTRUCT! ='DELIVER IN
PERSON';
```

重写后的查询与集合差操作查询结果不一致！

通过对表中记录的分析可知，如图 4-28 所示，L_ORDERKEY 列为多值列，相同的 L_ORDERKEY 对应多条记录，集合差运算的语义对应一个订单下的订单项需要满足 L_SHIPMODE 模式为 AIR 或 AIR REG，但该订单的 L_SHIPINSTRUCT 模式不能是 DELIVER IN PERSON。改写的查询判断是同一个记录不同字段需要满足的条件，与查询语义不符，因此查询结果错误。

	L_ORDERKEY	L_SHIPINSTRUCT	L_SHIPMODE
48756	48546	COLLECT COD	AIR
48757	48546	DELIVER IN PERSON	REG AIR
48758	48546	TAKE BACK RETURN	FOB
48759	48547	COLLECT COD	SHIP
48760	48547	NONE	AIR
48761	48548	NONE	FOB
48762	48548	TAKE BACK RETURN	MAIL
48763	48548	TAKE BACK RETURN	FOB
48764	48548	TAKE BACK RETURN	FOB
48765	48548	DELIVER IN PERSON	TRUCK
48766	48548	NONE	RAIL
48767	48548	NONE	REG AIR

图 4-28

根据集合差运算查询的语义，第一种改写方式是通过 IN 操作判断满足 L_SHIPMODE 模式为 AIR 或 AIR REG 条件的订单号不能在满足 L_SHIPINSTRUCT 模式是 DELIVER IN PERSON 的订单号集合中。查询命令如下。

```
SELECT DISTINCT L_ORDERKEY FROM LINEITEM
WHERE L_SHIPMODE IN ('AIR','AIR REG') AND L_ORDERKEY NOT IN (
SELECT L_ORDERKEY FROM LINEITEM
WHERE L_SHIPINSTRUCT ='DELIVER IN PERSON');
```

第二种改写方法是通过 NOT EXISTS 语句判断满足 L_SHIPMODE 模式为 AIR 或 AIR REG 条件的当前记录订单号是否存在满足 L_SHIPINSTRUCT 模式是 DELIVER IN PERSON 的情况。

```
SELECT DISTINCT L_ORDERKEY FROM LINEITEM L1
WHERE L_SHIPMODE IN ('AIR','AIR REG') AND NOT EXISTS (
SELECT * FROM LINEITEM L2 WHERE L1.L_ORDERKEY=L2.L_ORDERKEY
```

```
AND L_SHIPINSTRUCT ='DELIVER IN PERSON');
```

集合差运算的改写较为复杂，要根据表的数据情况具体分析，并进行验证。

4.3.5 基于派生表查询

当一个复杂的查询需要不同的数据集进行运算时，可以通过派生表和 WITH 子句定义查询块或查询子表。

当子查询出现在 FROM 子句中时，子查询起到临时派生表的作用，成为主查询的临时表对象。

【例 4-46】 分析下面查询中派生表的作用。

```
SELECT C_COUNT, COUNT (*) AS CUSTDIST
FROM (
SELECT C_CUSTKEY, COUNT (O_ORDERKEY)
FROM CUSTOMER LEFT OUTER JOIN ORDERS ON C_CUSTKEY = O_CUSTKEY
AND O_COMMENT NOT LIKE '%SPECIAL%REQUESTS%'
GROUP BY C_CUSTKEY
) AS C_ORDERS (C_CUSTKEY, C_COUNT)
GROUP BY C_COUNT
ORDER BY CUSTDIST DESC, C_COUNT DESC;
```

SQL 解析：FROM 子句中有一个完整的查询定义派生表，命名为 C_ORDERS，按 C_CUSTKEY 分组统计订单号数量。由于派生表输入属性中包含分组聚集结果，因此需要派生表指定表名与列名，然后在派生表上完成按分组订单数量分组聚集操作，实现对分组聚集结果再分组聚集计算。

派生表的功能也可以用定义公用表表达式来实现。公用表表达式用于指定临时命名的结果集，将子查询定义为公用表表达式，在使用时要求公用表表达式后面紧跟着使用公用表表达式的 SQL 命令。上例查询命令将派生表查询块用 WITH 表达式定义，简化查询命令结构。

```
WITH C_ORDERS (C_CUSTKEY, C_COUNT)
AS (
SELECT C_CUSTKEY, COUNT (O_ORDERKEY)
FROM CUSTOMER LEFT OUTER JOIN ORDERS ON C_CUSTKEY = O_CUSTKEY
AND O_COMMENT NOT LIKE '%SPECIAL%REQUESTS%'
GROUP BY C_CUSTKEY)
SELECT C_COUNT, COUNT (*) AS CUSTDIST
ORDER BY CUSTDIST DESC, C_COUNT DESC;
```

【例 4-47】 通过 ROW_NUMBER 函数对以 C_CUSTKEY 分组统计的订单数量按大小排列和 C_CUSTKEY 排序并分配行号。

```
SELECT C_CUSTKEY, COUNT (*) AS COUNTER,
ROW_NUMBER() OVER (ORDER BY COUNTER) AS ROWNUM
FROM ORDERS, CUSTOMER
WHERE O_CUSTKEY=C_CUSTKEY
GROUP BY C_CUSTKEY
ORDER BY COUNTER, CUSTKEY;
```

SQL 解析：聚集表达式上的 ROW_NUMBER 函数无效，无法完成序列操作。

```
WITH CUSTKEY_COUNTER(CUSTKEY, COUNTER)
AS (
SELECT C_CUSTKEY, COUNT (*)
FROM ORDERS, CUSTOMER
WHERE O_CUSTKEY=C_CUSTKEY
GROUP BY C_CUSTKEY)
SELECT CUSTKEY, COUNTER, ROW_NUMBER() OVER (ORDER BY COUNTER) AS
ROWNUM
FROM CUSTKEY_COUNTER
ORDER BY COUNTER, CUSTKEY;
```

SQL 解析：将带有分组聚集命令的查询块定义为 WITH 表达式，聚集列定义为表达式属性，然后在查询中通过 FROM 子句访问该 WITH 表达式，通过 ROW_NUMBER 函数为查询结果分配行号。

WITH 表达式一方面可以将复杂查询中的查询块预先定义，简化查询主体结构，另一方面可以通过表达式实现一些对聚集结果列的处理任务。

4.4 数据更新 SQL

数据更新的操作包含对表中记录的插入、修改、删除操作，对应的 SQL 命令分别为 INSERT、DELETE 和 UPDATE。

4.4.1 插入数据

SQL 命令中插入语句包括两种类型：插入一个新元组、插入查询结果。插入查询结果时可以一次性插入多条元组。

1. 插入元组

命令：INSERT INTO VALUES
功能：在表中插入记录。
语法：

```
INSERT INTO <TABLE_NAME> [COLUMN_LIST]
VALUES ({DEFAULT | NULL | EXPRESSION } [ ,...N ]);
```

SQL 命令描述：

INSERT 语句的功能是向指定的表 TABLE_NAME 中插入元组，COLUMN_LIST 指出插入元组对应的属性，可以与表中列的顺序不一致，没有出现的属性赋空值，需要保证没有出现的属性不存在 NOT NULL 约束，否则会出错。当不使用 COLUMN_LIST 时需要插入全部的属性值。VALUES 子句按 COLUMN_LIST 顺序为表记录各个属性赋值。

【例 4-48】 在 REGION 表中插入新记录 NORTH AMERICA 和 SOUTH AMERICA。

```
INSERT INTO REGION(R_REGIONKEY, R_NAME)
VALUES (5,'NORTH AMERICA');
INSERT INTO REGION
```

```
VALUES(6,'SOUTH AMERICA',NULL);
```

插入操作结果如图 4-29 所示。

RTHREGIONKEY	RTHNAME	RTHCOMMENT
0	AFRICA	special Tiresias about the furiously even dolphins are furi
1	AMERICA	even, ironic theodolites according to the bold platelets wa
2	ASIA	silent, bold requests sleep slyly across the quickly sly dependencies. furiously silent instructions alongside
3	EUROPE	special, bold deposits haggle foxes. platelet
4	MIDDLE EAST	furiously unusual packages use carefully above the unusual, exp
5	NORTH AMERICA	NULL
6	SOUTH AMERICA	NULL

图 4-29

SQL 解析：在 REGION 表中插入一个新记录，对指定的列 R_REGIONKEY、R_NAME 分别赋值 5 和 'NORTH AMERICA'，其余未指定列自动赋空值 NULL。

在 INSERT 命令中需要保证 VALUES 子句中值的顺序与 INTO 子句中列的顺序相对应，第二条插入命令未指定列顺序，需要按表定义的列顺序输入完整的 VALUES 值，R_COMMENT 列不能缺失，可以输入空值。

2. 插入子查询结果

语法：

```
INSERT INTO <TABLE_NAME> [COLUMN_LIST]
SELECT…FROM…;
```

SQL 命令描述：

将子查询的结果批量地插入表中。要求预先建立记录插入的目标表，然后通过子查询选择记录，批量插入目标表，子查询的列与目标表的列相对应。

【例 4-49】 将查询结果插入新表中，然后通过 ROW_NUMBER 函数对以 C_CUSTKEY 分组统计的订单数量和 C_CUSTKEY 排序并分配行号。

```
CREATE TABLE CUSTKEY_COUNTER(CUSTKEY INT, COUNTER INT);

INSERT INTO CUSTKEY_COUNTER
SELECT C_CUSTKEY, COUNT (*)
FROM ORDERS, CUSTOMER
WHERE O_CUSTKEY=C_CUSTKEY
GROUP BY C_CUSTKEY;

SELECT CUSTKEY, COUNTER, ROW_NUMBER() OVER (ORDER BY COUNTER) AS
ROWNUM
FROM CUSTKEY_COUNTER
ORDER BY COUNTER, CUSTKEY;
```

SQL 解析：首先建立目标表 CUSTKEY_COUNTER，包含两个 INT 型列。然后通过子查询 SELECT C_CUSTKEY, COUNT (*) FROM ORDERS, CUSTOMER WHERE O_CUSTKEY = C_CUSTKEY GROUP BY C_CUSTKEY;产生查询结果集，通过 INSERT INTO 语句将子查询的结果集插入目标表 CUSTKEY_COUNTER 中。最后在 CUSTKEY_COUNTER 中执行分配序号操作。

SELECT…INTO NEW_TABLE 也提供了类似的将子查询结果插入目标表的功能。

SELECT…INTO NEW_TABLE 命令不需要预先建立目标表，查询根据选择列表中的列和从数据源选择的行，在指定的新表中插入记录。

【例 4-50】 将【例 4-49】中分组聚集结果插入表 CUSTKEY_COUNTER1 中。

```
SELECT C_CUSTKEY, COUNT(*) AS COUNTER INTO CUSTKEY_COUNTER1
FROM ORDERS, CUSTOMER
WHERE O_CUSTKEY=C_CUSTKEY
GROUP BY C_CUSTKEY;
```

SQL 解析：因为查询中包含聚集表达式，因此需要为聚集结果列赋一个别名 AS COUNTER 作为目标表中的列名。系统自动创建表 CUSTKEY_COUNTER1，表中包含与 C_CUSTKEY 和 COUNTER 一致的列。

4.4.2 修改数据

修改数据操作又称更新操作。

命令：UPDATE
功能：修改表中元组的值。
语法：

```
UPDATE <TABLE_NAME>
SET <COLUMN_NAME>=<EXPRESSION>[<COLUMN_NAME>=<EXPRESSION>]
[ FROM { <TABLE_SOURCE> } [ ,...N ] ]
[WHERE <SEARCH_CONDITION>];
```

SQL 命令描述：

UPDATE 语句的功能是更新表中满足 WHERE 子句条件的记录中由 SET 指定的属性值。

【例 4-51】 修改单个记录属性值。将 REGION 表中 R_NAME 为 NORTH AMERICA 记录的 C_COMMENT 属性设置为 INCLUDING CANADA AND USA。

```
UPDATE REGION SET R_COMMENT='INCLUDING CANADA AND USA'
WHERE R_NAME='NORTH AMERICA';
```

SQL 解析：修改指定单个记录属性值时，WHERE 条件通常使用码属性上的等值条件来确定到指定的记录。

【例 4-52】 按条件修改多个记录属性值。将 LINEITEM 表中订单平均 L_COMMITDATE 与 L_SHIPDATE 间隔时间超过 60 天的 O_ORDERPRIORITY 更改为 1-URGENT。

```
UPDATE ORDERS SET O_ORDERPRIORITY ='1-URGENT'
FROM
(SELECT L_ORDERKEY,
        AVG (DATEDIFF(DAY, L_COMMITDATE,L_SHIPDATE)) AS AVG_DELAY
FROM LINEITEM
GROUP BY L_ORDERKEY
HAVING AVG(DATEDIFF(DAY, L_COMMITDATE,L_SHIPDATE))>60) AS ORDER_DELAY
WHERE L_ORDERKEY=O_ORDERKEY;
```

SQL 解析：更新 ORDERS 表中 O_ORDERPRIORITY 列的值，但更新的条件需要通过连接子查询构造。查询的关键是通过派生表计算出 LINEITEM 表中按订单号分组计算

L_COMMITDATE 与 L_SHIPDATE 平均间隔时间,并给派生表命名,然后派生表与 ORDERS 表按订单号连接并完成基于连接表的更新操作。

【例 4-53】 通过子查询修改记录属性值。将 INDONESIA 国家的供应商的 S_ACCTBAL 值增加 5%。

```
UPDATE SUPPLIER SET S_ACCTBAL=S_ACCTBAL*1.05
WHERE S_NATIONKEY IN (
SELECT N_NATIONKEY FROM NATION WHERE N_NAME='INDONESIA');
```

SQL 解析:通过 IN 嵌套查询将 NATION 表上的条件传递给 SUPPLIER 表作为更新条件。

4.4.3 删除数据

删除数据操作用于将表中满足条件的记录删除。
命令:DELETE
功能:删除表中元组。
语法:

```
DELETE
FROM <TABLE_NAME>
[WHERE <SEARCH_CONDITION>];
```

SQL 命令描述:
DELETE 语句的功能是删除表中的记录,当不指定 WHERE 条件时删除表中的全部记录,指定 WHERE 条件时按条件删除记录。

【例 4-54】 删除表中指定条件的元组。删除 REGION 表中 R_NAME 为 SOUTH AMERICA 的记录。

```
DELETE FROM CUSTKEY_COUNTER1 WHERE R_NAME='SOUTH AMERICA';
```

SQL 解析:按谓词条件删除表中指定的一条或多条记录。

【例 4-55】 删除表中全部元组。删除 CUSTKEY_COUNTER1 表中的全部记录。

```
DELETE FROM CUSTKEY_COUNTER1;
```

SQL 解析:删除指定表中的全部记录,如果要删除表,则使用 DROP TABLE CUSTKEY_COUNTER1 命令。

【例 4-56】 通过子查询删除元组。删除 LINEITEM 表中订单 O_ORDERSTATUS 状态为 F 的记录。

```
DELETE FROM LINEITEM
WHERE L_ORDERKEY IN (
SELECT O_ORDERKEY FROM ORDERS WHERE O_ORDERSTATUS='F');
```

在具有参照完整性约束关系的表中,删除被参照表记录前要先删除参照表中对应的记录,然后才能删除被参照表中的记录,实现 CASCADE 级联删除,满足约束条件。

4.4.4 事务

数据库中的事务是用户定义的一个 SQL 操作序列,事务中的操作序列满足要么全做,要么全不做的要求，是一个用户定义的不可分割的操作单位。SQL 定义事务的语句如下。

```
BEGIN TRANSACTION [<TRANSACTION NAME>]
COMMIT TRANSACTION [<TRANSACTION NAME>]
ROLLBACK [<TRANSACTION NAME>]
```

事务以 BEGIN TRANSACTION 为开始，COMMIT 表示事务成功提交，ROLLBACK 表示事务中的操作全部撤销，回滚到事务开始的状态。事务需要满足 4 个特性：原子性（Atomicity）、一致性（Consistency）、隔离性（Isolation）、持久性（Durability），简称 ACID 特性，数据库保证 ACID 特性的主要技术是并发控制和恢复机制。

【例 4-57】 事务控制。在 LINEITEM 表中插入一条 L_PARTKEY 为 6、L_SUPPKEY 为 7507 的订单记录，L_QUANTITY 为 100，同时，将 PARTSUPP 表中对应记录的 PS_AVAILQTY 值减 100。SQL 命令如下。

```
BEGIN TRANSACTION ORDERITEM
UPDATE PARTSUPP SET PS_AVAILQTY=PS_AVAILQTY-100
WHERE PS_PARTKEY=6 AND PS_SUPPKEY=7507;
INSERT INTO LINEITEM (L_ORDERKEY, L_LINENUMBER, L_PARTKEY, L_SUPPKEY,
L_QUANTITY) VALUES(578,3,6,7507,100);
COMMIT TRANSACTION
```

SQL 解析：查询对应两个表上的更新命令，需要保证两个 SQL 命令序列包含在一个事务中，执行全部的更新命令，或者在出现故障时部分执行的更新命令恢复到初始状态。

4.5 视图的定义和使用

视图是数据库从一个或多个基本表导出的虚表，视图中只存储视图的定义，但不存储视图对应的实际数据。当访问视图时，通过视图的定义实时地从基本表中读取数据。定义视图为用户提供了基本表上多样化的数据子集，但不会产生数据冗余及不同数据复本导致的数据不一致问题。视图在定义后可以和基本表一样被查询、删除，也可以在视图上定义新的视图。由于视图并不实际存储数据，所以它的更新操作有一定的限制。

4.5.1 定义视图

1. 创建视图

命令：CREATE VIEW

功能：创建一个视图。

语法：

```
CREATE VIEW <VIEW_NAME> [ (COLUMN_NAME [ ,...N ] ) ]
AS <SELECT_STATEMENT>
[ WITH CHECK OPTION ];
```

SQL 命令描述：

子查询 SELECT_STATEMENT 可以是任意的 SELECT 语句，WITH CHECK OPTION 表示对视图进行 UPDATE、INSERT 和 DELETE 操作时要保证更新、插入或删除的行满足视图定义中的谓词条件，即子查询中的条件表达式。

在视图定义时，视图属性列名省略默认视图由子查询中 SELECT 子句目标列中的各字段组成；当子查询的目标列是聚集函数或表达式、多表连接中同名列或使用新的列名时，需要指定组成视图的所有列名。

【例 4-58】 创建视图 REVENUE，定义从 1996 年 1 月 1 日起的 3 个月内按供应商号对 LINEITEM 表的折扣后价格进行分组聚集计算，并查询贡献了最高销售额的供应商。

```
CREATE VIEW REVENUE (SUPPLIER_NO, TOTAL_REVENUE) AS
SELECT L_SUPPKEY, SUM(L_EXTENDEDPRICE*(1-L_DISCOUNT))
FROM LINEITEM
WHERE  L_SHIPDATE>='1996-01-01'  AND  L_SHIPDATE<DATEADD(MONTH,3,'1996-01-01' )
GROUP BY L_SUPPKEY;

SELECT S_SUPPKEY, S_NAME, S_ADDRESS, S_PHONE, TOTAL_REVENUE
FROM SUPPLIER, REVENUE
WHERE S_SUPPKEY=SUPPLIER_NO AND TOTAL_REVENUE = (
SELECT MAX(TOTAL_REVENUE)
FROM REVENUE )
ORDER BY S_SUPPKEY;

DROP VIEW REVENUE;
```

SQL 解析：首先定义临时视图 REVENUE 在指定的时间段内对销售额按供应商号进行汇总计算，然后将视图与 SUPPLIER 表进行连接，查询最大销售额对应的供应商信息，查询完成后删除视图。

本例中视图起到临时表的作用，也可以使用 WITH 表达式完成该查询任务。

```
WITH REVENUE (SUPPLIER_NO, TOTAL_REVENUE) AS (
SELECT L_SUPPKEY, SUM(L_EXTENDEDPRICE*(1-L_DISCOUNT))
FROM LINEITEM
WHERE  L_SHIPDATE>='1996-01-01'  AND  L_SHIPDATE<DATEADD(MONTH,3,'1996-01-01' )
GROUP BY L_SUPPKEY)
SELECT S_SUPPKEY, S_NAME, S_ADDRESS, S_PHONE, TOTAL_REVENUE
FROM SUPPLIER, REVENUE
WHERE S_SUPPKEY=SUPPLIER_NO AND TOTAL_REVENUE = (
SELECT MAX(TOTAL_REVENUE)
FROM REVENUE )
ORDER BY S_SUPPKEY;
```

SQL 解析：WITH 表达式定义与视图类似，定义后直接使用表达式进行查询。

【例 4-59】 定义多表连接视图。创建 TPC-H 多表连接视图。

```
CREATE VIEW TPCH_VIEW AS
WITH NATION1(N1_NATIONKEY,N1_NAME,N1_REGIONKEY,N1_COMMENT)
AS (SELECT * FROM NATION),    --定义公共表 NATION1
REGION1(R1_REGIONKEY,R1_NAME,R1_COMMENT)
AS (SELECT * FROM REGION)    --定义公共表 REGION1
SELECT *
FROM LINEITEM,ORDERS,PARTSUPP,PART,SUPPLIER,CUSTOMER,NATION,NATION1,
REGION,REGION1
WHERE L_ORDERKEY=O_ORDERKEY
AND L_PARTKEY=PS_PARTKEY
AND L_SUPPKEY=PS_SUPPKEY
```

```
            AND PS_PARTKEY=P_PARTKEY
            AND PS_SUPPKEY=S_SUPPKEY
            AND O_CUSTKEY=C_CUSTKEY
            AND S_NATIONKEY=N_NATIONKEY
            AND N_REGIONKEY=R_REGIONKEY
            AND C_NATIONKEY=N1_NATIONKEY
            AND N1_REGIONKEY=R1_REGIONKEY;
```

SQL 解析：根据 TPC-H 模式创建全部表间连接视图。

2. 删除视图

命令：DROP VIEW

功能：删除指定的视图。

语法：

```
            DROP VIEW <VIEW_NAME>;
```

SQL 命令描述：

删除指定的视图。视图定义在一个或多个基本表上，当视图依赖的基本表被删除时，数据库并不自动删除依赖基本表的视图，但视图已失效，需要通过视图删除命令手工删除失效的视图。当视图依赖的基本表结构发生改变时，可以通过修改视图的定义维持视图不变，从而为用户提供一个统一的视图访问，消除因数据库结构变化而导致的用户应用失效。

删除视图见【例 4-58】。

```
            DROP VIEW REVENUE;
```

4.5.2 查询视图

在视图上可以执行与基本表一样的查询操作。

数据库执行对视图的查询时，把视图定义的子查询和用户查询结合起来，转换成等价的对基本表的查询。

【例 4-60】 在 TPC-H 多表连接视图上查询。

```
            SELECT COUNT(*) FROM TPCH_VIEW
            WHERE P_CONTAINER IN ('WRAP BOX','MED CASE','JUMBO PACK');
```

SQL 解析：根据视图定义与视图上的查询转换成下面等价的 SQL 命令：

```
            WITH NATION1(N1_NATIONKEY,N1_NAME,N1_REGIONKEY,N1_COMMENT)
            AS (SELECT * FROM NATION),      --创建公共表 NATION1
            REGION1(R1_REGIONKEY,R1_NAME,R1_COMMENT)
            AS (SELECT * FROM REGION)       --创建公共表 REGION1
            SELECT COUNT(*)
            FROM LINEITEM,ORDERS,PARTSUPP,PART,SUPPLIER,CUSTOMER,NATION,NATION1,
            REGION,REGION1
            WHERE L_ORDERKEY=O_ORDERKEY
            AND L_PARTKEY=PS_PARTKEY
            AND L_SUPPKEY=PS_SUPPKEY
            AND PS_PARTKEY=P_PARTKEY
            AND PS_SUPPKEY=S_SUPPKEY
            AND O_CUSTKEY=C_CUSTKEY
            AND S_NATIONKEY=N_NATIONKEY
```

```
        AND N_REGIONKEY=R_REGIONKEY
        AND C_NATIONKEY=N1_NATIONKEY
        AND N1_REGIONKEY=R1_REGIONKEY
        AND P_CONTAINER IN ('WRAP BOX','MED CASE','JUMBO PACK');
```
根据查询的语义,其最优的等价查询命令如下。
```
        SELECT COUNT(*)
        FROM PART,LINEITEM
        WHERE P_PARTKEY = L_PARTKEY
        AND P_CONTAINER IN ('WRAP BOX','MED CASE','JUMBO PACK');
```
对复杂视图上查询的等价转换取决于数据库查询处理引擎优化器的设计。

4.5.3 更新视图

更新视图是通过视图执行插入、删除、修改数据的操作。不同于基本表,视图更新有很多限制条件。

1. 单表上的视图更新

【例 4-61】 分析下面视图上支持的更新操作。
```
        CREATE VIEW ORDER_VITAL_ITEMS AS
        SELECT O_ORDERKEY, O_ORDERSTATUS, O_TOTALPRICE,
                O_ORDERDATE, O_ORDERPRIORITY
        FROM ORDERS
        WHERE O_ORDERPRIORITY IN ('1-URGENT','2-HIGH');
```
SQL 解析:视图基于单表选择、投影操作而创建,在视图上执行更新操作时需要根据基本表的定义和约束条件确定更新操作的可行性。

当执行插入操作时,由于基本表上存在非视图定义属性,所以可能会拒绝插入或非视图属性设置为空值。当视图属性未包含基本表上的主码时,同样不能完成插入操作。如下面 SQL 命令通过视图 ORDER_VITAL_ITEMS 在 ORDERS 表中插入一条记录,记录中未包含在视图插入命令的列设置为空值,当插入记录 VALUES 列表中未包含 O_ORDERKEY 属性值时,由于在基本表上违反了主码约束条件而被拒绝插入。插入命令中 O_ORDERPRIORITY 属性值不满足视图定义时的条件 O_ORDERPRIORITY IN ('1-URGENT','2-HIGH'),记录可以插入但在视图中查看不到,可以在基本表上查询到该记录。
```
        INSERT INTO ORDER_VITAL_ITEMS VALUES(8,'F',23453,'1998-03-23','3-MEDIUM');
```
视图上的删除与修改操作需要满足视图对应的基本表上的约束条件,如主码唯一或与参照表之间的主-外码参照关系,若违反则该更新操作被拒绝。当满足执行条件时,视图上的更新操作与视图定义相结合执行。
```
        UPDATE ORDER_VITAL_ITEMS SET O_ORDERPRIORITY='3-MEDIUM'
        WHERE O_ORDERDATE='1994-07-10';
```
可以改写为等价的 SQL 命令:
```
        UPDATE ORDERS SET O_ORDERPRIORITY='3-MEDIUM'
        WHERE O_ORDERDATE='1994-07-10' AND O_ORDERPRIORITY IN ('1-URGENT','2-
        HIGH');
```

2. 单表上的聚集视图更新

【例4-62】 分析下面视图上支持的更新操作。

视图 ORDERPRIORITY_COUNT 为 ORDERS 表上分组聚集结果集。

```
CREATE VIEW ORDERPRIORITY_COUNT AS
SELECT O_ORDERPRIORITY, COUNT(*) AS COUNTER
FROM ORDERS
GROUP BY O_ORDERPRIORITY;
```

视图对应的不是基本表上的基本数据，而是基本表的计算结果，因此对视图中的记录更新无法转换为等价的 SQL 命令，被数据库系统拒绝。

```
INSERT INTO ORDERPRIORITY_COUNT VALUES('6-VERY LOW',50678);
UPDATE ORDERPRIORITY_COUNT SET COUNTER=50678
    WHERE O_ORDERPRIORITY='1-URGENT';
DELETE FROM ORDERPRIORITY_COUNT WHERE O_ORDERPRIORITY='1-URGENT';
```

3. 多表连接视图更新

【例4-63】 分析下面视图上支持的更新操作。

创建 NATION 与 REGION 基本表的连接视图 NATION_REGION。

```
CREATE VIEW NATION_REGION AS
SELECT * FROM NATION, REGION WHERE N_REGIONKEY=R_REGIONKEY;
```

判断下面插入操作是否可以执行：

```
INSERT INTO NATION_REGION VALUES(25,'USA',1,1,'AMERICA');
```

插入操作被拒绝，因为视图中的记录来自两个基本表，无法满足基本表上的主-外码参照关系。

判断下面删除操作是否可以执行：

```
DELETE FROM NATION_REGION WHERE R_NAME='ASIA';
DELETE FROM NATION_REGION WHERE N_NAME='ALGERIA';
```

删除操作被拒绝，视图对应的 NATION 表与 REGION 表上存在主-外码参照关系，不允许通过视图删除记录。

判断下面修改操作是否可以执行：

```
UPDATE NATION_REGION SET N_NAME='ALG' WHERE N_NAME='ALGERIA';
UPDATE NATION_REGION SET R_NAME='AFR' WHERE R_NAME='AFRICA';
```

修改操作可执行。第一条 UPDATE 命令修改视图中 NATION 表属性，转换为在 NATION 表上的 UPDATE 命令 UPDATE NATION SET N_NAME='ALG' WHERE N_NAME='ALGERIA';。

第二条 UPDATE 命令修改视图中 REGION 表属性，等价的 SQL 命令为 UPDATE REGION SET R_NAME='AFR' WHERE R_NAME='AFRICA';，更新后视图中显示多条记录相关列被更新，实际对应 REGION 表中的一条记录更新。

不同数据库对视图更新的支持不同，通常支持下列条件视图上的更新。

- FROM 子句中只有一个基本表。

- SELECT 子句只包含基本表的属性，不包含任何表达式、聚集表达式或 DISTINCT 声明。
- 任何没有出现在 SELECT 子句中的属性都可以取空值。
- 定义视图的查询中不包含 GROUP BY 和 HAVING 子句。

通常多表连接视图及嵌套子查询视图不支持更新，具体情况还需要参照不同数据库的系统设计。

视图可以看作数据库对外的数据访问接口，它可以屏蔽基本表上的敏感信息，为不同用户定制不同的数据访问视图，简化查询处理，并且能够通过视图屏蔽数据库底层的数据结构变化。

【案例实践 10】

使用 SSB 数据库作为案例数据库，完成以下几个任务。

（1）调试并执行 SSB 数据库的 13 个测试查询，通过数据类型转换函数解决聚集计算结果溢出问题。

13 个测试查询如图 4-30 所示[1]。

```
Q1.1
select sum(lo_extendedprice*lo_discount) as revenue
  from lineorder, date
  where lo_orderdate = d_datekey
    and d_year = 1993
    and lo_discount between 1 and 3
    and lo_quantity < 25;

Q1.2
select sum(lo_extendedprice*lo_discount) as revenue
  from lineorder, date
  where lo_orderdate = d_datekey
    and d_yearmonth = 199401
    and lo_discount between 4 and 6
    and lo_quantity between 26 and 35;

Q1.3
select sum(lo_extendedprice*lo_discount) as revenue
  from lineorder, date
  where lo_orderdate = d_datekey
    and d_weeknuminyear = 6
    and d_year = 1994
    and lo_discount between 5 and 7
    and lo_quantity between 26 and 35;

Q2.1
select sum(lo_revenue), d_year, p_brand1
  from lineorder, date, part, supplier
  where lo_orderdate = d_datekey
    and lo_partkey = p_partkey
    and lo_suppkey = s_suppkey
    and p_category = 'MFGR#12'
    and s_region = 'AMERICA'
  group by d_year, p_brand1
  order by d_year, p_brand1;

Q2.2
select sum(lo_revenue), d_year, p_brand1
  from lineorder, date, part, supplier
  where lo_orderdate = d_datekey
    and lo_partkey = p_partkey
    and lo_suppkey = s_suppkey
    and p_brand1 between 'MFGR#2221'
        and 'MFGR#2228'
    and s_region = 'ASIA'
  group by d_year, p_brand1
  order by d_year, p_brand1;

Q2.3
select sum(lo_revenue), d_year, p_brand1
  from lineorder, date, part, supplier
  where lo_orderdate = d_datekey
    and lo_partkey = p_partkey
    and lo_suppkey = s_suppkey
    and p_brand1 = 'MFGR#2239'
    and s_region = 'EUROPE'
  group by d_year, p_brand1
  order by d_year, p_brand1;

Q3.1
select c_nation, s_nation, d_year,
    sum(lo_revenue) as revenue
  from customer, lineorder, supplier, date
  where lo_custkey = c_custkey
    and lo_suppkey = s_suppkey
    and lo_orderdate = d_datekey
    and c_region = 'ASIA'
    and s_region = 'ASIA'
    and d_year >= 1992 and d_year <= 1997
  group by c_nation, s_nation, d_year
  order by d_year asc, revenue desc;

Q3.2
select c_city, s_city, d_year, sum(lo_revenue)
    as revenue
  from customer, lineorder, supplier, date
  where lo_custkey = c_custkey
    and lo_suppkey = s_suppkey
    and lo_orderdate = d_datekey
    and c_nation = 'UNITED STATES'
    and s_nation = 'UNITED STATES'
    and d_year >= 1992 and d_year <= 1997
  group by c_city, s_city, d_year
  order by d_year asc, revenue desc;

Q3.3
select c_city, s_city, d_year, sum(lo_revenue)
    as revenue
  from customer, lineorder, supplier, date
  where lo_custkey = c_custkey
    and lo_suppkey = s_suppkey
    and lo_orderdate = d_datekey
    and (c_city='UNITED KI1'
        or c_city='UNITED KI5')
    and (s_city='UNITED KI1'
        or s_city='UNITED KI5')
    and d_year >= 1992 and d_year <= 1997
  group by c_city, s_city, d_year
  order by d_year asc, revenue desc;

Q3.4
select c_city, s_city, d_year, sum(lo_revenue)
    as revenue
  from customer, lineorder, supplier, date
  where lo_custkey = c_custkey
    and lo_suppkey = s_suppkey
    and lo_orderdate = d_datekey
    and (c_city='UNITED KI1'
        or c_city='UNITED KI5')
    and (s_city='UNITED KI1'
        or s_city='UNITED KI5')
    and d_yearmonth = 'Dec1997'
  group by c_city, s_city, d_year
  order by d_year asc, revenue desc;

Q4.1
select d_year, c_nation,
    sum(lo_revenue - lo_supplycost) as profit
  from date, customer, supplier, part, lineorder
  where lo_custkey = c_custkey
    and lo_suppkey = s_suppkey
    and lo_partkey = p_partkey
    and lo_orderdate = d_datekey
    and c_region = 'AMERICA'
    and s_region = 'AMERICA'
    and (p_mfgr = 'MFGR#1'
        or p_mfgr = 'MFGR#2')
  group by d_year, c_nation
  order by d_year, c_nation;

Q4.2
select d_year, s_nation, p_category,
    sum(lo_revenue - lo_supplycost) as profit
  from date, customer, supplier, part, lineorder
  where lo_custkey = c_custkey
    and lo_suppkey = s_suppkey
    and lo_partkey = p_partkey
    and lo_orderdate = d_datekey
    and c_region = 'AMERICA'
    and s_region = 'AMERICA'
    and (d_year = 1997 or d_year = 1998)
    and (p_mfgr = 'MFGR#1'
        or p_mfgr = 'MFGR#2')
  group by d_year, s_nation, p_category
  order by d_year, s_nation, p_category;

Q4.3
select d_year, s_city, p_brand1,
    sum(lo_revenue - lo_supplycost) as profit
  from date, customer, supplier, part, lineorder
  where lo_custkey = c_custkey
    and lo_suppkey = s_suppkey
    and lo_partkey = p_partkey
    and lo_orderdate = d_datekey
    and s_nation = 'UNITED STATES'
    and (d_year = 1997 or d_year = 1998)
    and p_category = 'MFGR#14'
  group by d_year, s_city, p_brand1
  order by d_year, s_city, p_brand1;
```

图 4-30

---

[1] http://www.cs.umb.edu/~poneil/StarSchemaB.PDF

（2）为每一组查询创建一个视图，视图定义多表连接，将查询改写为基于视图的查询，体会通过视图简化用户查询命令书写的作用。

（3）原始数据中 LO_DISCOUNT 的值域为[0,10]，LO_TAX 的值域为[0,8]，如图 4-31 所示。Q1 组的聚集表达式 LO_EXTENDEDPRICE*LO_DISCOUNT 的计算结果是错误的。要求修改 SQL 命令以保证 LO_DISCOUNT 值的使用正确。

① 通过数据类型转换函数改写查询 Q1 组，将 LO_DISCOUNT 转换为（1-LO_DISCOUNT/100）的正确表达式，输出正确结果。

② 设置视图，定义一个百分比形式的 DISCOUNT 列，替代原始列完成正确的查询计算。

③ 通过更新 LO_DISCOUNT 值的方式设置百分比形式的 LO_DISCOUNT，完成正确的 SQL 查询命令。

lo_...	lo_...	lo_custkey	lo_partkey	lo_suppkey	lo_orderdate	lo_orderpriority	lo_s...	lo_quantity	lo_extendedprice	lo_ordertotalprice	lo_discount	lo_revenue	lo_supplycost	lo_tax	lo_commitdate	lo_shi...
	1	7381	155190	4137	19960102	5-LOW	0	17	2116823	17366547	4	2032150	74711	2	19960102	TRUCK
1	2	7381	67310	815	19960102	5-LOW	0	36	4598316	17366547	9	4184467	76638	6	19960228	MAIL
1	3	7381	63700	355	19960102	5-LOW	0	8	1330960	17366547	10	1197864	99822	0	19960305	REG A...
1	4	7381	2132	4711	19960102	5-LOW	0	28	2895554	17366547	9	2634963	62047	6	19960330	AIR
1	5	7381	24027	8123	19960102	5-LOW	0	24	2282448	17366547	10	2054203	57061	4	19960314	FOB
1	6	7381	15635	6836	19960102	5-LOW	0	32	4962016	17366547	7	4614674	93037	2	19960207	MAIL
2	1	15601	106170	5329	19961201	1-URGENT	0	38	4469446	4692918	0	4469446	70570	5	19970114	RAIL
3	1	24664	4297	9793	19931014	5-LOW	0	45	5405805	19384625	6	5081456	72077	0	19940104	AIR
3	2	24664	19036	8333	19931014	5-LOW	0	49	4679647	19384625	10	4211682	57301	0	19931220	RAIL
3	3	24664	128449	7045	19931014	5-LOW	0	27	3989088	19384625	5	3749742	88646	7	19931122	SHIP
3	4	24664	29380	3709	19931014	5-LOW	0	2	261876	19384625	1	259257	78562	6	19940107	TRUCK
3	5	24664	183095	8034	19931014	5-LOW	0	22	3298652	19384625	4	3166705	70685	0	19940110	FOB
3	6	24664	62143	8827	19931014	5-LOW	0	24	2873364	19384625	10	2586027	66308	2	19931218	RAIL
4	1	27356	88035	9060	19951011	5-LOW	0	30	3069090	3215178	3	2977017	61381	8	19951214	REG A...
5	1	8897	108570	209	19940730	5-LOW	0	25	2367855	14465920	2	2320497	94714	4	19940831	AIR
5	2	8897	123927	1295	19940730	5-LOW	0	26	5072392	14465920	7	4717324	117055	0	19940925	FOB
5	3	8897	37531	4166	19940730	5-LOW	0	50	7342650	14465920	8	6755238	88111	0	19941013	AIR
6	1	11125	139636	2876	19920221	4-NOT SPECI	0	0	0	0	8	0	100537	2	19920515	TRUCK
7	1	7828	182052	8674	19960110	2-HIGH	0	12	1360860	25200418	7	1265599	68043	5	19960313	FOB
7	2	7828	145243	4536	19960110	2-HIGH	0	9	1159416	25200418	8	1066662	77294	8	19960302	SHIP
7	3	7828	94780	6528	19960110	2-HIGH	0	46	8163988	25200418	10	7347589	106486	7	19960327	MAIL
7	4	7828	163073	237	19960110	2-HIGH	0	28	3180996	25200418	3	3085566	68164	1	19960409	FOB

图 4-31

4.6 面向大数据管理的 SQL 扩展语法

在大数据分析的批量数据处理、交互式查询、实时流处理三大类型中，交互式查询是一个重要的环节，需要满足用户的 AD-HOC 即席查询、报表查询、迭代处理等查询需求，需要为用户提供 SQL 接口来兼容原有数据库用户的工作习惯，便于数据库用户及业务平滑地迁移到大数据分析平台。当前大数据管理平台中一个重要的方面是 SQL on Hadoop，通过 Hadoop 大数据平台扩展 SQL 的分布式查询处理能力。

同时，SQL 标准扩展了对非结构化数据类型的支持，如支持 JSON 数据管理及图数据处理，本节介绍面向大数据管理领域的 SQL 扩展语法。

4.6.1 HiveQL

HiveQL 是 Apache Hive 中的一种类 SQL 语言，通过类似 SQL 的语法为用户提供 Hadoop 上数据管理与查询处理能力，从而使基于 SQL 的数据仓库用户和业务能够更容易地迁移到 Hadoop 平台。下面简要地描述 HiveQL 一些具有代表性的语法结构。

1. HiveQL 创建表命令

```
CREATE [EXTERNAL] TABLE [IF NOT EXISTS] TABLE_NAME
  [(COL_NAME DATA_TYPE [COMMENT COL_COMMENT], ...)]
  [COMMENT TABLE_COMMENT]
  [PARTITIONED BY (COL_NAME DATA_TYPE [COMMENT COL_COMMENT], ...)]
  [CLUSTERED BY (COL_NAME, COL_NAME, ...)
  [SORTED BY (COL_NAME [ASC|DESC], ...)] INTO NUM_BUCKETS BUCKETS]
  [ROW FORMAT ROW_FORMAT]
  [STORED AS FILE_FORMAT]
  [LOCATION HDFS_PATH]
```

与 SQL 的创建表命令语法结构类似,其中:

- EXTERNAL 关键字可以让用户创建一个外部表,在创建表的同时指定一个指向实际数据的路径(LOCATION);
- PARTITIONED BY 关键字指定表中用于分区的属性列表,需要指定属性名与数据类型;
- ROW_FORMAT 关键字指定数据格式;
- STORED AS 关键字指定存储文件类型,如 TEXTFILE、SEQUENCEFILE、RCFILE、和 BINARY SEQUENCEFILE;
- LOCATION 关键字指定在分布式文件系统中用于存储数据文件的位置。

Hive 采用 HDFS 分布式存储,在创建表时带有分布式存储的特点。

【例 4-64】 创建外部表 PART。

```
CREATE EXTERNAL TABLE PART (P_PARTKEY INT, P_NAME STRING, P_MFGR STRING,
    P_BRAND STRING, P_TYPE STRING, P_SIZE INT, P_CONTAINER STRING,
    P_RETAILPRICE DOUBLE, P_COMMENT STRING)
ROW FORMAT DELIMITED FIELDS TERMINATED BY '|'
STORED AS TEXTFILE
LOCATION '/TPCH/PART';
```

HiveQL 解析:创建外部表 PART,存储为文本文件,列分隔符为"|",存储位置为"/TPCH/PART"。与 SQL 命令相比,外部表需要指定记录行格式、文件存储类型及位置。

2. HiveQL 数据加载命令

HiveQL 不支持使用 INSERT 命令逐条插入,也不支持 UPDATE 命令,数据以 LOAD 的方式批量加载到创建的表中。

【例 4-65】 加载数据。

```
LOAD DATA LOCAL INPATH './SHARE/TPCH_DATA/PART.TBL' OVERWRITE INTO
TABLE PART;
```

3. HiveQL 查询命令

查询命令的基本语法格式如下[1]。

```
SELECT [ALL | DISTINCT] SELECT_EXPR, SELECT_EXPR, ...
FROM TABLE_REFERENCE
[WHERE WHERE_CONDITION]
[GROUP BY COL_LIST]
[HAVING HAVING_CONDITION]
[CLUSTER BY COL_LIST | [DISTRIBUTE BY COL_LIST] [SORT BY| ORDER BY
COL_LIST]]
[LIMIT NUMBER];
```

HiveQL 数据查询语法类似 SQL，其中 ORDER BY 对应全局排序，只有一个 REDUCE 任务，SORT BY 只在本机做排序。

HiveQL 不支持等值连接。SQL 中两表连接可以写为 SELECT * FROM R, S WHERE R.A=S.A;，在 HiveQL 中需要写成 SELECT * FROM R JOIN S ON R.A=S.A;，如下面的 SQL 与 HiveQL 查询示例。

【例 4-66】 SQL 与 HiveQL 连接示例。

```
SELECT L_ORDERKEY, SUM(L_EXTENDEDPRICE*(1-L_DISCOUNT)) AS REVENUE,
       O_ORDERDATE, O_SHIPPRIORITY
FROM CUSTOMER, ORDERS, LINEITEM
WHERE C_MKTSEGMENT = 'BUILDING' AND C_CUSTKEY = O_CUSTKEY
AND L_ORDERKEY = O_ORDERKEY AND O_ORDERDATE < '1995-03-15' AND
L_SHIPDATE > '1995-03-15'
GROUP BY L_ORDERKEY, O_ORDERDATE, O_SHIPPRIORITY
ORDER BY REVENUE DESC, O_ORDERDATE;
```

HiveQL 连接示例：

```
SELECT L_ORDERKEY, SUM(L_EXTENDEDPRICE*(1-L_DISCOUNT)) AS REVENUE,
       O_ORDERDATE, O_SHIPPRIORITY
FROM CUSTOMER C JOIN ORDERS O ON C.C_MKTSEGMENT = 'BUILDING'
AND C.C_CUSTKEY = O.O_CUSTKEY
JOIN LINEITEM L ON L.L_ORDERKEY = O.O_ORDERKEY
WHERE O_ORDERDATE < '1995-03-15' AND L_SHIPDATE > '1995-03-15'
GROUP BY L_ORDERKEY, O_ORDERDATE, O_SHIPPRIORITY
ORDER BY REVENUE DESC, O_ORDERDATE;
```

HiveQL 在语法上与 SQL 类似，还有很多特定的语法。在数据类型的支持上，除 SQL 中常见的数据结构外还支持数组、结构体、映射数据类型。在查询功能支持上，HiveQL 支持嵌入 MapReduce 程序，用于处理复杂的任务。

【例 4-67】 HiveQL 调用 MapReduce 程序。

```
FROM (
FROM DOCS
MAP DOCTEXT
USING 'PYTHON WORDCOUNT_MAPPER.PY' AS (WORD, CNT)
```

---

1 https://docs.treasuredata.com/articles/hive

```
        CLUSTER BY WORD ) IT
    REDUCE IT.WORD, IT.CNT USING 'PYTHON WORDCOUNT_REDUCE.PY';
```

DOCTEXT 是输入，WORD、CNT 是程序的输出，CLUSTER BY 对 WORD 哈希分区后作为 REDUCE 程序的输入。

4.6.2 JSON 数据管理

JSON（JavaScript Object Notation，JS 对象标记）是一种轻量级的数据交换格式，它采用完全独立于编程语言的文本格式来存储和表示数据，已成为 Web 的通用语言，可供计算机跨众多软件和硬件平台进行快速分析和传输。在 SQL:2016 标准中增加了对 JSON 数据结构的支持，Oracle 12c、MySQL 5.7、SQL Server 2016 等数据库增加了对 JSON 的数据管理功能，通过内置接口支持对 JSON 的存储、解析、查询、索引等功能，下面以 SQL Server 2017 为例演示对 JSON 数据的管理功能。

1. 解析 JSON 数据

【例 4-68】 通过 SQL 命令解析 JSON 数据。

```
DECLARE @JSONVARIABLE NVARCHAR(MAX)
SET @JSONVARIABLE = N'[
    {
      "ID":0,
      "LOCATION": {
        "HORIZONTAL_REGION":"EASTERN HEMISPHERE",
        "VERTICAL_REGION":"SOUTHERN HEMISPHERE"
      },
      "POPULATION_B":0.78,
      "AREA_MILLION_KM2": 30.37
    },
    {
      "ID":1,
      "LOCATION": {
        "HORIZONTAL_REGION":"WESTERN HEMISPHERE",
        "VERTICAL_REGION":"NORTHERN HEMISPHERE"
      },
      "POPULATION_B":0.822,
      "AREA_MILLION_KM2": 42.07
    },
    {
      "ID":2,
      "LOCATION": {
        "HORIZONTAL_REGION":"EASTERN HEMISPHERE",
        "VERTICAL_REGION":"NORTHERN HEMISPHERE"
      },
      "POPULATION_B":3.8,
      "AREA_MILLION_KM2": 44
    },
    {
```

```
            "ID":3,
            "LOCATION": {
              "HORIZONTAL_REGION":"WESTERN HEMISPHERE",
              "VERTICAL_REGION":"NORTHERN HEMISPHERE"
            },
            "POPULATION_B":0.8,
            "AREA_MILLION_KM2":10.16
        },
        {
            "ID":4,
            "LOCATION": {
              "HORIZONTAL_REGION":"EASTERN HEMISPHERE",
              "VERTICAL_REGION":"NORTHERN HEMISPHERE"
            },
            "POPULATION_B":0.36,
            "AREA_MILLION_KM2": 6.5
        }
    ]'
SELECT *
FROM OPENJSON(@JSONVARIABLE)
  WITH (ID INT 'STRICT $.ID',
        LOCATION_HORIZONTAL NVARCHAR(50) '$.LOCATION.HORIZONTAL_REGION',
        LOCATION_VERTICAL NVARCHAR(50) '$.LOCATION.VERTICAL_REGION',
        POPULATION_B REAL, AREA_MILLION_KM2 REAL);
```

SQL 解析：通过内置 OPENJSON 函数解析 JSON 数据，使用 WITH 子句设置 JSON 数据解析结构。

2. JSON 数据转换为关系数据

【例 4-69】 通过 SQL 命令将 JSON 数据插入表中。

将【例 4-68】中 SQL 命令改写为：

```
SELECT * INTO REGION_JSON
FROM OPENJSON(@JSONVARIABLE)
  WITH (ID INT 'STRICT $.ID',
        LOCATION_HORIZONTAL NVARCHAR(50) '$.LOCATION.HORIZONTAL_REGION',
        LOCATION_VERTICAL NVARCHAR(50) '$.LOCATION.VERTICAL_REGION',
        POPULATION_B REAL, AREA_MILLION_KM2 REAL);
```

SQL 解析：将解析出的 JSON 数据插入表 REGION_JSON 中。OPENJSON 将 JSON 值转换为 WITH 短语定义的数据类型。

3. JSON 数据更新为关系数据列

【例 4-70】 通过 SQL 命令将 JSON 数据插入表中的列。

（1）在 REGION 表中增加一个 JSON 数据列。

```
ALTER TABLE R1 ADD JSON_COL NVARCHAR(MAX);
```

（2）将 JSON 数据更新到 JSON 列中。

```
DECLARE @JSONVARIABLE0 NVARCHAR(MAX)
SET @JSONVARIABLE0 = '{"ID":0,"LOCATION":{"HORIZONTAL_REGION":"EASTERN HEMISPHERE",
"VERTICAL_REGION":"SOURTHERN HEMISPHERE"},
            "POPULATION_B":0.78,"AREA_MILLION_KM2":30.37}'
DECLARE @JSONVARIABLE1 NVARCHAR(MAX)
SET  @JSONVARIABLE1 ='{"ID":1,"LOCATION":{"HORIZONTAL_REGION":"WESTERN HEMISPHERE",
                "VERTICAL_REGION":"NORTHERN HEMISPHERE"},
            "POPULATION_B":0.822,"AREA_MILLION_KM2":42.07}'
DECLARE @JSONVARIABLE2 NVARCHAR(MAX)
SET @JSONVARIABLE2 = '{"ID":2,"LOCATION":{"HORIZONTAL_REGION":"EASTERN HEMISPHERE",
"VERTICAL_REGION":"NORTHERN HEMISPHERE"},
            "POPULATION_B":3.8,"AREA_MILLION_KM2":44}'
DECLARE @JSONVARIABLE3 NVARCHAR(MAX)
SET @JSONVARIABLE3 = '{"ID":3,"LOCATION":{"HORIZONTAL_REGION":"WESTERN HEMISPHERE",
"VERTICAL_REGION":"NORTHERN HEMISPHERE"},
            "POPULATION_B":0.8,"AREA_MILLION_KM2":10.16}'
DECLARE @JSONVARIABLE4 NVARCHAR(MAX)
SET @JSONVARIABLE4 = '{"ID":4,"LOCATION":{"HORIZONTAL_REGION":"EASTERN HEMISPHERE",
"VERTICAL_REGION":"NORTHERN HEMISPHERE"},
            "POPULATION_B":0.36,"AREA_MILLION_KM2":6.5}'
UPDATE REGION SET JSON_COL=@JSONVARIABLE0 WHERE R_REGIONKEY=0;
UPDATE REGION SET JSON_COL=@JSONVARIABLE1 WHERE R_REGIONKEY=1;
UPDATE REGION SET JSON_COL=@JSONVARIABLE2 WHERE R_REGIONKEY=2;
UPDATE REGION SET JSON_COL=@JSONVARIABLE3 WHERE R_REGIONKEY=3;
UPDATE REGION SET JSON_COL=@JSONVARIABLE4 WHERE R_REGIONKEY=4;
```

（3）查看表中关系与 JSON 数据。

```
SELECT
R_NAME,
JSON_VALUE(JSON_COL, '$.LOCATION.HORIZONTAL_REGION') AS LOCA_H,
JSON_VALUE(JSON_COL, '$.LOCATION.VERTICAL_REGION') AS LOCA_V,
JSON_VALUE(JSON_COL, '$.POPULATION_B') AS PEOPLE,
JSON_VALUE(JSON_COL, '$.AREA_MILLION_KM2') AS AREA
FROM REGION;
```

SQL 解析：JSON_VALUE 函数用于从 JSON 字符串中解析值。JSON 列和 JSON 解析如图 4-32 所示。

	R_REGIONKEY	R_NAME	R_COMMENT	json_col
1	0	AFRICA	special I...	{"id":0,"Location":{"Hori...
2	1	AMERICA	even, iro...	{"id":1,"Location":{"Hori...
3	2	ASIA	silent, b...	{"id":2,"Location":{"Hori...
4	3	EUROPE	special,...	{"id":3,"Location":{"Hori...
5	4	MIDDLE EAST	furiously...	{"id":4,"Location":{"Hori...

	r_name	Loca_H	Loca_V	People	Area
1	AFRICA	Eastern hemisphere	Southern Hemisphere	0.78	30.37
2	AMERICA	Western hemisphere	Northern Hemisphere	0.822	42.07
3	ASIA	Eastern hemisphere	Northern Hemisphere	3.8	44
4	EUROPE	Western hemisphere	Northern Hemisphere	0.8	10.16
5	MIDDLE EAST	Eastern hemisphere	Northern Hemisphere	0.36	6.5

图 4-32

4. 在 SQL 查询中使用关系和 JSON 数据

【例 4-71】 使用 JSON 数据执行 SQL 查询。

```sql
SELECT R.R_NAME, DETAIL.LOCA_H, DETAIL.LOCA_V, DETAIL.PEOPLE, DETAIL.AREA
FROM    REGION AS R
        CROSS APPLY
    OPENJSON (R.JSON_COL)
        WITH (
            LOCA_H    VARCHAR(50) N'$.LOCATION.HORIZONTAL_REGION',
            LOCA_V    VARCHAR(50) N'$.LOCATION.VERTICAL_REGION',
            PEOPLE    REAL        N'$.POPULATION_B',
            AREA      REAL        N'$.AREA_MILLION_KM2'
        )
    AS DETAIL
WHERE ISJSON(JSON_COL)>0 AND DETAIL.PEOPLE>0.8
ORDER BY JSON_VALUE(JSON_COL,'$.AREA_MILLION_KM2');
```

SQL 解析：OPENJSON 函数用于将 JSON 数据转换为关系数据格式，JSON 表达式用于不同的查询子句。

5. JSON 索引

【例 4-72】 使用 JSON 数据执行 SQL 查询。

当使用 JSON 值作为过滤条件查询时，可以为 JSON 值创建索引。

```sql
SELECT R_NAME,
JSON_VALUE(JSON_COL, '$.LOCATION.HORIZONTAL_REGION') AS LOCA_H,
JSON_VALUE(JSON_COL, '$.LOCATION.VERTICAL_REGION') AS LOCA_V,
JSON_VALUE(JSON_COL, '$.POPULATION_B') AS PEOPLE,
JSON_VALUE(JSON_COL, '$.AREA_MILLION_KM2') AS AREA
FROM REGION
WHERE JSON_VALUE(JSON_COL,'$.LOCATION.HORIZONTAL_REGION')='EASTERN HEMISPHERE';
```

为 JSON 属性值创建索引需要如下步骤。

（1）表中创建一个虚拟列，返回 JSON 中检索的属性值。
（2）在虚拟列上创建索引。

```sql
ALTER TABLE R1
ADD VHORIZONTAL_REGION AS JSON_VALUE(JSON_COL, '$.LOCATION.HORIZONTAL_REGION');
CREATE INDEX IDX_JSON_HORIZONTAL_REGION ON R1(VHORIZONTAL_REGION);
```

6. 关系数据库输出为 JSON 数据格式

【例 4-73】 将 NATION 表输出为 JSON 数据格式。

```sql
SELECT * FROM NATION FOR JSON AUTO;
SELECT * FROM NATION FOR JSON PATH,ROOT('NATIONS');
```

SQL 解析：FOR JSON AUTO 将 SELECT 语句结果自动输出为 JSON 数据格式；FOR JSON PATH 可以增加嵌套结构和创建包装对象，如 ROOT('NATIONS')在 JSON 数据中增加名字为 NATIONS 的根节点。FOR JSON AUTO 与 FOR JSON PATH 输出结构如图 4-33 所示。

```
         ⊟{                                              ⊟[
             "N_NATIONKEY":0,                             "Nations":⊟[
             "N_NAME":"ALGERIA",                                ⊟{
             "N_REGIONKEY":0,                                    "N_NATIONKEY":0,
             "N_COMMENT":"final accounts wake quickly. special reques"    "N_NAME":"ALGERIA",
         },                                                      "N_REGIONKEY":0,
         ⊞Object{...},                                           "N_COMMENT":"final accounts wake quickly. special reques"
         ⊞Object{...},                                       },
                                                             ⊞Object{...},
                                                             ⊞Object{...},
```

图 4-33

4.6.3 图数据管理

图数据管理技术起源于 20 世纪 70 年代，后来逐渐被关系数据库所取代。随着 21 世纪语义网技术的发展以及社交网络等大图数据应用的快速增长，图数据管理技术重新成为热点。图数据库是 NoSQL 数据库的一种类型，与关系数据库不同，图数据库采用图理论存储实体之间的关系信息，如社会网络中人与人之间的关系。

图数据库由一系列节点（或顶点）和边（或关系）组成。如图 4-34 所示，节点 PERSON、CITY、RESTAURANT 表示实体，边 LIVESIN、FRIENDOF、LIKES、LOCATEDIN 表示连接的两个节点之间的关系，如朋友关系、居住于、喜欢等。

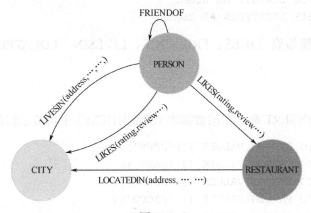

图 4-34

节点和边都可能具有相关的属性。图形数据库的特征如下。
- 由节点和边构成，节点和边可以有属性。
- 边有名字和方向，单条边可以灵活地连接图数据库中的多个节点。
- 图数据库易于表达模式匹配或多跳导航查询。

SQL Server 2017 增加了对图数据库的支持。图数据库是一种抽象的数据类型，通过一组顶点节点、点和边来表现关系和连接，可以使用简单的方式来查询和遍历实体间的关系。下面以 SQL Server 2017 为例演示对图数据的管理功能。

1. 创建图数据库

【例 4-74】 创建示例图数据库 GRAPHDEMO。

```
CREATE DATABASE GRAPHDEMO;
USE GRAPHDEMO;
```

SQL 解析：创建图数据库 GRAPHDEMO 并打开 GRAPHDEMO。

```sql
CREATE TABLE PERSON (
  ID INTEGER PRIMARY KEY,
  NAME VARCHAR(100)
) AS NODE;
CREATE TABLE RESTAURANT (
  ID INTEGER NOT NULL,
  NAME VARCHAR(100),
  CITY VARCHAR(100)
) AS NODE;
CREATE TABLE CITY (
  ID INTEGER PRIMARY KEY,
  NAME VARCHAR(100),
  STATENAME VARCHAR(100)
) AS NODE;
```

SQL 解析：创建节点表 PERSON、RESTAURANT、CITY。

```sql
CREATE TABLE LIKES (RATING INTEGER) AS EDGE;
CREATE TABLE FRIENDOF AS EDGE;
CREATE TABLE LIVESIN AS EDGE;
CREATE TABLE LOCATEDIN AS EDGE;
```

SQL 解析：创建边表 LIKES、FRIENDOF、LIVESIN、LOCATEDIN，RATING 为边 LIKES 的属性。

2. 插入图数据[1]

【例 4-75】 通过 INSERT 命令在图数据库 GRAPHDEMO 中构造示例数据。

```sql
INSERT INTO PERSON VALUES (1,'JOHN');
INSERT INTO PERSON VALUES (2,'MARY');
INSERT INTO PERSON VALUES (3,'ALICE');
INSERT INTO PERSON VALUES (4,'JACOB');
INSERT INTO PERSON VALUES (5,'JULIE');
```

SQL 解析：在节点表 PERSON 中插入示例数据。

```sql
INSERT INTO RESTAURANT VALUES (1,'TACO DELL','BELLEVUE');
INSERT INTO RESTAURANT VALUES (2,'GINGER AND SPICE','SEATTLE');
INSERT INTO RESTAURANT VALUES (3,'NOODLE LAND', 'REDMOND');
```

SQL 解析：在节点表 RESTAURANT 中插入示例数据。

```sql
INSERT INTO CITY VALUES (1,'BELLEVUE','WA');
INSERT INTO CITY VALUES (2,'SEATTLE','WA');
INSERT INTO CITY VALUES (3,'REDMOND','WA');
```

SQL 解析：在节点表 CITY 中插入示例数据。

```sql
INSERT INTO LIKES VALUES ((SELECT $NODE_ID FROM PERSON WHERE ID = 1),
    (SELECT $NODE_ID FROM RESTAURANT WHERE ID = 1),9);
```

---

[1] https://docs.microsoft.com/zh-cn/sql/relational-databases/graphs/sql-graph-sample?view=sql-server-2017

```
INSERT INTO LIKES VALUES ((SELECT $NODE_ID FROM PERSON WHERE ID = 2),
    (SELECT $NODE_ID FROM RESTAURANT WHERE ID = 2),9);
INSERT INTO LIKES VALUES ((SELECT $NODE_ID FROM PERSON WHERE ID = 3),
    (SELECT $NODE_ID FROM RESTAURANT WHERE ID = 3),9);
INSERT INTO LIKES VALUES ((SELECT $NODE_ID FROM PERSON WHERE ID = 4),
    (SELECT $NODE_ID FROM RESTAURANT WHERE ID = 3),9);
INSERT INTO LIKES VALUES ((SELECT $NODE_ID FROM PERSON WHERE ID = 5),
    (SELECT $NODE_ID FROM RESTAURANT WHERE ID = 3),9);
```

SQL 解析：在边表 LIKES 中插入示例数据，需要为边 LIKES 的列$FROM_ID 和$TO_ID 设置$NODE_ID 值。

```
INSERT INTO LIVESIN VALUES ((SELECT $NODE_ID FROM PERSON WHERE ID = 1),
    (SELECT $NODE_ID FROM CITY WHERE ID = 1));
INSERT INTO LIVESIN VALUES ((SELECT $NODE_ID FROM PERSON WHERE ID = 2),
    (SELECT $NODE_ID FROM CITY WHERE ID = 2));
INSERT INTO LIVESIN VALUES ((SELECT $NODE_ID FROM PERSON WHERE ID = 3),
    (SELECT $NODE_ID FROM CITY WHERE ID = 3));
INSERT INTO LIVESIN VALUES ((SELECT $NODE_ID FROM PERSON WHERE ID = 4),
    (SELECT $NODE_ID FROM CITY WHERE ID = 3));
INSERT INTO LIVESIN VALUES ((SELECT $NODE_ID FROM PERSON WHERE ID = 5),
    (SELECT $NODE_ID FROM CITY WHERE ID = 1));
```

SQL 解析：在边表 LIVESIN 中插入示例数据。

```
INSERT INTO LOCATEDIN VALUES ((SELECT $NODE_ID FROM RESTAURANT WHERE ID = 1),
    (SELECT $NODE_ID FROM CITY WHERE ID =1));
INSERT INTO LOCATEDIN VALUES ((SELECT $NODE_ID FROM RESTAURANT WHERE ID = 2),
    (SELECT $NODE_ID FROM CITY WHERE ID =2));
INSERT INTO LOCATEDIN VALUES ((SELECT $NODE_ID FROM RESTAURANT WHERE ID = 3),
    (SELECT $NODE_ID FROM CITY WHERE ID =3));
```

SQL 解析：在边表 LOCATEDIN 中插入示例数据。

```
INSERT INTO FRIENDOF VALUES ((SELECT $NODE_ID FROM PERSON WHERE ID = 1), (SELECT $NODE_ID FROM PERSON WHERE ID = 2));
INSERT INTO FRIENDOF VALUES ((SELECT $NODE_ID FROM PERSON WHERE ID = 2), (SELECT $NODE_ID FROM PERSON WHERE ID = 3));
INSERT INTO FRIENDOF VALUES ((SELECT $NODE_ID FROM PERSON WHERE ID = 3), (SELECT $NODE_ID FROM PERSON WHERE ID = 1));
INSERT INTO FRIENDOF VALUES ((SELECT $NODE_ID FROM PERSON WHERE ID = 4), (SELECT $NODE_ID FROM PERSON WHERE ID = 2));
INSERT INTO FRIENDOF VALUES ((SELECT $NODE_ID FROM PERSON WHERE ID = 5), (SELECT $NODE_ID FROM PERSON WHERE ID = 4));
```

SQL 解析：在边表 FRIENDOF 中插入示例数据。

查询节点表 PERSON，其中$NODE_ID 是一个 JSON 字段，包含了实体类型和一个自增整型 ID。查询边表 LOCATEDIN，其中有 3 个系统自动生成的列：$EDGE_ID、

$FROM_ID、$TO_ID，$EDGE_ID 是包含实体类型和自增整型 ID 的 JSON 字段，$FROM_ID 和$TO_ID 是来自于节点表 RESTAURANT 和 CITY 的$NODE_ID 字段内容。节点表 PERSON 和边表 LOCATEDIN 如图 4-35 和图 4-36 所示。

	$node_id_63A63A44F51D488AB356A831808AFEC3	ID	name
1	{"type":"node","schema":"dbo","table":"Person","id":0}	1	John
2	{"type":"node","schema":"dbo","table":"Person","id":1}	2	Mary
3	{"type":"node","schema":"dbo","table":"Person","id":2}	3	Alice
4	{"type":"node","schema":"dbo","table":"Person","id":3}	4	Jacob
5	{"type":"node","schema":"dbo","table":"Person","id":4}	5	Julie

图 4-35

	$edge_id_C63A8DC958F245E7BADA97199B99B3F1	$from_id_4C9EF50528AA40BCB575A3AACC679EE6	$to_id_7495F5378CF24D62BFD24DC4533BBDD0
1	{"type":"edge","schema":"dbo","table":"locatedIn","id":0}	{"type":"node","schema":"dbo","table":"Restaurant","id":0}	{"type":"node","schema":"dbo","table":"City","id":0}
2	{"type":"edge","schema":"dbo","table":"locatedIn","id":1}	{"type":"node","schema":"dbo","table":"Restaurant","id":1}	{"type":"node","schema":"dbo","table":"City","id":1}
3	{"type":"edge","schema":"dbo","table":"locatedIn","id":2}	{"type":"node","schema":"dbo","table":"Restaurant","id":2}	{"type":"node","schema":"dbo","table":"City","id":2}

图 4-36

3. 图数据查询

MATCH 语句用于定义图数据搜索条件，MATCH 语句只能在 SELECT 语句中作为 WHERE 子句的一部分与图形点和边表一起使用。其语法结构为：MATCH (<GRAPH_SEARCH_PATTERN>)，GRAPH_SEARCH_PATTERN 指定图数据中的搜索模式或遍历路径，使用 ASCII 图表语法来遍历图形中的路径。模式将按照所提供的箭头方向通过边从一个节点转到另一个节点。括号内提供边名或别名，节点名称或别名显示在箭头两端。箭头可以指向两个方向中的任意一个方向。

下面通过 GRAPHDEMO 数据库示例通过节点与边表查找朋友的操作。

【例 4-76】 查找朋友。

```
SELECT PERSON2.NAME AS FRIENDNAME
FROM PERSON PERSON1, FRIENDOF, PERSON PERSON2
WHERE MATCH(PERSON1-(FRIENDOF)->PERSON2)
AND PERSON1.NAME = 'JOHN';
```

SQL 解析：在节点表 PERSON 中查找与 JOHN 有朋友关系边（FRIENDOF）的节点。

【例 4-77】 查找朋友的朋友。

```
SELECT PERSON3.NAME AS FRIENDNAME
FROM PERSON PERSON1, FRIENDOF, PERSON PERSON2, FRIENDOF FRIEND2,
PERSON PERSON3
WHERE MATCH(PERSON1-(FRIENDOF)->PERSON2-(FRIEND2)->PERSON3)
AND PERSON1.NAME = 'JOHN';
```

SQL 解析：在节点表 PERSON 中查找 JOHN 朋友的朋友，通过边别名两次遍历节点。

【例 4-78】 查找共同的朋友。

```
SELECT PERSON1.NAME AS FRIEND1, PERSON2.NAME AS FRIEND2
FROM PERSON PERSON1, FRIENDOF FRIEND1, PERSON PERSON2,
     FRIENDOF FRIEND2, PERSON PERSON0
WHERE MATCH(PERSON1-(FRIEND1)->PERSON0<-(FRIEND2)-PERSON2);
```

SQL 解析：查找与 PERSON0 共同具有朋友关系的 PERSON。

【例 4-79】 查找 JOHN 喜欢的餐馆。

```
SELECT RESTAURANT.NAME
FROM PERSON, LIKES, RESTAURANT
WHERE MATCH (PERSON-(LIKES)->RESTAURANT)
AND PERSON.NAME = 'JOHN';
```

SQL 解析：查找 JOHN 喜欢的餐馆。

【例 4-80】 通过 LIKES 边查找 JOHN 喜欢的餐馆。

```
SELECT RESTAURANT.NAME
FROM PERSON, LIKES, RESTAURANT
WHERE MATCH (PERSON-(LIKES)->RESTAURANT)
AND PERSON.NAME = 'JOHN';
```

SQL 解析：通过 LIKES 边表查找 JOHN 喜欢的餐馆。

【例 4-81】 查找 JOHN 的朋友喜欢的餐馆。

```
SELECT RESTAURANT.NAME
FROM PERSON PERSON1, PERSON PERSON2, LIKES, FRIENDOF, RESTAURANT
WHERE MATCH(PERSON1-(FRIENDOF)->PERSON2-(LIKES)->RESTAURANT)
AND PERSON1.NAME='JOHN';
```

SQL 解析：通过 friendOf 边表查找 John 的朋友，再查找 John 朋友喜欢的餐馆。

【例 4-82】 查找喜欢的餐馆与居住地位于相同城市的人。

```
SELECT PERSON.NAME
FROM PERSON, LIKES, RESTAURANT, LIVESIN, CITY, LOCATEDIN
WHERE MATCH (PERSON-(LIKES)->RESTAURANT-(LOCATEDIN)->CITY
             AND PERSON-(LIVESIN)->CITY);
```

SQL 解析：通过 LIKES 边表查找餐馆，通过 LOCATEDIN 边表查找所处城市，同时满足居住在相同的城市。

SQL 扩展语言小结：

SQL 语言简洁、功能强大、扩展性强，不仅是关系数据库的标准语言，也越来越多地被大数据管理平台所支持。面对大数据管理技术发展趋势，一方面 SQL 从关系数据库走向大数据平台，另一方面 SQL 也融合了大数据非结构化数据管理方法，扩展 SQL 的大数据管理能力。数据库不断吸收新兴的 NoSQL 数据库技术，通过对 JSON 数据类型的支持提供非结构化数据管理，SQL Server 2017 内置的图数据管理进一步扩展了数据库对非关系数据模型的支持能力。

小　　结

SQL 是关系数据库语言的工业标准，SQL 语言以其简洁的语法和强大的功能被广为接受和应用。SQL 的命令不多，但语法的不同应用方式有很多，能够表达非常复杂的逻辑。随着企业级数据规模的不断增长，SQL 的数据分析处理需求不断提高，需要通过 SQL 完成大数据集上的复杂分析处理任务，对SQL的灵活运用能力提出较高的要求。

在学习SQL的过程中，需要从不同的层次理解SQL技术：在SQL语法层面，SQL丰富的语义提供了多样化的查询组织结构；在查询优化技术层面，不同的等价SQL命令可能对应不同的查询执行计划，需要分析什么样的SQL命令对应较优的查询性能；在SQL实现技术层面，需要深入理解数据库内部的存储技术、索引技术和查询实现技术，从系统的角度理解关系数据库查询优化实现技术。

第 5 章　数据库实现与查询优化技术

学习目标/本章要点

SQL 是一种非过程化的查询语言，SQL 语言指出要做什么，并不需要指定如何做，数据库管理系统的查询处理引擎负责根据用户提出的 SQL 命令自动创建优化的查询执行计划，高效地完成查询处理任务。查询优化是数据库的核心技术，查询优化涉及物理设备存储访问特性、存储模型、索引访问技术、查询实现技术等相关专业知识，是数据库领域重要的研究课题。

本章学习的目标是向读者介绍数据库查询处理实现技术和查询优化技术的基本原理，使读者了解数据库存储访问实现过程、数据库查询操作的基本实现技术，对数据库的查询优化技术有初步地了解，从而更好地了解数据库的优化机制，提高数据库使用效率。本章还对 SQL Server 2017 的内存表、内存列存储索引技术进行介绍并设计了实践案例，使读者了解现代内存数据库的基本特点和使用方法，本章还针对 TPC-H 复杂的嵌套子查询进行案例分析，通过查询改写案例设计让读者了解不同的查询实现方法及查询优化技术。

5.1　数据库查询处理实现技术和查询优化技术的基本原理

数据库中的数据以关系形式持久性地存储于外部存储设备中，在查询处理时需要从外部存储设备，如磁盘、固态硬盘（SSD）等存储设备中读取内存并完成查询处理，最终输出查询结果。在查询处理过程中，外存数据访问性能、内存缓存效率、关系操作实现技术等是影响数据库查询处理性能的重要因素。

5.1.1　表存储结构

在数据库中，关系表示为二维表，由记录（行）和属性（列）构成，关系存储的基本要求是将记录存储于持久化外部设备中，支持以记录或属性为粒度的访问，因此，在物理存储模型上需要解决如何将一个关系中连续的记录以什么样的方式存储于外部存储设备中，在外部存储设备中如何按关系操作的要求访问记录或属性。

图 5-1 所示为一个关系在磁盘上基于行存储模型的物理存储示意图。磁盘以数据页 PAGE 为单位存储数据，通常为 4KB 或 8KB，对应磁盘上一次 I/O 访问的单位，因此数据库需要将关系数据以数据页大小为单位组织记录，并通过指针等机制实现在数据页内对记录的访问。

数据库的磁盘页包含不同类型的数据：页头（PAGE HEADER）主要存储关系表相关的元数据信息，如页号、数据页的前一页面页号、数据页的后一页面页号、页面剩余空间等信息；数据在页面中以 Slot（数据槽）的方式存储，每一个 Slot 对应一个数据项，指向该 Slot 在页面内的偏移地址；数据以 Slot 方式从页面底部逆序存储，Slot 数据项中间为空闲空间，用于增加新的记录；页面末尾的 SPECIAL SPACE 存储一些特定的系统标识信息。我们假设一个页面存储 4 条记录，则图中关系表对应 3 个磁盘数据页面，页面间通过指针连接，形成一个页面链表，存储连续增长的记录。每一条记录可以由页号和页面内记录偏移地址进行物理定位，在对关系表进行顺序扫描时依次从磁盘中读取数据页链表，从每一个数据页内根据 Slot 数据项访问每一条记录，然后访问下一页面；当需要访问关系中的某一条记录时，可根据该记录的页号找到磁盘中该数据页，然后根据页面偏移地址访问该记录对应的 Slot，实现记录访问。

	ORDERKEY	ORDERSTATUS	TOTALPRICE	ORDERDATE
1	1	O	173665.47	1996/1/2
2	2	O	46929.18	1996/12/1
3	3	F	193846.25	1993/10/14
4	4	O	32151.7	1995/10/11
5	5	F	144659.2	1994/7/30
6	6	F	58749.59	1992/2/21
7	7	O	252004.18	1996/1/10
8	32	O	208660.75	1995/7/16
9	33	F	163243.98	1993/10/27
10	34	O	58949.67	1998/7/21

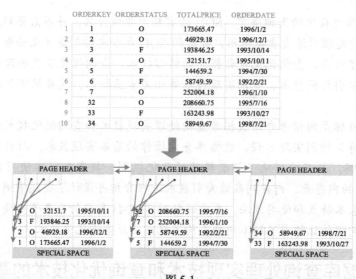

图 5-1

【例 5-1】　查询 SQL Server 数据页链表结构。

DBCC IND 命令用于查询一个存储对象的内部存储结构信息，该命令有 4 个参数，前 3 个参数必须指定，如：

```
DBCC IND('TPCH','CUSTOMER',1)
```

第 1 个参数为数据库名或数据库 ID；第 2 个参数为数据库中的对象名或对象 ID，包括表和索引；第 3 个参数表示显示对象页的类型，1 代表全部对象页。图 5-2 所示为“TPCH”数据库中 CUSTOMER 表的数据页链表，PAGEPID 为 CUSTOMER 表的存储页面，NEXTPAGEPID 和 PREVPAGEPID 分别代表下一数据页及前一数据页的页面 PID。PAGETYPE 中的 1 表示数据页，10 表示每个分配单元中表或索引所使用的区的信息，2 表示聚集索引的非叶节点和非聚集索引的所有索引记录。

	PageFID	PagePID	IAMFID	IAMPID	ObjectID	IndexID	Par...	PartitionID	iam_chain_type	PageType	IndexLevel	Nex...	NextPagePID	Pre...	PrevPagePID
1	1	80	NULL	NULL	1429580131	1	1	72057594044153856	In-row data	10	NULL	0	0	0	0
2	1	73880	1	80	1429580131	1	1	72057594044153856	In-row data	1	0	1	73881	0	0
3	1	73881	1	80	1429580131	1	1	72057594044153856	In-row data	1	0	1	73882	1	73880
4	1	73882	1	80	1429580131	1	1	72057594044153856	In-row data	1	0	1	73883	1	73881
5	1	73883	1	80	1429580131	1	1	72057594044153856	In-row data	1	0	1	73884	1	73882

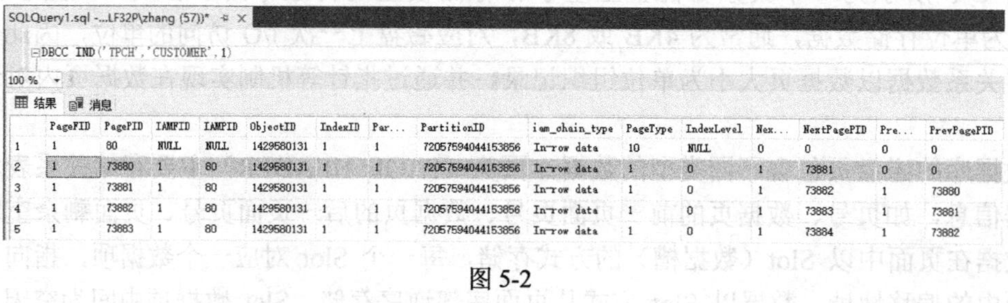

图 5-2

【例 5-2】 查看 SQL Server 数据页内部存储结构。

DBCC PAGE 命令读取数据页结构,命令的第 1 个参数为包含页面的数据 ID 或数据库名称,第 2 个参数为包含页面的文件编号,第 3 个参数为文件内的页面号,第 4 个参数为输出选项,取值为 0、1、2、3,显示不同的格式。查询"TPCH"数据库中 CUSTOMER 表页面号为 73 880 的页面结构命令如下。

```
DBCC TRACEON(3604)
DBCC PAGE(TPCH,1,73880,3)
```

图 5-3 所示为数据页内部结构,PAGE HEADER 中包含了前一页面(M_PREVPAGE)、后一页面(M_NEXTPAGE)、数据页面槽数量(M_SLOTCNT)、页面空闲空间(M_FREEDATA)等信息。Slot 信息中包含每个页面 Slot 在数据页面内的偏移地址、Slot 中记录长度信息,Slot 中每个列属性的偏移地址、数据宽度。

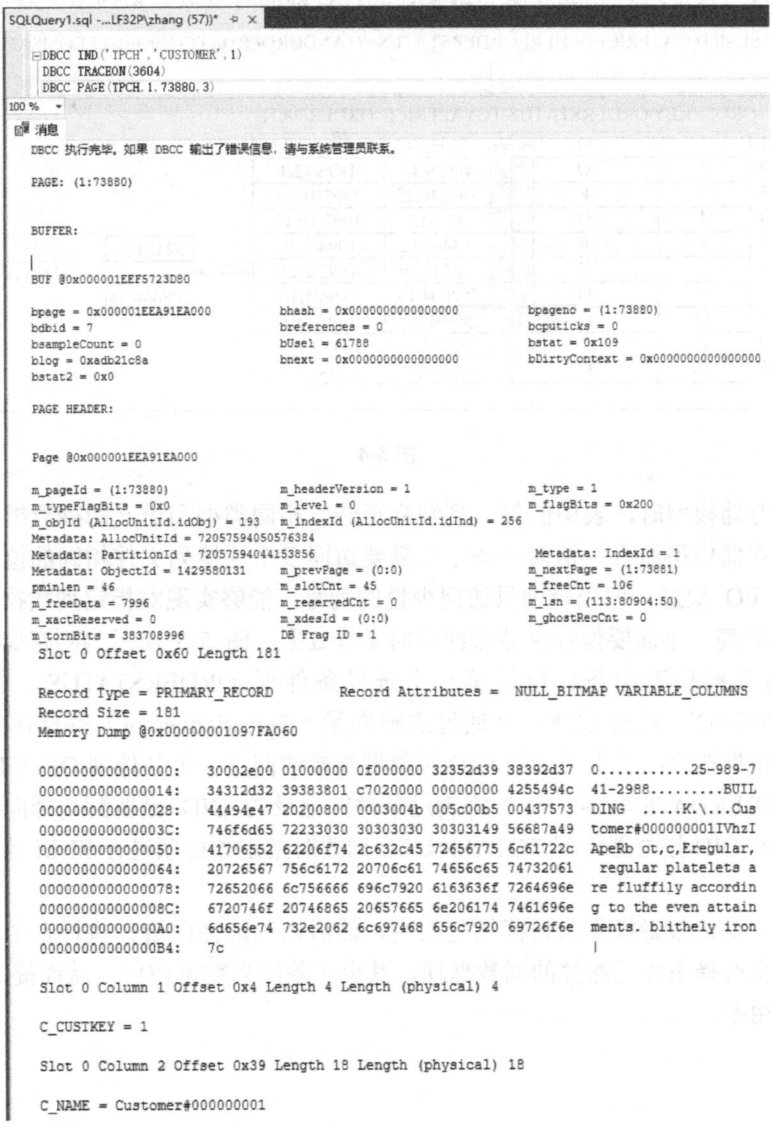

图 5-3

行存储数据库的特点是记录的属性在数据页面的 Slot 中连续存储，一次磁盘 I/O 访问的数据页中能访问记录的所有属性值。这种存储结构适合一次访问全部记录或记录中大多数属性的操作，如插入、删除和修改等更新操作，但分析处理任务通常只选择表中较少的属性列进行计算，在行存储结构的关系表中则需要扫描全部的数据页并只使用其中较少的数据项，存储访问效率较低。针对分析处理任务只使用较少属性的特点，分析型数据库主要使用列存储模型来优化存储访问，即以列为表的物理存储单位，各列单独存储，单独访问。

图 5-4 所示为查询访问表中的 3 个属性列，两个列上为过滤操作，另一个列上执行聚集计算操作。在行存储模型中，记录连续存储在一起，因此查询需要从磁盘读取数据页中完整的记录，然后再根据选择条件"ORDERSTATUS='O' AND ORDERDATE<'1996/1/1'"访问记录中的列 ORDERSTATUS 和 ORDERDATE，并根据选择条件的结果对记录进行筛选，选择出满足条件的记录并读取输出属性 TOTALPRICE 进行聚集计算。查询需要读取表全部的磁盘页，在扫描每一条记录时完成过滤和聚集计算，查询的有效数据访问效率较低。

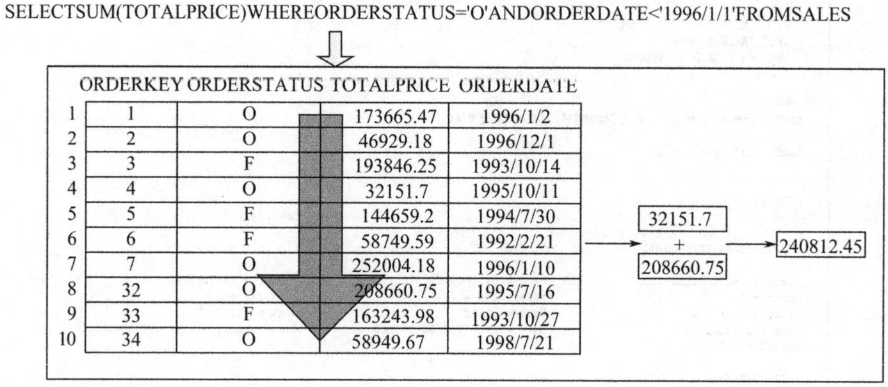

图 5-4

当采用列存储模型时，表中的每一列独立存储，相同类型和语义的列数据连续存储在一起。相对于行存储模型而言，访问一条记录需要访问多个连接列文件相同的位置，增加了记录访问的磁盘 I/O 数量，但当查询只访问少量的列时，能够实现对指定列数据的连续访问，磁盘 I/O 效率较高，不需要像行存储那样访问无效数据。图 5-5 所示为列存储模型上的查询处理过程。首先根据查询条件访问第一个选择条件列 ORDERSTATUS，根据筛选条件"ORDERSTATUS='O'"进行过滤，并通过选择向量（Selectionvector）存储满足条件记录的 OID 值；然后根据选择向量中记录的 OID 按位置直接访问下一个条件列 ORDERDATE，根据筛选条件"ORDERDATE<'1996/1/1'"将满足条件的记录的 OID 更新到选择向量中；最后根据选择向量中的 OID 按位置访问 TOTALPRICE 列并对指定数据项进行 SUM 计算，得到最终的查询结果。

列存储首先保证投影操作只访问指定的列，然后通过选择向量在执行多个列上的选择操作时跳过前一个选择条件过滤掉的列数据项，减少无效的列数据访问，从而提高系统 I/O 和内存带宽的利用率。

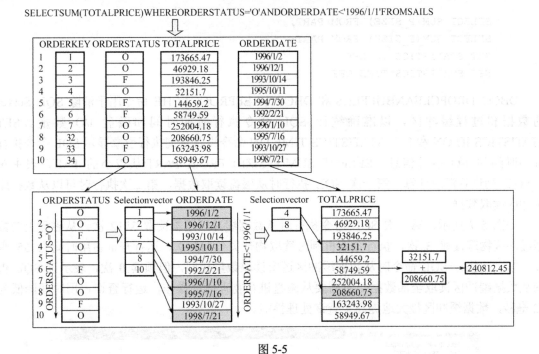

图 5-5

5.1.2 缓冲区管理

传统的数据库主要使用磁盘作为数据的持久存储设备,在查询处理时需要将数据从磁盘加载到内存完成查询处理。缓冲区管理是数据库管理系统重要的功能模块,实现通过内存加速磁盘数据访问及查询处理。缓冲区分为不同类型,包含共享内存、工作内存、日志缓冲区等。共享内存(shared_buffers)用于缓存磁盘数据页,较大的共享内存能够缓存磁盘中较多的数据页,使共享查询的数据访问能够从缓冲区命中而避免访问慢速的磁盘,从而提高数据访问性能。工作内存(work_mem)用于查询中排序、哈希等操作的内存分配,减少查询处理时的磁盘读/写操作。日志缓冲区(wal_buffer)用于缓存日志,在较多的并发更新操作时减少日志写磁盘的代价。

执行 R 表与 S 表的连接操作并对查询结果排序时,需要按一定的优化策略从磁盘读取 R 表和 S 表的数据页加载到缓冲区共享内存中,选择优化的连接算法,如在工作内存创建哈希表,执行 R 表与 S 表上的哈希连接操作,然后对结果集排序,如图 5-6 所示。

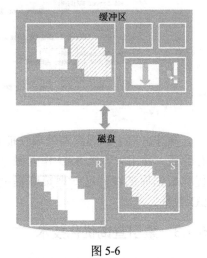

图 5-6

【例 5-3】 查看 SQL Server 查询时缓冲区的工作状态。

```
DBCC DROPCLEANBUFFERS
DBCC FREEPROCCACHE
SET STATISTICS IO ON
SET STATISTICS TIME ON
```

```
SELECT SUM(P_SIZE) FROM PART;
SELECT SUM(P_SIZE) FROM PART;
SET STATISTICS IO OFF
SET STATISTICS TIME OFF
```

DBCC DROPCLEANBUFFERS 和 DBCC FREEPROCCACHE 命令用于清除 SQL Server 的数据和过程缓冲区，以准确统计 SQL 命令执行时的时间和磁盘 I/O 数量。SET STATISTICS IO ON 和 SET STATISTICS TIME ON 命令设置查询执行引擎显示 SQL 命令执行时的时间和 I/O 统计信息。SELECT SUM(P_SIZE) FROM PART;从较小的 PART 表中对 P_SIZE 列进行汇总计算，第一次 SQL 执行时从磁盘读取数据，第二次执行时可以从数据库缓冲区读取数据。

如图 5-7 所示，第一次 SQL 命令执行时从数据缓冲区逻辑读取 3712 次，从磁盘上向数据缓冲区物理读取 3 次，执行预读机制时读取物理页 3785 次，运行查询占用时间为 55 毫秒；第二次执行 SQL 命令时从数据缓冲区逻辑读取数量相同，但预读 0 次，表示该 SQL 查询从数据缓冲区读取全部数据，不需要从磁盘进行物理读取操作，运行查询占用时间降低为 22 毫秒，数据缓冲区极大地提高了查询处理性能。

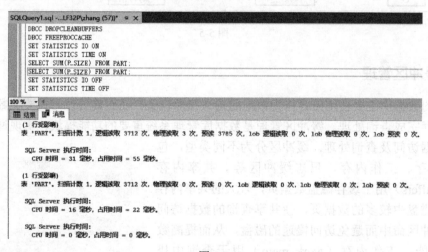

图 5-7

缓冲区对于加速查询处理性能起着重要的作用，一方面需要通过加大缓冲区，如增加内存容量、使用大容量 SSD 作为磁盘缓冲区等技术减少查询处理时的 I/O 操作；另一方面通过优化数据库的缓冲区管理策略提高缓冲区利用率，提高缓冲区中数据的命中率，减少磁盘 I/O 数量。

5.1.3 索引查询优化技术

索引是数据库中重要的优化技术。索引查询优化的作用主要体现在 3 个方面：索引为特定属性或属性组创建索引结构，相当于一种列存储模型，相对于较宽的表上基于全表扫描的查找机制具有较高的 I/O 存储访问效率；由于索引相对较小，通常可以驻留在数据库缓冲区，通过内存索引存储访问进一步提高数据访问性能；索引采用优化查找性能的数据结构和算法设计，能有效地提高索引键值的查找性能。

【例 5-4】 查看在没有索引和创建索引情况下的数据库查找操作的数据访问性能。

第 5 章 数据库实现与查询优化技术

```
SET STATISTICS IO ON
SET STATISTICS TIME ON
DBCC DROPCLEANBUFFERS
DBCC FREEPROCCACHE
SELECT * FROM LINEITEM;
DBCC DROPCLEANBUFFERS
DBCC FREEPROCCACHE
SELECT L_PARTKEY FROM LINEITEM;
DBCC DROPCLEANBUFFERS
DBCC FREEPROCCACHE
SELECT * FROM LINEITEM WHERE L_PARTKEY= 152774;
CREATE INDEX PARTKY ON LINEITEM(L_PARTKEY);
DBCC DROPCLEANBUFFERS
DBCC FREEPROCCACHE
SELECT * FROM LINEITEM WHERE L_PARTKEY= 152774;
SET STATISTICS IO OFF
SET STATISTICS TIME OFF
```

我们首先查看全表扫描的磁盘访问数量和查询执行时间，然后查看查找列上投影操作的性能和按键值查询的性能，为查找列创建索引后再查看索引查找性能，如图 5-8 所示。

```
SELECT * FROM LINEORDER;
```

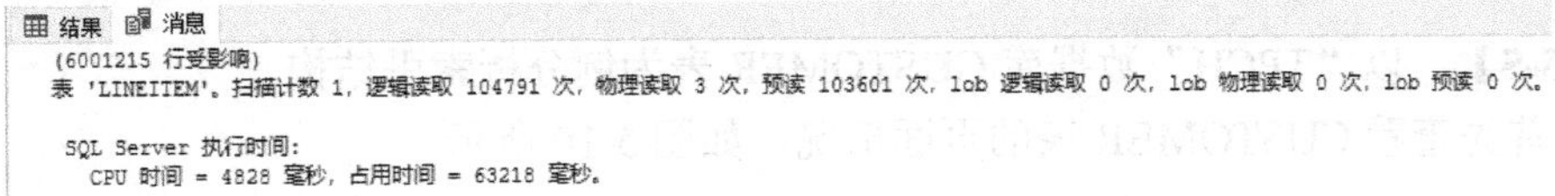

结果 消息
(6001215 行受影响)
表 'LINEITEM'。扫描计数 1，逻辑读取 104791 次，物理读取 3 次，预读 103601 次，lob 逻辑读取 0 次，lob 物理读取 0 次，lob 预读 0 次。
SQL Server 执行时间：
CPU 时间 = 4828 毫秒，占用时间 = 63218 毫秒。

```
SELECT L_PARTKEY FROM LINEITEM;
```

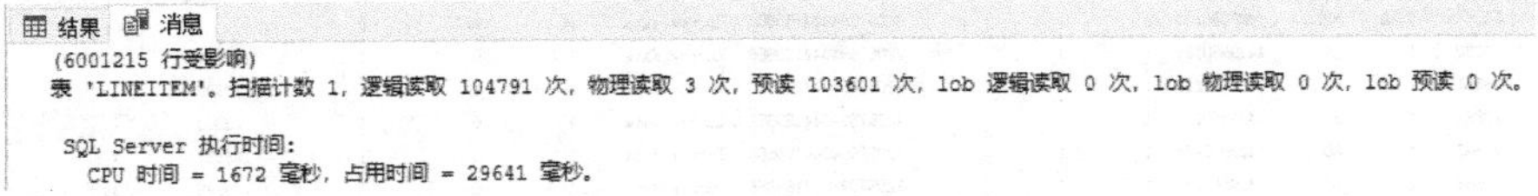

结果 消息
(6001215 行受影响)
表 'LINEITEM'。扫描计数 1，逻辑读取 104791 次，物理读取 3 次，预读 103601 次，lob 逻辑读取 0 次，lob 物理读取 0 次，lob 预读 0 次。
SQL Server 执行时间：
CPU 时间 = 1672 毫秒，占用时间 = 29641 毫秒。

```
SELECT * FROM LINEITEM WHERE L_PARTKEY= 152774;
```

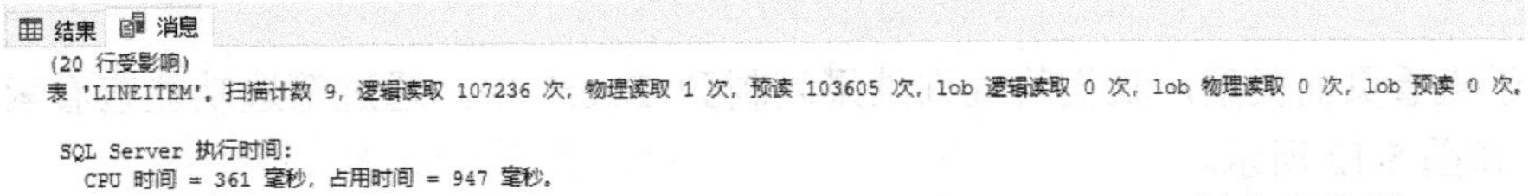

结果 消息
(20 行受影响)
表 'LINEITEM'。扫描计数 9，逻辑读取 107236 次，物理读取 1 次，预读 103605 次，lob 逻辑读取 0 次，lob 物理读取 0 次，lob 预读 0 次。
SQL Server 执行时间：
CPU 时间 = 361 毫秒，占用时间 = 947 毫秒。

```
SELECT * FROM LINEITEM WHERE L_PARTKEY= 152774; （创建索引后）
```

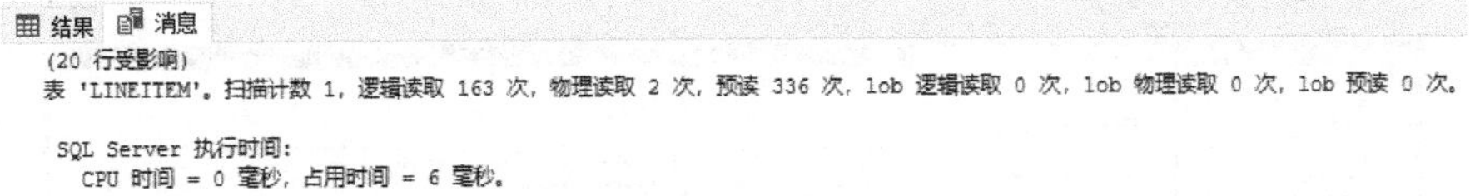

结果 消息
(20 行受影响)
表 'LINEITEM'。扫描计数 1，逻辑读取 163 次，物理读取 2 次，预读 336 次，lob 逻辑读取 0 次，lob 物理读取 0 次，lob 预读 0 次。
SQL Server 执行时间：
CPU 时间 = 0 毫秒，占用时间 = 6 毫秒。

图 5-8

从查询统计信息中可以看到，当表上没有索引时，行存储数据库需要执行全表扫描操作完成查找任务，前两个 SQL 命令读取磁盘数据页均为 103 601 次，第三个 SQL 命令读取 103 605 次；当为查找属性创建索引时，首先在索引上执行键值查找任务，然后根据找到的索引项中的记录地址访问表数据页，输出查询结果，索引查找操作产生的磁盘数据页读取数量为 336 次，约为没有索引时数据访问数量的 0.32%，查找时间约为没有索引时查找时间的

0.63%。

　　索引能够加速数据库的键值查找性能,为频繁访问的属性创建索引是数据库具有代表性的优化技术,但索引需要额外的存储空间。我们通过下面的命令查看 LINEITEM 表的存储空间情况,发现表上创建两个索引的存储空间约占原始表存储空间大小的 13.3%,当表上创建较多的索引时可能会超过原始表大小。除额外的存储空间代价外,当表上创建索引时,表上的数据更新操作需要在表与索引上同步更新,增加了更新操作的执行时间,对更新操作性能产生一定的影响。

　　索引是数据库重要的性能优化手段,但索引的使用需要综合评估索引存储空间消耗、索引更新代价、索引性能等因素,并通过优化策略达到较好的综合性能,如图 5-9 所示。

```
EXEC SP_SPACEUSED 'LINEITEM';
EXEC SP_HELPINDEX LINEITEM;
```

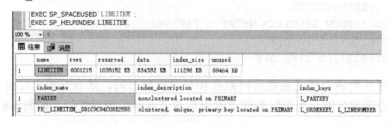

图 5-9

【**例 5-5**】　以"TPCH"数据库 CUSTOMER 表为例分析索引结构。

我们首先查看 CUSTOMER 表的页面情况,如图 5-10 所示。

```
DBCC IND('TPCH','CUSTOMER',1)
```

	PageFID	PagePID	IAMFID	IAMPID	ObjectID	IndexID	PartitionNumber	PartitionID	iam_chain_type	PageType	IndexLevel	NextPageFID	NextPagePID	PrevPageFID	PrevPagePID
1	1	80	NULL	NULL	1429580131	1	1	72057594044153856	In-row data	10	NULL	0	0	0	0
2	1	73880	1	80	1429580131	1	1	72057594044153856	In-row data	1	0	1	73881	0	0
3	1	73881	1	80	1429580131	1	1	72057594044153856	In-row data	1	0	1	73882	1	73880
4	1	73882	1	80	1429580131	1	1	72057594044153856	In-row data	1	0	1	73883	1	73881
5	1	73883	1	80	1429580131	1	1	72057594044153856	In-row data	1	0	1	73884	1	73882
6	1	73884	1	80	1429580131	1	1	72057594044153856	In-row data	1	0	1	73885	1	73883

图 5-10

　　为便于查看页面类型,我们将查询结果复制到 Excel 中,通过筛选功能查看索引页面,如图 5-11 和图 5-12 所示。

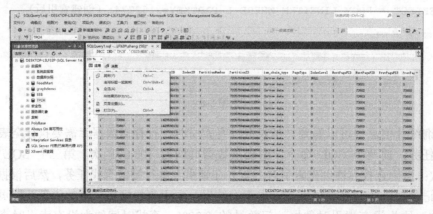

图 5-11

第 5 章 数据库实现与查询优化技术

图 5-12

筛选结果显示 CUSTOMER 表的 3304 个页面中有 1 个 PAGETYPE 为 10 的页面，3291 个 PAGETYPE 为 1 的数据页面和 12 个 PAGETYPE 为 2 的索引页面。我们进一步查看索引页面的内容，查看 PAGEID 为 74 920，INDEXLEVEL 为 2 的索引页面，如图 5-13 所示。

```
DBCC PAGE(TPCH,1, 74920,2)
```

	FileId	PageId	Row	Index Level	ChildFileId	ChildPageId	C_CUSTKEY (key)	KeyHashValue	Row Size
1	1	74920	0	2	1	73976	NULL	NULL	11
2	1	74920	1	2	1	74928	12255	NULL	11
3	1	74920	2	2	1	75280	24516	NULL	11
4	1	74920	3	2	1	75624	36762	NULL	11
5	1	74920	4	2	1	75968	49060	NULL	11
6	1	74920	5	2	1	76312	61340	NULL	11
7	1	74920	6	2	1	76656	73597	NULL	11
8	1	74920	7	2	1	77168	85873	NULL	11
9	1	74920	8	2	1	77512	98139	NULL	11
10	1	74920	9	2	1	77856	110390	NULL	11
11	1	74920	10	2	1	78200	122634	NULL	11

图 5-13

在 LEVEL 为 2 的索引页面中包含 11 个下级索引页面，我们首先查看第一个 CHILDFILEID 下级索引页面 73 976，查看页面数据命令如下。

```
DBCC TRACEON(3604)
DBCC PAGE(TPCH,1, 73976,2)
```

页面 73 976 为 M_TYPE=2 的索引页面，前一页面为空，后一页面为 74 928，如图 5-14 所示。

```
PAGE: (1:73976)

BUFFER:

BUF @0x000001EEF52A33C0

bpage = 0x000001EEB41CE000      bhash = 0x0000000000000000      bpageno = (1:73976)
bdbid = 7                       breferences = 0                 bcputicks = 0
bsampleCount = 0                bUse1 = 42918                   bstat = 0x9
blog = 0x2121215a               bnext = 0x0000000000000000      bDirtyContext = 0x0000000000000000
bstat2 = 0x0

PAGE HEADER:

Page @0x000001EEB41CE000

m_pageId = (1:73976)            m_headerVersion = 1             m_type = 2
m_typeFlagBits = 0x0            m_level = 1                     m_flagBits = 0x8200
m_objId (AllocUnitId.idObj) = 193  m_indexId (AllocUnitId.idInd) = 256
Metadata: AllocUnitId = 72057594050576384
Metadata: PartitionId = 72057594044153856                       Metadata: IndexId = 1
Metadata: ObjectId = 1429580131  m_prevPage = (0:0)             m_nextPage = (1:74928)
pminlen = 11                     m_slotCnt = 269                m_freeCnt = 4599
m_freeData = 6938                m_reservedCnt = 0              m_lsn = (113:96336:20)
m_xactReserved = 0               m_xdesId = (0:0)               m_ghostRecCnt = 0
m_tornBits = 1692049341          DB Frag ID = 1
```

图 5-14

查看 74 928 的页面，其类型为索引页面，前一页面为 73 976，后一页面为 75 280。可以按照各页面的 M_NEXTPAGE 内容依次查看各页面，最后的页面为 78 200，后一页面为空，即 INDEXLEVEL 为 1 的索引页面构成一个页面链表结构，INDEXLEVEL 为 1 的索引页面的上级索引页面为 INDEXLEVEL 是 2 的索引页面 74 920，如图 5-15 所示。

图 5-15

我们进一步查看 INDEXLEVEL 为 1 的第一个索引页面 73 976。

```
DBCC PAGE(TPCH,1, 73976,1)
```

页面中包含 269 条记录，分别对应底层表数据存储页面，如图 5-16 所示。

	FileId	PageId	Row	Index Level	ChildFileId	ChildPageId	C_CUSTKEY (key)	KeyHashValue	Row Size
1	1	73976	0	1	1	73880	NULL	NULL	11
2	1	73976	1	1	1	73881	46	NULL	11
3	1	73976	2	1	1	73882	94	NULL	11
4	1	73976	3	1	1	73883	140	NULL	11
5	1	73976	4	1	1	73884	186	NULL	11
6	1	73976	5	1	1	73885	233	NULL	11

图 5-16

CHILDPAGEID 为 73 880 的页面为 M_TYPE=1 的数据页面，存储 CUSTOMER 表中的记录，第一条记录的 C_CUSTKEY 为 1，页面中最后一条记录的 C_CUSTKEY 为 45，其 M_NEXTPAGE 指向的下一数据页最小值为 46，如图 5-17 所示。

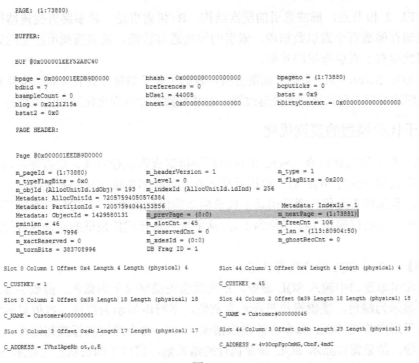

图 5-17

与之类似，通过 INDEXLEVEL 为 1 的各索引页面可以访问对应的数据页面构成完整的索引结构。CUSTOMER 表上的索引结构描述如图 5-18 所示。

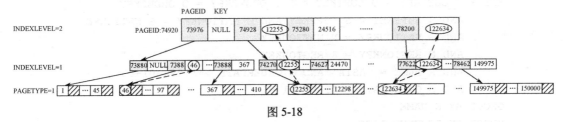

图 5-18

图中实线为索引指针，虚线表示上一级索引项键值通过下一级节点键值确定。如在索引中查找 C_CUSTKEY 为 12 255 的记录，首先访问索引的 INDEXLEVEL 为 2 的根节点 74 920 页面，键值介于索引项 2 和 3 之间，访问索引项 2 对应的 INDEXLEVEL 为 1 的索引页面 74 928；在 PAGEID 为 74 928 的索引页面中，键值介于第 1 和第 2 索引项之间，访问下一级 CHILDPAGEID 为 74 270 的页面；PAGEID 为 74 270 的页面为数据页面，在页面内查找键值为 12 255 的记录，找到后返回该记录的内容。在索引查找中需要访问 2 个索引页面和 1 个数据页面即可找到所需的数据，而在没有索引的情况下需要扫描 CUSTOMER 表全部的 3291 个 PAGETYPE 为 1 的数据页面才能完成查找任务，索引可以极大地降低查找所需要访问的数据页面数量。

索引节点分为两个层次，底层叶节点是数据存储层。索引结构图可以验证数据库中 B+ 树索引的结构特征，叶节点数据页中的最小值和 PAGEID 存储为 INDEXLEVEL 1 索引节点的索引数据项中，INDEXLEVEL 1 索引节点有多个时，索引节点页中的最小索引键值和 PAGEID 作为索引项记录在上一层 INDEXLEVEL 1 索引节点中，直到生成唯一的

INDEXLEVEL 2 根节点，形成索引的层次结构。B+树索引是一种多路查找树结构，8KB 的索引节点能够存储数百个索引数据项，索引的层次通常较低，索引查找所产生的磁盘 I/O 数据较少，因此提高了索引查找的效率。

通过对 SQL Server 2017 数据页面的分析，我们了解了数据库的表存储结构及 B+树索引结构，从而理解数据库表记录访问的处理过程，对掌握数据库查询优化技术的原理打下基础。

5.1.4 基于代价模型的查询优化

SQL 是一种非过程化语言，SQL 语句中并不指定查询执行方式、是否使用索引等信息，而是由数据库查询引擎对 SQL 命令解析后通过查询优化器生成优化的查询执行计划，完成查询处理任务。数据库查询优化器采用基于代价模型的优化技术，对 SQL 命令的候选执行计划进行代价分析（主要以磁盘 I/O 代价为主），从中选择执行代价最低的查询执行计划来完成查询处理。

【例 5-6】 查看 SQL 命令执行计划。

在数据库引擎窗口中输入 SQL 命令，系统保留关键字显示为蓝色，函数名显示为粉色，表名、列名显示为绿色，逻辑操作符显示为灰色，字符串显示为红色，数值显示为黑色，颜色显示有助于用户检查 SQL 命令中的语法错误。SQL 命令通过执行按钮运行，查询结果显示在窗口下部，结果窗口显示 SQL 命令执行的结果集，窗口下部的状态栏显示 SQL 命令执行状态、执行时间及结果集行数。消息窗口中显示 SQL 命令执行的系统消息。

```
SELECT N_NAME,SUM(L_EXTENDEDPRICE * (1 - L_DISCOUNT)) AS REVENUE
FROM CUSTOMER,ORDERS,LINEITEM, SUPPLIER,NATION,REGION
WHERE C_CUSTKEY = O_CUSTKEY AND L_ORDERKEY = O_ORDERKEY
    AND L_SUPPKEY = S_SUPPKEY AND C_NATIONKEY = S_NATIONKEY
    AND S_NATIONKEY = N_NATIONKEY
    AND N_REGIONKEY = R_REGIONKEY
    AND R_NAME = 'ASIA' AND O_ORDERDATE >='1994-01-01'
    AND O_ORDERDATE < '1995-01-01'
GROUP BY N_NAME
ORDER BY REVENUE DESC;
```

通过"查询"菜单的"显示估计的执行计划"命令可以分析指定的 SQL 命令执行计划。在"执行计划"窗口中显示 SQL 命令详细的执行步骤，如图 5-19 所示。

图 5-19

将鼠标指针置于查询执行计划节点上显示该执行计划节点的详细信息，如操作名称、估算的 I/O 代价、估算的操作代价、估算的 CPU 代价、估算的行数及记录大小等信息，还包括输出数据列表、操作符对应的数据结构等，如图 5-20 所示。图形化的查询执行计划有助于用户了解数据库内部的 SQL 查询执行过程和原理，理解数据库查询性能优化技术。

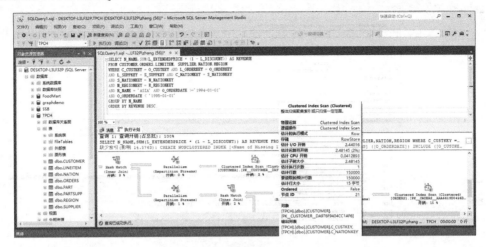

图 5-20

【例 5-7】 通过数据库引擎优化顾问分析数据库负载的优化策略。

"查询"菜单中的命令"在数据库引擎优化顾问中分析查询"用于分析查询执行计划，并给出查询优化建议和报告，用于用户改进数据库查询处理性能。

以下面"TPCH"数据库的 Q5 命令负载为例，通过 SQL Server 2017 的数据库引擎优化顾问来分析查询优化方案。

启动数据库引擎优化顾问后单击"Connect"按钮建立与数据库的连接，然后启动新会话，创建查询优化任务，如图 5-21 所示。选择开始分析后，数据库引擎优化顾问对 SQL 负载进行分析，分析表、列访问情况，索引使用情况等，为用户提供查询优化建议。在索引建议中列出数据库引擎优化顾问给出的优化策略，如创建频繁访问列的统计信息、为查询相关列创建索引等建议。用户可以复制优化建议中的 SQL 脚本并在 SQL 管理器中执行，创建索引或统计信息以优化查询负载。

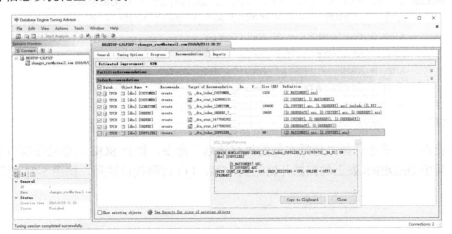

图 5-21

"Reports"选项卡中包含生成的优化报告,用户可以查看相关报告了解索引使用情况、索引建议使用情况、表访问及列访问统计信息,通过相关的优化报告信息设计数据库中的优化策略,提高查询负载的整体性能,如图 5-22 所示。

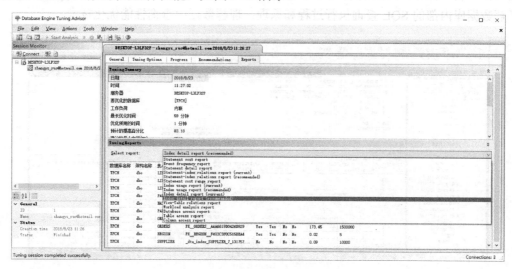

图 5-22

【例 5-8】 通过索引优化 SQL 查询性能。

以下面 TPC-H 查询 Q5 命令为例,在 ORDERS 表上存在 O_ORDERDATE 列上的选择操作,通过 SELECT COUNT(DISTINCT O_ORDERDATE) FROM ORDERS;命令查看 O_ORDERDATE 列上的不重复值达到 2406 个,因此 O_ORDERDATE >='1994-01-01' AND O_ORDERDATE < '1995-01-01'对应低选择率的操作,在没有索引的情况下需要对 ORDERS 表进行全表扫描。

```
DBCC DROPCLEANBUFFERS
DBCC FREEPROCCACHE
SET STATISTICS IO ON
SET STATISTICS TIME ON
SELECT N_NAME,SUM(L_EXTENDEDPRICE * (1 - L_DISCOUNT)) AS REVENUE
FROM CUSTOMER,ORDERS,LINEITEM, SUPPLIER,NATION,REGION
WHERE C_CUSTKEY = O_CUSTKEY AND L_ORDERKEY = O_ORDERKEY
    AND L_SUPPKEY = S_SUPPKEY AND C_NATIONKEY = S_NATIONKEY
    AND S_NATIONKEY = N_NATIONKEY
    AND N_REGIONKEY = R_REGIONKEY
    AND R_NAME = 'ASIA' AND O_ORDERDATE >='1994-01-01'
    AND O_ORDERDATE < '1995-01-01'
GROUP BY N_NAME
ORDER BY REVENUE DESC;
```

在"查询"菜单中选择"包括实际的执行计划"命令,执行 SQL 命令后在窗口中显示执行计划,其中 ORDERS 表上的扫描开销达到 15%,I/O 访问代价较高,如图 5-23 所示。

第 5 章 数据库实现与查询优化技术

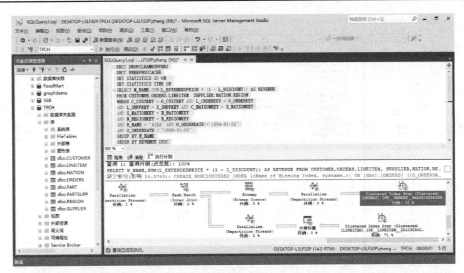

图 5-23

在清理缓存并设置 I/O 与执行时间统计状态下查看 SQL 命令执行时间，其中 ORDERS 表上预读 22 766 次，为全表扫描代价，如图 5-24 所示。

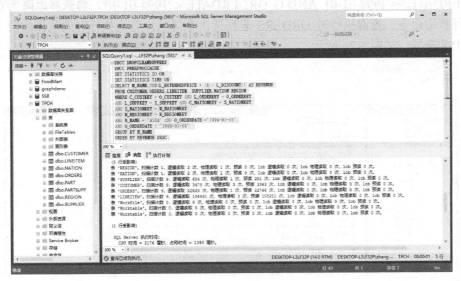

图 5-24

通过 CREATE INDEX O_ORDERDATE ON ORDERS (O_ORDERDATE);命令为 ORDERS 表上的 O_ORDERDATE 列创建索引，通过索引加速 O_ORDERDATE >='1994-01-01' AND O_ORDERDATE < '1995-01-01'低选择率的选择操作性能。再次执行 SQL 命令时，ORDERS 表扫描预读为 22 766 次，I/O 访问性能没有发生变化。在执行计划窗口中查看 ORDERS 表上仍然为全表扫描操作，没有执行索引扫描操作。O_ORDERDATE >='1994-01-01' AND O_ORDERDATE < '1995-01-01'条件在 ORDERS 表上的选择率为 15.2%，当选择率较高时索引访问产生较多的随机 I/O 访问代价，数据库通常不使用索引扫描，当选择率足够低时，数据库才使用索引扫描，如图 5-25 所示。因此，数据库中的索引是一种访问加速技术，但其主要应用于低选择率的查询中。

图 5-25

将 O_ORDERDATE >='1994-01-01' AND O_ORDERDATE < '1995-01-01' 条件改为 O_ORDERDATE >='1994-01-01' AND O_ORDERDATE < '1994-01-10', 将选择率降为 0.38%, 再次执行查询命令。查询执行时 ORDERS 表预读次数降低, 查询执行时间从原始的 2176 毫秒降为 158 毫秒, 如图 5-26 所示。

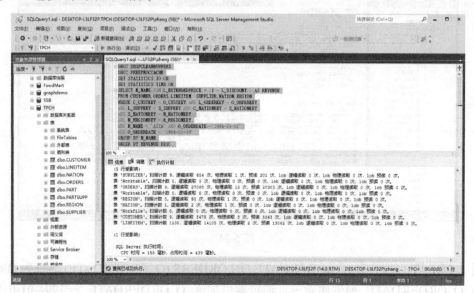

图 5-26

查看执行计划, ORDERS 表上执行索引扫描 Index Seek 操作, 索引发挥加速作用, 如图 5-27 所示。

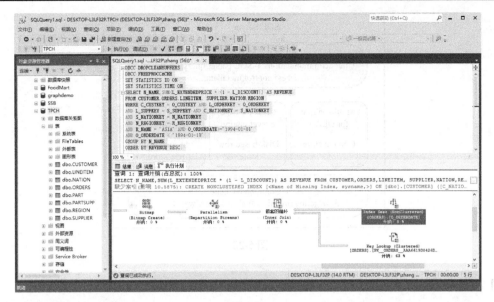

图 5-27

小结：数据库支持非过程化查询语言的技术基础是通过对 SQL 命令的解析，基于代价模型为查询创建不同的查询执行计划并选择较优的查询执行计划完成查询任务。数据库的查询优化器自动根据数据库的优化策略，如索引、存储模型、统计信息等因素生成优化的查询执行计划，用户不直接决定查询执行计划。在以磁盘为主的数据库系统中，磁盘 I/O 是查询处理最主要的代价，查询优化技术的核心是通过缓冲区管理、索引等技术减少磁盘 I/O 访问，优化内存利用率，提高查询处理性能。

【案例实践 11】 通过查询分析工具分析 TPC-H 查询的主要代价，通过创建适当的索引加速查询处理性能，并分析优化前后查询时间、I/O 及查询计划中的主要区别，分析查询优化策略的效果。

5.2 内存查询优化技术

传统的磁盘数据库系统中的内存缓冲区管理是优化查询性能的关键技术，但缓冲区管理是以数据页（PAGE）为单位的自动缓存管理机制，不支持以表为对象的内存优化访问。随着半导体集成技术的发展，内存容量迅速增长，当前中高端服务器已能够支持 TB 级内存，实现大数据内存存储和处理。在内存计算的浪潮下，内存数据库和内存查询处理引擎技术成为数据库的主流技术。SQL Server 2017 支持两种内存存储结构：一种是行存储内存表；另一种是列存储索引（ColumnStore Index，CSI）。SQL Server Hekaton 引擎支持内存表和索引，以内存行存储结构优化数据库的事务处理性能和查询访问性能。列存储索引将表以列的方式存储，分析型查询通常只访问少量的列，存储能够实现仅访问查询相关列，相对于行存储引擎的全表扫描极大地提高了存储访问效率。

本节通过 SQL 查询优化案例介绍 SQL Server 2017 内存表和列存储索引的使用方法，并通过对比分析展示内存表和列存储索引的查询优化作用，如图 5-28 所示。

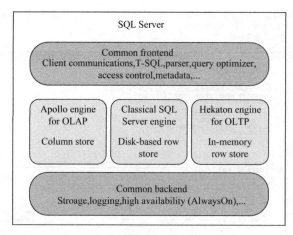

图 5-28[1]

5.2.1 内存表

随着硬件技术的发展，大内存与多核处理器成为新一代数据库主流的高性能计算平台，内存数据库通过内存存储模型实现数据存储在高性能内存，从而显著提高查询处理性能。

以 SQL Server Hekaton 内存引擎为例，数据库可以创建内存优化表。在 SQL Server 2017 中创建内存表需要以下几个步骤。

- 创建内存优化数据文件组并为文件组增加容器。
- 创建内存优化表。
- 导入数据到内存优化表。

【例 5-9】 为 TPC-H（TPCH）数据库的 LINEITEM 表创建内存表。

（1）为数据库 TPCH 创建内存优化数据文件组并为文件组增加容器

```
ALTER DATABASE TPCH ADD FILEGROUP TPCH_FG CONTAINS MEMORY_
OPTIMIZED_DATA
ALTER DATABASE TPCH ADD FILE (NAME='TPCH_FG', FILENAME= 'C:\IM_DATA\
TPCH_FG') TO FILEGROUP TPCH_FG;
```

为数据库 TPCH 增加文件组 TPCH_FG，为文件组增加文件 C:\IM_DATA\ TPCH_FG 作为数据容器。命令成功执行后，查看数据库 TPCH 属性中的文件组选项页可以看到内存优化数据窗口中的 SSBM_MOD，在文件组容器目录中可以看到相关的数据目录，如图 5-29 所示。

（2）创建内存表

通过下面的 SQL 命令创建内存表 LINEITEM_IM，其中子句 INDEX IX_ORDERKEY NONCLUSTERED HASH (LO_ORDERKEY,LO_LINENUMBER) WITH (BUCKET_COUNT=8000000) 用于创建主键哈希索引，测试集（SF=1）LINEITEM 表中记录数量约为 600 万，因此指定哈希桶数量为 8 000 000。哈希桶数量设置较大能够提高哈希查找性能，但过大的哈希桶数量也会产生存储空间的浪费。

---

[1] Per-Åke Larson, Adrian Birka, Eric N. Hanson, Weiyun Huang, Michal Nowakiewicz, Vassilis Papadimos. Real-Time Analytical Processing with SQL Server[J]. PVLDB,2015, 8(12): 1740-1751.

第 5 章　数据库实现与查询优化技术

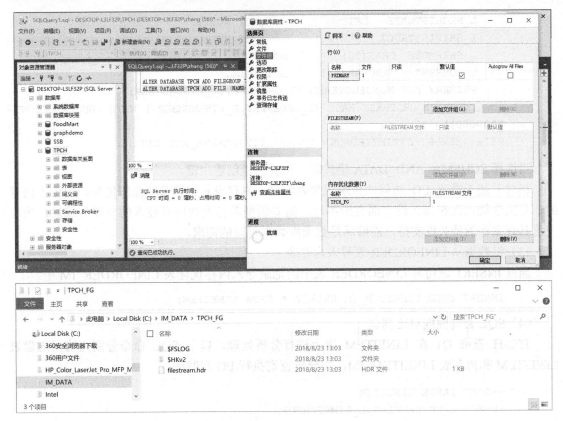

图 5-29　创建内存优化数据文件组

命令子句 WITH (MEMORY_OPTIMIZED=ON, DURABILITY=SCHEMA_ONLY)用于设置内存表类型，MEMORY_OPTIMIZED=ON 表示创建表为内存表。DURABILITY = SCHEMA_ONLY 表示创建非持久化内存优化表，不记录这些表的日志且不在磁盘上保存它们的数据，即这些表上的事务不需要任何磁盘 I/O，但如果服务器崩溃或进行故障转移，则无法恢复数据；DURABILITY=SCHEMA_AND_DATA 表示内存优化表是完全持久性的，整个表的主存储是在内存中的，即从内存读取表中的行数据，以及更新这些行数据到内存中，但内存优化表的数据同时还在磁盘上维护着一个仅用于持久性目的的副本，在数据库恢复期间，内存优化的表中的数据可以再次从磁盘装载。

```
CREATE TABLE LINEITEM_IM (
    L_ORDERKEY      INTEGER     NOT NULL,
    L_PARTKEY       INTEGER     NOT NULL,
    L_SUPPKEY       INTEGER     NOT NULL,
    L_LINENUMBER    INTEGER     NOT NULL,
    L_QUANTITY      FLOAT       NOT NULL,
    L_EXTENDEDPRICE FLOAT       NOT NULL,
    L_DISCOUNT      FLOAT       NOT NULL,
    L_TAX           FLOAT       NOT NULL,
    L_RETURNFLAG    CHAR(1)     NOT NULL,
    L_LINESTATUS    CHAR(1)     NOT NULL,
    L_SHIPDATE      DATE        NOT NULL,
    L_COMMITDATE    DATE        NOT NULL,
```

```
            L_RECEIPTDATE   DATE              NOT NULL,
            L_SHIPINSTRUCT  CHAR(25)          NOT NULL,
            L_SHIPMODE      CHAR(10)          NOT NULL,
            L_COMMENT       VARCHAR(44)       NOT NULL,
            PRIMARY KEY NONCLUSTERED (L_ORDERKEY,L_LINENUMBER),
            INDEX IX_ORDERKEY HASH (L_ORDERKEY,L_LINENUMBER ) WITH (BUCKET_COUNT=
        8000000))
            WITH (MEMORY_OPTIMIZED=ON, DURABILITY=SCHEMA_AND_DATA);
```

当选择 SCHEMA_AND_DATA 模式时，需要为表创建主键。

相对于基于慢速 I/O 访问的传统磁盘表而言，内存表具有显著的性能优势，但由于内存的非易失性特点而在持久性方面有所不足，随着新型非易失性内存技术的发展与成熟，内存表将具有完善的持久性支持，能够满足数据库数据管理的需求。

（3）将数据从 LINEORDER 表导入内存表

通过 INSERT 语句将 LINEORDER 表中的记录导入内存优化表 LINEORDER_IM 中。

```
            INSERT INTO LINEITEM_IM SELECT * FROM LINEITEM;
```

（4）SQL 查询性能对比测试

TPC-H 查询 Q1 在 LINEITEM 表上进行分析处理，以下 SQL 命令分别为访问磁盘表 LINEITEM 和内存表 LINEITEM_IM，并分析查询执行 I/O 和时间。

```
        --DISK TABLE LINEITEM
        SELECT L_RETURNFLAG,L_LINESTATUS,
            SUM(L_QUANTITY) AS SUM_QTY,
            SUM(L_EXTENDEDPRICE) AS SUM_BASE_PRICE,
            SUM(L_EXTENDEDPRICE*(1-L_DISCOUNT)) AS SUM_DISC_PRICE,
            SUM(L_EXTENDEDPRICE*(1-L_DISCOUNT)*(1+L_TAX)) AS SUM_CHARGE,
            AVG(L_QUANTITY) AS AVG_QTY,AVG(L_EXTENDEDPRICE) AS AVG_PRICE,
            AVG(L_DISCOUNT) AS AVG_DISC,COUNT(*) AS COUNT_ORDER
        FROM LINEITEM
        WHERE L_SHIPDATE <= '1998-12-01'
        GROUP BY L_RETURNFLAG,L_LINESTATUS
        ORDER BY L_RETURNFLAG,L_LINESTATUS;
        --MEMORY TABLE LINEITEM_IM
        SELECT L_RETURNFLAG,L_LINESTATUS,
            SUM(L_QUANTITY) AS SUM_QTY,
            SUM(L_EXTENDEDPRICE) AS SUM_BASE_PRICE,
            SUM(L_EXTENDEDPRICE*(1-L_DISCOUNT)) AS SUM_DISC_PRICE,
            SUM(L_EXTENDEDPRICE*(1-L_DISCOUNT)*(1+L_TAX)) AS SUM_CHARGE,
            AVG(L_QUANTITY) AS AVG_QTY,AVG(L_EXTENDEDPRICE) AS AVG_PRICE,
            AVG(L_DISCOUNT) AS AVG_DISC,COUNT(*) AS COUNT_ORDER
        FROM LINEITEM_IM
        WHERE L_SHIPDATE <= '1998-12-01'
        GROUP BY L_RETURNFLAG,L_LINESTATUS
        ORDER BY L_RETURNFLAG,L_LINESTATUS;
```

基于磁盘表访问的查询主要代价集中在对 LINEITEM 表的磁盘扫描，预读 108 219 次；基于内存表访问的查询消除了 LINEITEM_IM 表的磁盘 I/O 代价，查询执行时间有所减少，如图 5-30 所示。

图 5-30

5.2.2 列存储索引

SQL Server 支持一种新的 ColumnStore 索引，采用列存储方式存储索引中指定的列。列存储索引是将行存储表划分为行组，行组中的属性按列存储并按列进行压缩。创建列存储索引能够实现对数据的按列访问，在分析型查询只涉及较少属性的应用场景中，相对于传统的行存储模型，列存储索引极大地提高了数据访问效率和性能。列存储索引存储结构如图 5-31 所示。

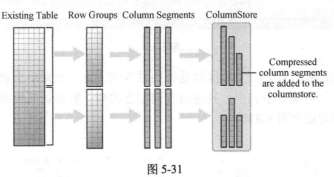

图 5-31

【例 5-10】 为 TPC-H 数据库的 LINEITEM 表创建列存储索引，通过 Q1 查询测试性能。

在测试查询中，LINEITEM 表内访问列 L_QUANTITY、L_EXTENDEDPRICE、L_DISCOUNT、L_TAX、L_SHIPDATE、L_RETURNFLAG、L_LINESTATUS，为这些列创建列存储索引时实现在查询中按列访问相应的属性。

创建列存储索引命令如下。

```
CREATE NONCLUSTERED COLUMNSTORE INDEX CSINDX_LINEITEM
ON LINEITEM (L_QUANTITY, L_EXTENDEDPRICE, L_DISCOUNT, L_TAX, L_SHIPDATE,
L_RETURNFLAG, L_LINESTATUS);
```

创建列存储索引后,表中增加了列存储索引对象 CSINDX_LINEITEM(非聚集,列存储),当查询访问列存储索引相关属性时,查询处理引擎自动访问列存储索引来加速数据访问性能。

内存表相对于磁盘表在数据访问性能方面效果显著,我们首先测试在内存表和创建列存储索引表上的单列访问性能,下面的查询分别测试内存表和列存储索引中 LO_REVENUE 列的聚集计算性能,查询时间主要取决于 LO_REVENUE 数据访问时间。

```
SELECT SUM(L_QUANTITY) FROM LINEITEM_IM;
SELECT SUM(L_QUANTITY) FROM LINEITEM;
```

基于列存储索引的查询 CPU 时间为 0 毫秒,而内存列上的查询 CPU 时间为 2454 毫秒,在同样的内存数据访问时,列存储索引相对于行存储的内存列具有更高的数据访问效率,节省了内存带宽,查询性能获得显著的提升,如图 5-32 所示。

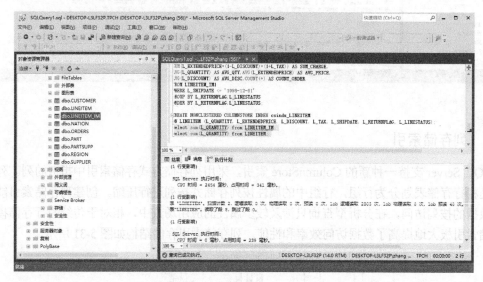

图 5-32

查看两个查询的执行计划,主要区别是表扫描方式。内存表采用全表扫描方式,建立列存储索引的表采用列存储索引扫描,只访问查询指定的列,数据访问效率更高。内存表与列存储索引执行计划对比如图 5-33 所示。

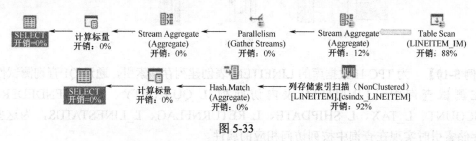

图 5-33

在创建列存储索引的表和内存表上执行完整的 Q1 命令,访问多个 LINEITEM 列。从查询执行时间来看,基于内存列存储索引的查询时间(CPU 时间=172 毫秒,占用时间=78 毫秒)显著少于基于行存储内存表的查询执行时间(CPU 时间=18140 毫秒,占用时间=2451 毫秒),查询结果体现了列存储与行存储模型在分析型查询处理时不同的性能特征,如图 5-34

所示。

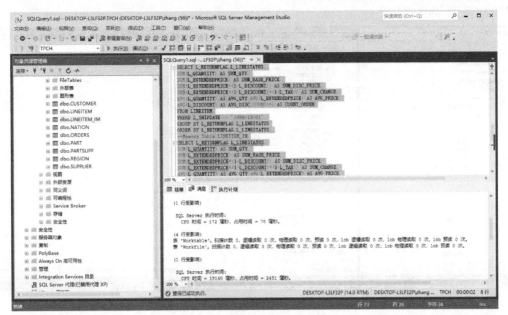

图 5-34

在内存优化表上不支持 CREATE INDEX 命令，不能直接创建列存储索引。在创建内存表时可以为其创建列存储索引，需要在创建内存表的命令中增加 INDEX XXXX CLUSTERED COLUMNSTORE 子句来指定列存储索引。下面的示例说明了为 LINEITEM 表创建内存表和列存储索引的命令。

```
CREATE TABLE LINEITEM_IM_CSI (
    L_ORDERKEY          INTEGER         NOT NULL,
    L_PARTKEY           INTEGER         NOT NULL,
    L_SUPPKEY           INTEGER         NOT NULL,
    L_LINENUMBER        INTEGER         NOT NULL,
    L_QUANTITY          FLOAT           NOT NULL,
    L_EXTENDEDPRICE     FLOAT           NOT NULL,
    L_DISCOUNT          FLOAT           NOT NULL,
    L_TAX               FLOAT           NOT NULL,
    L_RETURNFLAG        CHAR(1)         NOT NULL,
    L_LINESTATUS        CHAR(1)         NOT NULL,
    L_SHIPDATE          DATE            NOT NULL,
    L_COMMITDATE        DATE            NOT NULL,
    L_RECEIPTDATE       DATE            NOT NULL,
    L_SHIPINSTRUCT      CHAR(25)        NOT NULL,
    L_SHIPMODE          CHAR(10)        NOT NULL,
    L_COMMENT           VARCHAR(44)     NOT NULL,
    PRIMARY KEY NONCLUSTERED (L_ORDERKEY,L_LINENUMBER),
    INDEX LINEITEM_IMCCI CLUSTERED COLUMNSTORE
) WITH (MEMORY_OPTIMIZED = ON, DURABILITY = SCHEMA_AND_DATA);
```

可以看到内存表 LINEITEM_IM_CSI 中增加了列存储索引对象，如图 5-35 所示。

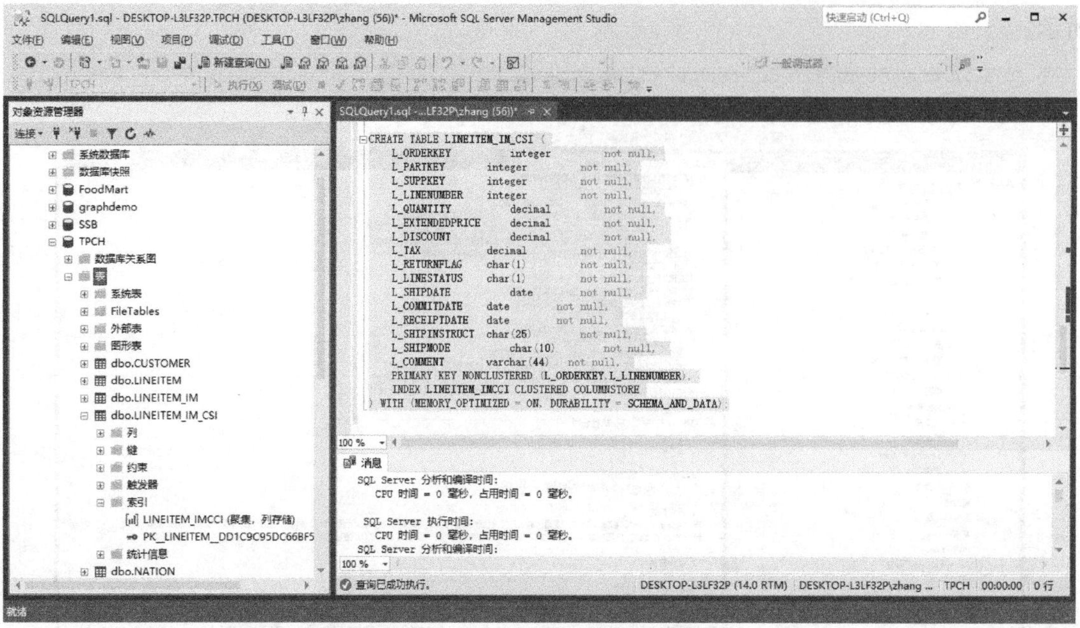

图 5-35

图 5-36 所示为在建有列存储索引的磁盘表 LINEITEM、内存列存储索引表 LINEITEM_IM_CSI 和内存表 LINEITEM_IM 上执行单列访问操作时的查询执行时间。

```
SELECT SUM(L_QUANTITY) FROM LINEITEM;
SELECT SUM(L_QUANTITY) FROM LINEITEM_IM_CSI;
SELECT SUM(L_QUANTITY) FROM LINEITEM_IM;
```

内存列存储索引表最快，其次是列存储索引表，最慢的是内存表。列存储索引与内存表列访问测试如图 5-36 所示。

图 5-36

在 3 个表上执行完整的 Q1 查询，查询执行时间如图 5-37 所示。内存列存储索引表优于列存储索引表，列存储索引表优于内存表。在分析型任务中，SQL 通常在表中只访问较少的列，列存储索引有效地减少了对不需要列数据的访问，提高了查询性能。

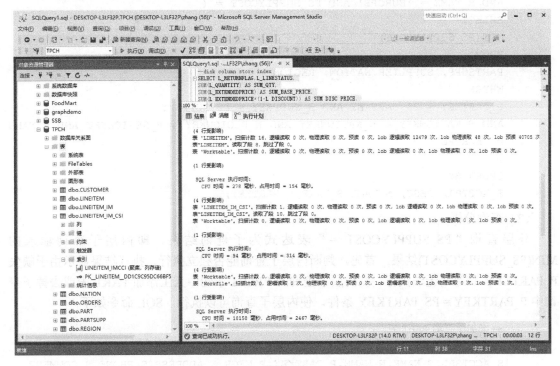

图 5-37

小结：SQL Server 2017 的内存表和列存储索引技术从内存存储技术和列存储技术两个方面提供了查询优化技术，能够有效地提高分析型查询处理性能。内存存储优化技术是当前数据库的代表性技术，随着硬件技术对大内存的支持，基于内存表和内存列存储索引技术的查询优化技术成为查询优化的新手段。

5.3 查询优化案例分析

嵌套查询是比较复杂的查询，本节以 TPC-H 中的嵌套查询为案例，分析嵌套查询的执行过程，查询处理原理，以及等价的查询执行方式。

1. Q2

任务：分析嵌套查询 Q2 的执行过程，子查询执行原理以及等价的查询执行方式。

（1）原始 SQL 命令

```
--Q2
SELECT
S_ACCTBAL,S_NAME,N_NAME,P_PARTKEY,P_MFGR,S_ADDRESS,S_PHONE,S_COMMENT
FROM
PART,SUPPLIER,PARTSUPP,NATION,REGION
WHERE
P_PARTKEY = PS_PARTKEY AND S_SUPPKEY = PS_SUPPKEY
```

```
        AND P_SIZE = 15 AND P_TYPE LIKE '%BRASS'
        AND S_NATIONKEY = N_NATIONKEY AND N_REGIONKEY = R_REGIONKEY
        AND R_NAME = 'EUROPE' AND PS_SUPPLYCOST = (
        SELECT
        MIN(PS_SUPPLYCOST)
        FROM
        PARTSUPP, SUPPLIER,NATION, REGION
        WHERE
        P_PARTKEY = PS_PARTKEY AND S_SUPPKEY = PS_SUPPKEY
        AND S_NATIONKEY = N_NATIONKEY AND N_REGIONKEY = R_REGIONKEY AND R_NAME
        = 'EUROPE'
        )
        ORDER BY
        S_ACCTBAL DESC, N_NAME,S_NAME,P_PARTKEY;
```

（2）查询分析

外层查询"PS_SUPPLYCOST ="表达式为子查询结果，即内层子查询输入的 MIN(PS_SUPPLYCOST)结果。首先，判断内层子查询能否独立执行，执行结果显示由于缺失 P_PARTKEY 信息而无法执行。在内层子查询的 FROM 子句中人工添加 PART 表或去掉子查询中 P_PARTKEY = PS_PARTKEY 条件，使内层子查询可以执行，SQL 命令如下。

```
        --增加子查询 PART 表
        SELECT
        S_ACCTBAL,S_NAME,N_NAME,P_PARTKEY,P_MFGR,S_ADDRESS,S_PHONE,S_COMMENT
        FROM
        PART,SUPPLIER,PARTSUPP,NATION,REGION
        WHERE
        P_PARTKEY = PS_PARTKEY AND S_SUPPKEY = PS_SUPPKEY
        AND P_SIZE = 15 AND P_TYPE LIKE '%BRASS'
        AND S_NATIONKEY = N_NATIONKEY AND N_REGIONKEY = R_REGIONKEY
        AND R_NAME = 'EUROPE' AND PS_SUPPLYCOST = (
        SELECT
        MIN(PS_SUPPLYCOST)
        FROM
        PARTSUPP, SUPPLIER,NATION, REGION,PART   --人工添加 PART 表
        WHERE
        P_PARTKEY = PS_PARTKEY AND S_SUPPKEY = PS_SUPPKEY
        AND S_NATIONKEY = N_NATIONKEY AND N_REGIONKEY = R_REGIONKEY AND R_NAME
        = 'EUROPE'
        )
        ORDER BY
        S_ACCTBAL DESC, N_NAME,S_NAME,P_PARTKEY;
        --去掉子查询中 PART 表条件
        SELECT
        S_ACCTBAL,S_NAME,N_NAME,P_PARTKEY,P_MFGR,S_ADDRESS,S_PHONE,S_COMMENT
        FROM
        PART,SUPPLIER,PARTSUPP,NATION,REGION
        WHERE
```

```
P_PARTKEY = PS_PARTKEY AND S_SUPPKEY = PS_SUPPKEY
AND P_SIZE = 15 AND P_TYPE LIKE '%BRASS'
AND S_NATIONKEY = N_NATIONKEY AND N_REGIONKEY = R_REGIONKEY
AND R_NAME = 'EUROPE' AND PS_SUPPLYCOST = (
SELECT
MIN(PS_SUPPLYCOST)
FROM
PARTSUPP, SUPPLIER,NATION, REGION,PART   --人工添加 PART 表
WHERE
P_PARTKEY = PS_PARTKEY AND S_SUPPKEY = PS_SUPPKEY
AND S_NATIONKEY = N_NATIONKEY AND N_REGIONKEY = R_REGIONKEY AND R_NAME
= 'EUROPE'
)
ORDER BY
S_ACCTBAL DESC, N_NAME,S_NAME,P_PARTKEY;
```

对比结果发现，更改后查询结果与原始查询结果不一致，但修改后的两个查询结果一致，这说明增加 PART 表或去掉表连接表达式时的查询结果是等价的。原始查询 Q2 与修改后查询结果对比如图 5-38 所示。

图 5-38

为分析原始 Q2 查询与修改后查询的不同，分别对比原始查询与去掉子查询 PART 表连接条件查询的执行计划。Q2 查询计划的 PART 表中谓词条件所筛选出记录的 P_PARTKEY 值下推到内层子查询中，内层子查询底层 PARTSUPP 表上首先根据下推的 P_PARTKEY 值进行筛选，然后再执行与 SUPPLIER、NATION、REGION 表的连接操作。Q2 查询计划如图 5-39 所示。

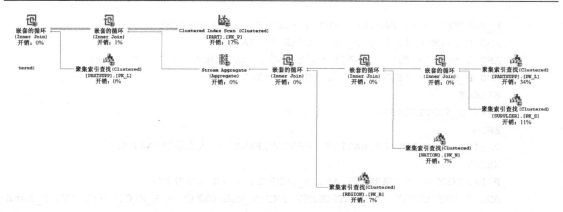

图 5-39

修改后的子查询去掉了与 PART 表连接的表达式，内层子查询变成一个独立的查询，查询计划表 PARTSUPP 分别与 SUPPLIER 表、NATION 表、REGION 表连接并计算出 MIN(PS_SUPPLYCOST)表达式结果，并将该结果以常量方式返回外层查询。修改后的查询执行计划与原始 Q2 查询由外层查询产生 P_PARTKEY 值并逐一下推到内层查询计算 MIN(PS_SUPPLYCOST)表达式结果，并根据每个表达式结果执行外层查询的执行方式是完全不同的。修改后查询计划如图 5-40 所示。

图 5-40

然后，判断外层查询与内存查询中相同的 R_NAME = 'EUROPE'是否可以去掉其一，测试结果表明，去掉外层查询中 R_NAME = 'EUROPE'的表达式而保留内层子查询中的表达式时的查询结果相同，但保留外层查询中的表达式而去掉内层子查询中的表达式时的查询结果不同，内层子查询中的表达式具有决定性作用。

最后，我们分析 Q2 嵌套查询的执行过程。将原始查询 Q2 分解为一个外层查询和一个内层查询，分别执行两个查询，对比查询结果集。

```
--Q2 OUTER QUERY
SELECT
S_ACCTBAL,S_NAME,N_NAME,P_PARTKEY,PS_SUPPLYCOST,P_MFGR,S_ADDRESS,S_PHO
NE,S_COMMENT
FROM
PART,SUPPLIER,PARTSUPP,NATION,REGION
WHERE
P_PARTKEY = PS_PARTKEY AND S_SUPPKEY = PS_SUPPKEY
AND P_SIZE = 15 AND P_TYPE LIKE '%BRASS'
AND S_NATIONKEY = N_NATIONKEY AND N_REGIONKEY = R_REGIONKEY
AND R_NAME = 'EUROPE'
ORDER BY P_PARTKEY;

--Q2 INNER QUERY
```

```
SELECT
MIN(PS_SUPPLYCOST) AS MIN_PS_SUPPLYCOST,P_PARTKEY
FROM
PARTSUPP, SUPPLIER,NATION, REGION,PART
WHERE
P_PARTKEY = PS_PARTKEY AND S_SUPPKEY = PS_SUPPKEY
AND P_SIZE = 15 AND P_TYPE LIKE '%BRASS'
AND S_NATIONKEY = N_NATIONKEY AND N_REGIONKEY = R_REGIONKEY AND R_NAME
= 'EUROPE'
GROUP BY P_PARTKEY ORDER BY P_PARTKEY;
```

内层查询与外层查询结果集对比如图 5-41 所示。

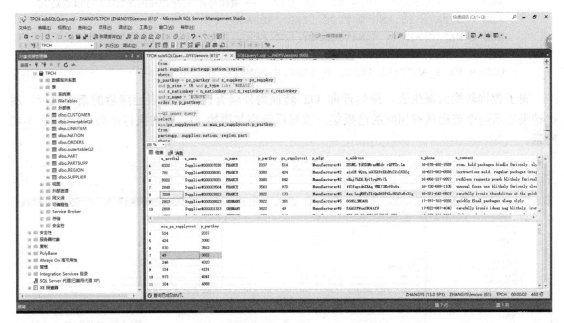

图 5-41

从查询结果可以看出，外层查询产生的结果集，下推到内层查询各 P_PARTKEY 值，下层查询根据外层查询推送 P_PARTKEY 计算出的结果集，外层查询通过 PS_SUPPLYCOST = (…)表达式筛选内层查询的结果，最终产生输出记录。

（3）嵌套子查询改写

通过实验可知，嵌套子查询是由外层查询通过数据驱动内层查询执行的，每一条外层查询产生的记录调用一次内层查询执行。这种执行方式可以转换为两个独立查询执行结果集的连接操作。

```
WITH PS_SUPPLYCOSTTABLE(MIN_SUPPLYCOST,PARTKEY)
AS
(
    SELECT MIN(PS_SUPPLYCOST) AS MIN_PS_SUPPLYCOST,P_PARTKEY
    FROM PARTSUPP, SUPPLIER,NATION, REGION,PART
    WHERE P_PARTKEY = PS_PARTKEY AND S_SUPPKEY = PS_SUPPKEY
    AND P_SIZE = 15 AND P_TYPE LIKE '%BRASS'
    AND S_NATIONKEY = N_NATIONKEY AND N_REGIONKEY = R_REGIONKEY AND
```

```
        R_NAME = 'EUROPE'
            GROUP BY P_PARTKEY
)
SELECT
S_ACCTBAL,S_NAME,N_NAME,P_PARTKEY,PS_SUPPLYCOST,P_MFGR,S_ADDRESS,S_PHO
NE,S_COMMENT
FROM
PART,SUPPLIER,PARTSUPP,NATION,REGION,PS_SUPPLYCOSTTABLE
WHERE
P_PARTKEY = PS_PARTKEY AND S_SUPPKEY = PS_SUPPKEY
AND PARTKEY=P_PARTKEY    --增加与派生表PARTKEY连接表达式
AND PS_SUPPLYCOST =MIN_SUPPLYCOST    --增加与派生表SUPPLYCOST等值表达式
AND P_SIZE = 15 AND P_TYPE LIKE '%BRASS'
AND S_NATIONKEY = N_NATIONKEY AND N_REGIONKEY = R_REGIONKEY
AND R_NAME = 'EUROPE'
ORDER BY S_ACCTBAL DESC, N_NAME,S_NAME,P_PARTKEY;
```

将子查询转换为派生表，原始查询 Q2 转换为外层查询与派生表连接后的查询执行，对比结果显示两个查询具有相同的结果集。改写后查询与原始 Q2 查询执行结果对比如图 5-42 所示。

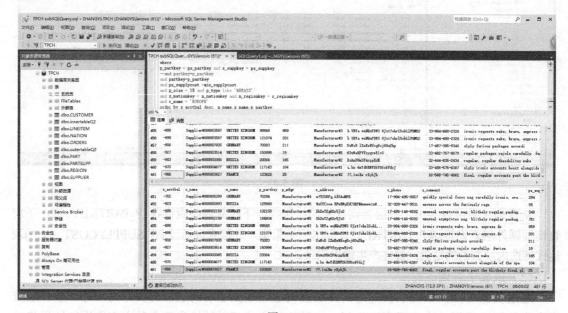

图 5-42

（4）查询性能对比

原始 Q2 查询为嵌套执行方式，基于派生表的查询以独立的连接操作代替了子查询调用，我们进一步分析两种不同查询执行方式的性能和查询执行计划的不同。通过下面命令清理缓冲区并设置统计状态。

```
DBCC DROPCLEANBUFFERS
DBCC FREEPROCCACHE
SET STATISTICS IO ON
```

SET STATISTICS TIME ON

基于派生表的查询 CPU 时间 为 216 毫秒，占用时间为 3347 毫秒，如图 5-43 所示。

图 5-43

嵌套查询执行模式的 Q2 查询 CPU 时间为 342 毫秒，占用时间为 5538 毫秒，如图 5-44 所示。

图 5-44

从查询执行时间来看，基于派生表连接操作的查询方式执行时间更短，其主要原因是将嵌套查询由外层查询驱动的内层子查询多次调用执行操作转换为内层子查询结果物化后的连接操作，将一次一判断执行方式转换为批量连接过滤，提高了数据处理效率。

2. Q4

任务：分析嵌套查询 Q4 的执行过程，子查询执行原理及等价的查询执行方式。

（1）原始 SQL 命令

```
SELECT O_ORDERPRIORITY,COUNT(*) AS ORDER_COUNT
FROM ORDERS
WHERE O_ORDERDATE >= '1993-07-01'
AND O_ORDERDATE < DATEADD(MONTH, 3, '1993-07-01')
AND EXISTS (
SELECT *
FROM LINEITEM
WHERE
L_ORDERKEY = O_ORDERKEY AND L_COMMITDATE < L_RECEIPTDATE
)
GROUP BY O_ORDERPRIORITY
ORDER BY O_ORDERPRIORITY;
```

原始查询 Q4 的语义是在 ORDERS 表的执行谓词条件，满足谓词条件 ORDERS 记录的 O_ORDERKEY 下推到内层子查询，与 LINEITEM 表谓词 L_COMMITDATE < L_RECEIPTDATE 执行结果集进行连接，如果存在满足连接条件的记录则返回外层查询真值，外层查询执行分组计数操作。

（2）谓词下推

外层查询 ORDERS 表上的谓词操作可以下推到内层子查询，谓词下推后的命令如下。

```
SELECT O_ORDERPRIORITY,COUNT(*) AS ORDER_COUNT
FROM ORDERS
WHERE --O_ORDERDATE >= '1993-07-01'
--AND O_ORDERDATE < DATEADD(MONTH, 3, '1993-07-01')
--AND
EXISTS (
SELECT *
FROM LINEITEM
WHERE L_ORDERKEY = O_ORDERKEY
AND L_COMMITDATE < L_RECEIPTDATE AND O_ORDERDATE >= '1993-07-01'
AND O_ORDERDATE < DATEADD(MONTH, 3, '1993-07-01')
)
GROUP BY O_ORDERPRIORITY
ORDER BY O_ORDERPRIORITY;
```

测试验证，谓词下推后的查询与原始查询 Q4 结果相同。

（3）查询改写

将 Q4 查询改写为两表连接操作。原始查询 Q4 首先判断 ORDERS 表上是否存在满足连接条件的记录再进行分组计数操作，改写后的查询直接在满足连接条件的记录上执行分组计数操作。需要注意的是，ORDERS 表上 O_ORDERKEY 为主键，而 L_ORDERKEY 为外键，将 Q4 查询改写为两表连接方式时一条满足条件的 ORDERS 表记录会与多个 LINEITEM 表记录连接，因此需要对连接结果集中的 O_ORDERKEY 去重统计。

```sql
SELECT O_ORDERPRIORITY,COUNT(DISTINCT O_ORDERKEY) AS ORDER_COUNT
FROM ORDERS,LINEITEM
WHERE L_ORDERKEY = O_ORDERKEY AND L_COMMITDATE < L_RECEIPTDATE
AND O_ORDERDATE >= '1993-07-01' AND O_ORDERDATE < DATEADD(MONTH, 3,
'1993-07-01')
GROUP BY O_ORDERPRIORITY
ORDER BY O_ORDERPRIORITY;
```

测试结果表明，改写后的查询与原始查询 Q4 结果相同，查询执行时间基本相同，查询执行代价也相同。

3. Q11

任务：分析嵌套查询 Q11 的执行过程，子查询执行原理及等价的查询执行方式。

（1）原始 SQL 命令

```sql
SELECT PS_PARTKEY,SUM(PS_SUPPLYCOST * PS_AVAILQTY) AS VALUE
FROM PARTSUPP,SUPPLIER,NATION
WHERE PS_SUPPKEY = S_SUPPKEY AND S_NATIONKEY = N_NATIONKEY
AND N_NAME = 'GERMANY'
GROUP BY  PS_PARTKEY HAVING SUM(PS_SUPPLYCOST * PS_AVAILQTY) > (
SELECT SUM(PS_SUPPLYCOST * PS_AVAILQTY) * 0.0001
FROM PARTSUPP,SUPPLIER,NATION
WHERE PS_SUPPKEY = S_SUPPKEY
AND S_NATIONKEY = N_NATIONKEY AND N_NAME = 'GERMANY')
ORDER BY VALUE DESC;
```

子查询部分可以独立执行，输入一个计算结果作为外层查询的常量使用。

（2）查询改写

将子查询执行结果赋值给变量@N，然后外层查询使用变量@N 执行查询命令。

```sql
DECLARE @N INT
SELECT @N=SUM(PS_SUPPLYCOST * PS_AVAILQTY) * 0.0001
FROM PARTSUPP,SUPPLIER,NATION
WHERE PS_SUPPKEY = S_SUPPKEY
AND S_NATIONKEY = N_NATIONKEY AND N_NAME = 'GERMANY';

SELECT PS_PARTKEY,SUM(PS_SUPPLYCOST * PS_AVAILQTY) AS VALUE
FROM PARTSUPP,SUPPLIER,NATION
WHERE PS_SUPPKEY = S_SUPPKEY AND S_NATIONKEY = N_NATIONKEY
AND N_NAME = 'GERMANY'
GROUP BY  PS_PARTKEY HAVING SUM(PS_SUPPLYCOST * PS_AVAILQTY) > @N
ORDER BY VALUE DESC;
```

测试结果表明两个查询结果相同。

4. Q16

任务：分析嵌套查询 Q16 的执行过程，子查询执行原理及等价的查询执行方式。

（1）原始 SQL 命令

```
SELECT P_BRAND,P_TYPE,P_SIZE,COUNT(DISTINCT PS_SUPPKEY) AS SUPPLIER_CNT
FROM PARTSUPP,PART
WHERE P_PARTKEY = PS_PARTKEY AND P_BRAND <> 'BRAND#45'
AND P_TYPE NOT LIKE 'MEDIUM POLISHED%'AND P_SIZE IN (49, 14, 23, 45,
19, 3, 36, 9)
AND PS_SUPPKEY NOT IN (
SELECT S_SUPPKEY
FROM SUPPLIER
WHERE S_COMMENT LIKE '%CUSTOMER%COMPLAINTS%' )
GROUP BY P_BRAND,P_TYPE,P_SIZE
ORDER BY SUPPLIER_CNT DESC,P_BRAND,P_TYPE,P_SIZE;
```

子查询为独立执行子查询，子查询结果集为满足条件的 S_SUPPKEY 列集合，IN 操作对应为 PS_SUPPKEY 排除在子查询结果集中的 PS_SUPPKEY 值。集合操作对应的子查询可以改写为连接操作，从 Q16 查询计划可以看到，PARTSUPP 与 PART 表执行哈希连接操作，然后再与子查询对应的 SUPPLIER 表结果集执行哈希连接操作。Q16 部分执行计划如图 5-45 所示。

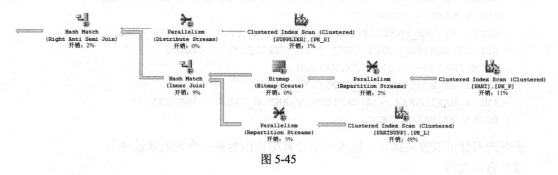

图 5-45

（2）查询改写

```
SELECT P_BRAND,P_TYPE,P_SIZE,COUNT(DISTINCT PS_SUPPKEY) AS SUPPLIER_CNT
FROM PARTSUPP,PART,SUPPLIER
WHERE P_PARTKEY = PS_PARTKEY AND P_BRAND <> 'BRAND#45'
AND PS_SUPPKEY=S_SUPPKEY
AND P_TYPE NOT LIKE 'MEDIUM POLISHED%'AND P_SIZE IN (49, 14, 23, 45,
19, 3, 36, 9)
AND S_COMMENT NOT LIKE '%CUSTOMER%COMPLAINTS%'
GROUP BY P_BRAND,P_TYPE,P_SIZE
ORDER BY SUPPLIER_CNT DESC,P_BRAND,P_TYPE,P_SIZE;
```

将子查询部分改写为 SUPPLIER 表与 PARTSUPP 表连接操作，NOT IN 操作改为谓词条件 NOT 取反操作，两个查询执行结果相同，执行计划相同，执行时间相近。

5. Q17

任务：分析嵌套查询 Q17 的执行过程，子查询执行原理及等价的查询执行方式。

（1）原始 SQL 命令

```
SELECT SUM(L_EXTENDEDPRICE) / 7.0 AS AVG_YEARLY
FROM LINEITEM,PART
```

```
WHERE P_PARTKEY = L_PARTKEY AND P_BRAND = 'BRAND#23'
AND P_CONTAINER = 'MED BOX' AND L_QUANTITY < (
SELECT 0.2 * AVG(L_QUANTITY)
FROM LINEITEM
WHERE L_PARTKEY = P_PARTKEY );
```

与 Q2 类似，外层查询将满足谓词条件 P_PARTKEY 属性值下推到子查询，在 LINEITEM 表中按给定的 P_PARTKEY 属性值计算出每一个 P_PARTKEY 对应的聚集计算结果，返回外层查询用于谓词比较。

（2）查询改写

将内层子查询改写为按满足谓词条件的 PARTKEY 分组聚集计算结果，预计算出子查询候选记录集，然后与外层查询执行连接操作。

```
WITH L_QUAN(QUANTITY_DIS,PARTKEY)
AS(
SELECT 0.2 * AVG(L_QUANTITY) AS QUANTITY_DIS,P_PARTKEY AS PARTKEY
FROM LINEITEM,PART
WHERE L_PARTKEY = P_PARTKEY
AND P_BRAND = 'BRAND#23' AND P_CONTAINER = 'MED BOX'
GROUP BY P_PARTKEY)
SELECT SUM(L_EXTENDEDPRICE) / 7.0 AS AVG_YEARLY
FROM LINEITEM,PART,L_QUAN
WHERE P_PARTKEY = L_PARTKEY AND L_PARTKEY=PARTKEY
AND P_BRAND = 'BRAND#23'
AND P_CONTAINER = 'MED BOX' AND L_QUANTITY < QUANTITY_DIS
```

通过派生表表示内层子查询结果集，然后与其他表执行连接操作。测试结果表明，两个查询命令执行结果相同，执行时间相近，执行计划基本相同。

6. Q18

任务：分析嵌套查询 Q18 的执行过程，子查询执行原理及等价的查询执行方式。

（1）原始 SQL 命令

```
SELECT
C_NAME,C_CUSTKEY,O_ORDERKEY,O_ORDERDATE,O_TOTALPRICE,SUM(L_QUANTITY)
FROM CUSTOMER,ORDERS,LINEITEM
WHERE O_ORDERKEY IN (
SELECT L_ORDERKEY
FROM LINEITEM
GROUP BY L_ORDERKEY HAVING SUM(L_QUANTITY) > 300)
AND C_CUSTKEY = O_CUSTKEY AND O_ORDERKEY = L_ORDERKEY
GROUP BY C_NAME,C_CUSTKEY,O_ORDERKEY,O_ORDERDATE,O_TOTALPRICE
ORDER BY O_TOTALPRICE DESC,O_ORDERDATE;
```

子查询为满足 HAVING 条件的分组聚集结果输出的 ORDERKEY 属性值集合，查询输出 ORDERKEY 子集对应的 ORDERS 表与 LINEITEM 表相关记录并进行分组聚集计算。查询计划中子查询部分在 LINEITEM 表上分组聚集，并通过 HAVING 过滤 L_ORDERKEY，然后与 LINEITEM 表进行连接操作，因此，该包含子查询的查询可以改写为连接操作。Q18 部分执行计划如图 5-46 所示。

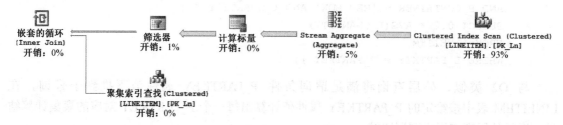

图 5-46

（2）改写查询

将 IN 操作子查询结果表示为派生表，批量生成满足条件 L_ORDERKEY 集合。然后将派生表与 ORDERS 表和 LINEITEM 表连接后进行分组聚集计算，并输出结果。改写后查询与原始查询 Q18 执行计划相同，查询结果相同。

```
WITH PRO_ORDERKEY(ORDERKEY)
AS(
SELECT L_ORDERKEY
FROM LINEITEM
GROUP BY L_ORDERKEY HAVING SUM(L_QUANTITY) > 300)
SELECT
C_NAME,C_CUSTKEY,O_ORDERKEY,O_ORDERDATE,O_TOTALPRICE,SUM(L_QUANTITY)
FROM CUSTOMER,ORDERS,LINEITEM,PRO_ORDERKEY
WHERE L_ORDERKEY=ORDERKEY
AND C_CUSTKEY = O_CUSTKEY AND O_ORDERKEY = L_ORDERKEY
GROUP BY C_NAME,C_CUSTKEY,O_ORDERKEY,O_ORDERDATE,O_TOTALPRICE
ORDER BY O_TOTALPRICE DESC,O_ORDERDATE;
```

7. Q20

任务：分析嵌套查询 Q20 的执行过程，子查询执行原理及等价的查询执行方式。

（1）原始 SQL 命令

```
SELECT S_NAME,S_ADDRESS
FROM SUPPLIER, NATION
WHERE S_SUPPKEY IN (
SELECT PS_SUPPKEY
FROM PARTSUPP
WHERE PS_PARTKEY IN (
SELECT P_PARTKEY
FROM PART
WHERE P_NAME LIKE 'FOREST%'
)
AND PS_AVAILQTY > (
SELECT 0.5 * SUM(L_QUANTITY)
FROM LINEITEM
WHERE L_PARTKEY = PS_PARTKEY
AND L_SUPPKEY = PS_SUPPKEY AND L_SHIPDATE >= '1994-01-01'
AND L_SHIPDATE <DATEADD(YEAR, 1, '1994-01-01') ) )
```

```
        AND S_NATIONKEY = N_NATIONKEY AND N_NAME = 'CANADA'
        ORDER BY S_NAME;
```

查询中包含两部分子查询。第一部分子查询为 SUPPLIER 判断 S_SUPPKEY 是否在 PARTSUPP 表的 PS_SUPPKEY 属性值集合中，而 PARTSUPP 需要判断 PS_PART 是否在 PART 表的 P_PARTKEY 属性值集合中。第二部分子查询由上层查询下推的 PS_PARTKEY 和 PS_SUPPKEY 驱动执行谓词过滤后的聚集计算，并将计算结果值返回上层查询作为 PS_AVAILQTY>表达式的变量使用。

（2）查询改写

第一个子查询嵌套连接键值判断可以改写为连接操作，即：

```
        SELECT S_NAME,S_ADDRESS
        FROM SUPPLIER, NATION
        WHERE S_SUPPKEY IN (
        SELECT PS_SUPPKEY
        FROM PARTSUPP
        WHERE PS_PARTKEY IN (
        SELECT P_PARTKEY
        FROM PART
        WHERE P_NAME LIKE 'FOREST%'))
```

可以改写为：

```
        SELECT S_NAME,S_ADDRESS
        FROM SUPPLIER,PART,PARTSUPP,NATION
        WHERE PS_PARTKEY=P_PARTKEY AND PS_SUPPKEY=S_SUPPKEY
        AND P_NAME LIKE 'FOREST%'
```

但经测试发现，改写后的查询记录多于原始子查询，主要原因是 S_SUPPKEY IN (…)操作是集合操作，PS_SUPPKEY 是外键集合，可能产生重复值，而 SUPPLIER 表上的集合操作只输出一个 S_SUPPKEY 键；而改写后的连接操作输出满足连接条件所有记录的 S_NAME 和 S_ADDRESS 属性，包含了 PS_SUPPKEY 键值重复的记录，因此两个查询执行结果不相同。

将改写查询输入结果去重后获得相同的查询结果。

```
        SELECT DISTINCT S_NAME,S_ADDRESS
        FROM SUPPLIER,PART,PARTSUPP,NATION
        WHERE PS_PARTKEY=P_PARTKEY AND PS_SUPPKEY=S_SUPPKEY
        AND P_NAME LIKE 'FOREST%'
```

对 Q20 查询改写时，可以将两个子查询合并，谓词操作尽量集中起来以减少连接表记录的数量。查询结果按 PS_PARTKEY、PS_SUPPKEY 和输出属性 S_NAME、S_ADDRESS 分组统计表达式结果 AVQTY，然后与 PARTSUPP 表连接，判断 PS_AVAILQTY>AVQTY 后输出查询结果。

```
        WITH PS_AVQTY(PARTKEY,SUPPKEY,AVQTY,S_NAME,S_ADDRESS)
        AS (
        SELECT PS_PARTKEY,PS_SUPPKEY, 0.5 * SUM(L_QUANTITY) AS AVQTY, S_NAME,
        S_ADDRESS
```

```sql
FROM LINEITEM,PARTSUPP,PART,SUPPLIER,NATION
WHERE L_PARTKEY = PS_PARTKEY AND L_SUPPKEY = PS_SUPPKEY
AND PS_PARTKEY=P_PARTKEY AND PS_SUPPKEY=S_SUPPKEY AND S_NATIONKEY = N_NATIONKEY
AND P_NAME LIKE 'FOREST%'AND L_SHIPDATE >= '1994-01-01'
AND L_SHIPDATE <DATEADD(YEAR, 1, '1994-01-01') AND N_NAME = 'CANADA'
GROUP BY PS_PARTKEY,PS_SUPPKEY,S_NAME,S_ADDRESS )
SELECT DISTINCT S_NAME,S_ADDRESS
FROM PARTSUPP,PS_AVQTY
WHERE PS_PARTKEY=PARTKEY AND PS_SUPPKEY=SUPPKEY AND PS_AVAILQTY>AVQTY
ORDER BY S_NAME;
```

测试结果表明，改写后的查询与原始查询结果相同，执行时间相近，查询计划相似，这说明两种不同写法的 SQL 命令在数据库中查询优化的方法相近。

8. Q21

任务：分析嵌套查询 Q21 的执行过程，子查询执行原理及等价的查询执行方式。

（1）原始 SQL 命令

```sql
SELECT S_NAME,COUNT(*) AS NUMWAIT
FROM SUPPLIER,LINEITEM L1,ORDERS,NATION
WHERE S_SUPPKEY = L1.L_SUPPKEY
AND O_ORDERKEY = L1.L_ORDERKEY AND O_ORDERSTATUS = 'F'
AND L1.L_RECEIPTDATE > L1.L_COMMITDATE
AND EXISTS (
SELECT *
FROM LINEITEM L2
WHERE
L2.L_ORDERKEY = L1.L_ORDERKEY AND L2.L_SUPPKEY <> L1.L_SUPPKEY )
AND NOT EXISTS (
SELECT *
FROM LINEITEM L3
WHERE L3.L_ORDERKEY = L1.L_ORDERKEY
AND L3.L_SUPPKEY <> L1.L_SUPPKEY AND L3.L_RECEIPTDATE > L3.L_COMMITDATE )
AND S_NATIONKEY = N_NATIONKEY AND N_NAME = 'SAUDI ARABIA'
GROUP BY S_NAME
ORDER BY NUMWAIT DESC,S_NAME;
```

查询可以分为 3 个阶段：第 1 阶段是连接 SUPPLIER 表、LINEITEM 表、ORDERS 表、NATION 表并按谓词条件过滤；第 2 阶段将连接记录的 O_ORDERKEY 下推到第 1 个子查询，判断是否存在满足 L_SUPPKEY 不相同的情况；第 3 阶段将 O_ORDERKEY 继续下推到第 2 个子查询，判断是否不存在 L_SUPPKEY 不相同且 L_RECEIPTDATE > L.L_COMMITDATE。查询两个子查询部分执行计划如图 5-47 所示，右端是第 1 阶段多表连接操作，然后分别与两个子查询进行连接操作，完成 EXISTS 和 NOT EXISTS 子查询判断。

图 5-47

（2）查询改写

首先对第一个 EXISTS 子句进行改写。

```
SELECT S_NAME,COUNT(*) AS NUMWAIT
FROM SUPPLIER,LINEITEM L1,ORDERS,NATION
WHERE S_SUPPKEY = L1.L_SUPPKEY
AND O_ORDERKEY = L1.L_ORDERKEY AND O_ORDERSTATUS = 'F'
AND L1.L_RECEIPTDATE > L1.L_COMMITDATE
AND EXISTS (
SELECT *
FROM LINEITEM L2
WHERE
L2.L_ORDERKEY = L1.L_ORDERKEY AND L2.L_SUPPKEY <> L1.L_SUPPKEY )
AND S_NATIONKEY = N_NATIONKEY AND N_NAME = 'SAUDI ARABIA'
GROUP BY S_NAME
ORDER BY NUMWAIT DESC,S_NAME;
```

EXITS 表示外层查询 L1.L_ORDERKEY 和 L1.L_SUPPKEY 属性值下推到子查询中判断是否存在匹配的记录，这种操作可以转换为连接操作。

```
SELECT S_NAME,COUNT(DISTINCT O_ORDERKEY) AS NUMWAIT
FROM SUPPLIER,LINEITEM L1,ORDERS,NATION,LINEITEM L2
WHERE S_SUPPKEY = L1.L_SUPPKEY AND S_NATIONKEY = N_NATIONKEY
AND O_ORDERKEY = L1.L_ORDERKEY
AND L2.L_ORDERKEY = L1.L_ORDERKEY
AND O_ORDERSTATUS = 'F'AND N_NAME = 'SAUDI ARABIA'
AND    L1.L_RECEIPTDATE  >   L1.L_COMMITDATE   AND   L2.L_SUPPKEY  <>
L1.L_SUPPKEY
GROUP BY S_NAME
ORDER BY NUMWAIT DESC,S_NAME;
```

两个查询执行结果相同，但查询执行计划不同，查询执行时间上转换后的连接查询执行时间较长，不如 EXISTS 子查询效率高。

NOT EXISTS 子查询转换为普通连接操作难度较大，后一个子查询不做转换。

```
SELECT S_NAME,COUNT(DISTINCT O_ORDERKEY) AS NUMWAIT
FROM SUPPLIER,LINEITEM L1,ORDERS,NATION,LINEITEM L2
WHERE S_SUPPKEY = L1.L_SUPPKEY AND S_NATIONKEY = N_NATIONKEY
AND O_ORDERKEY = L1.L_ORDERKEY
AND L2.L_ORDERKEY = L1.L_ORDERKEY
AND O_ORDERSTATUS = 'F'AND N_NAME = 'SAUDI ARABIA'
AND    L1.L_RECEIPTDATE  >   L1.L_COMMITDATE   AND   L2.L_SUPPKEY  <>  L1.L_
SUPPKEY
```

```sql
AND NOT EXISTS (
SELECT *
FROM LINEITEM L3
WHERE L3.L_ORDERKEY = L1.L_ORDERKEY
AND   L3.L_SUPPKEY <> L1.L_SUPPKEY AND L3.L_RECEIPTDATE > L3.L_COMMITDATE )
GROUP BY S_NAME
ORDER BY NUMWAIT DESC,S_NAME;
```

9. Q22

任务：分析嵌套查询 Q22 的执行过程，子查询执行原理及等价的查询执行方式。

（1）原始 SQL 命令

```sql
SELECT CNTRYCODE,COUNT(*) AS NUMCUST,SUM(C_ACCTBAL) AS TOTACCTBAL
FROM (
SELECT SUBSTRING(C_PHONE,1,2) AS CNTRYCODE,C_ACCTBAL
FROM CUSTOMER
WHERE SUBSTRING(C_PHONE,1,2) IN
('13','31','23','29','30','18','17')
AND C_ACCTBAL > (
SELECT AVG(C_ACCTBAL)
FROM CUSTOMER
WHERE C_ACCTBAL > 0.00
AND SUBSTRING (C_PHONE,1,2) IN
('13','31','23','29','30','18','17') )
AND NOT EXISTS (
SELECT *
FROM ORDERS
WHERE O_CUSTKEY = C_CUSTKEY )) AS CUSTSALE
GROUP BY CNTRYCODE ORDER BY CNTRYCODE;
```

查询中的第 1 个子查询 FROM (…)为派生表查询，不需要转换；第 2 个子查询 C_ACCTBAL > (…)内部是一个独立执行的子查询，用于输出一个计算结果，不需要转换；主要评估 NOT EXISTS 子查询能否进行查询改写。NOT EXISTS 子查询用于检测输入的 C_CUSTKEY 属性值是否在 ORDERS 表中没有产生订单。

（2）查询改写

对以下包含 NOT EXISTS 子查询的部分查询语句进行改写。

```sql
SELECT SUBSTRING(C_PHONE,1,2) AS CNTRYCODE,C_ACCTBAL
FROM CUSTOMER
WHERE SUBSTRING(C_PHONE,1,2) IN ('13','31','23','29','30','18','17')
AND C_ACCTBAL > (
SELECT AVG(C_ACCTBAL)
FROM CUSTOMER
WHERE C_ACCTBAL > 0.00
AND SUBSTRING (C_PHONE,1,2) IN ('13','31','23','29','30','18','17') )
AND NOT EXISTS (
SELECT *
```

```
FROM ORDERS
WHERE O_CUSTKEY = C_CUSTKEY) ORDER BY CNTRYCODE
```

原始查询中 NOT EXISTS 语句子查询查询指定 C_CUSTKEY 在 ORDERS 表中的订单记录，如果为空则返回真值，也就是说子查询需要找到 CUSTOMER 表中与 ORDERS 表没有连接的记录。从查询计划来看，NOT EXISTS 子查询转换为左连接操作。NOT EXISTS 子查询部分执行计划如图 5-48 所示。

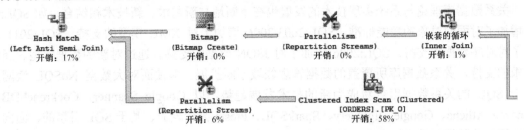

图 5-48

左连接可以用于将 CUSTOMER 表中全部记录与 ORDERS 表记录连接，CUSTOMER 表中没有产生订单记录的 ORDERS 连接属性为空值，可以通过空值判断哪些 CUSTOMER 记录未产生订单。改写后的查询如下。

```
SELECT SUBSTRING(C_PHONE,1,2) AS CNTRYCODE,C_ACCTBAL
FROM CUSTOMER LEFT JOIN ORDERS ON C_CUSTKEY=O_CUSTKEY
WHERE SUBSTRING(C_PHONE,1,2) IN ('13','31','23','29','30','18','17')
AND C_ACCTBAL > (
SELECT AVG(C_ACCTBAL)
FROM CUSTOMER
WHERE C_ACCTBAL > 0.00
AND SUBSTRING (C_PHONE,1,2) IN ('13','31','23','29','30','18','17') )
AND O_CUSTKEY IS NULL
ORDER BY CNTRYCODE
```

基于左连接的查询执行计划与 NOT EXISTS 子查询执行计划基本一致，查询时间相近。左连接查询部分执行计划如图 5-49 所示。

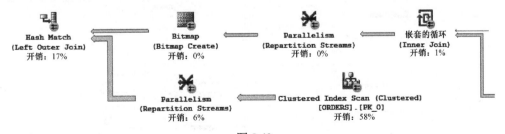

图 5-49

小结：子查询是比较复杂的查询，数据库的查询优化器对复杂子查询的优化难度较大。本节通过 TPC-H 查询案例对包含子查询的查询命令进行等价的查询改写，转换为普通的关系操作，并通过对查询执行计划的分析初步了解数据库查询优化的一般方法。子查询在语义表达上有一定的优势，同时数据库用户也需要掌握查询的不同实现方法，在应用中灵活选择，优化查询性能。

5.4 代表性的关系数据库

从 20 世纪 60 年代开始，关系数据库逐渐发展和成熟起来，确定了以关系模型理论、关系数据库标准语言 SQL、查询优化技术、事务处理、并发控制、故障恢复等一系列关键技术为代表的数据库理论和系统实现技术，推动了关系数据库产业化的发展。

关系数据库理论与系统实现技术的发展也在不断地与新需求、新技术相结合，如 SQL:99 中增加了对面向对象的功能标准，SQL:2003/2006 增加了对 XML 模型的支持，SQL:2011 增加了对时序数据的支持，SQL:2006 增加了对 JSON 数据的支持。通过对新的数据模型、新的需求的支持，关系数据库所覆盖的数据管理领域不断扩展。即使面对大数据 NoSQL 浪潮，基于 SQL 的关系数据库重新成为新的技术发展趋势，以 Google Spanner、CockroachDB、Amazon Athena、Google BigQuery、SparkSQL、Presto 为代表的、基于 SQL 引擎的、面向大数据管理的数据库技术被企业广泛采用。

传统的关系数据库以基于磁盘的、以事务处理为主的集中式或分布式数据库，以及面向分析处理的并行数据库为代表。随着数据量快速增长，高通量、高实时数据处理需求的不断提高，新型硬件技术的出现及发展，关系数据库技术面临着新的需求、机遇与挑战。随着大数据时代的到来，大数据管理、大数据处理和大数据分析成为当前关系数据库技术的一个新挑战，也是关系数据库理论和实现技术发展的一个新的机遇。

在图 5-50 所示的 Big Data Landscape 2018 中，传统数据库厂商，如 Oracle、IBM、Microsoft 等为大数据提供了基础数据管理与处理架构；MPP 数据库产品提供了大数据分析处理能力，如 Teradata、Vertica、Netezza、Actian、Exasol 等；新兴的 NewSQL 数据库，如 SAP HANA、MemSQL、VoltDB 等通过 Scale-out 架构与内存计算技术提供可扩展的、实时的、事务与分析混合负载处理能力。新硬件技术的发展，如 GPU 数据库技术也推动了数据库技术的发展，如 MapD、Kinetica、SQREAM 等数据库基于强大的 GPU 并行计算性能提供了实时分析处理能力。

图 5-50

本节对大数据时代一些具有代表性的数据库系统和技术进行简要的介绍。

1. 传统数据库技术的发展

Oracle、IBM DB2、Microsoft SQL Server 是传统关系数据库的典型代表。传统磁盘数据库的主要性能瓶颈在于慢速的磁盘 I/O 代价，除传统的存储访问优化、索引优化、缓冲区管理优化等技术外，在传统的磁盘处理引擎的基础上通过集成内存数据引擎技术提升了数据库的实时处理能力。

Oracle TimesTen 和 IBM solidDB 既可以用作独立的内存数据库，应用于大内存、高实时响应性场景，也可以作为大容量磁盘数据库的前端高速数据库缓存使用。

当前最新发展趋势是混合双/多引擎结构数据库。如图 5-51 所示，Oracle 推出了支持两个存储格式的内存数据库产品 Oracle Database In-Memory[1]，行存储结构用于加速内存 OLTP 事务处理负载，列存储结构用于加速内存 OLAP 分析处理负载。列存储引擎是完全内存列存储结构，应用 SIMD、向量化处理、数据压缩、存储索引等内存优化技术，并可以扩展到 RAC 集群提供 Scale-out 扩展能力和高可用性。

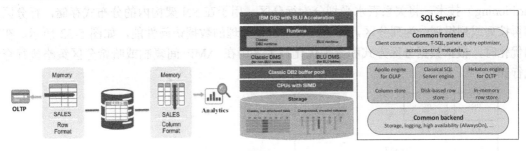

图 5-51

BLU Acceleration 是面向商业智能查询负载的加速引擎[2]，它采用内存列存储和改进的数据压缩技术，面向硬件特性的并行查询优化等技术加速分析处理性能。BLU Acceleration 与 DB2 构成双引擎，传统数据库引擎采用磁盘行存储表结构，提供事务处理能力；BLU Acceleration 引擎面向列存储，面向高性能分析处理能力。

SQL Server 在传统磁盘行存储引擎的基础上增加了 Hekaton 内存行存储引擎加速 OLTP 事务处理性能，还增加了列存储索引加速分析处理性能[3]。列存储索引可以用于内存基本表，支持 B+树索引及数据同步更新，通过 SIMD 优化及批量处理技术提高查询性能。

---

1 Tirthankar Lahiri, Shasank Chavan, Maria Colgan, Dinesh Das, Amit Ganesh, Mike Gleeson, Sanket Hase, Allison Holloway, Jesse Kamp, Teck-Hua Lee, Juan Loaiza, Neil MacNaughton, Vineet Marwah, Niloy Mukherjee, Atrayee Mullick, Sujatha Muthulingam, Vivekanandhan Raja, Marty Roth, Ekrem Soylemez, Mohamed Zaït. Oracle Database In-Memory: A dual format in-memory database[C]. ICDE, 2015: 1253-1258.

2 Vijayshankar Raman, Gopi K. Attaluri, Ronald Barber, Naresh Chainani, David Kalmuk, Vincent KulandaiSamy, Jens Leenstra, Sam Lightstone, Shaorong Liu, Guy M. Lohman, Tim Malkemus, René Müller, Ippokratis Pandis, Berni Schiefer, David Sharpe, Richard Sidle, Adam J. Storm, Liping Zhang. DB2 with BLU Acceleration: So Much More than Just a Column Store[J]. PVLDB, 2013, 6(11): 1080-1091.

3 Per-Åke Larson, Adrian Birka, Eric N. Hanson, Weiyun Huang, Michal Nowakiewicz, Vassilis Papadimos. Real-Time Analytical Processing with SQL Serve[J]. PVLDB, 2015, 8(12): 1740-1751.

随着大内存、多核处理器逐渐成为主流的计算平台，传统的关系数据库系统正经历着从磁盘数据库到内存数据库的升级，内存计算的高性能进一步提高了实时分析处理能力，推动了 OLTP 事务处理与 OLAP 分析处理的融合技术，提高分析处理的数据实时性。

2. 代表性的 MPP 数据库

MPP 数据库是采用 Shared-Nothing（SN）架构的并行分布式数据库，主要用于数据仓库类型的分析型处理负载。SN 架构提供了 Scale-out 存储和计算扩展能力，需要通过数据分布策略和并行查询处理技术发挥集群并行处理性能。

Teradata 数据库主要面向可扩展、高性能、并行处理的决策支持和数据仓库应用领域。Teradata 采用 SN 架构，由解析引擎（Parsing Engines，PE）和访问模块处理器（Access Module Processors，AMP）组成，PE 负责处理并发的查询会话，进行查询解析、查询重写、查询优化、查询计划生成、查询调度等任务，将查询任务分配给 AMP，AMP 负责在虚拟存储 VDISK 上的查询处理任务，是数据处理的并行处理单元。在 SN 架构并行查询处理中，磁盘访问和网络传输是主要的代价。Teradata 采用混合行列分区（Hybrid row-column partitioning）技术，将关系表水平划分为行分区，用于在 SN 架构内的分布式存储，行分区内部再按列或列组划分为列分区，加速分析型查询处理的数据访问性能，如图 5-52 所示。在查询优化时，根据数据分区方式和查询优化技术采用在 AMP 间复制或哈希分区策略执行查询执行计划。

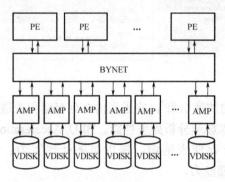

图 5-52[1]

Vertica 在处理大表连接时采用预连接投影技术。如图 5-53 所示，原始关系表划分为多个投影，投影采用列存储且投影之间可以有冗余。不同的投影可以采用不同的数据组织方式，如第一个投影按 date 排序，第二个投影按 cust 排序，优化不同的连接操作。

Vertica 在节点内采用水平分区方式将数据划分为多个存储区域，提高节点查询处理的并行性。Vertica 还支持 OLTP 与 OLAP 混合负载，它由读优化存储（Read Optimized Store，ROS）和写优化存储（Write Optimized Store，WOS）组成，读优化存储采用列存储数据压缩方式，提高分析处理性能；写优化存储采用非压缩写缓存结构（内存行存储或列存储）优化更新操作；tuple mover 自动执行从 WOS 向 ROS 的数据转换与迁移。

---

1 Mohammed Al-Kateb, Paul Sinclair, Grace Au, Carrie Ballinger. Hybrid Row-Column Partitioning in Teradata[J]. PVLDB, 2016, 9(13): 1353-1364.

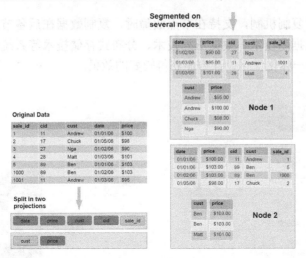

图 5-53[1]

  IBM Netezza 是一种非对称的 MPP 架构，采用数据仓库一体机架构，如图 5-54 所示。Netezza 的 AMPP（Asymmetric Massively Parallel Processing）采用两层结构，前端由 SMP 高性能主机组成，负责接收查询请求、生成优化的查询代码片段 snippet、并分发到后端 SN 架构的 MPP 后端执行；后端由 S-Blades 组成，S-Blades 包括一个刀片服务器（8 个 CPU 核）和一块数据加速卡（8 个 FPGA 核）。一个 S-Blades 管理 8 个数据片（data slices），一个 CPU 核与一个 FPGA 核再加上一个数据片组成了一个逻辑的处理单元，称之为 Snippet Processor，每个 Snippet Processor 都独立地负责一个数据片的处理。Netezza 的特征是使用 FPGA 进行数据解压缩、投影列、过滤等底层数据操作，通过 FPGA 低延迟特性加速数据预处理。CPU 核则负责复杂的聚合、连接、汇总等操作，是一种基于混合处理器平台的协同处理模式。

  Oracle Exadata 一体机是软件、硬件整合为一体的数据库系统，Exadata 数据库一体机在数据库服务器和存储服务器端使用 Scale-out 集群架构。在硬件配置上通过高性能硬件的优化配置提高整体性能，如 Exadata X7-8 采用 8 路 SMP 处理器的数据库服务器，每个数据库服务器配置有 192 个 CPU 核和 3~6TB 内存，支持高性能 OLTP 事务处理和内存数据库应用。存储服务器采用相对低端的 10 核处理器和 4~8 块 6.4TB NVMe PCI 闪存存储卡，缓存数据库的磁盘写操作，加速磁盘 I/O 访问性能。Exadata 支持弹性配置，支持 2~3 个数据库服务器和 3~14 个存储服务器的不同配置。在查询优化技术方面，Exadata System Software 提供了统一的高效数据库优化存储结构，存储服务器用于加速数据密集型负载处理性能，其中具有代表性的技术是 Smart Scan，通过将数据库服务器的数据密集型负载转移到存储服务器上，通过将谓词、连接过滤、投影等操作下推到存储服务器节点来减少发送给数据库服务器的数据量，由数据库服务器完成其他复杂的查询处理任务。存储服务器采用 Hybrid Columnar Compression 数据压缩技术来提高存储效率，数据解压缩工作也下推到存储服务器节点完成。Exadata 运行 Oracle Database In-Memory，数据采用透明的多级存储方式，热数据存储在内存，暖数据存储在闪存，冷数据存储在磁盘，查询可以在多级存储上完全透明访问。SN

---

1 Andrew Lamb, Matt Fuller, Ramakrishna Varadarajan, Nga Tran, Ben Vandier, Lyric Doshi, Chuck Bear[J]. The Vertica Analytic Database: C-Store 7 Years Later[J]. PVLDB, 2012, 5(12): 1790-1801.

架构还支持容错内存复制机制,支持在节点故障时,复制数据在后备节点的自动运行。通过将硬件技术、内存数据库技术、数据压缩技术、分布式存储技术等系统性优化设计,数据库一体机在软件、硬件一体化优化设计方面获得较好的效果。

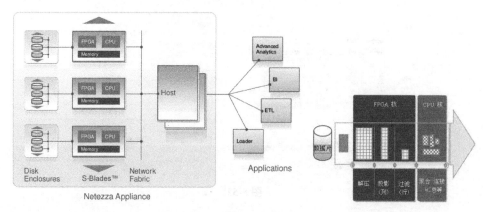

图 5-54

Actian Vector 是开源内存数据库 MonetDB 的商业化系统,它采用向量化处理技术,通过 SIMD 指令优化、Cache 优化、列存储、数据压缩、Positional Delta Trees(PDTs)更新、存储索引、并行查询处理等技术提供了强大的分析处理性能,连续多年在 TPC-H 性能测试中位居前列,是内存 OLAP 数据库的代表性系统。Actian X 在 Ingres 数据库中集成了 OLTP 事务处理与分析处理特性,支持面向 OLTP 和 OLAP 混合负载的查询处理任务。VectorH 是支持在 Hadoop 上的列存储 SQL 数据库,通过向量化查询处理技术和多级内存数据管理提供高性能服务。VectorH 支持对 HDFS 数据的直接访问和对 Spark SQL DataFrames 的访问。不同架构的数据库系统覆盖了传统的事务处理、分析处理与新兴的大数据分析应用领域,Vector 作为核心的高性能分析处理引擎,通过与不同系统相结合,获得扩展性和高性能两方面的收益。

EXASOL 是一个高性能的 MPP 内存数据库,主要应用于 BI 商业智能、分析处理和报表等,在 TPC-H 集群性能和性价比指标上名列第一。EXASOL 采用列存储和内存压缩技术,具有自调优特性,自动维护索引、表统计信息、数据分布等策略。EXASOL 采用内存处理,数据在磁盘持久存储,具有完整的 ACID 特性。

3. 代表性的 NewSQL 数据库

NewSQL 数据库通常是指突破了传统数据库的技术框架,在系统扩展性、大数据量支持等方面与 NoSQL 数据库特征相近,但保持 SQL 数据库的 ACID 特性和高性能特征的新兴数据库系统,包括 SAP HANA、MemSQL、VoltDB 等。

SAP HANA 内存数据库是一个集成 OLTP 事务处理与 OLAP 分析处理负载于一体的高性能内存数据库系统,列存储引擎通过面和多核处理器、SIMD 指令、Cache、数据压缩和大内存的优化技术最大化数据库内核的并行处理能力,事务处理引擎采用适合事务处理的存储结构,数据库支持在操作数据上同时执行事务处理与分析处理任务。HANA 通过列存储数据压缩技术提高内存利用率,事务处理数据则采用简单的数据压缩方式,通过主存储和 delta 列存储两种存储模型分别优化 OLAP 与 OLTP 负载。最新的研究[1]将 NVRAM 作为内存数据库的新型非易失性存储，利用 NVRAM 大容量、低成本、接近内存访问性能的特点进行一步提高内存数据库的性价比，提高内存数据库在重新启动时的数据加载性能。HANA 还支持异步并行表复制（Asynchronous Parallel Table Replication，ATR[2]）技术，将 OLTP 负载分配给一个主服务器，OLAP 负载分配给多个复制服务器，主服务器采用适合事务处理的行存储模型，复制服务器采用列存储模型加速分析处理性能。ATR 对 OLAP 查询支持弹性扩展，最小化主服务器的事务处理代价，通过 MVCC 多版本机制保证主服务器与复制服务器的数据一致性。从技术发展趋势来看，OLTP 与 OLAP 混合负载处理将成为主流需求，首先需要在行存储及列存储模型层面优化设计事务处理与分析处理数据模型和访问性能，还需要从不同负载对扩展性不同需求出发设计弹性的计算架构，分别适应 OLTP 与 OLAP 不同的数据处理负载强度，应对不同的数据处理需求特征。

  MemSQL 是一个分布式的、内存优化的、实时事务处理与分析处理的数据库[3]。MemSQL 支持内存行存储和后备磁盘列存储，通过无锁数据结构和多版本并发控制提高读/写并发性能，支持事务处理与分析处理的并发执行。MemSQL 采用 SN 架构，包含调度节点与执行节点，调度节点作为系统的协调者，执行节点提供数据存储和查询处理功能。普通表采用哈希分布方式，参照表则将被参照表在节点中进行复制以提高参照访问的局部性。查询执行时，调度节点将用户查询转换为分布式查询计划，包括节点内的计算和节点间远程数据访问操作。查询计划编译为高效的机器码，MemSQL 缓存编译的查询计划来提供高效的执行路径。

  VoltDB[4]是一个基于 SN 架构的、支持完全 ACID 特性的内存数据库。VoltDB 使用水平扩展技术增加 SN 架构中数据库的节点数量，数据和数据上的处理相结合分布在 CPU 核上作为虚拟节点，每个单线程分区作为一个自治的查询处理单元，消除并发控制代价，分区透明地在多个节点中进行分布，节点故障时自动由复制节点接替其处理任务。VoltDB 采用快照技术实现持久性，快照是数据库在一个时间点完整的数据库复制，存储在磁盘上。VoltDB 将事务处理作为编译的存储过程调用，查询被分配到节点控制器串行执行，通过基于 CPU 核的分区机制最大化并行事务处理能力，满足高通量事务处理需求。

---

[1] Mihnea Andrei, Christian Lemke, Günter Radestock, Robert Schulze, Carsten Thiel, Rolando Blanco, Akanksha Meghlan, Muhammad Sharique, Sebastian Seifert, Surendra Vishnoi, Daniel Booss, Thomas Peh, Ivan Schreter, Werner Thesing, Mehul Wagle, Thomas Willhalm. SAP HANA Adoption of Non-Volatile Memory[J]. PVLDB, 2017, 10(12): 1754-1765.

[2] Juchang Lee, SeungHyun Moon, Kyu Hwan Kim, Deok Hoe Kim, Sang Kyun Cha, Wook-Shin Han, Chang Gyoo Park, Hyoung Jun Na, Joo-Yeon Lee. Parallel Replication across Formats in SAP HANA for Scaling Out Mixed OLTP/OLAP Workloads[J]. PVLDB, 2017, 10(12): 1598-1609.

[3] Jack Chen, Samir Jindel, Robert Walzer, Rajkumar Sen, Nika Jimsheleishvilli, Michael Andrews. The MemSQL Query Optimizer: A modern optimizer for real-time analytics in a distributed database[J]. PVLDB, 2016, 9(13): 1401-1412.

[4] Michael Stonebraker, Ariel Weisberg. The VoltDB Main Memory DBMS[C]. IEEE Data Eng, 2013, 36(2): 21-27.

4. 基于新硬件技术的数据库

随着处理器技术的发展，多核处理器核心数量持续增长，以 NVIDIA GPGPU 为代表的加速器集成了大量的计算核心，通过 GPU 的高并发线程提供强大的并行数据访问和计算能力。表 5-1 所示为当前主流的多核处理器、Phi 融核处理器和 GPU 加速器，基于 Xeon 架构的多核处理器和 Phi 融核处理器采用 x86 结构，核心数量稳步增长，其中 Phi 融核处理器集成了可配置、可编程的 16GB 高带宽 HBM 内存，能够提供更加灵活和强大的缓存能力。NVIDIA 最新的 Volta 架构 GPU 集成了大量计算核心和 16GB 高带宽内存，其特有的 NVLlink 技术支持高达 300GB/s 的处理器间总带宽性能。

表 5-1 处理器与加速器

类型	Xeon Platinum 8176	Xeon Phi 7290	NVIDIA Tesla V100
核心数量/线程数量	28/56	72/288	5120 CUDA Cores/640 Tensor Cores
主频	2.10 GHz	1.50 GHz	1.455 GHz
最大内存容量	768 GB	384 GB	16 GB HBM2 VRAM
缓存容量	39 MB L3	36 MB L2 / 16 GB HBM	6 MB L2
内存类型	DDR4-2666/6 通道	DDR4-2400/6 通道	HBM2
最大内存带宽		115.2 GB/s	900 GB/s

处理器技术的发展为提升数据库性能提供了硬件支持，MapD 是一个基于 GPU 和 CPU 混合架构的内存数据库[1]。MapD 通过将用户查询编译为 CPU 和 GPU 上执行的机器码提高查询性能，通过向量化查询执行和 GPU 代码优化技术提高查询执行性能。查询执行时，CPU 负责查询解析，与 GPU 计算并行执行。通过数据压缩技术，MapD 能够在 8 块 Nvidia K80 GPU 的 192GB GPU 内存中处理 1.5～3TB 的原始数据，或者在 CPU 中处理 10～15TB 原始数据。MapD 将 GPU 内存作为热数据存储设备，CPU 内存作为暖数据存储设备，SSD 作为冷数据存储设备，并尽可能将热数据存储于 GPU 内存，通过 GPU 强大的并行计算能力提供高性能服务。

传统数据库的基础硬件正在发生变化，非易失性内存将成为大容量、低成本、高性能的新内存，改变传统数据库面向易失性内存而设计的日志、缓存、恢复等机制；硬件加速器成为 HPC 高性能计算的主流平台，将成为高性能数据库的计算平台，面向 GPU 架构及 CPU-GPU 异构计算平台的数据库也会成为一个新的技术发展趋势。

小　　结

本章扩展了对数据库技术的理解深度，通过 SQL 命令测试方法展现了数据库的存储结构、缓冲区管理方法、索引结构，使读者深入了解数据库底层的实现技术，学习并掌握数据库查询的优化技术和执行过程，不仅在 SQL 层面掌握数据操作的方法，而且在底层运行原理

---

[1] Christopher Root, Todd Mostak. MapD: a GPU-powered big data analytics and visualization platform[C]. SIGGRAPH Talks, 2016, 73:1-73:2.

层面掌握数据库的运行机制与查询优化方法。内存数据库是数据库的新技术，本章介绍了 SQL Server 2017 内存表和内存列存储索引的使用方法，使读者掌握在当前大内存时代如何通过内存数据库技术提高查询处理性能。本章通过对 TPC-H 中复杂查询的案例分析让读者深入掌握复杂 SQL 设计方法、优化策略及查询改写与优化方法，通过具体的实践案例使读者初步掌握 SQL 优化技术。最后，本章对当前数据库技术的发展趋势和主流技术进行了简要的介绍，使读者了解当前和未来数据库技术的发展趋势，了解当前代表性数据库技术的主要特征，对大数据时代不同的数据库技术有一个全面的认识。

第 3 部分　数据仓库和 OLAP 基础

　　数据仓库是面向企业级大数据分析处理的数据库技术，相对于通用关系数据库的关系模型和关系操作而言，数据仓库采用面向分析主题的多维数据模型和多维操作，有特殊的理论基础与实现技术，是企业级智能分析与决策支持的基础支撑技术。

　　第 3 部分主要介绍数据仓库系统的基本理论、OLAP 操作、数据仓库案例与 OLAP 实现技术，使读者了解面向企业级数据仓库大数据分析处理的基本概念、方法与技术，并且通过企业级 Benchmark 案例实践掌握 OLAP 基本实现技术，了解数据可视化方法，学习现代大数据分析的基本技术。

第 6 章　数据仓库和 OLAP

学习目标/本章要点

数据库早期的主要应用领域是航空订票和账务处理等事务性数据处理领域，这种应用类型称为联机事务处理（On-Line Transaction Processing，OLTP），查询处理的对象通常以记录为单位，需要索引来加速其记录查找性能，需要复杂事务管理机制来保证事务的正确性。随着企业数据量的不断积累，从数据分析中发掘价值成为数据库的另一个重要功能，需要数据库能够在海量数据中支持高响应性的分析处理，即联机分析处理（On-Line Analytical Processing，OLAP）。OLTP 处理的对象是数据库中少量的记录个体，操作以插入（insert）、删除（delete）、更新（update）等为主，处理的对象通常为完整的记录。OLAP 处理的对象则是数据库中大量的记录，操作以只读性查询为主，查询处理通常以少量列上的聚集计算为主，不需要 OLTP 数据库中复杂的事务处理等机制，但对数据库的存储访问性能和复杂的查询处理性能要求较高。分析处理不同于传统的事务处理数据库的特性推动了数据仓库的诞生，并且成为另一个重要的数据库应用领域。

本章的学习目标是了解数据仓库的基本概念、体系结构和模式特点，掌握数据仓库与数据库之间的区别与联系；掌握 OLAP 的概念和特点，了解 OLAP 的典型技术和设计思想，并通过具有代表性的基准（Benchmark）案例分析了解数据仓库和 OLAP 系统的基本需求。

6.1　数 据 仓 库

6.1.1　数据仓库的概念

从数据仓库技术的发展历程来看，数据仓库是伴随着数据库技术从以事务处理为中心向以分析处理为中心的转变而产生的，数据仓库最初的目标是为操作型数据库系统过渡到决策支持系统提供一种工具或面向整个企业的数据集成环境。数据仓库需要解决的问题包括如何从传统的操作型处理系统中抽取与决策主题相关的数据，如何通过转换把分散的、不一致的业务数据转换成集成的、统一的数据等。数据仓库不是单一的产品或技术，而是一个为提供决策支持和联机分析而将数据集成的、统一的环境。

数据仓库之父 W.H. Inmon 在 1991 年出版的 *Building the Data Warehouse*（《建立数据仓库》）一书中提出的定义被广泛接受——数据仓库（Data Warehouse）是一个面向主题的、集成的、不可更新的、反映历史变化的数据集合，用于支持企业或组织的决策分析处理。

数据仓库的主要功能是组织企业业务系统的联机事务处理（OLTP）长年累积的业务数据，通过数据仓库优化的存储体系结构，通过系统的数据抽取、转换、清洗等数据集成功能来支持企业报表处理、联机分析处理（OLAP）、数据挖掘（Data Mining）等功能，从而支持决策支持系统（Decision Support System，DSS），帮助决策者能够从企业海量数据中快速分析出有价值的信息，帮助企业决策制定及快速响应企业外在环境变化，帮助企业构建商业智能（Business Intelligence，BI）。

6.1.2 数据仓库的特征

数据仓库中的数据具备下面 4 个基本特征。

1. 面向主题

主题可以看作某宏观分析领域所涉及的分析对象。相对于 OLTP 应用中按数据进行组织的方法而言，数据仓库是在较高的逻辑层次上将企业数据进行综合、分类并分析处理。面向主题的数据组织方式是在企业较高层次上对分析对象数据的完整、一致的描述，以达到统一组织分析对象所涉及的各项数据和数据之间联系的目的。

数据仓库中的数据是面向分析主题进行组织的，去除了面向应用系统的数据结构，只保留了与分析主题相关的数据结构，从而使数据仓库将分析主题相关的数据紧密结合起来。与数据库采用基于二维表的关系模型存储数据不同，数据仓库采用多维数据模型存储面向主题的数据，通过多个分析维度统一组织需要分析的数据。数据仓库可以看作面向某个分析主题的多维数据集合，由事实数据和相关维属性数据构成，在关系数据库中可以存储为事实表和一系列维表。在采用关系数据库的数据仓库系统中，维表和事实表之间具有主–外键参照引用关系，面向主题的数据库模式通过主–外键参照关系构成一个连通图，没有孤立的节点。

2. 数据仓库是集成的

数据仓库不是在业务数据库系统上的分析查询处理，而是面向数据分析主题构建的多维数据集合。数据从前端业务系统中抽取面向数据仓库主题的数据并通过一定的清洗、转换等过程将数据集成到数据仓库中。数据仓库的数据可能来自不同类型的数据源，来自不同的业务系统，甚至来自企业外部。首先需要解决不同来源原始数据的一致性问题，然后将原始数据的结构按分析主题的结构进行转换，使其适合多维分析处理任务，支持商务智能和决策分析处理。根据数据仓库的应用需求，可能还需要对数据进行一定的综合和计算，这既需要保留原始的细节数据，也需要存储不同粒度的综合数据。

3. 数据仓库是不可更新的

数据仓库面向分析处理任务而设计，数据为历史数据，通常不进行数据修改操作。在数据仓库体系结构中，操作型数据通常位于前端业务系统数据库中，支持对数据实时插入、删除、修改操作，而用于分析主题的稳定的历史数据则定期加载到数据仓库中，一旦数据进入数据仓库，通常不允许被修改并会长期保存，支持在只读数据上的分析处理任务。也就是说，数据仓库的负载中有大量的查询操作，但修改和删除操作极少，通常只需要定期地进行数据加载和刷新，只有当数据仓库中存储的数据超出存储期限才会从数据仓库中移除。

数据仓库中的数据不可更新的特点一方面是分析任务面向历史数据的特点决定的，另一方面也使得数据仓库在存储模型、查询处理模型方面能够更好地面向大数据分析处理任务而优化，如采用适合分析处理性能的列存储而不是适合更新处理性能的行存储模型、采用适合分析处理的反规范化设计而不是适合事务处理的规范化设计等，并且将数据库中复杂的事务处理等机制剥离或简化，提高数据仓库系统的效率和性能。

数据仓库与操作型数据库相分离的设计思想简化了数据仓库实现技术，但周期性的数据加载机制造成了分析处理的数据滞后于实时业务数据的问题，难以保证分析处理的实时性。当前产业界和学术界新的趋势是 OLTP 与 OLAP 相融合，即单一的数据库系统同时支持事务处理任务和分析处理任务，从而达到实时分析处理的目的。当前数据仓库技术一个新的发展趋势是支持"insert-only"类型的更新功能，通过简化事务处理来支持实时分析处理能力。

4. 数据仓库随时间而变化

操作型数据库与数据仓库构成二级数据存储体系，操作型数据库通常覆盖较短时间的数据，事务处理的对象主要是最新的数据。而数据仓库则需要覆盖几年甚至十几年的数据，需要不断地将操作型数据更新到数据仓库中。数据仓库中的数据在不断积累的同时也随着数据存储期限的增长需要将超过存储期限的数据从数据仓库中删除或转移到后备数据存储系统中，保持数据仓库一定规模的分析处理数据集。数据仓库中的数据组织具有不同的综合级别，一般称之为"粒度"。粒度越大，表示细节程度越低，综合程度越高。随着数据仓库中数据的追加，综合数据也需要随之刷新或重新计算，以反映数据仓库中不同粒度数据的变化。

随着互联网、电子商务、社交网络等应用的兴起，数据分析从传统的结构化数据扩展到非结构化数据，数据仓库也从传统的数据库平台扩展到大数据平台，以 Hadoop、Hive、Spark 等为代表的大数据分析平台既可以为传统的数据仓库提供扩展的大数据分析服务支持，也可以作为新的数据仓库平台提供大数据分析功能，从而使传统的企业数据仓库（Enterprise Data Warehouse，EDW）扩展为大数据仓库（Big Data Warehouse，BDW），为决策支持提供更多的数据类型维度和大数据分析处理能力。

6.1.3　数据仓库的体系结构

数据仓库的体系结构如图 6-1 所示，由数据源、数据仓库集成工具、数据仓库服务器、OLAP 服务器、元数据和前台分析工具组成。

数据源　数据仓库是集成的多维数据集，面向分析主题而组织，随着企业业务范围的不断扩展，来自不同平台的多源数据集成越来越重要。来自业务系统数据库的结构化数据是数据仓库数据集成的重要来源，数据仓库需要解决来自不同数据库系统、不同平台、不同数据模式的异构数据集成问题。随着互联网、电子商务、社交网络等技术的发展，数据仓库的数据主题需要集成来自半结构化和非结构化数据源的数据，将传统的基于结构化数据的数据仓库扩展为大数据时代具有普遍联系的大数据仓库（Big Data Warehouse）。数据仓库具有不同的主题，随着数据仓库应用的不断丰富，数据仓库的 OLAP 服务也可以成为新的数据仓库集成数据源，实现数据仓库之间的动态多维数据集成。

数据仓库集成工具　数据仓库集成工具包括数据抽取、清洗、转换、装载和维护等工具，简称为 ETL 工具。传统的 ETL 工具主要面向结构化的数据库，数据转换主要涉及结构、语义等方面，如针对不同数据库、不同数据源的数据访问驱动程序，为保证数据质量而对抽取数据进行的消除不一致性、统一单位等数据清洗操作，将清洗后的数据按照数据仓库的主题进行组织的转换操作，将数据装入数据仓库的加载操作等。数据仓库的 ETL 工具还负责建立元数据，记录数据的来源、转换过程、数据处理方法等信息，可以实现自动的数据装载处理。

随着互联网上的非结构化数据越来越多地成为数据仓库新的数据来源，对非结构化数据的 ETL 工具更为复杂和耗时，普通的 ETL 工具难以胜任，当前流行的 MapReduce 技术可以作为海量非结构化数据和结构化的数据仓库之间的 ETL 处理平台，从大量稀疏的非结构化数据中提取有价值的多维分析数据，通过数据仓库平台为用户提供高性能的多维分析处理能力。

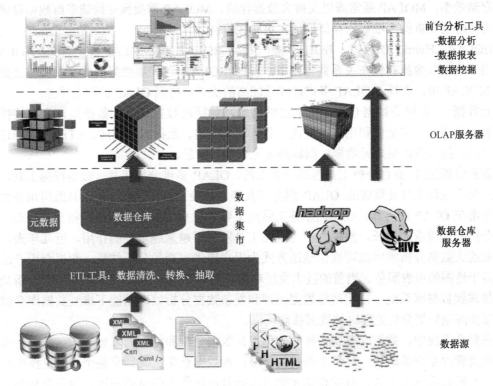

图 6-1

数据仓库服务器 数据仓库服务器作为数据仓库中数据的存储管理、存储访问和查询处理引擎，通常为关系数据库管理系统（RDBMS）或扩展的 RDBMS，为 OLAP 服务器和前台分析工具提供数据服务接口（如结构化查询语言查询接口或多维查询语言多维数据访问接口等）。数据仓库通常不采用业务数据库中典型的 3 范式结构，而采用面向分析处理的星状模型或雪花状模型。数据仓库服务器主要面向分析型数据的存储和访问，近几年主要的趋势是采用列存储数据库引擎来提高数据存储效率和查询处理性能。数据集市是存储在主数据仓库的数据的子集或聚集数据集，属于部门级的数据仓库，数据集市可以按业务来组织，也可以按主题或数据的地理分布来组织，主要用于具体企业部门的分析处理。

OLAP 服务器 OLAP 服务器为前台分析工具提供多维数据视图，通常支持多维查询语言 MDX（Multi-Dimensional Expressions），支持多维数据的定义、操作和多维数据视图访问。

根据 OLAP 实现技术可以分为 ROLAP、MOLAP、HOLAP 等。

ROLAP（Relational OLAP）。ROLAP 采用关系数据库存储和管理数据，提供聚集计算、查询优化等功能，OLAP 提供的多维数据访问转换为关系数据库上的关系操作，通过物化视图、聚集表等技术提供不同粒度的数据存储。ROLAP 能够支持海量数据存储管理，数据仓库的存储能力和多维查询处理性能主要由关系数据库引擎的性能决定。ROLAP 主要的问题是查询处理性能较差，需要通过索引、列存储、内存计算、多核并行计算、硬件加速器、数据库集群等技术来提高多维查询处理性能。

MOLAP（Multi-dimensional OLAP）。MOLAP 采用多维数组存储数据，其存储模型与多

维数据模型直接对应，可以对多维数据直接定位和计算，不需要索引，具有较高的多维查询处理性能，但多维数组存储通常对应非常稀疏的存储，存储效率较低，需要数据压缩技术来提高存储效率，MOLAP 通常难以支持大数据存储。MOLAP 需要预先构建多维数据存储，当数据更新时需要重构多维数据存储模型，更新代价巨大。

HOLAP（Hybrid OLAP）。HOLAP 是一种将 ROLAP 和 MOLAP 结合起来的 OLAP 技术，通常将细节数据存储在关系数据库中，发挥 ROLAP 可扩展性好的优点，将综合数据存储在 MOLAP 中，发挥 MOLAP 多维计算性能高的优点，提高 OLAP 的综合性能。

元数据 元数据是数据仓库中的描述性信息，包括对数据仓库和数据集市定义的描述和数据装载的描述、安全性和用户的描述、业务逻辑描述、数据源的描述、ETL 规则描述、报表元数据、接口数据格式元数据、指标描述元数据等信息。

前台分析工具 前台分析工具包括报表工具、OLAP 多维分析工具、数据挖掘工具、多维分析结果可视化工具及集成的 OLAP 服务工具等。报表工具和数据挖掘工具既可用在数据仓库也可用在 OLAP 服务器，OLAP 服务工具则主要针对 OLAP 服务器的数据分析处理。随着企业分析处理需求的增长，数据分析可视化工具发挥了越来越重要的作用，近几年来，互联网企业的大数据分析常常以可视化地图方式为用户提供直观的分析结果，数据仓库产品也提供了基于地图的报表服务。当前的技术发展趋势是将 R、Python 等用于复杂数据分析处理的工具集成到数据库系统中，实现将数据挖掘和复杂数据分析处理功能下推到数据库存储引擎层，减少海量数据分析处理时的数据移动代价。

在整个系统中，数据仓库居于核心地位，是数据分析和挖掘的基础架构；数据仓库管理系统负责管理系统的运转，是整个系统的引擎；而数据仓库工具则是整个系统发挥作用的关键，只有通过高效的工具，数据仓库才能真正把数据转化为信息和知识，为企业和部门创造价值发挥作用。

当前具有代表性的技术是基于列存储数据库引擎的 MPP 数据集群技术、Hadoop 分布式查询处理技术、GPU 数据库技术、内存数据库技术等。具有代表性的技术趋势是将数据仓库的 OLAP 分析处理功能与业务系统的 OLTP 事务处理功能相融合，提供实时的大数据分析处理功能，整合企业事务处理与分析业务，打破传统数据仓库历史数据分析的局限性和时延性，为决策支持提供实时数据多维分析。

数据仓库对应的是分析型数据，数据库对应的是操作型数据，两者主要的区别见表 6-1。

表 6-1 数据库和数据仓库的区别

特 征	数 据 库	数 据 仓 库
应用场景	日常事务处理	决策分析处理
数据	代表当前时刻的详细数据	代表当前和历史数据及汇总数据
数据集成	基于应用程序	基于主题
数据访问	少量数据上的读/写模式	海量数据上的只读分析处理模式
更新类型	实时更新	定期更新、insert-only 更新
数据模型	规范化模型	反规范化模型，多维数据模型
查询语言	SQL	MDX、SQL
目标	支持日常事务操作	支持决策分析操作

传统的面向 OLTP 应用的数据库可以看作一种以存储访问为中心的数据库，关键技术在

于优化以事务为单位的数据更新操作,通过行存储、索引、并发控制、事务管理、日志等机制保证数据的可靠和高效更新。面向 OLAP 应用的数据仓库则可以看作一种以计算为中心的特殊数据库,关键技术在于优化海量数据上的分析处理性能,通过列存储、索引、面向硬件特性的查询优化技术等支持海量数据上的高性能分析处理。

6.1.4 数据仓库的实现技术

数据仓库实现技术的核心问题是存储和计算。数据仓库需要在海量的增量数据基础上提供高性能的复杂多维分析计算能力,因此数据仓库实现技术的关键因素包括面向大数据的高可扩展性存储技术、高性能查询处理技术、数据更新性能及实时数据分析处理技术等。

从当前数据仓库实现技术的发展来看,传统的数据库不断采用新技术来提高数据库的查询处理性能,如列存储、内存数据库、GPU 计算、MPP 集群并行、数据库一体机等技术;基于新兴 Hadoop 平台的 NoSQL(Not only SQL,非关系型数据存储)数据仓库技术,如 Facebook Hive、Hadapt、Facebook Presto、Spark 等,提供了 PB 级数据仓库解决方案;同时,数据库–Hadoop 数据通道与集成技术将数据库的高性能与 Hadoop 集群的高可扩展性结合起来,未来数据仓库实现技术呈现出多样化的趋势。

下面对当前一些具有代表性的数据仓库实现技术做简要介绍。

1. 列存储

传统的数据库采用行存储技术,即一条记录的各个属性连续地存储在一起。在分析型处理中往往只对数据库中少量的属性进行计算,行存储模型需要顺序地访问全部数据后才能获得查询所需要的少量数据,如图 6-2(a)所示,因此数据访问代价高、效率低。当前分析型数据库主要采用列存储技术,如图 6-2(b)所示,每个属性独立存储,查询时只需要访问查询指定的列,其余与查询不相关的属性不需要访问,从而减少了查询访问的数据量,提高了查询性能。

列存储将相同类型的数据存储在一起,在采用数据压缩技术时能够获得较高的压缩比,通常能够达到 1:20 以上,进一步提高了数据库在查询处理时的数据访问性能。列存储已经成为当前分析型数据库事实上的存储模型标准,面向数据仓库应用的数据库产品几乎都支持列存储模型,在基于 Hadoop 的大数据分析平台也采用列存储模型来提高查询处理性能。

2. 内存数据库

随着硬件技术的发展,内存容量越来越大,价格越来越低,当前主流 CPU 能够支持 TB 级内存,高端服务器能够支持 12~18 TB 的内存容量。内存数据库是一种以内存为存储设备的高性能数据库系统,通过面向内存的优化技术达到较高的性能,支持实时分析处理,从而使数据仓库摆脱物化视图、索引等存储和维护代价极高的查询优化技术,并实现对实时数据的实时分析计算能力。

内存数据库已成为当前高性能数据库技术发展的前沿技术,新兴的内存数据库系统或产品,如 Vectorwise、SAP HANA、MonetDB 等已成为数据库分析处理性能的标杆,传统的数据库厂商,如 Oracle、IBM、Microsoft SQL Server 也推出内存数据库产品或技术。与此同时,内存计算也成为大数据分析平台的新兴技术,如 Redis、Spark、Facebook Presto 等通过内存存储引擎来提供高性能的数据分析处理能力。

随着对数据仓库实时响应能力需求的提高,内存数据仓库将成为企业核心数据的高性能实时分析处理平台。

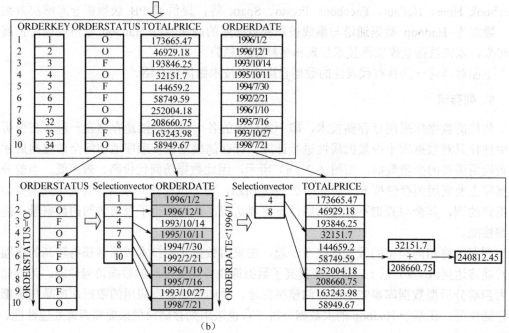

图 6-2

3. GPU 计算

现代 GPU（图形显示卡）集成了众多的处理单元和较大的显存容量，具有强大的并行计算能力，在计算性能方面超过多核 CPU。当前高性能 OLAP 技术的一个新趋势是使用 GPU 作为高性能数据仓库平台，为计算密集型的数据仓库负载提供更强大的处理能力。

MapD 是一个基于 GPU 计算的大数据分析及可视化平台，MapD 的内存数据库能迅速处理图形密集的地图、图表及其他通过海量数据制成的可视化效果。MapD 对推文的分析及可视化的整个过程都在 GPU 存储内完成，延迟仅在毫秒级内。图 6-3 所示为 MapD 的硬件架构，通过 CPU 和 GPU 内存进行数据存储和计算，通过服务器集群扩展系统对大数据处理能力。

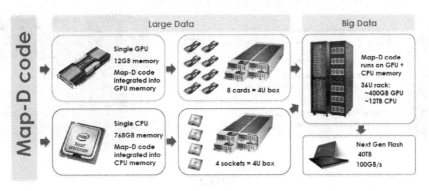

图 6-3[1]

4. 数据库一体机

数据库一体机技术可以看作数据库厂商面向大数据需求而推出的大数据库解决方案,即 Database on Big Data。

数据库一体机与大数据技术的硬件架构设计思想类似,采用 x86 服务器集群分布式并行模式,处理大规模数据存储与计算。数据库一体机厂商通常采用软/硬件一体化、系统性的整体调优,同时利用新兴硬件技术提高性能。例如,Oracle ExaData 采用 Infiniband、PCIe Flash Cache 提高网络数据传输和数据访问性能;IBM Nettezza 采用 FPGA(现场可编程门阵列)技术在接近数据源的地方尽早地将多余的数据从数据流中过滤,以提高 CPU、内存、网络的效率。

数据库一体机与大数据技术最本质的区别在于软件架构。数据库一体机的核心是 SQL 体系,包括 SQL 优化引擎、索引、锁、事务、日志、安全、管理及大数据存储访问等在内的完整而庞大的技术体系。数据库一体机通常采用非对称性大规模并行处理(Asymmetric Massively Parallel Processing,AMPP)架构,结合了 SMP(对称多处理)和 MPP(大规模并行处理)的优点,在以机柜为单位的硬件平台中提供了少量高端服务器支持复杂事务及复杂分析处理,为大量中低端或专用服务器提供海量数据存储访问能力,提高了系统的可扩展性。

图 6-4(a)所示为 Oracle Exadata 数据库一体机的硬件结构。系统平台由高端数据库服务器和低端存储服务器构成,由高速 InfiniBand 网络连接各个服务器,通过 PCIe Flash 存储卡提供高性能存储访问和数据缓存支持,通过 SmartScan 将数据过滤操作下推到存储服务器,提高存储服务器上的数据访问性能。图 6-4(b)所示为 IBM Nettezza 系统结构。两个高性能数据库服务器采用主–备工作模式,响应用户的 BI 请求;S-Blades 智能处理节点由标准的刀片服务器和一块 Netezza 特有的数据库加速卡构成,FPGA 卡负责数据的解压缩、投影、过滤等将计算推近数据源的简单操作,CPU 负责数据的聚合、连接、汇总等复杂操作,形成流水线操作;Netezza 内部经过深度定制的网络协议提供了高速网络互连能力。数据库一体机在硬件平台上是将最新的存储技术、处理器技术、网络技术进行整体性优化的平台,提供了强大的性能、可扩展性并优化整体能耗水平,满足大数据高性能处理需求。

---

1 http://www.mapd.com/

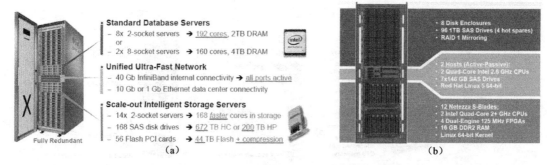

图 6-4

除硬件优化配置外，数据库一体机也实现了数据库软件与硬件的优化配置，实现数据库、数据仓库、OLAP 服务器、BI 工具等软件的优化配置，从而提供开箱即用的能力，为企业提供完整的解决方案。

5. NoSQL 数据仓库

（1）MapReduce 大数据分析处理平台

MapReduce 是一种大规模并行计算编程模型，用于实现大数据集（大于 1TB）上的并行计算。其中，Map（映射）函数用来把一组键值对映射成一组新的键值对，指定并发的 Reduce（归约）函数，用来保证所有映射的键值对中的每一个共享相同的键组。如图 6-5 所示，Map 节点将输入的数据映射为不同的组，各个 Map 节点的数据分组通过 Reduce 节点进行归并。MapReduce 集群采用中低端服务器集群进行大规模并行处理，把对数据集的大规模操作分发给网络上的每个节点处理，多复本文件存储机制和任务调度机制保证在发生节点故障时调度分配新的节点接管出错节点的计算任务。MapReduce 的主要用途是在大规模集群上执行自动批处理任务，主要特点是大规模并行计算和自动容错能力。

Hadoop 是基于 MapReduce 技术的开源项目，已经成为当前大数据分析的基础平台。

（2）Hive 数据仓库基础构架

Hive 是 Facebook 建立在 Hadoop 上的数据仓库基础构架。Hive 提供了用来进行数据抽取、转化、加载的 ETL 工具；Hive 定义了类 SQL 查询语言（HiveQL），为用户提供 SQL-on-Hadoop 的查询处理能力；HiveQL 语言也允许熟悉 MapReduce 开发的开发者自定义 Map 和 Reduce 函数来处理内建的 Mapper 和 Reducer 无法完成的复杂的分析工作。Hive 虽然面向数据仓库负载，但 Hive 构建在基于静态批处理的 Hadoop 之上，而 Hadoop 通常都有较高的延迟并在作业提交和调度时需要大量的开销。因此，Hive 并不能够在大规模数据集上实现低延迟快速的查询，如实时 OLAP 应用。

与数据库查询处理过程不同，Hive 将用户的 HiveQL 语句通过解释器转换为 MapReduce 作业提交到 Hadoop 集群上，Hadoop 监控作业执行过程，然后返回作业执行结果给用户。Hive 的最佳使用场合是大数据集的批处理作业，如网络日志分析。Hive 架构[1]如图 6-6 所示。

---

[1] http://www.cubrid.org/blog/dev-platform/platforms-for-big-data/

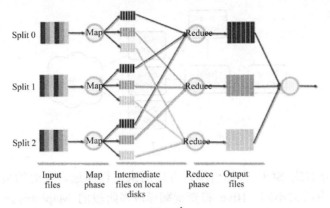

图 6-5[1]

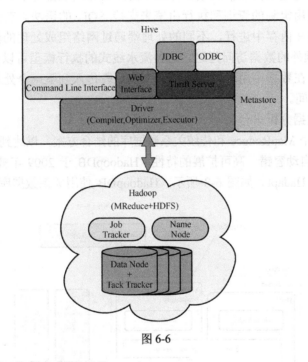

图 6-6

（3）Presto 大数据分布式查询引擎

Presto 是 Facebook 推出的一个大数据分布式 SQL 查询引擎，可以实现对 250PB 以上的数据进行快速交互式分析。Presto 查询引擎采用 Master-Slave 架构，由一个 Coordinator 节点、一个 Discovery Server 节点、多个 Worker 节点组成，Discovery Server 通常内嵌于 Coordinator 节点中。Coordinator 负责解析 SQL 语句，生成执行计划，分发执行任务给 Worker 节点执行。Worker 节点负责实际执行查询任务。Worker 节点启动后向 Discovery Server 服务注册，Coordinator 从 Discovery Server 获得可以正常工作的 Worker 节点。如果配置了 Hive Connector，则需要配置一个 Hive MetaStore 服务为 Presto 提供 Hive 元信息，Worker 节点与 HDFS 交互读取数据。Facebook Presto 架构[2]如图 6-7 所示。

---

[1] http://blog.sqlauthority.com/2013/10/09/big-data-buzz-words-what-is-mapreduce-day-7-of-21/

[2] http://www.oschina.net/p/facebook-presto

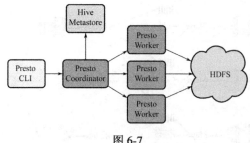

图 6-7

Presto 是一个分布式 SQL 查询引擎,专门用来进行高速、实时的数据分析。Presto 与 Hive 在查询处理上有很大不同。Hive 将查询翻译成多阶段的 MapReduce 任务,顺序执行任务,每个任务需要从磁盘上读取输入数据并将中间结果输出到磁盘上,因此产生很大的查询处理延迟。Presto 使用定制的查询和执行引擎来支持 SQL 的语法。在改进的调度算法控制下,所有的数据处理在内存中进行,不同的处理端通过网络组成处理的流水线,从而避免不必要的磁盘读/写和额外的数据访问延迟。这种流水线式的执行模型可以在同一时间并发执行多个数据处理阶段,在数据可用时将数据从一个处理段传入到下一个处理段,从而大大减少查询的端到端响应时间。

(4)Hadapt 大数据分析平台

HadoopDB 是一个 MapReduce 和传统关系数据库的结合方案,以达到充分利用关系数据库的性能和 Hadoop 的自动容错、高可扩展的特性。HadoopDB 于 2009 年被耶鲁大学教授 Abadi 提出,继而商业化为 Hadapt。如图 6-8 所示,HadoopDB 使用关系数据库作为 Data Node,节

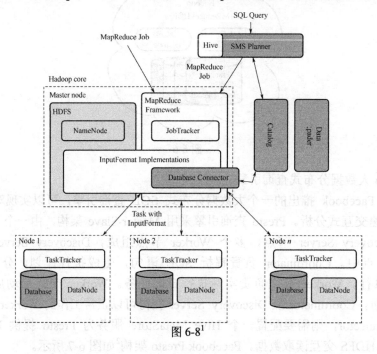

图 6-8[1]

---

[1] Azza Abouzeid, Kamil Bajda-Pawlikowski, Daniel J. Abadi, Alexander Rasin, Avi Silberschatz. HadoopDB: An Architectural Hybrid of MapReduce and DBMS Technologies for Analytical Workloads[J]. PVLDB, 2009, 2(1): 922-933.

点上的数据库起到 Hadoop 中的分布式存储 HDFS 的作用,通过 Database Connector 实现 Hadoop 任务与数据库节点之间的通信。Data Loader 的作用是将数据合理划分,从 HDFS 转移到节点中的本地文件系统。SQL to MapReduce to SQL(SMS)Planner 的作用是将 HiveQL 转化为特定执行计划,在 HadoopDB 中执行,尽可能地将操作推向节点上的关系数据库引擎中执行,以此提高执行效率。

HadoopDB 的商业版 Hadapt 是个自适应分析平台,为 Apache Hadoop 开源项目带来了 SQL 实现。Hadapt 允许进行基于 SQL 大数据集的交互分析,支持交互式的查询。Hadapt 由可以自定义分析的 Hadapt Development Kit™(HDK)和 Tableau 软件集成,Hadapt 2.0 成为了 Hadoop 工业上第一个交互式大数据分析系统。Hadapt 体系结构[1]如图 6-9 所示。

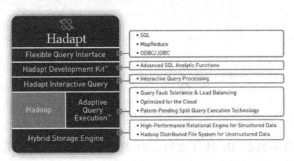

图 6-9

(5)Spark SQL 大数据分析平台

Spark 是 UC Berkeley AMP lab(加州大学伯克利分校的 AMP 实验室)所开源的类 Hadoop MapReduce 的通用并行框架,不同于 MapReduce 的是,Job 中间输出结果可以保存在内存中,从而不再需要读/写 HDFS,从而使 Spark 在数据挖掘与机器学习等需要迭代的 MapReduce 算法中有更高的性能。Spark 与 Hadoop 开源集群计算环境相似,Spark 启用了内存分布数据集,除能够提供交互式查询外,它还可以优化迭代工作负载。Spark 是对 Hadoop 的补充,可以在 Hadoop 文件系统中并行运行。

Spark SQL 作为 Apache Spark 大数据框架的一部分,支持在 Spark 中使用 SQL、HiveQL、Scala 中的关系型查询表达式,主要用于结构化数据处理和对 Spark 数据执行类 SQL 的查询。通过 Spark SQL,可以针对不同格式的数据执行 ETL 操作(如 JSON、Parquet、数据库)然后完成特定的查询操作。Spark SQL 不仅是一个 SQL 引擎,还支持 Scala、Python、Java 和 R 语言,如图 6-10 所示,Spark SQL 包含优化器、查询执行器、数据源集成支持模块等核心功能,不仅支持结构化的 SQL 查询,还支持结构化流处理、机器学习库 MLlib、图计算库 GraphFrame 和 TensorFlow 库 TensorFrames 等功能。

(6)数据仓库与 Hadoop 集成系统

大数据时代的数据仓库面对的不仅是传统的结构化数据处理任务,而且包含了海量非结构化数据处理任务。对于非结构化数据源而言,Hadoop 是理想的数据处理平台,可以完成对非结构化数据的 ETL 过程,并根据业务逻辑对数据进行清洗和聚集。如图 6-11(a)中(1)→(2)→(5)对应非结构化数据经过 Hadoop 上的 ETL 过程进入数据仓库,由数据仓库完成多维

---

1 http://hadapt.com/product/

分析、数据挖掘、报表及数据可视化工作。当一些分析任务需要直接访问原始数据时，可以通过(3)编写 MapReduce 程序进行在 Hadoop 平台上完成分析处理任务。(5)的分析处理任务依赖于数据仓库系统所提供的功能，而(3)的分析处理任务由用户自定义完成，不依赖于数据仓库系统所提供的固有功能。

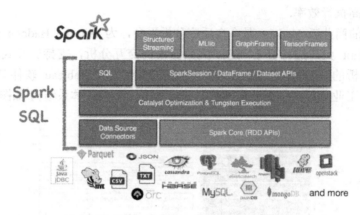

图 6-10[1]

传统的数据仓库有丰富的 BI 软件支持，而 Hadoop 生态系统中还缺乏完善的 BI 支持。对于 Hadoop 与数据仓库集成的系统来说，如图 6-11（b）所示，Hadoop 集成到传统的数据仓库中使数据仓库的数据来源从结构化数据扩展到统一数据（Unified Data）管理，Hadoop 负责数据的抽取、存储、清洗和聚集，数据的处理和分析展示由数据仓库平台及其丰富的 BI 软件所支持。

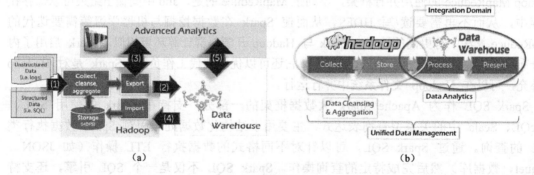

图 6-11

传统的数据库技术，如图 6-12（a）所示，如关系数据库（RDBMS）、企业数据仓库（EDW）、并行数据库（MPP）对应传统的结构化数据源和 BI 系统；新数据源，如 Web 日志、电子邮件、传感器、社交媒体等，由 Hadoop 平台提供企业级应用。如图 6-12（b）所示，Hadoop 作为一个平行的数据仓库平台成为新数据源（包括结构化和非结构化数据源）的数据仓库平台，为上层的数据集市提供支持。Hadoop 数据仓库平台与传统的 EDW 数据仓库平台通过数据通道相互协作。

---

1 http://www.gatorsmile.io/

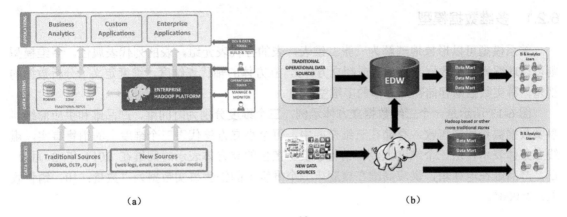

图 6-12[1,2]

在大数据分析应用中，数据库与 Hadoop 技术相结合是一个技术发展趋势，当前的 SQL on Hadoop 技术路线主要分为以下四类。

- SQL outside Hadoop：在 Hadoop 集群和数据库集群之间通过连接器相连，需要在两个查询处理平台之间传输数据，典型的数据库，如 Vertica、Teradata、Oracle 等通常采用连接器技术与 Hadoop 集群进行连接。
- SQL alongside Hadoop：通过修改的 SQL 引擎决定负载在 SQL 和 MapReduce 引擎上的执行，如 Hadapt、RainStor、Citus Data、Splice Machine 等系统。
- SQL on Hadoop：在 HDFS 分布式存储引擎中不使用 MapReduce 而使用基于 SQL 的查询处理技术，具有代表性的系统如 Cloudera Impala、Apache Drill、Pivotal HAWQ、IBM Big SQL 等。
- SQL in Hadoop：将 SQL 与 HDFS 集成为统一的数据处理平台，具有代表性的系统如 Actian VectorH。

随着大数据应用的迅速发展，Hadoop 技术及其他新兴的大数据分析处理技术逐渐成为大数据仓库的新平台。传统数据仓库具有完善的理论和丰富的软件、硬件支持，在结构化数据分析处理领域仍然起着重要的作用，新兴的 Hadoop 数据仓库平台一方面补充了传统数据仓库对非结构化数据处理技术的空白，另一方面通过廉价的开源大规模并行计算模式降低数据仓库的成本，为企业提供更多的价值。

6.2 OLAP 联机分析处理

OLAP 联机分析处理是在海量数据上的基于多维数据模型的复杂分析处理技术。OLAP 为用户提供了基于多维模型的交互式分析和数据访问技术，通过导航路径根据不同的视角，在不同的细节层次对事务数据进行分析处理。

---

1 http://hortonworks.com/blog/hadoop-and-the-data-warehouse-when-to-use-which/
2 http://blogs.sas.com/content/sascom/2014/10/13/adopting-hadoop-as-a-data-platform/

6.2.1 多维数据模型

关系模型可以形象地理解为一张二维表,表的行代表元组,表的列代表属性。多维模型则可以理解为一个数据立方体(或超立方体),立方体的轴代表维度,维度定义了分析数据的视角,事实数据则存储在立方体的多维空间中。

图 6-13 所示是一个三维数据立方体示例,三个维度分别为时间维、产品维和供应商维,事实数据数量和销售收入存储在三维空间中,每个小立方体代表三个维度上的销售事实,虚线立方体表示在这三个维度上没有销售事实。黑色的立方体表示时间维在 2014 年 3 月 14 日,产品维在电冰箱,供应商维在旗舰店三个维度上的销售事实数据为"数量:10,销售收入:25000"。

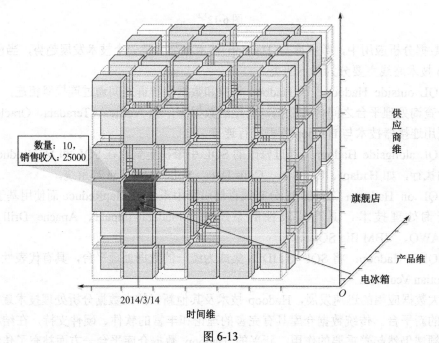

图 6-13

多维数据模型可以表示为:$M = (D_1, D_2, \cdots, D_n, M_1, M_2, \cdots, M_m)$,其中 M 代表多维数据集,$D_i (1 \leq i \leq n)$ 表示 n 个维度,$M_j (1 \leq j \leq m)$ 表示 m 个度量。

多维数据模型最直观的存储模型是多维数组,即 $M[D_1][D_2]\cdots[D_n]$,其中 M 为包含 $M_1, M_2, \cdots, M_m$ 度量属性的结构体。

采用多维数组模型存储多维数据时,需要 $|D_1| \times |D_2| \times \cdots \times |D_n|$ 个数组单元,每个多维坐标对应多维空间中唯一的位置,多维数据上的访问可以转换为按照多维数组下标的直接数据访问。当每个维的成员数量较多时,直接构建的多维数组非常庞大。如在 SSB 测试基准中销售事实数据有 6 000 000 条记录,维表 CUSTOMER 有 30 000 条客户记录,维表 SUPPLIER 有 2000 条供应商记录,维表 PART 有 200 000 条商品记录,采用多维数组存储时需要 30 000×2000×200 000=12 000 000 000 000 个存储单元,远远超过实际的销售事实数据 6 000 000 条记录,实际数据存储占比为 0.0005‰。因此,当多维数据空间中的数据较为稀疏时,多维数组存储的空间利用率较低。这时可以将多维数据模型转换为关系模型,将维存储为维表,事实存储为事实表,多维模型转换为下面的关系模式:

销售(供应商,产品,时间,数量,销售收入)

采用关系模型存储时,只需要存储存在的事实数据,不需要像多维数组存储一样为不存在的事实数据预留空间,因此当数据非常稀疏时,关系存储的效率优于多维数组存储。在多维数组存储中,事实数据的数组下标代表在各维上的取值,因此不需要显式存储事实数据的维属性值;在关系存储中则需要将事实数据在各维上的取值作为复合键值存储在事实数据中,多维数据模型的空间位置关系可以转换为函数依赖关系:$(D_1, D_2, \cdots, D_n) \rightarrow (M_1, M_2, \cdots, M_m)$。维属性存储在维表中,维属性外键与度量属性构成事实表,事实表外键与维表主键需要满足参照完整性约束条件,以保证每个事实数据隶属于指定的多维空间。

通常情况下,维度中包含了不同的聚集层次结构,称为维层次(hierarchy)。维层次由维度属性的层次组成,例如,日期维度中的维属性"年""月""日"构成了"年-月-日"层次结构,当维度存储为关系数据库的中的维表时,维层次属性之间的函数依赖关系为:日→月→年。如图 6-14 所示,日期维中可以设置多个层次,如年-月-日、年-季节-月-日、年-周-日等,维表中不同的维属性组成不同的维层次,维轴对应最细粒度的维度成员,不同的维层次中的成员映射到维度上的不同成员子集。维层次可以看作维轴的不同划分粒度,各粒度之间的路径定义了各层维属性之间的函数依赖关系。在对多维数据分析时,可以按维度的层次对事实数据进行聚集分析,在维度视角下提供不同粒度的数据分析处理能力。

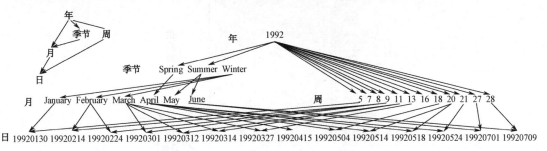

图 6-14

6.2.2 OLAP 操作

OLAP 是一种多维数据操作。常见的 OLAP 操作包括切片、切块、上卷、下钻、旋转等。切片和切块操作是从立方体中分离出部分数据用于分析的操作,上卷和下钻操作对应不同粒度数据的聚合操作。上卷操作增加数据聚合程度,从层次结构中清除细节层次,数据分析粒度由细到粗;下钻操作则降低数据聚合程度,向层次结构中增加新的细节层次,数据分析粒度由粗到细。旋转操作对应数据视图布局的改变,通过旋转立方体从新的视角安排立方体的数据视图布局。

1. 切片和切块操作

切片(slicing)是在一个或多个维度上取特定的成员值所对应的数据立方体子集,通过切片操作减少立方体的维数。例如,在图 6-15 所示的三维立方体中,在产品维上取值为"微波炉"时,切片为时间维和供应商维上的二维平面,在产品维上取值"微波炉"并在时间维上取值为"2014/3/14"时,切片为一维柱面。切块(dicing)是切片的一般化形式,在维属性上通过一些约束条件所生成的数据立方体子集。

在多维数组存储模型中,切片操作是在一个(或多个)维上取一个最细粒度成员时所对应的多维数据子集，切块操作则是在维度上选择一个层次时所对应的多维数据子集。

在关系存储模型中，切片操作是在一个（或多个）维表中选择单个主键值所对应的事实数据子集，切块操作则是在维表上按范围语句选择的维表主键集合所对应的事实数据子集。

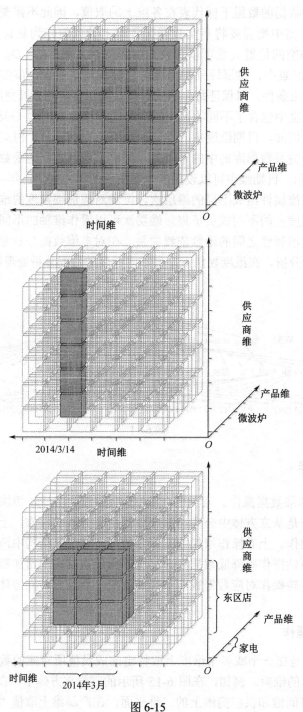

图 6-15

2. 上卷和下钻操作

上卷（roll-up）操作是数据聚合程度由低到高的过程，而下钻（drill-down）操作则是数据聚合程度由高到低的过程。在图6-16所示的三维立方体中存在四种聚合程度：

G_0={时间,供应商,产品}

G_1={{时间,供应商},{时间,产品},{供应商,产品}}

G_2={{时间},{供应商},{产品}}

G_3={}

聚合程度 G_0 代表最细粒度数据，由整个基础数据立方体构成。聚合程度 G_1 代表二维聚合数据，将一个维上的数据全部投影到另外两个维的切片上。G_2 代表一维聚集数据，将二维切片投影到另一个维上。G_3 代表将整个基础数据立方体聚合在一起。

在图6-16中，从 G_0 向 G_3 的聚合过程是上卷操作，维度逐级减少；而从 G_3 向 G_0 的聚合过程是下钻操作，维度逐级增加。

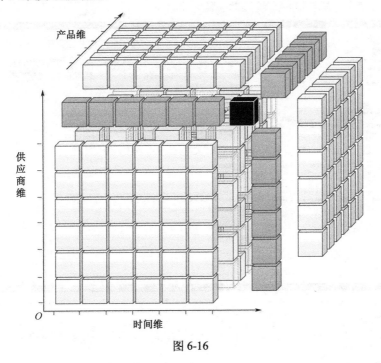

图 6-16

当维度中存在层次结构时，上卷和下钻操作还对应了沿着维层次的聚合过程。图6-17所示为使用 SQL Server 2017 Analysis Services 在 Excel 分析中多维数据集 FoodMart 数据透视表中的上卷和下钻操作过程。时间维上创建了"Year-Quarter-Month-Day"层次结构，将时间维层次依次折叠的过程对应了上卷操作，而将时间维层次依次展开的过程对应了下钻操作。

3. 旋转操作

旋转（pivot）操作是一种多维数据视图布局控制操作，通过改变数据视图的视角重新安排数据立方体，为用户展现相同数据的不同数据视图。图6-18所示为二维和三维表格的旋转操作示例。二维表格的两个维度可以共同显示在水平轴或垂直轴，或者分别显示在水平轴和垂直轴，维度的顺序可以改变。三维表格需要通过嵌套二维表格来展示，图6-18显示了三个维度在水平轴和垂直轴布局调整带来的数据视图的旋转效果。通过旋转操作，用户可以选择更清晰的数据视图或从不同的角度观察数据。

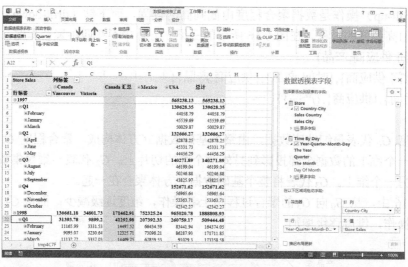

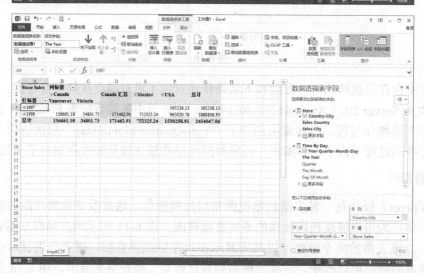

图 6-17

多维数据集的维度定义了数据访问视角，维层次定义了维的聚合粒度，维度及维度上的维层次定义了一个多维数据导航路径，对事实数据在不同的细节层次上进行分析处理。导航路径转换为一系列查询，查询结果为多维数据集。

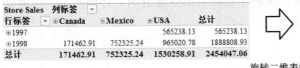

旋转二维表格

旋转三维表格

图 6-18

6.2.3 OLAP 实现技术

OLAP 的实现技术主要分为以下三种类型。

（1）MOLAP（Multidimensional OLAP，多维 OLAP）

MOLAP 采用多维存储，事实数据直接存储在多维数组中，多维操作可以直接执行，查询性能高，但当维数较多或维中包含较多成员时，数据立方体需要大量的存储单元，当数据较为稀疏时，存储效率较低。在数据仓库中，MOLAP 引擎既作为存储引擎又作为查询引擎。

（2）ROLAP（Relational OLAP，关系 OLAP）

ROLAP 采用关系数据库存储多维数据。关系模型中没有维度、度量、层次的概念，需要将多维数据分解为维表和事实表，并通过参照完整性约束定义事实表与维表之间的多维关系。ROLAP 在事实表中只存储实际的事实数据，不需要 MOLAP 预设多维空间的存储代价，存储效率高，但多维操作需要转换为关系操作实现。由于连接操作相对于多维数据直接访问性能较低，ROLAP 经常使用反规范化（Denormalization）技术减少连接操作，并通过物化视图技术将典型 OLAP 查询的聚合数据实体化以减少连接代价。ROLAP 需要在关系数据库服务器和 OLAP 客户端之间设置专用的多维引擎（Multidimensional Engine）来构造 OLAP 查询，并将其转换为关系数据库服务器上执行的 SQL 命令。

（3）HOLAP（Hybrid OLAP，混合型 OLAP）

HOLAP 是一种混合结构，其目标是综合 ROLAP 管理大量数据的存储效率优势和 MOLAP 系统查询速度优势。HOLAP 将大部分数据存储到关系数据库中以避免稀疏数据存储问题，将用户最常访问的数据存储在多维数据系统中，系统透明地实现在多维数据系统和关系数据库中的访问。

6.2.4 OLAP 存储模型设计

数据仓库可以使用三种存储模型表示多维数据结构：MOLAP、ROLAP 和 HOLAP，在存储模型上主要为多维结构存储和关系存储，两种存储模型在数据组织、存储效率、查询处理性能、查询优化技术等方面有很大的不同。

1. MOLAP

MOLAP 采用多维数组存储数据立方体，每个维度的成员映射为维坐标，事实数据为按多维坐标存储的数据单元。多维查询可以看作将各个维度上的查询条件映射到各个维坐标轴上，并通过维坐标直接访问事实数据进行聚集计算。

多维存储模型是数据仓库数据的最简单表示形式，其物理存储与多维数据的逻辑存储结构一一对应，多维查询命令可以直接转换为多维数组上的直接数据访问，不需要通过复杂的 SQL 查询来模拟 OLAP 操作，通过 MDX 支持多维查询命令。

MDX 是由 Microsoft、Hyperion 等公司提出的多维查询语言，是所有 OLAP 高级分析所采用的核心查询语言。类似 SQL 查询，每个 MDX 查询都要求有数据请求（SELECT 子句）、数据来源（FROM 子句）和筛选（WHERE 子句）。这些关键字以及其他关键字提供了各种工具，用来从多维数据集析取数据特定部分。MDX 还提供了可靠的函数集，用来对所检索的数据进行操作，同时还具有用户定义函数扩展 MDX 的能力。如图 6-19 所示，在定义的多维数据集上通过 MDX 指定查询多维数据集 DEMO 中的度量属性 LO_QUANTITY，多维查询结果显示在行 D_YEAR 和列 C_REGION 维属性所确定的二维表中，其语法结构如下。

- ON COLUMNS: 列轴
- ON ROWS: 行轴
- [层次].[层]: [CUSTOMER].[区域层次].[C_REGION]
- FROM [多维数据集]: 指定多维数据集
- WHRER(): 筛选查询中的数据

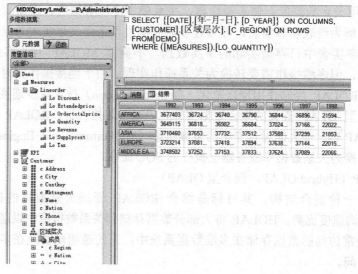

图 6-19

该 MDX 查询对应的 SQL 命令为：

```
SELECT C_REGION, D_YEAR, SUM(LO_QUANTITY)
FROM DATE, CUSTOMER, LINEORDER
WHERE LO_CUSTKEY=C_CUSTKEY AND LO_ORDERDATE=D_DATEKEY
GROUP BY C_REGION, D_YEAR;
```

数据立方体根据各个维度的长度预先构建，当维度发生变化时需要重构数据立方体，对于维度动态变化的数据仓库应用而言，其数据立方体重构代价很高。多维存储的主要问题是数据立方体可能很大但实际的事实数据非常稀疏，多维存储的效率很低，浪费了系统存储空间并增加了数据访问时间。

对稀疏存储的数据立方体存储访问典型的解决方案包括以下几种类型。

（1）立方体分区

将多维立方体划分为多个子立方体，每个子立方体称为区块（chunk）。这些小型数据区块可以快速加载到内存中。在多维立方体的区块划分过程中可以划分出稀疏区块和稠密区块，稠密区块是指区块中多数单元块包含数据，反之则称为稀疏区块。如图 6-20（a）所示，原始数据立方体包含 6×6×6 个事实数据单元，在数据立方体中很多事实数据单元为空，图 6-20（b）所示为将原始数据立方体划分为 3×3×3 个区块，浅颜色的区域为稀疏区块，深颜色的区域为稠密区块。稠密区块可以采用 MOLAP 方式存储，加速区块上的访问性能，稀疏区块采用 ROLAP 方式存储，提高数据存储效率；频繁访问的区块以 MOLAP 方式存储，不频繁访问的区块以 ROLAP 方式存储。

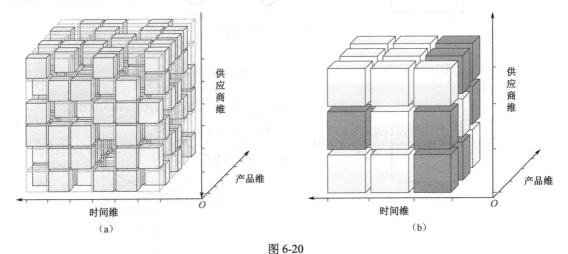

图 6-20

（2）实体化数据立方体

数据仓库通过维、层次定义多维数据集。多维格是为特定事实模式编码有效分组的依据集合，为分组依据之间建立上卷顺序。图 6-21 所示为具有三个维度、两个维度（每个维度包含一个下级层次）、两个维度（其中一个维度包含两个下级层次）的多维格结构。OLAP 访问是一种导航式查询，上卷和下钻操作沿着多维格路径进行。实体化视图是选择一组聚合主要视图数据的辅助视图的过程，通过实体化为数据立方体建立的辅助立方体，将在多维空间上的查询转换为在实体化视图上的查询，加速查询性能。在图 6-21 中，具有三个维度的立方体视图总数为 $2^3=8$，具有两个维度，各有一个下级层次的立方体视图总数为 (2+1)×(2+1)

=9,具有两个维度,其中一个维度有两个下级层次的立方体视图总数为$(2^{1-1}+1) \times (2^{3-1}+1)$=10,当维度和层次数量较多时,实体化视图的总数很大,全部物化的代价很高。当采用实体化视图策略时,数据仓库数据的更新导致实体化视图重新计算,实体化视图的更新代价同样较高。相对于稀疏存储的数据立方体,实体化视图以较大的粒度聚合数据,数据稀疏度降低,多维查询可能在实体化视图的基础上沿上卷路径进行再次聚合,起到替代原始数据立方体的作用。

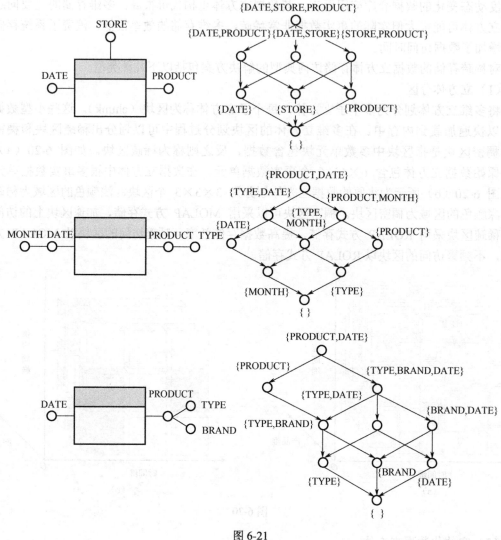

图 6-21

实体化视图能够加速 OLAP 查询性能,但需要付出额外的存储空间和视图维护代价,在实际应用中需要根据查询负载的特点,通过实体化视图代价模型选择最佳的实体化视图,提高系统的综合性能。

2. ROLAP

ROLAP 采用关系数据库存储多维数据,使用关系模型表示多维数据。关系模型的结构是二维数据,主要关系操作是选择、投影、连接、分组、聚集。多维数据模型的数据分为维度和事实，每个维度存储为一个维度表，事实存储为事实表，多维操作切片和切块操作相当于在关系中按切片或切块的维度范围在维度表中选择满足条件的维表记录并与事实表连接后投影出所需要的度量属性进行分组聚集计算。

在 ROLAP 中，维表和事实表的定义如下。

维表：又称维度表，每个维表对应一个维度，每个维表具有一个主键，维表主键通常为代理键（1，2，3，…，自然数列），维表由主键和一组在不同聚合层次描述维度的属性组成。

事实表：所有维度确定的多维事实数据存储为事实表。事实表由维表外键和表示事实的度量属性组成。

多维数据代表一个数据仓库的主题，对应关系数据库中一个事实表、多个维表的星状模式及若干星状模式的变形。

（1）星状模式

星状模式的特点是由一个事实表和多个维表构成，也可以由多个事实表共享具有相同层次结构的维表。维度的层次由维表中表示层次结构的属性构成，在同一个维表中的层次结构属性之间具有传递依赖关系，因此维表通常不满足关系数据库的第三范式要求，具有一定的数据冗余。维表层次结构通常是静态的，因此冗余造成的插入、更新和删除异常影响较小。由于维表通常较小，冗余造成的存储代价影响并不严重，而数据冗余减少了连接数量，降低了连接操作的代价。事实表只存储实际的事实数据，因此不存在 MOLAP 模型的稀疏存储问题，但多维查询不能像 MOLAP 一样转换为直接数据访问，而要转换为等价的 SQL 命令来完成。图 6-22 所示为星状模式基准 SSB 的多维结构和表结构，模式由一个事实表和四个维表组成，维表具有多个层次结构，层次属性"CITY""NATION""REGION""CATEGORY""MONTH"等采用冗余存储方式。一个典型的切块操作用 SQL 命令表示如下。

```
SELECT C_NATION, S_NATION, D_YEAR, SUM(LO_REVENUE) AS REVENUE
FROM CUSTOMER, LINEORDER, SUPPLIER, DATE
WHERE LO_CUSTKEY = C_CUSTKEY
   AND LO_SUPPKEY = S_SUPPKEY
   AND LO_ORDERDATE = D_DATEKEY
   AND C_REGION = 'ASIA'
   AND S_REGION = 'ASIA'
   AND D_YEAR >= 1992 AND D_YEAR <= 1997
GROUP BY C_NATION, S_NATION, D_YEAR
ORDER BY D_YEAR ASC, REVENUE DESC;
```

选择条件 C_REGION = 'ASIA' AND S_REGION = 'ASIA' AND D_YEAR >= 1992 AND D_YEAR <= 1997 代表在三个维度 CUSTOMER、SUPPLIER、DATE 上的范围所对应的多维数据切块，GROUP BY C_NATION, S_NATION, D_YEAR 语句定义了在三个维度上的聚集层次，SUM(LO_REVENUE)定义了聚合的度量属性和聚集函数。

采用 ROLAP 方式时，不需要预先定义多维数据的模式，不需要预先定义各个维度上的层次关系。MOLAP 的多维存储由维度结构决定，维度的改变导致多维数据的重构；ROLAP 的维表和事实表是独立的表，只是通过维表与事实表之间的主–外键参照完整性引用逻辑定义了维表和事实表之间的关系，维表的更新并不影响事实表的存储结构，数据维护成本更低，而且关系存储更适合实际应用中稀疏的大数据存储需求。

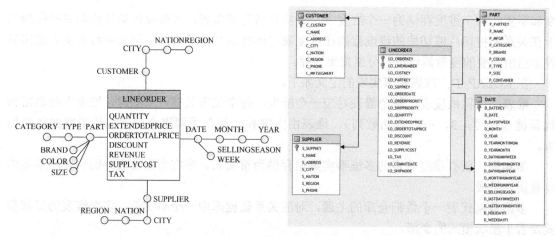

图 6-22

（2）雪花状模式

星状模式的主要特点是维表中表示层次的属性之间存在函数依赖关系，星状模式的这种冗余存储在一定的应用场景中能够更快地进行查询处理，但在另一些应用场景中，需要对维表规范化处理以满足应用的需求。

雪花状模式通过将星状模式一个或多个维度表分解为多个独立的维表来达到从维度表中删除部分或全部传递函数依赖关系而得到的模式。维度表的特点如下。

- 维度表分为主要维度表和辅助维度表。
- 主要维度表的键在事实表中被引用，是事实表的第一级维度表。
- 函数依赖于主要维度表主键（通常是代理键）的属性子集构成辅助维度表。
- 主要维度表包含重构函数依赖的属性子集所需要的外键，每个外键引用一个辅助维度表。

图 6-23 所示为 FoodMart 雪花状模式示例，其中维表"TIME_BY_DAY""CUSTOMER""STORE""PROMOTION""PRODUCT"为主要维度表，维表"PRODUCT_CLASS"为辅助维度表，"PRODUCT_CLASS_ID"为辅助维度表"PRODUCT_CLASS"在维度表"PRODUCT"中的外键。

雪花状模式规范化了星状模式的维表，降低了数据存储所需要的磁盘空间，但雪花状模式的查询涉及更多的表间连接操作，导致关系数据库所生成的查询执行计划更加复杂，查询所需要的时间更长，对关系数据库的性能提出了更高的要求。

（3）扩展模式

① 具有聚合数据的星座模式。

当数据仓库中存在面向某个或某些维度层次的实体化聚合视图时，具有多个事实表的模式称为星座模式。星座模式中的实体化聚合视图关联维表中的特定层次，图 6-24 所示星座模式中事实表"SALES_FACT_1998"与实体化聚集视图共享维层次表"QUARTER"和"STATE"，不需要为实体化聚合视图复制额外的维度表。如果维度表"DATE"和"STORE"没有对维表采用雪花状模式，则需要一定的冗余技术创建实体化聚合视图"QUARTER_STATE_SALES"的关联维度表。

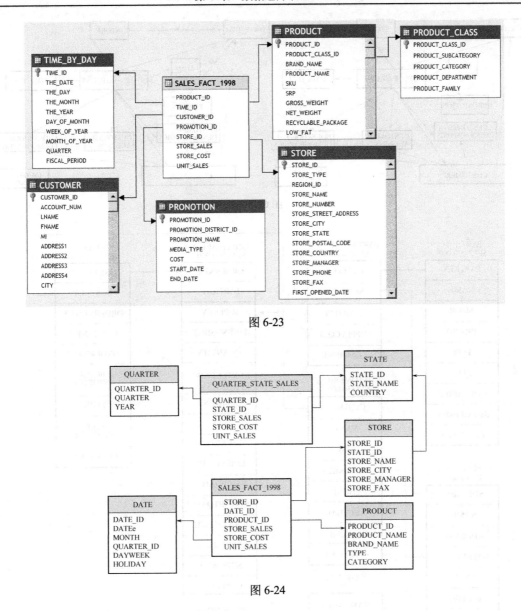

图 6-23

图 6-24

② 星群模式。

多个数据仓库主题共享全部或部分维度表的模式称为星群模式。如图 6-25 所示，销售事实"STORE_SALES"和"STORE_RETURNS"共享大部分维度表。对于行存储模型，事实表的宽度决定了查询 I/O 的数据总量，图 6-25 所示的两个事实表可以看作一个宽事实表面向"SALES"和"RETURNS"两个主题的垂直分片，减少事实表的宽度，从而使面向不同主题的计算产生较少的 I/O 代价。当数据库采用列存储时，面向不同主题的查询只涉及宽事实表中相关的列，无关事实表列不会产生额外的 I/O 代价。列存储数据库技术能够更好地支持将星群模式转换为星状模式时的查询处理性能。

③ 跨维度属性。

跨维度属性定义了两个或多个属于不同维度层次结构的维度属性之间的多对多关联。图 6-26 所示的 TPC-H 模式中维度表 PART 和 SUPPLIER 具有跨维度属性表 PARTSUPP，PARTSUPP 中记录了维度表 PART 和 SUPPLIER 相关联的维属性。

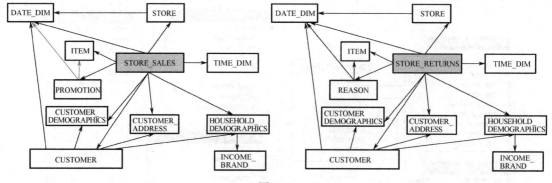

图 6-25

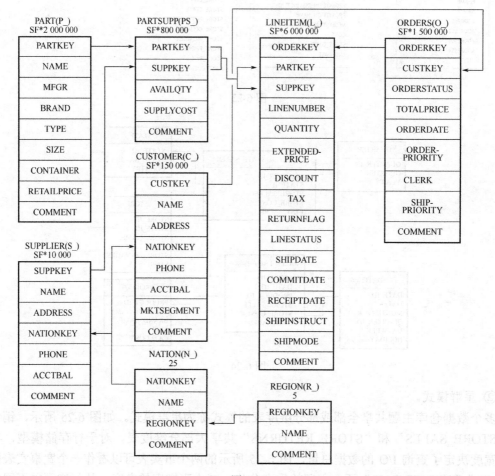

图 6-26

④ 共享层次结构。

图 6-26 所示的 TPC-H 模式中维度表 SUPPLIER 和 CUSTOMER 包含部分共享层次 "NATION-REGION",在雪花状模式中将共享层次存储为共享表,可以同时被多个维度表访问,并作为各个维度表的维层次。

⑤ 退化维度。

退化维度是只包含一个属性的维层次结构。在模式设计时,退化维度可以直接存储到事实表中,当退化维度属性的基数(即不重复值的个数)很小且单个属性的长度比代理键长度大时,也可以为退化维度创建维度表。如 TPC-H 事实表中的属性"RETURNFLAG""LINESTATUS""SHIPINSTRUCT""SHIPMODE"描述了单个属性的维层次结构,其中"RETURNFLAG"和"LINESTATUS"的数据类型为 CHAR(1),适合于直接存储在事实表中,而"SHIPINSTRUCT"和"SHIPMODE"的数据类型分别为 CHAR(25)和 CHAR(10),宽度高于代理键字节宽度,可以为其创建维度表以节省存储空间。

当将退化维度存储为维度表时,增加了模式中与事实表连接的维度表的数量,增加了查询处理的代价。将退化维度直接存储在事实表中能够降低数据仓库模式的复杂度,降低查询中的连接代价,但需要付出存储空间的代价。在列存储数据库中,退化维度通常为低基数的属性列,退化维度属性在采用压缩技术时与为退化维度创建维度表具有类似的存储性能,并且减少连接的数量。

当退化维度较多时,事实表外键数量增加了存储代价和连接代价。杂项维度(Junk Dimension)是解决退化维度的一个解决方案。杂项维度包含一组退化维度,杂项维度不包含属性之间的任何函数依赖,所有可能的组合值都是有效的,这些组合值使用唯一的主键,杂项维度将多个退化维度表缩减为一个辅助维度表,事实表中只使用一个外键与多个退化维度关联。

TPC-H 中事实表属性"RETURNFLAG""LINESTATUS""SHIPINSTRUCT""SHIPMODE"为退化维度,其基数分别为3、2、4、7,杂项维度表共有 $3\times2\times4\times7=168$ 个元组,如图 6-27 所示,杂项维度表为 FSSM,元组为四个退化维度属性组合值,事实表中只需要为四个退化维度保留一个两字节长的外键 FSSMKEY。以 SF=1 为例,四个退化维度在事实表中的存储空间总量为:$S_1=(1+1+25+10)\times6\,000\,000=222\,000\,000$ 字节,四个退化维度存储为杂项维度时的存储空间总量为:$S_2=168\times(2+1+1+25+10)+2\times6\,000\,000=12\,006\,552$ 字节,两种退化维度存储所需要的空间倍数为 $S_1/S_2\approx18.49$ 倍。

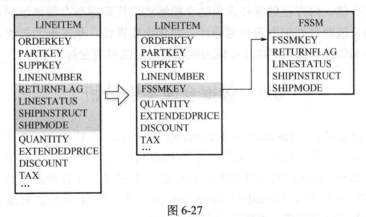

图 6-27

杂项维度的基数决定杂项维度表的行数和代理键的宽度(本例中 168 个组合值只需要 2 字节的 short int 类型存储),杂项维度适用于低基数退化维度存储。

⑥ 代理键。

代理键是指采用连续的自然数列作为数据仓库的主键,代理键是数据仓库中标准的用法,其主要优点如下。

- 维度表使用代理键为主键能够降低主键的字节宽度,降低事实表中存储的维度表外键属性的宽度，降低事实表的数据总宽度。
- 代理键为简单数据类型，在执行事实表与维度表之间的连接操作时，数据访问和键值比较操作更快。
- 代理键不包含任何语义信息，能够与数据的逻辑修改操作分离。
- 代理键是顺序结构，能够代表维度表中元组的位置关系，在内存列存储数据库中，代理键能够表示为数组下标，从而直接映射为维表记录的存储地址，简化连接操作。
- 当需要保留维度表属性修改版本时，可以为修改后的维度表分配新的代理键值，从而实现多版本管理。

代理键的缺点主要如下。
- 当维度有包含自然序列主键时，如不连续的自然数列，代理键除能够实现键值位置映射功能外，其他功能与原始主键类似，增加了额外的键列存储代价。
- 原始主键中包含实体完整性检测技术，用于保证维度表记录不重复，使用代理键后仍然需要保留原始主键属性上的实体完整性检测机制，增加了额外的 UNIQUE 索引代价。
- 在数据仓库的 ETL 过程中，需要维度表增加或强制转换原始主键为代理键。
- 在维表更新时需要保证记录的代理键值稳定，尤其是维表记录删除时需要通过一定的机制保证维度表记录的代理键仍然连续。

当两个表使用复合主-外键建立参照完整性约束关系时，如 TPC-H 中 LINEITEM 与 PARTSUPP 表之间通过复合键（PARTKEY,SUPPKEY）关联，在 BI 工具中不支持表间复合键创建关系，这时可以为复合主键表创建一个额外的代理键，然后在外键表中创建一个代理外键，将复合键关系转换为单键关系。

代理键是一种简化的主键，它消除了业务系统数据库中主键所代表的语义信息，提高了存储和查找效率，同时，在数据仓库的只读性应用模式中，代理键能够较好地保持其自然序列的特点，与列存储、内存存储等技术相结合能够实现代理键与存储地址的直接映射，实现事实表中的外键直接映射到维度表存储地址，简化连接操作。从多维数据模型的角度来看，代理键可以看作 MOLAP 模型中维度存储为维表时对应的维度坐标。

6.3 数据仓库案例分析

事务处理性能委员会（Transaction Processing Performance Council，TPC）是由几十家会员公司创建的非营利组织，TPC 的成员主要是计算机软件、硬件厂家，它的功能是制定商务应用基准程序（Benchmark）的标准规范、性能和价格度量，并管理测试结果的发布。TPC 只给出基准程序的标准规范（Standard Specification），任何厂家或其他测试者都可以根据规范，最优地构造出自己的系统（测试平台和测试程序）。

当前，TPC 推出五个领域的基准程序：事务处理，包括 TPC-C 和 TPC-E；决策支持，包括 TPC-H、TPC-DS、TPC-DI；可视化，包括 TPC-VMS；大数据，包括 TPCx-HS；公共规范，包括 TPC-Energy、TPC-Pricing。其中，TPC-H 是一个即席查询、决策支持基准，TPC-DS 是最新的决策支持基准，TPC-DI 是数据集成 ETL 基准。TCP 性能测试基准如图 6-28 所示。

TPC 基准是数据库产业界重要的性能测试基准，代表了典型的数据库应用场景，本节以产业界和学术界重要的性能测试基准为案例，描述并分析企业级数据仓库的模式特点和查询特征，有助于读者将数据库和数据仓库的理论与数据仓库应用实践结合起来。

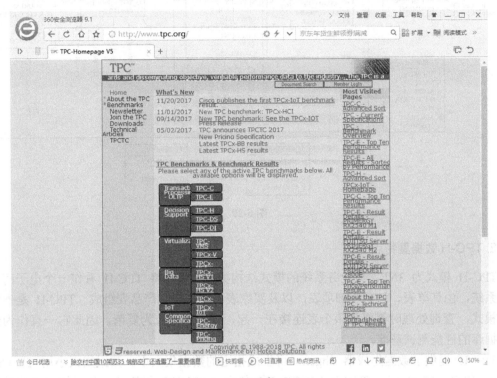

图 6-28[1]

6.3.1 TPC-H

TPC-H 是 TPC 于 1999 年在 TPC-D 基准的基础上发展而来的面向决策支持的性能测试基准。TPC-H 面向商业模式的即席查询和复杂的分析查询，TPC-H 检测在标准数据集和指定规模的数据量下，通过执行一系列指定条件下的查询时，该决策支持系统的性能。

1. TPC-H 模式特点

TPC-H 由 8 个表组成，图 6-29 所示为 TPC-H 各个表之间的主–外键参照关系，以及各个事实表、维度表上的层次关系。其中，NATION、REGION 为共享层次表；PARTSUPP 为跨维度属性表；CUSTOMER、PART、SUPPLIER 为 3 个维度表；ORDERS 和 LINEITEM 为主–从式事实表，其中包含退化维度属性，ORDERS 为订单事实，LINEITEM 为订单明细项事实，每一个订单记录包含若干个订单明细项记录，订单表的 O_ORDERKEY 为主键，订单明细表的 L_ORDERKEY 为复合主键第一关键字，订单记录与订单明细项记录之间保持偏序关系，即订单表的 O_ORDERKEY 顺序与订单明细表中的 L_ORDERKEY 顺序保持一致。

---

1 http://www.tpc.org/default.asp

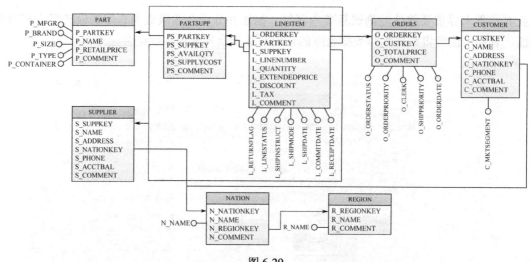

图 6-29

2. TPC-H 数据量特点

TPC-H 模式为 3NF,与业务系统的模式结构类似,可以将 TPC-H 看作一个电子商务的订单系统,由订单表、订单明细项表,以及买家表、卖家表和产品表组成。TPC-H 是一种雪花状模式,查询处理时需要将多个表连接在一起,查询计划较为复杂,因此它一直作为分析型数据库的性能测试基准。

TPC-H 提供了数据生成器 dbgen,可生成指定的数据集大小。数据集大小用 SF(Scale Factor)代表,SF=1 时,事实表 LINEITEM 包含 6 000 000 行记录。各表的记录数量为:LINEITEM[SF*6 000 000]、ORDERS[SF*1 500 000]、PARTSUPP[SF*800 000]、SUPPLIER[SF*10 000]、PART[SF*200 000]、CUSTOMER[SF*150 000]、NATION[25]、REGION[5]。

在 Windows 平台的 CMD 窗口中运行 DBGEN 程序,可以按指定的 SF 大小生成相应的数据文件。查询 DBGEN 参数的命令为"DBGEN -H",如图 6-30 所示,生成 SF=1 的 CUSTOMER 数据文件的命令为"DBGEN -S 1 -T C",命令执行后生成数据文件"customer.tbl",文件内容为用"|"分隔的文本数据行。

生成 SF=1 的 TPC-H 各表数据文件的命令为:

```
DBGEN -S 1 -T C
DBGEN -S 1 -T P
DBGEN -S 1 -T S
DBGEN -S 1 -T S
DBGEN -S 1 -T N
DBGEN -S 1 -T R
DBGEN -S 1 -T O
DBGEN -S 1 -T L
```

图 6-30

3. TPC-H 查询特点

TPC-H 是一种雪花状模式，采用双事实表结构，事实表 ORDERS 和 LINEITEM 是一种主-从式事实结构，即 ORDERS 表存储的是订单事实的汇总信息，而 LINEITEM 表存储的是订单的明细信息，查询需要在 ORDERS 表和 LINEITEM 表连接的基础上才能给出完整的事实数据信息。因此，星状连接（LINEITE ⋈ PART ⋈ SUPPLIER，PARTSUPP ⋈ PART ⋈ SUPPLIER）、雪花状连接（LINEITME ⋈ SUPPLIER ⋈ NATION ⋈ REGION，ORDERS ⋈ CUSTOMER ⋈ NATION ⋈ REGION）、多级连接（LINEITEM ⋈ ORDERS ⋈ CUSTOMER）等是 TPC-H 查询优化的关键问题。

TPC-H 的 22 个查询如下。
- Q1：统计查询。
- Q2：WHERE 条件中，使用子查询（=）。
- Q3：多表关联统计查询，并统计（SUM）。
- Q4：WHERE 条件中，使用子查询（EXISTS），并统计（COUNT）。
- Q5：多表关联查询（=），并统计（SUM）。
- Q6：条件（BETWEEN AND）查询，并统计（SUM）。
- Q7：带有 FROM 子查询，从结果集中统计（SUM）。

- Q8：带有 FROM 多表子查询，从结果集中的查询列上带有逻辑判断（WHEN THEN ELSE）的统计（SUM）。
- Q9：带有 FROM 多表子查询，查询表中使用函数（EXTRACT），从结果集中统计（SUM）。
- Q10：多表条件查询（>=，<），并统计（SUM）。
- Q11：在 GROUP BY 中使用比较条件（HAVING >），比较值从子查询中查出。
- Q12：带有逻辑判断（WHEN AND/ WHEN OR）的查询，并统计（SUM）。
- Q13：带有 FROM 子查询，子查询中使用外连接。
- Q14：使用逻辑判断（WHEN ELSE）的查询。
- Q15：使用视图和表关联查询。
- Q16：在 WHERE 子句中使用子查询，使用 IN/ NOT IN 判断条件，并统计（COUNT）。
- Q17：在 WHERE 子句中使用子查询，使用<比较，使用了 AVG 函数。
- Q18：在 WHERE 子句中使用 IN 条件从子查询结果中比较。
- Q19：多条件比较查询。
- Q20：WHERE 条件子查询（三层）。
- Q21：在 WHERE 条件中使用子查询，使用 EXISTS 和 NOT EXISTS 判断。
- Q22：在 WHERE 条件中使用判断子查询、IN、NOT EXISTS，并统计（SUM、COUNT）查询结果。

从 SQL 命令的结构来看，除复杂多表连接优化技术外，TPC-H 查询中还有很多复杂分组聚集计算，以及子查询嵌套命令。下面以 TPC-H 中部分具有代表性的查询来分析查询的特点。

（1）价格摘要报告查询（Q1）

Q1 查询相当于摘要报表功能，报告已付款的、已运送的和返回的订单中商品的数量。

- 商业问题描述。

价格摘要报告查询提供了给定日期的运送所有行的价格摘要报告，这个日期在数据库包含的最大运送日期的 60~120 天。查询列出了扩展价格、打折的扩展价格、打折的扩展价格加税收、平均数量、平均扩展价格和平均折扣的总和。这些统计值根据 RETURNFLAG 和 LINESTATUS 进行分组，并按照 RETURNFLAG 和 LINESTATUS 的升序排列。每一组都给出所包含的行数。

- 查询功能定义：Q1 为单表查询，主要应用聚集函数进行分析计算。

```
SELECT L_RETURNFLAG,L_LINESTATUS,SUM(L_QUANTITY) AS SUM_QTY,
    SUM(L_EXTENDEDPRICE) AS SUM_BASE_PRICE,
    SUM(L_EXTENDEDPRICE*(1-L_DISCOUNT)) AS SUM_DISC_PRICE,
    SUM(L_EXTENDEDPRICE*(1-L_DISCOUNT)*(1+L_TAX)) AS SUM_CHARGE,
    AVG(L_QUANTITY) AS AVG_QTY,AVG(L_EXTENDEDPRICE) AS AVG_PRICE,
    AVG(L_DISCOUNT) AS AVG_DISC,COUNT(*) AS COUNT_ORDER
FROM LINEITEM
WHERE L_SHIPDATE <= DATE '1998-12-01' - INTERVAL '[DELTA]' DAY (3)
GROUP BY L_RETURNFLAG,L_LINESTATUS
ORDER BY L_RETURNFLAG,L_LINESTATUS;
```

- 替换参数。

下面的替换参数的值在查询执行时产生，用来形成可执行查询文本：DELTA 在区间[60,120]内随机选择。

注释：1998-12-01 是数据库中定义的最大、最有可能的运送日期。此查询将包括这个日期减去 DELTA 天得到的日期之前所有被运送的行。目的是选择 DELTA 的值以便表中 95%～97%的行被扫描。

- 示例查询。

查询执行时使用下面的替换参数值，产生下面的输出数据。

替换参数值：

1. DELTA=90；

DATE '1998-12-01' - INTERVAL '[DELTA]' DAY(3)在 SQL Server 中需要改写为：

```
DATEADD(DAY,- [DELTA],'1998-12-01');
```

查询的输出数据如图 6-31 所示。

	l_returnflag	l_linestatus	sum_qty	sum_base_price	sum_disc_price	sum_charge	avg_qty	avg_price	avg_disc	count_order
1	A	F	37734107	56586554400.7293	53758257134.889	55909065222.8276	25.522005	38273.1297346212	0.0499852958384592	1478493
2	N	F	991417	1487504710.38	1413082168.0541	1469649223.19437	25.516471	38284.4677608483	0.0500934266742146	38854
3	N	O	74476040	111701729697.741	106118230307.605	110367043872.5	25.502226	38249.1179889085	0.0499965860536695	2920374
4	R	F	37719753	56568041380.8996	53741292684.6042	55889619119.8315	25.505793	38250.8546260994	0.0500094058301891	1478870

图 6-31

Q1 是一种典型的 OLAP 查询，通过分组聚集计算生成查询结果，通过大量数据访问与聚集计算生成较小的分组聚集结果。

（2）订单优先权检查查询（Q4）

Q4 查询可以让用户了解订单优先权系统工作得如何，并给出顾客满意度的一个估计值。

- 商业问题描述。

订单优先权检查查询计算给定的某一年的某一季度的订单数量，在每个订单中至少有一行由顾客在它的提交日期之后收到。查询按照优先权的升序列出每一优先权的订单数量。

- 查询函数定义：Q4 包含子查询，由 EXISTS 子查询提供嵌套的谓词判断。

```
SELECT O_ORDERPRIORITY,COUNT(*) AS ORDER_COUNT
FROM ORDERS
WHERE O_ORDERDATE >= DATE '[DATE]' AND O_ORDERDATE < DATE '[DATE]' +
INTERVAL '3' MONTH
  AND EXISTS (
    SELECT *
    FROM LINEITEM
    WHERE L_ORDERKEY = O_ORDERKEY AND L_COMMITDATE < L_RECEIPTDATE )
GROUP BY O_ORDERPRIORITY
ORDER BY O_ORDERPRIORITY;
```

- 替换参数。

下面的替换参数的值在查询执行时产生，形成可执行查询文本：DATE 是在 1993 年 1 月和 1997 年 10 月之间随机选择的一个月的第一天。

- 示例查询。

查询执行时使用下面的替换参数值,产生下面的输出数据.
替换参数值:

  2. DATE = 1993-07-01;

查询条件 O_ORDERDATE >= DATE '[DATE]' AND O_ORDERDATE < DATE '[DATE]' + INTERVAL '3' MONTH 在 SQL Server 中需要改为:

  O_ORDERDATE >= '1993-07-01' AND O_ORDERDATE < DATEADD(MONTH,3,'1993-07-01');

查询的输出数据如图 6-32 所示。

	o_orderpriority	order_count
1	1-URGENT	10594
2	2-HIGH	10476
3	3-MEDIUM	10410
4	4-NOT SPECIFIED	10556
5	5-LOW	10487

图 6-32

Q4 查询包含了嵌套子查询,通过外层查询结果驱动内层子查询执行,从而表达较为复杂的查询语义。

(3) 预测收入变化查询(Q6)

Q6 查询确定收入增加的数量,这些增加的收入是在给定的一年中指定的百分比范围内而消除了折扣所产生的数量。这类"WHAT IF"查询可以被用来寻找增加收入的途径。

- 商业问题。

预测收入变化查询考虑了指定的一年中折扣在 DISCOUNT−0.01 和 DISCOUNT+0.01 之间的已运送的所有订单。查询列出了把 L_QUANTITY 小于 QUANTITY 的订单的折扣消除之后总收入增加的数量。潜在的收入增加量等于具有合理的折扣和数量的订单(L_EXTENDEDPRICE * L_DISCOUNT)的总和。

- 查询函数定义:Q6 主要应用范围查询谓词构造查询条件。

```
SELECT SUM(L_EXTENDEDPRICE*L_DISCOUNT) AS REVENUE
FROM LINEITEM
WHERE L_SHIPDATE >= DATE '[DATE]' AND L_SHIPDATE < DATE '[DATE]' +
INTERVAL '1' YEAR
AND L_DISCOUNT BETWEEN [DISCOUNT] - 0.01 AND [DISCOUNT] + 0.01
AND L_QUANTITY < [QUANTITY];
```

- 替换参数。

下面的替换参数的值在查询时产生,以形成可执行查询文本。

① DATE 是从[1993, 1997]中随机选择的一年的 1 月 1 日。
② DISCOUNT 在区间[0.02, 0.09]中随机选择。
③ QUANTITY 在区间[24, 25]中随机选择。

- 示例查询。

查询执行时使用下面的替换参数值,产生下面的输出数据。
替换参数值:

① DATE = 1994-01-01；
② DISCOUNT = 0.06；
③ QUANTITY = 24。

查询条件 L_SHIPDATE < DATE '[DATE]' + INTERVAL '1' YEAR 在 SQL Server 2017 中需要修改为：

```
L_SHIPDATE < DATEADD(YEAR,1,'1994-01-01');
```

查询的输出数据如图 6-33 所示。

Q6 为典型的多维切块操作，通过范围查询条件定义切块的范围。

	revenue
1	123141078.2283

图 6-33

（4）货运量查询（Q7）

此查询确定在两国之间货运商品的量以帮助重新谈判货运合同。

- 商业问题。

此查询得到在 1995 年和 1996 年间，零件从一国供应商运送给另一国的顾客，两国货运项目总的折扣收入。查询结果列出供应商国家、顾客国家、年度、哪一年的货运收入，并按供应商国家、顾客国家和年度升序排列。

- 查询函数定义：查询主要体现为多表连接操作。

```
SELECT SUPP_NATION,CUST_NATION,L_YEAR, SUM(VOLUME) AS REVENUE
FROM (
SELECT N1.N_NAME AS SUPP_NATION,N2.N_NAME AS CUST_NATION,
EXTRACT(YEAR FROM L_SHIPDATE) AS L_YEAR,L_EXTENDEDPRICE * (1 -
L_DISCOUNT) AS VOLUME
FROM SUPPLIER,LINEITEM,ORDERS,CUSTOMER,NATION N1,NATION N2
WHERE S_SUPPKEY = L_SUPPKEY AND O_ORDERKEY = L_ORDERKEY AND C_CUSTKEY
= O_CUSTKEY
AND S_NATIONKEY = N1.N_NATIONKEY AND C_NATIONKEY = N2.N_NATIONKEYAND (
(N1.N_NAME = '[NATION1]' AND N2.N_NAME = '[NATION2]')
OR (N1.N_NAME = '[NATION2]' AND N2.N_NAME = '[NATION1]'))
AND L_SHIPDATE BETWEEN DATE '1995-01-01' AND DATE '1996-12-31'
) AS SHIPPING
GROUP BY SUPP_NATION,CUST_NATION,L_YEAR
ORDER BY SUPP_NATION,CUST_NATION,L_YEAR;
```

- 替代参数。

① NATION1 定义 N_NAME 值的列表中的任意值。
② NATION2 定义 N_NAME 值的列表中的任意值，且必须和 NATION1 的值不同。

- 示例查询。

查询执行时使用下面的替换参数值，产生下面的输出数据。

替换参数值：
① NATION1＝FRANCE；
② NATION2＝GERMANY。

查询的输出数据如图 6-34 所示。

	supp_nation	cust_nation	l_year	revenue
1	FRANCE	GERMANY	1995	57431362
2	FRANCE	GERMANY	1996	57441546
3	GERMANY	FRANCE	1995	55319364
4	GERMANY	FRANCE	1996	55239659

图 6-34

Q7 查询中 EXTRACT(YEAR FROM L_SHIPDATE)需要改写 YEAR(L_SHIPDATE)，L_SHIPDATE BETWEEN DATE '1995-01-01' AND DATE '1996-12-31' 为 L_SHIPDATE BETWEEN '1995-01-01' AND '1996-12-31'。在 TPC-H 模式中，NATION 和 REGION 是共享地理维层次，满足 3NF 要求。在查询中，当 SUPPLIER 与 CUSTOMER 表访问 NATION 中不同属性值时，产生不同的连接路径，因此需要使用别名命令 NATION N1,NATION N2 将 NATION 表复制为对应两个连接路径的连接表。在 BI 工具中，共享关系产生同样的数据访问问题，需要在数据库端通过表复制创建唯一的访问路径。

（5）返回项目报告查询（Q10）

Q10 查询那些收到零件后有返回情况的顾客的销售损失情况。

● 商业问题。

Q10 查询根据在一个季度中那些有返回零件的顾客中对收入产生的影响，造成损失的前 20 名。这个查询只考虑在特定季度中定购的零件。查询结果列出顾客姓名、地址、国别、电话、账册、意见信息和收入损失。按收入损失降序排列。收入损失定义为对所有具有资格的项目（L_EXTENDEDPRICE *(1- L_DISCOUNT)）折后价格总和。

● 查询函数定义：查询主要体现为多表连接操作。

```
SELECT C_CUSTKEY,C_NAME,SUM(L_EXTENDEDPRICE * (1 - L_DISCOUNT)) AS REVENUE,
C_ACCTBAL,N_NAME,C_ADDRESS,C_PHONE,C_COMMENT
FROM CUSTOMER,ORDERS,LINEITEM,NATION
WHERE C_CUSTKEY = O_CUSTKEY AND L_ORDERKEY = O_ORDERKEY
AND O_ORDERDATE >= DATE '[DATE]' AND O_ORDERDATE < DATE '[DATE]' +
INTERVAL '3' MONTH
AND L_RETURNFLAG = 'R' AND C_NATIONKEY = N_NATIONKEY
GROUP BY C_CUSTKEY,C_NAME,C_ACCTBAL,C_PHONE,N_NAME,C_ADDRESS,C_COMMENT
ORDER BY REVENUE DESC;
```

● 替代参数。

下面的替代参数的值在查询执行时产生，用来建立可执行查询文本：DATE 是位于 1993 年 1 月到 1994 年 12 月中任意一个月的一个日期。

● 查询确认。

查询执行时用以下值作为替代参数，产生以下的输出数据。

替代参数的值：

```
1. DATA=1993-10-01；
```

O_ORDERDATE < DATE '[DATE]' + INTERVAL '3' MONTH 在 SQL Server 2017 中需要修改为：

```
DATEADD(MONTH,3,'1993-10-01');
```

查询的部分输出数据如图 6-35 所示。

	c_custkey	c_name	revenue	c_acctbal	n_name	c_address	c_phone	c_comment
1	57040	Customer#000057040	734235.2455	632	JAPAN	Eioyzjf4pp	22-895-641-3466	requests sleep blithely about ...
2	143347	Customer#000143347	721002.6948	2557	EGYPT	1aReFYv,Kw4	14-742-935-3718	fluffily bold excuses haggle f...
3	60838	Customer#000060838	679127.3077	2454	BRAZIL	64EaJ5vMAHWJLBOxJklpN.	12-913-494-9813	furiously even pinto beans int...
4	101998	Customer#000101998	637029.5667	3790	UNITED KINGDOM	01c9CILnNtf0QYmZj	33-593-865-6378	accounts doze blithely! entici...
5	125341	Customer#000125341	633508.086	4983	GERMANY	S29ODD6bceU8QSuuEJznkNaK	17-582-695-5962	quickly express requests wake ...
6	25501	Customer#000025501	620269.7849	7725	ETHIOPIA	W556MXuoiaYCCZamJI,	15-874-808-6793	quickly special requests sleep...
7	115831	Customer#000115831	596423.8672	5098	FRANCE	rFeBbEEyk dl ne7zV5fD.	16-715-386-3788	carefully bold excuses sleep a...
8	84223	Customer#000084223	594998.0239	528	UNITED KINGDOM	nAVZSc6BaWap rrM27N 2..	33-442-824-8191	pending, final ideas haggle fi...
9	54289	Customer#000054289	585603.3918	5583	IRAN	vXCxoCsU0Bad5JQI,ookkZ	20-834-292-4707	express requests sublate blith...
10	39922	Customer#000039922	584878.1134	7321	GERMANY	Zgy4s5OLZGKN4pLDPBU8m..	17-147-757-8036	even pinto beans haggle. slyly...
11	6226	Customer#000006226	576783.7606	2230	UNITED KINGDOM	8gFu8,NPGkfyQQOhcIYUG..	33-657-701-3391	quickly final requests against...
12	922	Customer#000000922	576767.5333	3869	GERMANY	Ar9RFautTNkFnc5zSD2Pw..	17-945-916-9648	boldly final requests cajole b...
13	147946	Customer#000147946	576455.132	2030	ALGERIA	iANyZHjqhyy7AjahOpTrYyhJ	10-886-956-3143	furiously even accounts are bl...
14	115640	Customer#000115640	569341.1933	6436	ARGENTINA	Vtgfia9qI 7EpHgecU1X	11-411-543-4901	final instructions are slyly a...
15	73606	Customer#000073606	568656.8578	1785	JAPAN	xuROTro5yChDf0Crjkd2ol	22-437-653-6966	furiously bold orbits about th...
16	110246	Customer#000110246	566842.9815	7763	VIETNAM	7KrflgK MDOq7sOkI	31-943-426-9837	dolphins sleep blithely among ...
17	142549	Customer#000142549	563537.2368	5085	INDONESIA	ChqEoK430ysjdHbtKCp6d..	19-955-562-2398	regular, unusual dependencies ...
18	146149	Customer#000146149	557254.9865	1791	ROMANIA	s87fvzFQpU	29-744-164-6487	silent, unusual requests detec...
19	52528	Customer#000052528	556397.3509	551	ARGENTINA	NFztyTOR10UOJ	11-208-192-3205	unusual requests detect. slyly...
20	23431	Customer#000023431	554269.536	3381	ROMANIA	HgiVOphqHaIa9aydNoI1b	29-915-458-2654	instructions nag quickly. furi...

图 6-35

Q10 查询涉及雪花状模式上的多表级联连接操作，连接子句较为复杂，查询分组属性较多，分组计算代价较大。

（6）小量订单收入查询（Q17）

Q17 查询计算出如果没有小量订单，平均年收入将损失多少。由于大量商品的货运，这将降低管理费用。

- 商业问题。

此查询考虑零件给定品牌和给定包装类型，决定在一个 7 年数据库的所有订单中这些订单零件的平均项目数量。如果这些零件中少于平均数 20%的订单不再被接纳，那么平均一年会损失多少呢？

- 查询函数定义。

查询主要应用子查询完成对指定范围零件平均值的计算作为查询条件。

```
SELECT SUM(L_EXTENDEDPRICE) / 7.0 AS AVG_YEARLY
FROM LINEITEM,PART
WHERE P_PARTKEY = L_PARTKEY AND P_BRAND = '[BRAND]'
AND P_CONTAINER = '[CONTAINER]' AND L_QUANTITY < (
    SELECT 0.2 * AVG(L_QUANTITY)
    FROM LINEITEM
    WHERE L_PARTKEY = P_PARTKEY
);
```

- 替代参数。

以下替代参数的值在查询时产生，用来建立可执行的查询文本。

① BRAND='BRAND#MN'，M 和 N 是两个字母，代表两个数值，相互独立，取值为1～5。

② CONTAINER 是在表定义的 CONTAINERS 字符串列表中的任意取值。

- 示例查询。

查询执行时用以下值作为替代参数,且必须产生以下的输出数据。

替代参数的值:

① BRAND=BRAND#23;

② CONTAINER=MED BOX。

查询的输出数据如图 6-36 所示。

图 6-36

Q17 查询主要使用子查询计算上层查询中每个 PARTKEY 对应的聚集值,作为上层查询的过滤条件。

TPC-H 的查询中包含了大量的子查询,考查数据库系统的查询优化性能。5.3 节对 TPC-H 中具有代表性的嵌套查询做了详细的性能分析。

TPC-H 的性能是分析型数据库性能的重要风向标。当前 TPC-H 成绩中位居前列的是近年来主流的列存储和内存优化数据库系统,如 SQL Server 2016/2017、Vector 等。但 TPC-H 并不是专用的数据仓库性能测试基准,其数据库模式与数据仓库还有很大的不同,表中包含一些与多维分析不相关的属性,维、层次的定义并不明确,3NF 的设计与数据仓库最常用的星状模式也有很大的区别。TPC-H 中很多复杂的嵌套查询不能转换为 OLAP 中基础的切片、切块等多维操作,其 SQL 命令也不能与 BI 系统常用的 MDX 直接进行转换。

6.3.2 SSB

SSB(Star Schema Benchmark)是面向数据仓库星状模式的性能测试基准[1]。SSB 来源于 TPC-H,通过对 TPC-H 模式的修改实现将一个面向业务系统的 3NF 模式转换为面向数据仓库应用的星状模式。

1. SSB 模式特点

SSB 由一个事实表 LINEORDER 和四个维表 PART、SUPPLIER、CUSTOMER 和 DATE 组成,相当于 TPC-H 创建了一个独立的日期维以助于按日期维的不同层次进行多维分析。SSB 是一个标准的星状模式,TPC-H 中的共享维层次 NATION 和 REGION 由于其较小且不会改变,SSB 将 NATION 和 REGION 物化到维表 SUPPLIER 和 CUSTOMER 中,增加了部分存储消耗,但有效地减少了表连接的数量,降低了数据库查询执行计划的复杂性。

图 6-37 所示为 SSB 模式及维层次结构。事实表 LINEORDER 有三个退化维度 ORDERPRIORITY、SHIPPRIORITY 和 SHIPMODE,与四个维度表的外键及若干度量属性;CUSTOMER 和 SUPPLIER 维度表有相同的维层次结构 CITY、NATION、REGION,PART 表包含了层次结构 BRAND1、CATEGORY 和其他层次。DATE 维表中包含了丰富的日期属性,以及不同的日期层次,能够提供不同日期层次路径上的数据分析视角。

2. SSB 查询特点

SSB 查询比 TPC-H 查询更加符合数据仓库多维分析处理的特点,13 个查询分为四组,分别面向一维、二维、三维和四维分析处理任务,对应典型的多维切块操作,每组查询中选择率由高到低,模拟多维分析中的上卷、下钻操作,分别测试数据库在不同复杂度的查询命令、不同的数据集大小下的查询处理性能。具体的 SSB 查询命令如表 6-2 所示。

---

[1] Pat O'Neil, Betty O'Neil, Xuedong Chen. Star Schema Benchmark [EB/OL]. http://www.cs.umb.edu/~poneil/StarSchemaB.PDF, 2009-06-03.

第 6 章 数据仓库和 OLAP 275

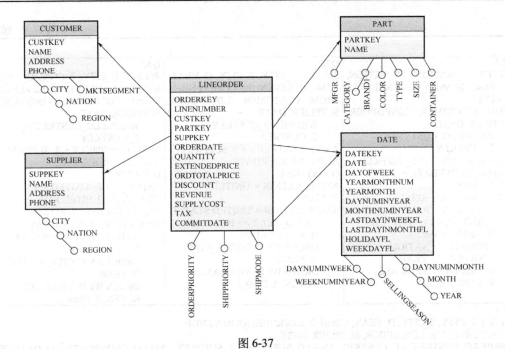

图 6-37

表 6-2 SSB 查询命令

Q1		
Q1.1 SELECT SUM(LO_EXTENDEDPRICE*LO_DISCOUNT) AS REVENUE 　　FROM LINEORDER, DATE 　　WHERE LO_ORDERDATE = D_DATEKEY AND D_YEAR = 1993 AND LO_DISCOUNT BETWEEN 1 AND 3 AND LO_QUANTITY < 25;	**Q1.2** SELECT SUM(LO_EXTENDEDPRICE*LO_DISCOUNT) AS REVENUE 　　FROM LINEORDER, DATE 　　WHERE LO_ORDERDATE = D_DATEKEY AND D_YEARMONTH = 199401 AND LO_DISCOUNT BETWEEN 4 AND 6 AND LO_QUANTITY BETWEEN 26 AND 35;	**Q1.3** SELECT SUM(LO_EXTENDEDPRICE*LO_DISCOUNT) AS REVENUE 　　FROM LINEORDER, DATE 　　WHERE LO_ORDERDATE = D_DATEKEY AND D_WEEKNUMINYEAR = 6 AND D_YEAR = 1994 AND LO_DISCOUNT BETWEEN 5 AND 7 AND LO_QUANTITY BETWEEN 26 AND 35;
Q2		
Q2.1 SELECT SUM(LO_REVENUE), D_YEAR, P_BRAND1 FROM LINEORDER, DATE, PART, SUPPLIER WHERE LO_ORDERDATE = D_DATEKEY AND LO_PARTKEY = P_PARTKEY AND LO_SUPPKEY = S_SUPPKEY AND P_CATEGORY = 'MFGR#12' AND S_REGION = 'AMERICA' 　　GROUP BY D_YEAR, 　　P_BRAND1 　　ORDER BY D_YEAR, 　　P_BRAND1;	**Q2.2** SELECT SUM(LO_REVENUE), D_YEAR, P_BRAND1 FROM LINEORDER, DATE, PART, SUPPLIER WHERE LO_ORDERDATE = D_DATEKEY AND LO_PARTKEY = P_PARTKEY AND LO_SUPPKEY = S_SUPPKEY AND P_BRAND1 BETWEEN 'MFGR#2221' AND 'MFGR#2228' AND S_REGION = 'ASIA' 　　GROUP BY D_YEAR, 　　P_BRAND1 　　ORDER BY D_YEAR, 　　P_BRAND1;	**Q2.3** SELECT SUM(LO_REVENUE), D_YEAR, P_BRAND1 FROM LINEORDER, DATE, PART, SUPPLIER WHERE LO_ORDERDATE = D_DATEKEY AND LO_PARTKEY = P_PARTKEY AND LO_SUPPKEY = S_SUPPKEY AND P_BRAND1 = 'MFGR#2239' AND S_REGION = 'EUROPE' 　　GROUP BY D_YEAR, 　　P_BRAND1 　　ORDER BY D_YEAR, 　　P_BRAND1;

Q3		
Q3.1 SELECT C_NATION, S_NATION, D_YEAR, SUM(LO_REVENUE) AS REVENUE FROM CUSTOMER, LINEORDER, SUPPLIER, DATE 　　WHERE LO_CUSTKEY = C_CUSTKEY AND LO_SUPPKEY = S_SUPPKEY AND LO_ORDERDATE = D_DATEKEY AND C_REGION = 'ASIA' AND S_REGION = 'ASIA' 　　AND D_YEAR >= 1992 AND D_YEAR <= 1997 　　GROUP BY C_NATION, S_NATION, D_YEAR 　　ORDER BY D_YEAR ASC, REVENUE DESC;	Q3.2 SELECT C_CITY, S_CITY, D_YEAR, SUM(LO_REVENUE) AS REVENUE FROM CUSTOMER, LINEORDER, SUPPLIER, DATE 　　WHERE LO_CUSTKEY = C_CUSTKEY AND LO_SUPPKEY = S_SUPPKEY AND LO_ORDERDATE = D_DATEKEY AND C_NATION = 'UNITED STATES' AND S_NATION = 'UNITED STATES' 　　AND D_YEAR >= 1992 AND D_YEAR <= 1997 　　GROUP BY C_CITY, S_CITY, D_YEAR 　　ORDER BY D_YEAR ASC, REVENUE DESC;	Q3.3 SELECT C_CITY, S_CITY, D_YEAR, SUM(LO_REVENUE) AS REVENUE FROM CUSTOMER, LINEORDER, SUPPLIER, DATE 　　WHERE LO_CUSTKEY = C_CUSTKEY AND LO_SUPPKEY = S_SUPPKEY AND LO_ORDERDATE = D_DATEKEY AND (C_CITY='UNITED KI1' OR C_CITY='UNITED KI5') AND (S_CITY='UNITED KI1' OR S_CITY=' UNITED KI5') 　　AND D_YEAR >= 1992 AND D_YEAR <= 1997 　　GROUP BY C_CITY, S_CITY, D_YEAR 　　ORDER BY D_YEAR ASC, REVENUE DESC;
Q3.4 SELECT C_CITY, S_CITY, D_YEAR, SUM(LO_REVENUE) AS REVENUE FROM CUSTOMER, LINEORDER, SUPPLIER, DATE WHERE LO_CUSTKEY = C_CUSTKEY AND LO_SUPPKEY = S_SUPPKEY AND LO_ORDERDATE = D_DATEKEY AND (C_CITY='UNITED KI1' OR C_CITY='UNITED KI5') AND (S_CITY='UNITED KI1' OR S_CITY='UNITED KI5') AND D_YEARMONTH = 'DEC1997' GROUP BY C_CITY, S_CITY, D_YEAR ORDER BY D_YEAR ASC, REVENUE DESC;		
Q4		
Q4.1 SELECT D_YEAR, C_NATION, SUM(LO_REVENUE – LO_SUPPLYCOST) AS PROFIT FROM DATE, CUSTOMER, SUPPLIER, PART, LINEORDER 　　WHERE LO_CUSTKEY = C_CUSTKEY AND LO_SUPPKEY = S_SUPPKEY AND LO_PARTKEY = P_PARTKEY AND LO_ORDERDATE = D_DATEKEY AND C_REGION = 'AMERICA' AND S_REGION = 'AMERICA' AND (P_MFGR = 'MFGR#1' OR P_MFGR = 'MFGR#2') 　　GROUP BY D_YEAR, C_NATION 　　ORDER BY D_YEAR, C_NATION;	Q4.2 SELECT D_YEAR, S_NATION, P_CATEGORY, SUM(LO_REVENUE - LO_SUPPLYCOST) AS PROFIT FROM DATE, CUSTOMER, SUPPLIER, PART, LINEORDER 　　WHERE LO_CUSTKEY = C_CUSTKEY AND LO_SUPPKEY = S_SUPPKEY AND LO_PARTKEY = P_PARTKEY AND LO_ORDERDATE = D_DATEKEY AND C_REGION = 'AMERICA' AND S_REGION = 'AMERICA' 　　AND (D_YEAR = 1997 OR D_YEAR = 1998) AND (P_MFGR = 'MFGR#1' OR P_MFGR = 'MFGR#2') GROUP BY D_YEAR, S_NATION, P_CATEGORY ORDER BY D_YEAR, S_NATION, P_CATEGORY;	Q4.3 SELECT D_YEAR, S_CITY, P_BRAND1, SUM(LO_REVENUE - LO_SUPPLYCOST) AS PROFIT FROM DATE, CUSTOMER, SUPPLIER, PART, LINEORDER 　　WHERE LO_CUSTKEY = C_CUSTKEY AND LO_SUPPKEY = S_SUPPKEY AND LO_PARTKEY = P_PARTKEY AND LO_ORDERDATE = D_DATEKEY AND S_NATION = 'UNITED STATES' AND (D_YEAR = 1997 OR D_YEAR = 1998) AND P_CATEGORY = 'MFGR#14' 　　GROUP BY D_YEAR, S_CITY, P_BRAND1 　　ORDER BY D_YEAR, S_CITY, P_BRAND1;

　　SSB 查询的 SQL 命令能够较好地转换为 MDX 命令，与上层的 BI 应用更好地衔接。

6.3.3　TPC-DS

　　TPC-DS 是最新的面向决策支持系统的数据库性能测试基准[1]，用于评测决策支持系统（或数据仓库）的标准 SQL 测试集。测试集包含对大数据集的统计、报表生成、联机查询、

1　http://www.tpc.org/tpcds/default.asp

数据挖掘等复杂应用，相对于 TPC-H 的均匀数据分布而言，TPC-DS 测试用的数据和值是倾斜的，更加接近真实数据应用场景。相对于 TPC-H 采用的第三范式而言，TPC-DS 支持目前普遍使用的星座模式，在测试中也支持索引、物化视图等优化技术。

基准测试有以下几个主要特点。
- 模式：使用共享维度的多雪花状模式，包含 24 个表，平均每个表有 18 个列，包含丰富的主–外键信息。
- 查询：包含 99 个测试案例。
- 类型：测试案例中包含各种业务模型（如分析报告型、迭代式的联机分析型、数据挖掘型等）。
- 几乎所有的测试案例都有很高的 I/O 负载和 CPU 计算需求。

1. TPC-DS 模式和数据量特点

TPC-DS 是一种星座模式，即多个共享维表、多个事实表。事实表与共享维表构成雪花状模式。下面以 SF=1 为例分析不同模式中事实表数据量的特点。

在 STORE SALES 销售事实中，事实表 STORE_SALES 数据量占比为 72.89%，维表 CUSTOMER_DEMOGRAPHICS 占比达到 18.36%，而其他维表占比较低，如图 6-38 所示。

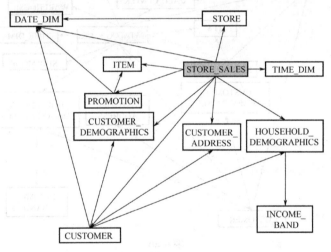

图 6-38

在 STORE RETURNS 销售事实中，事实表 STORE_RETURNS 数据量占比仅为 19.99%，维表 CUSTOMER_DEMOGRAPHICS 占比则达到 54.21%，STORE RETURNS 销售事实与 STORE SALES 共享大部分维表，由于退货量较少，因此事实表相对较小，如图 6-39 所示。

在 CATALOG SALES 销售事实中，事实表 CATALOG_SALES 数据量占比为 64.52%，维表 CUSTOMER_DEMOGRAPHICS 占比达到 23.80%，维表数量多，部分维表占比稍高（如 CUSTOMER 表占比达到 4.24%），如图 6-40 所示。

在 CATALOG RETURNS 销售事实中，事实表 CATALOG_RETURNS 数据量占比为 13.77%，维表 CUSTOMER_DEMOGRAPHICS 占比达到 57.85%，由于事实表记录数量较少，因此维表占比较高（如 CUSTOMER 表占比达到 10.31%），如图 6-41 所示。

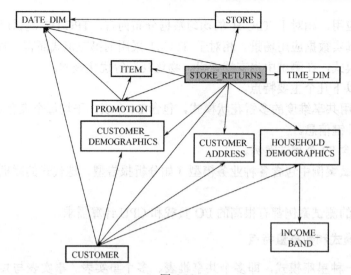

图 6-39

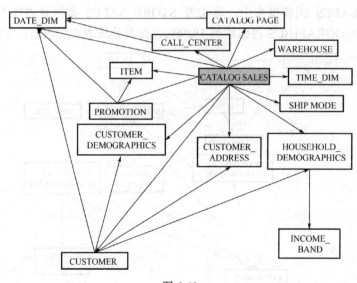

图 6-40

在 WEB SALES 销售事实中,事实表 WEB_SALES 数据量占比为 52.60%,维表 CUSTOMER_DEMOGRAPHICS 占比达到 32.10%,事实表数据量相对不大,维表比重相对较高,如图 6-42 所示。

在 WEB RETURNS 销售事实中,事实表 WEB_RETURNS 数据量占比仅为 6.58%,维表 CUSTOMER_DEMOGRAPHICS 占比达到 63.29%,事实表数据量相对较小,导致维表比重相对较高,如图 6-43 所示。

在 INVENTORY 销售事实中,事实表 INVENTORY 数据量占比为 96.42%,维表比重较低,如图 6-44 所示。

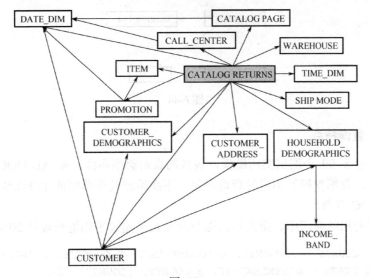

图 6-41

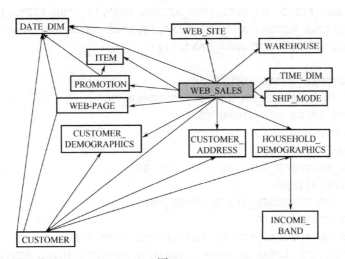

图 6-42

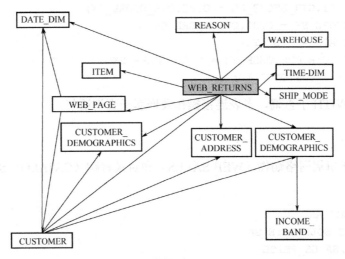

图 6-43

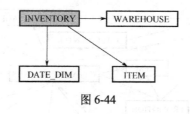

图 6-44

2. TPC-DS 查询特点

TPC-DS 中包含 99 个测试案例模板，包含的查询类型多样，如 AD-HOC 查询、迭代式的联机分析查询、数据挖掘等不同的查询案例。下面给出几个典型的 TCP-DS 查询案例。

Q1：AD-HOC 查询。

返回在指定的州的商店中、指定年内退货商品数量超过平均退货数量 20%的客户。

```
DEFINE COUNTY = RANDOM(1, ROWCOUNT("ACTIVE_COUNTIES", "STORE"), UNIFORM);
DEFINE STATE = DISTMEMBER(FIPS_COUNTY, [COUNTY], 3);
DEFINE YEAR = RANDOM(1998, 2002, UNIFORM);
DEFINE AGG_FIELD = TEXT({"SR_RETURN_AMT",1},{"SR_FEE",1},{"SR_REFUNDED_
CASH",1},{"SR_RETURN_AMT_INC_TAX",1},{"SR_REVERSED_CHARGE",1},{"SR_STO
RE_CREDIT",1},{"SR_RETURN_TAX",1});

WITH CUSTOMER_TOTAL_RETURN AS
(SELECT SR_CUSTOMER_SK AS CTR_CUSTOMER_SK
,SR_STORE_SK AS CTR_STORE_SK
,SUM([AGG_FIELD]) AS CTR_TOTAL_RETURN
FROM STORE_RETURNS,DATE_DIM
WHERE SR_RETURNED_DATE_SK = D_DATE_SK
AND D_YEAR =[YEAR]
GROUP BY SR_CUSTOMER_SK,SR_STORE_SK)
SELECT C_CUSTOMER_ID
FROM CUSTOMER_TOTAL_RETURN CTR1,STORE,CUSTOMER
WHERE CTR1.CTR_TOTAL_RETURN > (SELECT AVG(CTR_TOTAL_RETURN)*1.2
FROM CUSTOMER_TOTAL_RETURN CTR2
WHERE CTR1.CTR_STORE_SK = CTR2.CTR_STORE_SK)
AND S_STORE_SK = CTR1.CTR_STORE_SK
AND S_STATE = '[STATE]'
AND CTR1.CTR_CUSTOMER_SK = C_CUSTOMER_SK
ORDER BY C_CUSTOMER_ID;
```

查询中包含 WITH 子查询，多表连接操作及嵌套子查询语句。

Q2：报表查询。

输出相邻两年每周网络购物（WEB SALES）和目录寄购（CATALOG SALES）增长率报告。

```
WITH WSCS AS
(SELECT SOLD_DATE_SK
,SALES_PRICE
FROM (SELECT WS_SOLD_DATE_SK SOLD_DATE_SK
```

```sql
            ,WS_EXT_SALES_PRICE SALES_PRICE
      FROM WEB_SALES) X
      UNION ALL
      (SELECT CS_SOLD_DATE_SK SOLD_DATE_SK
            ,CS_EXT_SALES_PRICE SALES_PRICE
      FROM CATALOG_SALES)),
 WSWSCS AS
 (SELECT D_WEEK_SEQ,
        SUM(CASE WHEN (D_DAY_NAME='SUNDAY') THEN SALES_PRICE ELSE NULL
END) SUN_SALES,
        SUM(CASE WHEN (D_DAY_NAME='MONDAY') THEN SALES_PRICE ELSE NULL
END) MON_SALES,
        SUM(CASE WHEN (D_DAY_NAME='TUESDAY') THEN SALES_PRICE ELSE NULL
END) TUE_SALES,
        SUM(CASE WHEN (D_DAY_NAME='WEDNESDAY') THEN SALES_PRICE ELSE
NULL END) WED_SALES,
        SUM(CASE WHEN (D_DAY_NAME='THURSDAY') THEN SALES_PRICE ELSE NULL
END) THU_SALES,
        SUM(CASE WHEN (D_DAY_NAME='FRIDAY') THEN SALES_PRICE ELSE NULL
END) FRI_SALES,
        SUM(CASE WHEN (D_DAY_NAME='SATURDAY') THEN SALES_PRICE ELSE NULL
END) SAT_SALES
  FROM WSCS
      ,DATE_DIM
  WHERE D_DATE_SK = SOLD_DATE_SK
  GROUP BY D_WEEK_SEQ)
  SELECT DISTINCT D_WEEK_SEQ1
        ,ROUND(SUN_SALES1/SUN_SALES2,2) 'SUNDAY'
        ,ROUND(MON_SALES1/MON_SALES2,2) 'MONDAY'
        ,ROUND(TUE_SALES1/TUE_SALES2,2) 'TUESDAY'
        ,ROUND(WED_SALES1/WED_SALES2,2) 'WEDNESDAY'
        ,ROUND(THU_SALES1/THU_SALES2,2) 'THURSDAY'
        ,ROUND(FRI_SALES1/FRI_SALES2,2) 'FRIDAY'
        ,ROUND(SAT_SALES1/SAT_SALES2,2) 'SATURDAY'
  FROM
  (SELECT WSWSCS.D_WEEK_SEQ D_WEEK_SEQ1
         ,SUN_SALES SUN_SALES1
         ,MON_SALES MON_SALES1
         ,TUE_SALES TUE_SALES1
         ,WED_SALES WED_SALES1
         ,THU_SALES THU_SALES1
         ,FRI_SALES FRI_SALES1
         ,SAT_SALES SAT_SALES1
   FROM WSWSCS,DATE_DIM
   WHERE DATE_DIM.D_WEEK_SEQ = WSWSCS.D_WEEK_SEQ AND
         D_YEAR = 2000) Y,
   (SELECT WSWSCS.D_WEEK_SEQ D_WEEK_SEQ2
          ,SUN_SALES SUN_SALES2
```

```
              ,MON_SALES MON_SALES2
              ,TUE_SALES TUE_SALES2
              ,WED_SALES WED_SALES2
              ,THU_SALES THU_SALES2
              ,FRI_SALES FRI_SALES2
              ,SAT_SALES SAT_SALES2
       FROM WSWSCS
           ,DATE_DIM
       WHERE DATE_DIM.D_WEEK_SEQ = WSWSCS.D_WEEK_SEQ AND
           D_YEAR = 2000+1) Z
     WHERE D_WEEK_SEQ1=D_WEEK_SEQ2-53
     ORDER BY D_WEEK_SEQ1;
```

查询首先通过 WITH 语句定义每日销售额 WSCS 子查询，然后在 WSCS 子查询上计算出周序列号中每日销售额；查询分别计算出指定年份和其后年份每相邻一年中每日销售额及日销售额增长率。

Q14：迭代查询。

查询包括多重迭代处理。

① 首先输出在三个销售渠道中连续三年销售的相同品牌、类别和种类的产品，然后计算在三个销售渠道，相同三年间的平均销售额量（QUANTITY*LIST_PRICE），最后计算出总的销售量和销售额，并按每个销售渠道、品牌、种类进行聚合（ROLLUP）。查询只处理三个渠道中超过平均销售额的销售数据。

② 基于前面的查询比较 12 月商店销售情况。

```
     DEFINE YEAR= RANDOM(1998, 2000, UNIFORM);
     DEFINE DAY = RANDOM(1,28,UNIFORM);

     WITH  CROSS_ITEMS AS
      (SELECT I_ITEM_SK SS_ITEM_SK
      FROM ITEM,
      (SELECT ISS.I_BRAND_ID BRAND_ID
         ,ISS.I_CLASS_ID CLASS_ID
         ,ISS.I_CATEGORY_ID CATEGORY_ID
      FROM STORE_SALES
         ,ITEM ISS
         ,DATE_DIM D1
      WHERE SS_ITEM_SK = ISS.I_ITEM_SK
        AND SS_SOLD_DATE_SK = D1.D_DATE_SK
        AND D1.D_YEAR BETWEEN [YEAR]AND [YEAR] + 2
     INTERSECT
     SELECT ICS.I_BRAND_ID
         ,ICS.I_CLASS_ID
         ,ICS.I_CATEGORY_ID
     FROM CATALOG_SALES
         ,ITEM ICS
         ,DATE_DIM D2
```

```sql
    WHERE CS_ITEM_SK = ICS.I_ITEM_SK
      AND CS_SOLD_DATE_SK = D2.D_DATE_SK
      AND D2.D_YEAR BETWEEN [YEAR]AND [YEAR] + 2
    INTERSECT
    SELECT IWS.I_BRAND_ID
        ,IWS.I_CLASS_ID
        ,IWS.I_CATEGORY_ID
    FROM WEB_SALES
        ,ITEM IWS
        ,DATE_DIM D3
    WHERE WS_ITEM_SK = IWS.I_ITEM_SK
      AND WS_SOLD_DATE_SK = D3.D_DATE_SK
      AND D3.D_YEAR BETWEEN [YEAR]AND [YEAR] + 2) X
    WHERE I_BRAND_ID = BRAND_ID
        AND I_CLASS_ID = CLASS_ID
        AND I_CATEGORY_ID = CATEGORY_ID
),
AVG_SALES AS
 (SELECT AVG(QUANTITY*LIST_PRICE) AVERAGE_SALES
  FROM (SELECT SS_QUANTITY QUANTITY
            ,SS_LIST_PRICE LIST_PRICE
        FROM STORE_SALES
            ,DATE_DIM
        WHERE SS_SOLD_DATE_SK = D_DATE_SK
          AND D_YEAR BETWEEN [YEAR]AND [YEAR] + 2
        UNION ALL
        SELECT CS_QUANTITY QUANTITY
            ,CS_LIST_PRICE LIST_PRICE
        FROM CATALOG_SALES
            ,DATE_DIM
        WHERE CS_SOLD_DATE_SK = D_DATE_SK
          AND D_YEAR BETWEEN [YEAR] AND [YEAR] + 2
        UNION ALL
        SELECT WS_QUANTITY QUANTITY
            ,WS_LIST_PRICE LIST_PRICE
        FROM WEB_SALES
            ,DATE_DIM
        WHERE WS_SOLD_DATE_SK = D_DATE_SK
          AND D_YEAR BETWEEN [YEAR] AND [YEAR] + 2) X)
SELECT       CHANNEL,    I_BRAND_ID,I_CLASS_ID,I_CATEGORY_ID,SUM(SALES),
SUM(NUMBER_SALES)
 FROM(
      SELECT 'STORE' CHANNEL, I_BRAND_ID,I_CLASS_ID
          ,I_CATEGORY_ID,SUM(SS_QUANTITY*SS_LIST_PRICE) SALES
          , COUNT(*) NUMBER_SALES
      FROM STORE_SALES
          ,ITEM
          ,DATE_DIM
```

```sql
        WHERE SS_ITEM_SK IN (SELECT SS_ITEM_SK FROM CROSS_ITEMS)
          AND SS_ITEM_SK = I_ITEM_SK
          AND SS_SOLD_DATE_SK = D_DATE_SK
          AND D_YEAR = [YEAR]+2
          AND D_MOY = 11
        GROUP BY I_BRAND_ID,I_CLASS_ID,I_CATEGORY_ID
        HAVING SUM(SS_QUANTITY*SS_LIST_PRICE) > (SELECT AVERAGE_SALES
FROM AVG_SALES)
        UNION ALL
        SELECT 'CATALOG' CHANNEL, I_BRAND_ID,I_CLASS_ID,I_CATEGORY_ID,
SUM(CS_QUANTITY*CS_LIST_PRICE) SALES, COUNT(*) NUMBER_SALES
        FROM CATALOG_SALES
            ,ITEM
            ,DATE_DIM
        WHERE CS_ITEM_SK IN (SELECT SS_ITEM_SK FROM CROSS_ITEMS)
          AND CS_ITEM_SK = I_ITEM_SK
          AND CS_SOLD_DATE_SK = D_DATE_SK
          AND D_YEAR = [YEAR]+2
          AND D_MOY = 11
        GROUP BY I_BRAND_ID,I_CLASS_ID,I_CATEGORY_ID
        HAVING SUM(CS_QUANTITY*CS_LIST_PRICE) > (SELECT AVERAGE_SALES
FROM AVG_SALES)
        UNION ALL
        SELECT 'WEB' CHANNEL, I_BRAND_ID,I_CLASS_ID,I_CATEGORY_ID,
SUM(WS_QUANTITY*WS_LIST_PRICE) SALES , COUNT(*) NUMBER_SALES
        FROM WEB_SALES
            ,ITEM
            ,DATE_DIM
        WHERE WS_ITEM_SK IN (SELECT SS_ITEM_SK FROM CROSS_ITEMS)
          AND WS_ITEM_SK = I_ITEM_SK
          AND WS_SOLD_DATE_SK = D_DATE_SK
          AND D_YEAR = [YEAR]+2
          AND D_MOY = 11
        GROUP BY I_BRAND_ID,I_CLASS_ID,I_CATEGORY_ID
        HAVING SUM(WS_QUANTITY*WS_LIST_PRICE) > (SELECT AVERAGE_SALES
FROM AVG_SALES)
) Y
GROUP BY ROLLUP (CHANNEL, I_BRAND_ID,I_CLASS_ID,I_CATEGORY_ID)
ORDER BY CHANNEL,I_BRAND_ID,I_CLASS_ID,I_CATEGORY_ID;

WITH CROSS_ITEMS AS
 (SELECT I_ITEM_SK SS_ITEM_SK
 FROM ITEM,
 (SELECT ISS.I_BRAND_ID BRAND_ID
     ,ISS.I_CLASS_ID CLASS_ID
     ,ISS.I_CATEGORY_ID CATEGORY_ID
 FROM STORE_SALES
     ,ITEM ISS
```

```sql
        ,DATE_DIM D1
   WHERE SS_ITEM_SK = ISS.I_ITEM_SK
     AND SS_SOLD_DATE_SK = D1.D_DATE_SK
     AND D1.D_YEAR BETWEEN [YEAR] AND [YEAR] + 2
   INTERSECT
   SELECT ICS.I_BRAND_ID
        ,ICS.I_CLASS_ID
        ,ICS.I_CATEGORY_ID
   FROM CATALOG_SALES
       ,ITEM ICS
       ,DATE_DIM D2
   WHERE CS_ITEM_SK = ICS.I_ITEM_SK
     AND CS_SOLD_DATE_SK = D2.D_DATE_SK
     AND D2.D_YEAR BETWEEN [YEAR] AND [YEAR] + 2
   INTERSECT
   SELECT IWS.I_BRAND_ID
        ,IWS.I_CLASS_ID
        ,IWS.I_CATEGORY_ID
   FROM WEB_SALES
       ,ITEM IWS
       ,DATE_DIM D3
   WHERE WS_ITEM_SK = IWS.I_ITEM_SK
     AND WS_SOLD_DATE_SK = D3.D_DATE_SK
     AND D3.D_YEAR BETWEEN [YEAR] AND [YEAR] + 2) X
   WHERE I_BRAND_ID = BRAND_ID
       AND I_CLASS_ID = CLASS_ID
       AND I_CATEGORY_ID = CATEGORY_ID
),
AVG_SALES AS
(SELECT AVG(QUANTITY*LIST_PRICE) AVERAGE_SALES
  FROM (SELECT SS_QUANTITY QUANTITY
             ,SS_LIST_PRICE LIST_PRICE
        FROM STORE_SALES
            ,DATE_DIM
        WHERE SS_SOLD_DATE_SK = D_DATE_SK
          AND D_YEAR BETWEEN [YEAR] AND [YEAR] + 2
        UNION ALL
        SELECT CS_QUANTITY QUANTITY
             ,CS_LIST_PRICE LIST_PRICE
        FROM CATALOG_SALES
            ,DATE_DIM
        WHERE CS_SOLD_DATE_SK = D_DATE_SK
          AND D_YEAR BETWEEN [YEAR] AND [YEAR] + 2
        UNION ALL
        SELECT WS_QUANTITY QUANTITY
             ,WS_LIST_PRICE LIST_PRICE
        FROM WEB_SALES
            ,DATE_DIM
```

```
            WHERE WS_SOLD_DATE_SK = D_DATE_SK
              AND D_YEAR BETWEEN [YEAR] AND [YEAR] + 2) X)
    SELECT * FROM
    (SELECT 'STORE' CHANNEL, I_BRAND_ID,I_CLASS_ID,I_CATEGORY_ID
          ,SUM(SS_QUANTITY*SS_LIST_PRICE) SALES, COUNT(*) NUMBER_SALES
     FROM STORE_SALES
        ,ITEM
        ,DATE_DIM
     WHERE SS_ITEM_SK IN (SELECT SS_ITEM_SK FROM CROSS_ITEMS)
       AND SS_ITEM_SK = I_ITEM_SK
       AND SS_SOLD_DATE_SK = D_DATE_SK
       AND D_WEEK_SEQ = (SELECT D_WEEK_SEQ
                         FROM DATE_DIM
                         WHERE D_YEAR = [YEAR] + 1
                           AND D_MOY = 12
                           AND D_DOM = [DAY])
     GROUP BY I_BRAND_ID,I_CLASS_ID,I_CATEGORY_ID
     HAVING SUM(SS_QUANTITY*SS_LIST_PRICE) > (SELECT AVERAGE_SALES FROM
    AVG_SALES)) THIS_YEAR,
    (SELECT 'STORE' CHANNEL, I_BRAND_ID,I_CLASS_ID
          ,I_CATEGORY_ID, SUM(SS_QUANTITY*SS_LIST_PRICE) SALES, COUNT(*)
    NUMBER_SALES
     FROM STORE_SALES
        ,ITEM
        ,DATE_DIM
     WHERE SS_ITEM_SK IN (SELECT SS_ITEM_SK FROM CROSS_ITEMS)
       AND SS_ITEM_SK = I_ITEM_SK
       AND SS_SOLD_DATE_SK = D_DATE_SK
       AND D_WEEK_SEQ = (SELECT D_WEEK_SEQ
                         FROM DATE_DIM
                         WHERE D_YEAR = [YEAR]
                           AND D_MOY = 12
                           AND D_DOM = [DAY])
     GROUP BY I_BRAND_ID,I_CLASS_ID,I_CATEGORY_ID
     HAVING SUM(SS_QUANTITY*SS_LIST_PRICE) > (SELECT AVERAGE_SALES FROM
    AVG_SALES)) LAST_YEAR
    WHERE THIS_YEAR.I_BRAND_ID= LAST_YEAR.I_BRAND_ID
      AND THIS_YEAR.I_CLASS_ID = LAST_YEAR.I_CLASS_ID
      AND THIS_YEAR.I_CATEGORY_ID = LAST_YEAR.I_CATEGORY_ID
    ORDER BY THIS_YEAR.CHANNEL, THIS_YEAR.I_BRAND_ID, THIS_YEAR.I_CLASS_ID,
    THIS_YEAR.I_CATEGORY_ID;
```

Q22：OLAP 查询。

按产品名称、品牌、类别、种类计算销售数量并对结果进行汇总（ROLLUP）。

查询包括多重迭代处理。

```
    DEFINE YEAR=RANDOM(1998,2002,UNIFORM);
    DEFINE _LIMIT=100;
```

```
       DEFINE DMS = RANDOM(1176,1224,UNIFORM);
       [_LIMITA] SELECT [_LIMITB] I_PRODUCT_NAME
                    ,I_BRAND
                    ,I_CLASS
                    ,I_CATEGORY
                    ,AVG(INV_QUANTITY_ON_HAND) QOH
            FROM INVENTORY
                ,DATE_DIM
                ,ITEM
                ,WAREHOUSE
           WHERE INV_DATE_SK=D_DATE_SK
                AND INV_ITEM_SK=I_ITEM_SK
                AND INV_WAREHOUSE_SK = W_WAREHOUSE_SK
                AND D_MONTH_SEQ BETWEEN [DMS] AND [DMS] + 11
           GROUP BY ROLLUP(I_PRODUCT_NAME
                    ,I_BRAND
                    ,I_CLASS
                    ,I_CATEGORY)
       ORDER BY QOH, I_PRODUCT_NAME, I_BRAND, I_CLASS, I_CATEGORY
       [_LIMITC];
```

相比于 TPC-H 和 SSB，TPC-DS 更加复杂，查询类型更多样化，查询通常由复杂的查询任务组成，包括复杂的迭代查询、基于 ROLLUP 的聚集计算、报表查询等，强调测试数据库系统对 SQL 标准的支持度。

小 结

数据仓库是结构化大数据以分析处理为主的数据库技术，可以看作以数据库为基础平台的结构化大数据分析处理应用平台，是多维分析 OLAP 和商业智能 BI 的基础平台。相对于通用的数据库技术而言，数据仓库具有自身的特点，更加强调面向主题的数据组织与存储优化技术。与 SQL 关系操作对应，OLAP 是数据仓库上的多维操作，其语义对应多维数据集上的上卷、下钻、切片、切块、旋转等操作。OLAP 的实现技术包括基于关系数据库操作的 ROLAP 和基于多维数据存储模型的 MOLAP，以及结合 ROLAP 和 MOLAP 的 HOLAP 技术等，从当前大数据分析处理技术的发展趋势来看，基于关系操作的 ROLAP 在大数据处理时具有更好的存储效率而得到广泛的应用。

企业数据仓库应用十分复杂，本章以工业界和学术界普遍使用的 Benchmark（TPC-H、SSB、TPC-DS）为案例，分析企业面向决策分析的数据库的模式特点、数据特点、查询负载特点和查询实现特点，帮助读者直观了解企业级数据库应用的特点，更深入地理解数据仓库的应用和 OLAP 查询处理技术。

第 7 章 OLAP 实践案例

学习目标/本章要点

本章以 SQL Server 2017 和 Analysis Services 为基础平台，以星状模式数据集（SSB）、雪花状模式数据集（FoodMart）和复杂雪花状模式数据集（TPC-H）为案例，介绍 OLAP 分析多维数据建模方法、OLAP 查询分析处理技术及 OLAP 分析处理可视化技术等，使读者通过案例实践掌握 OLAP 完整的设计、配置与应用过程，学习使用数据库和 OLAP 分析平台对企业级数据进行分析处理的技能。

本章学习的目标是为企业级数据库 FoodMart、SSB 和 TPC-H 创建多维数据模型，在 Analysis Services 中创建多维分析模型，掌握事实表与维表的创建方法，掌握度量属性的设计、维层次的设计，掌握多维分析处理技术，掌握基于 Excel 数据透视表、PowerBI 及 Tableau 等多维数据分析和可视化技术。

7.1 基于 SSB 数据库的 OLAP 案例实践

SSB（Star Schema Benchmark，星状模式基准[1]）是当前学术界广泛采用的数据仓库存储模型，它是由 1 个事实表和 4 个维表构成的星状存储结构，并且附加了 4 个查询模板，13 个典型的 OLAP 查询任务，每个查询模板中有 3~4 个相似的查询，选择率由高到低，可以模拟多维数据的上卷、下钻操作，可以作为 OLAP 性能分析的基准，也是数据仓库典型的应用案例。

本节以 SSB 数据集为例，基于 Microsoft Analysis Services 平台，通过应用案例介绍数据仓库的模式设计，多维数据集的创建方法，构建维度和度量，进行多维分析处理及多维数据分析处理的数据可视化技术。

7.1.1 SSB 数据集分析

1. 模式结构分析

查询数据库 SSB 中的多维数据集对应的表 LINEORDER、CUSTOMER、SUPPLIER、DATE、PART 表是否完备。在"数据库关系图"中新建关系图，选择对应的表生成数据库关系图。

SSB 数据库以 LINEORDER 为中心，通过外键与 CUSTOMER、SUPPLIER、DATE、PART 表构成一个逻辑的星状结构，由 CUSTOMER、SUPPLIER、DATE、PART 构成一个四维的事实数据空间。在数据库中体现为事实表通过外键与各个维表建立参照完整性引用关系。

---

1 http://www.cs.umb.edu/~poneil/StarSchemaB.PDF

如图 7.1 所示，如果 5 个表在关系图中存在连接的边，则说明多维数据集的事实表和 4 个维表之间的参照引用关系已建立。若关系图中存在不连接的边，则检查事实表 LINEORDER 中的外键是否已定义（LINEORDER 表中白色钥匙图标为定义的 4 个外键），若无则通过 ALTER TABLE 命令为事实表创建与各维表之间的外键约束。

```
ALTER TABLE LINEORDER ADD CONSTRAINT FK_LINEORDER_CUSTOMER FOREIGN KEY
(LO_CUSTKEY) REFERENCES CUSTOMER(C_CUSTKEY);
ALTER TABLE LINEORDER ADD CONSTRAINT FK_LINEORDER_PART FOREIGN KEY
(LO_PARTKEY) REFERENCES PART(P_PARTKEY);
ALTER TABLE LINEORDER ADD CONSTRAINT FK_LINEORDER_SUPPLIER FOREIGN KEY
(LO_SUPPKEY) REFERENCES SUPPLIER(S_SUPPKEY);
ALTER TABLE LINEORDER ADD CONSTRAINT FK_LINEORDER_DATE FOREIGN
KEY(LO_ORDERDATE) REFERENCES DATE(D_DATEKEY);
```

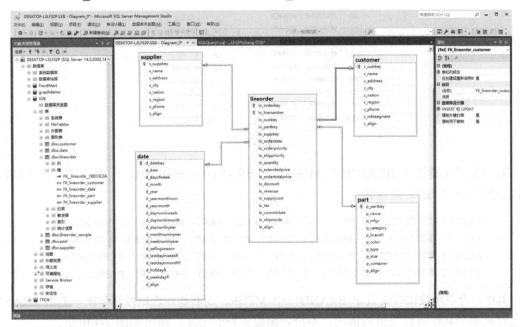

图 7-1

多维数据集中各维表应该创建主键，事实表中创建外键，事实表通过外键与维表形成多维数据关系。

2. 维层次结构分析

星状模型为简化数据库结构，维表中的层次属性通常不进行 3NF 分解，而是物化在一个统一的维表中，这样维表中的属性之间存在传递依赖关系，这是构建维层次的基础。

CUSTOMER 维表中的属性 C_CITY、C_NATION、C_REGION 在语义上为传递依赖关系，构成 C_CUSTKEY→C_CITY→C_NATION→C_REGION 层次。SUPPLIER 维表具有类似的层次：S_SUPPKEY→S_CITY→S_NATION→S_REGION。维表 PART 的属性中没有明显的语义层次，需要通过进一步验证找到属性之间的函数依赖关系，确定维层次结构。

首先，通过下面的 SQL 命令计算出候选维属性中成员的个数，结果如图 7-2 所示。

```
SELECT COUNT(DISTINCT P_BRAND1) AS BRAND,COUNT(DISTINCT P_MFGR) AS
```

```
MFGR, COUNT(DISTINCT P_CATEGORY) AS CATEGORY,COUNT(DISTINCT P_COLOR)
AS COLOR, COUNT( DISTINCT P_TYPE) AS TYPE, COUNT(DISTINCT P_SIZE) AS
SIZE FROM PART;
```

brand	mfgr	category	color	type	size
1000	5	25	92	150	50

图 7-2

然后，对可能具有函数依赖关系的属性进行验证。P_BRAND1 与 P_CATEGORY 可能存在函数依赖关系，则下面 SQL 命令验证了每一个 P_BRAND1 成员唯一确定一个 P_CATEGORY 成员，满足函数依赖关系 P_BRAND1→P_CATEGORY，结果如图 7-3 所示。

```
SELECT DISTINCT P_BRAND1,P_CATEGORY FROM PART ORDER BY P_BRAND1;
SELECT DISTINCT P_BRAND1 FROM PART ORDER BY P_BRAND1;
```

992	MFGR#5538	MFGR#55			
993	MFGR#5539	MFGR#55		993	MFGR#5539
994	MFGR#554	MFGR#55		994	MFGR#554
995	MFGR#5540	MFGR#55		995	MFGR#5540
996	MFGR#555	MFGR#55		996	MFGR#555
997	MFGR#556	MFGR#55		997	MFGR#556
998	MFGR#557	MFGR#55		998	MFGR#557
999	MFGR#558	MFGR#55		999	MFGR#558
1000	MFGR#559	MFGR#55		1000	MFGR#559

图 7-3

对候选层次属性 P_BRAND1-P_MFGR，P_BRAND1-P_COLOR，P_BRAND1-P_TYPE，P_BRAND1 和 P_SIZE 进行验证。

```
SELECT DISTINCT P_BRAND1,P_MFGR FROM PART ORDER BY P_BRAND1;
SELECT DISTINCT P_BRAND1,P_COLOR FROM PART ORDER BY P_BRAND1;
SELECT DISTINCT P_BRAND1,P_TYPE FROM PART ORDER BY P_BRAND1;
SELECT DISTINCT P_BRAND1,P_SIZE FROM PART ORDER BY P_BRAND1;
```

其中，存在函数依赖关系 P_BRAND1→P_MFGR，而其他候选属性则存在一个 P_BRAND1 成员对应多个其他属性成员的情况，不符合函数依赖的定义，结果如图 7-4 所示。

	p_brand1	p_mfgr		p_brand1	p_color		p_brand1	p_type		p_brand1	p_size
996	MFGR#555	MFGR#5	80873	MFGR#559	blush	110507	MFGR#559	LARGE ANODIZED BRASS			
997	MFGR#556	MFGR#5	80874	MFGR#559	lace	110508	MFGR#559	SMALL ANODIZED NICKEL			
998	MFGR#557	MFGR#5	80875	MFGR#559	royal	110509	MFGR#559	STANDARD PLATED BRASS	49088	MFGR#559	49
999	MFGR#558	MFGR#5	80876	MFGR#559	floral	110510	MFGR#559	STANDARD BURNISHED TIN	49089	MFGR#559	20
1000	MFGR#559	MFGR#5	80877	MFGR#559	indian	110511	MFGR#559	LARGE PLATED NICKEL	49090	MFGR#559	17

图 7-4

经过进一步对 PART 维表属性间的验证，存在函数依赖关系 P_CATEGORY→P_MFGR。

因此，维表 PART 中的维层次为 P_PARTKEY → P_BRAND1 → P_CATEGORY → P_MFGR。

传递依赖关系通常可以通过属性的语义来确定。如 DATE 维表中通过语义分析可以确定一些传递依赖关系，如 D_DATEKEY→D_DAYNUMINMONTH→D_MONTH→D_YEAR、D_DATEKEY→D_DAYNUMINWEEK→D_WEEKNUMINYEAR→D_YEAR、D_DATEKEY→D_MONTH→D_SELLINGSEASON→D_YEAR 等。这些包含在维表中的传递依赖关系是构建

维层次的基础。

在日期维 DATE 中,语义维层次"年–月–日(D_DATEKEY→D_DAYNUMINMONTH→D_MONTH→D_YEAR)"、"年–周–日(D_DATEKEY→D_DAYNUMINWEEK→D_WEEKNUMINYEAR→D_YEAR)"和"年–季度–月–日(D_DATEKEY→D_MONTH→D_SELLINGSEASON→D_YEAR)"各属性组之间并不具有严格的函数依赖关系,如 D_MONTH 成员"JANUARY"对应多个 D_YEAR 成员。在 DATE 维表属性中,D_DATEKEY 与 D_DATE 等价,D_YEARMONTHNUM 与 D_YEARMONTH 等价,通过函数依赖关系确定的维层次为:D_DATEKEY/D_DATE → D_YEARMONTHNUM/D_YEARMONTH→D_YEAR。但由于日期维的特殊性,我们在进行月度、季度或周统计时往往需要跨年度的统计方式,因此,DATE 维中的语义维层次比函数依赖维层次具有更多的应用需求。

日期维 DATE 中的维属性 D_LASTDAYINWEEKFL、D_LASTDAYINMONTHFL、D_HOLIDAYFL、D_WEEKDAYFL 为状态属性(取值为 0 和 1),标识日期是否为周末、月末、假日、工作日,对日期类别进一步划分,对于分析假日经济、周末经济等主题具有良好的支持。

3. 事实表结构分析

通过 LINEORDER 表示的例数据可以看到,LO_DISCOUNT 和 LO_TAX 分别表示折扣和税率,采用整数类型数据,而在查询处理时需要转换为小数型数据,如图 7-5 所示。

	lo_orderkey	lo_linenumber	lo_orderpriority	lo_shippriority	lo_discount	lo_tax	lo_shipmode
1	1	1	5-LOW	0	4	2	TRUCK
2	1	2	5-LOW	0	9	6	MAIL
3	1	3	5-LOW	0	10	2	REG AIR
4	1	4	5-LOW	0	9	6	AIR
5	1	5	5-LOW	0	10	4	FOB
6	1	6	5-LOW	0	7	2	MAIL

图 7-5

在查询执行时需要通过数据转换函数 CONVERT 将原始的整数型数据转换为浮点型数据参与计算,结果如图 7-6 所示。

```
SELECT LO_DISCOUNT,CONVERT(FLOAT,LO_DISCOUNT)/100 AS LO_DISCOUNTING,
    LO_TAX, CONVERT(FLOAT,LO_TAX)/100 AS LO_TAXING FROM LINEORDER;
```

	lo_discount	lo_discounting	lo_tax	lo_taxing
1	4	0.04	2	0.02
2	9	0.09	6	0.06
3	10	0.1	2	0.02
4	9	0.09	6	0.06
5	10	0.1	4	0.04
6	7	0.07	2	0.02

图 7-6

在 OLAP 分析处理时,维属性成员的数量及维属性成员取值的分布情况是多维操作的重要信息。通过下面的分组聚集 SQL 命令可以统计事实表中退化维度属性 LO_ORDERPRIORITY、LO_SHIPPRIORITY、LO_SHIPMODE 取值的分布情况,使用同样的方法可以分析维表各维属性取值分布情况,结果如图 7-7 所示。

```
SELECT LO_ORDERPRIORITY, COUNT(*) AS AMOUNT FROM LINEORDER GROUP BY
LO_ORDERPRIORITY;
SELECT LO_SHIPPRIORITY, COUNT(*) AS AMOUNT FROM LINEORDER GROUP BY
LO_SHIPPRIORITY;
SELECT LO_SHIPMODE, COUNT(*) AS AMOUNT FROM LINEORDER GROUP BY
LO_SHIPMODE;
```

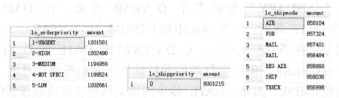

图 7-7

7.1.2 创建 Analysis Services 数据源

为数据库 SSB 创建 Analysis Services 项目。从开始菜单的 Visual Studio 2017 程序组中单击 SQL Server Data Tools 图标，启动项目管理。

在"新建项目"对话框中选择"商业智能"选项，然后选择"Analysis Services 多维和数据挖掘项目"选项，输入项目名称"SSBOLAP"，如图 7-8 所示。

图 7-8

在创建的 SSBOLAP 多维数据项目窗口右侧的"解决方案资源管理器"窗口中显示 SSBOLAP 项目目录，需要分别配置"数据源"、"数据源视图"、"多维数据集"和"维度"。在数据源上右击，在右键菜单中选择"新建数据源"命令，在"数据源向导"对话框中单击"下一步"按钮进入数据源设置界面，如图 7-9 所示。

在 SQL Server Management Studio 的数据库安全性的登录名对象中增加账户 SSBOLAPUSER，默认数据库选择为 SSB。

第 7 章　OLAP 实践案例

图 7-9

在数据库 SSB 对象上选择右键菜单中的"属性"命令，在文件选择页中增加"所有者"，通过单击"浏览"按钮查找账户对象，选择 SSBOLAPUSER 用户，使 SSBOLAPUSER 成为数据库 SSB 的所有者，如图 7-10 所示。

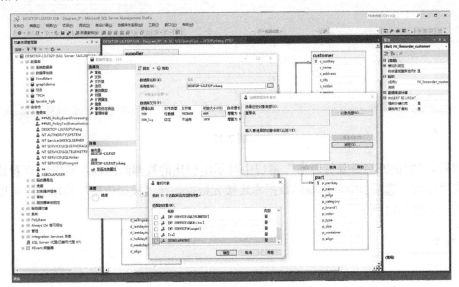

图 7-10

在"解决方案资源管理器"的"数据源"对象上单击"新建"按钮，创建新的数据源。在"连接管理器"对话框中选择数据库所在的服务器名（可以使用 localhost 表示本地服务器，也可以使用服务器全名），在"SQL Server 身份验证"方式下输入 SSB 的有效登录名"SSBOLAPUSER"和密码，在"连接到一个数据库名"下拉框中选择数据库源 SSB，可以通过单击"测试连接"按钮测试数据库连接是否正常，如图 7-11 所示。

设置好数据库连接后，单击"下一步"按钮，在"数据源向导"窗口中选择数据库连接账户，选择"使用服务账户"选项；设置数据源名称；连接字符串中包含服务器名、用户名、数据库名等连接元数据；如图 7-12 所示。

图 7-11

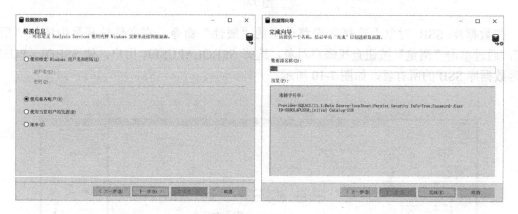

图 7-12

完成后,"解决方案资源管理器"窗口中显示所创建的数据源图标。双击它查看数据库源属性,在"常规"选项卡中可以编辑数据库连接元数据,在"模拟信息"选项卡中可以修改账户元数据,如图 7-13 所示。

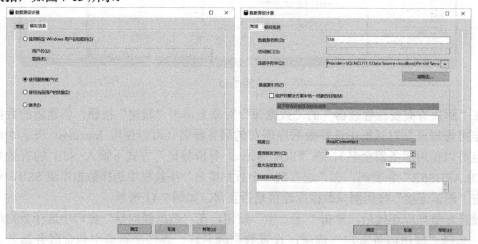

图 7-13

创建数据库源对象后建立了 Analysis Services 与数据库的连接，建立了数据库与 OLAP 服务器之间的数据通道。

7.1.3 创建数据源视图

在数据源视图上右击，在右键菜单中选择"新建数据源视图"命令，通过数据库源视图向导配置数据源视图。确定数据源后单击"下一步"按钮，在弹出的窗口中选择多维数据集对应的事实表和各个维表，如图 7-14 所示。

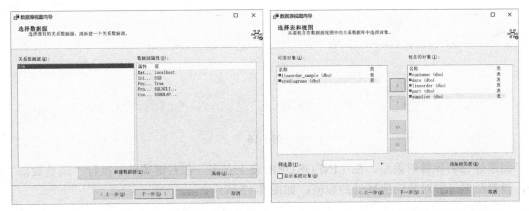

图 7-14

设置数据源视图名称。完成后，"解决方案资源管理器"窗口中显示数据源视图图标，并且自动打开数据源视图窗口。在表窗口中显示数据源中包含的表及表间关系，数据库中建立好的多维数据集主–外键约束关系显示为星状结构。如图 7-15 所示的 LINEORDER 表中包含各个列属性和主键信息，在关系中显示了 LINEORDER 外键引用的维表，如与 CUSTOMER 表通过外键 LO_CUSTKEY 与 CUSTOMER 表的 C_CUSTKEY 构成参照引用关系。

在 SSB 查询中使用聚集表达式 SUM(LO_EXTENDEDPRICE*LO_DISCOUNT)和 SUM(LO_REVENUE - LO_SUPPLYCOST)，在数据源视图中可以为其定义命名计算来确定聚集表达式。

在数据源视图的"表"窗口 LINEORDER 表上右击，在右键菜单中选择"新建命名计算"命令，为聚集表达式创建命令计算对象。

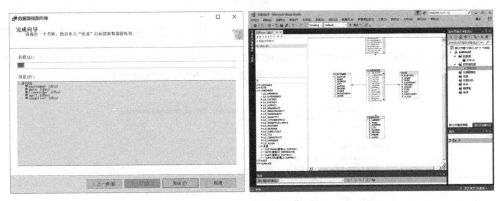

图 7-15

创建第一个命名计算对象 DISCOUNTEDPRICE，原始数据中 LO_DISCOUNT0 为整型数据，在此通过数据类型转换函数转换为浮点数，表达式为 LO_EXTENDEDPRICE* CONVERT(FLOAT, LO_DISCOUNT)/100；创建第二个命名计算对象 PROFITS，表达式为 LO_REVENUE - LO_SUPPLYCOST；如图 7-16 所示。

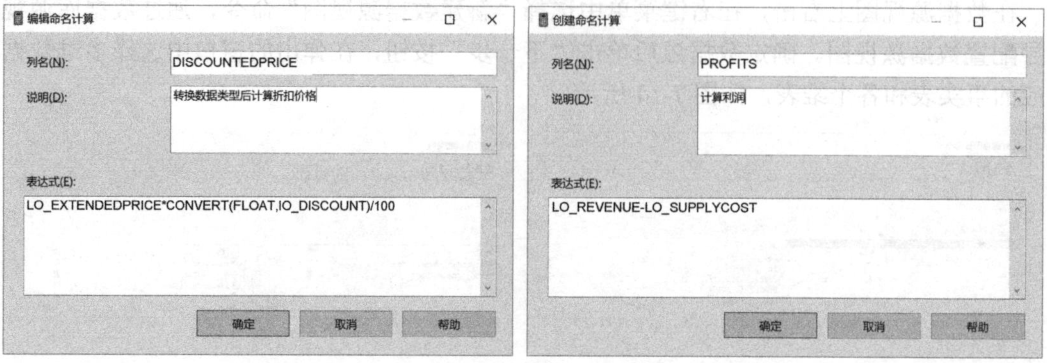

图 7-16

创建好命名计算对象后，在 LINEORDER 表上右击，在右键菜单中执行"浏览数据"命令，查看命名计算对象对应属性的取值，如图 7-17 所示。

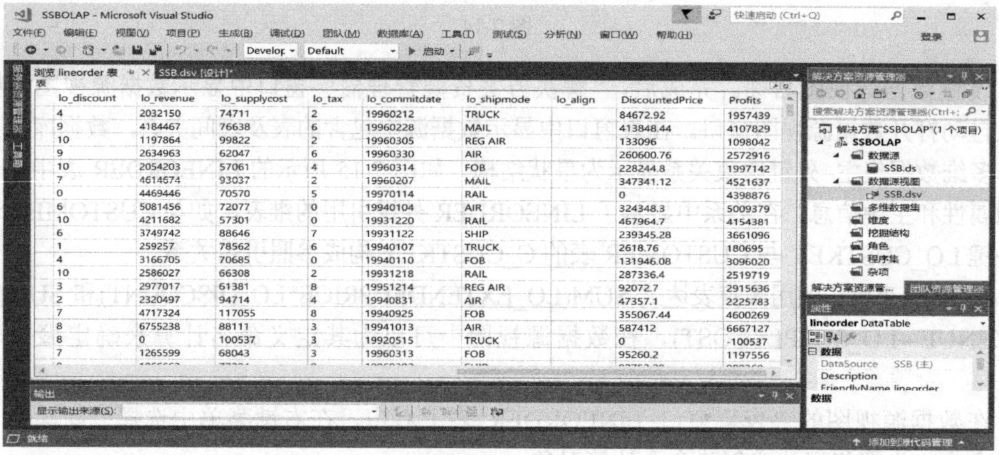

图 7-17

与数据库端 SQL 命令表达式的值对照，确认命名计算对象正确无误，如图 7-18 所示。

```
SELECT LO_EXTENDEDPRICE* CONVERT(FLOAT,LO_DISCOUNT)/100 AS DISCOUNTEDPRICE,
LO_REVENUE - LO_SUPPLYCOST AS PROFITS FROM LINEORDER;
```

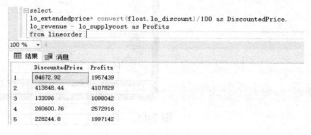

图 7-18

创建数据源视图后就可以通过数据源视图创建多维数据集了，多维数据集需要的计算属性可以在数据源视图中以命名计算的方式进行定义。

7.1.4 创建多维数据集

在多维数据集图标上右击，在右键菜单中选择"新建多维数据集"命令，通过多维数据集向导配置多维数据集。选择"使用现有表"创建多维数据集；在"选择度量值组表"窗口中单击包含度量属性列的事实表 LINEORDER，指定多维数据集度量值所在的事实表；如图7-19 所示。

 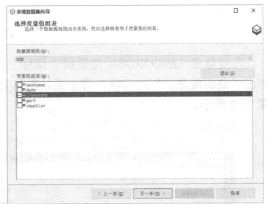

图 7-19

在事实表 LINEORDER 中选择度量值列。事实表 LINEORDER 中 LO_COMMITDATE 为日期属性，不可作为度量值使用，因此不勾选此属性。选择新维度。多维数据集中包含四个维表，用作多维数据集的四个维度，LINEORDER 表中的属性 LO_ORDERPRIORITY 和 LO_SHIPMODE 存储的是订单的优先级和发送方式，可以用于多维分析，因此保留 LINEORDER 表作为维度。

在"多维数据集向导"窗口中可见度量值和维度信息，如图 7-20 所示。单击"完成"按钮生成多维数据集。生成多维数据集后打开多维数据集设计视图，左侧窗口分别显示度量值和维度，中部窗口显示数据源视图。在维度窗口的 SSB 多维数据集对象上右击，在右键菜单中选择"属性"命令，在右侧属性窗口中"存储"菜单的"StorageMode"中选择 MOLAP，使用多维 OLAP 模型，如图 7-21 所示。

图 7-20

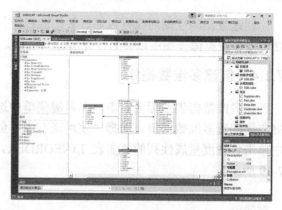

图 7-21

在度量表 LINEORDER 度量属性图标上右击,在右键菜单中选择"编辑度量值"命令,弹出"编辑度量值"对话框,显示系统默认设置的度量值来源的表、列及聚集计算方法,如图 7-22 所示。

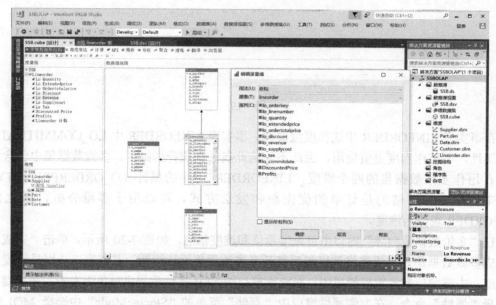

图 7-22

在"编辑度量值"对话框的"用法"中可以更改度量值相应的聚集函数。其中总和对应 SUM 函数,行计数对应 COUNT 函数,最小值对应 MIN 函数,最大值对应 MAX 函数,非重复计数对应 DISTINCT COUNT 函数。事实表 LINEORDER 行计数统计事实表中的行数,其中 LO_ORDERKEY 存在重复值,即相同的订单下存在多个订单项,当用户要分析订单数量的分布情况时,需要对 LO_ORDERKEY 采用非重复计数方法进行聚集计算,在此增加对 LO_ORDERKEY 的非重复计数度量值,如图 7-23 所示。

第 7 章 OLAP 实践案例

图 7-23

增加非重复计数度量值后，在度量值窗口中显示 LO_ORDERKEY 的非重复计数度量列，如图 7-24 所示。

单击多维数据集结构标签页上的 按钮，对多维数据集进行处理。在弹出的对话框中单击"是"按钮，开始处理多维数据集。部署进度完成后，弹出"处理多维数据集"对话框，单击"运行"按钮，开始处理多维数据集。分别对度量值组进行处理，处理完毕后单击"关闭"按钮，返回"处理多维数据集"窗口，如图 7-25 所示。在度量值处理过程中，需要创建多维数据分区，以加速多维查询性能。

图 7-24

图 7-25

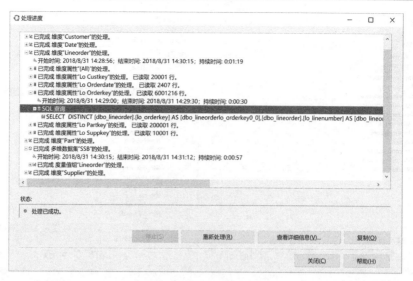

图 7-25（续）

在"浏览器"选项卡中，从左侧度量值组窗口中拖动度量值 PROFITS、LO_REVENUE、DISCOUNTEDPRICE 到右侧窗口中，执行查询操作后观察到度量值 PROFITS 为负值，这说明度量值 PROFITS 在聚集计算时数据类型溢出，原始的 INTEGER 由 4 字节构成，聚集计算结果超出 INTEGER 数据类型的最大值。

在多维数据集菜单中选择度量值窗口中 PROFITS 对象，选择右键菜单中的"属性"命令，在右侧的属性窗口中选择"Source"下的"DataType"，在下拉框中选择"BigInt"，将数据类型扩展到 8 字节，从而保证 PROFITS 的聚集值不再溢出，如图 7-26 所示。设置完度量值数据类型后需要对多维数据集重新处理，生成新的多维数据立方体。

图 7-26

除对度量列直接设置聚集方法外，还可以通过设置计算成员的方法增加度量值。

度量值 LO_REVENUE 对所有订单记录求和，LO_ORDERKEY 的非重复计数度量值计算非重复订单数量，两个度量值的比值为平均每个订单的收益。设置计算成员方法如下。

在多维数据集设计器中选择"计算"选项卡，单击 按钮创建计算成员。在计算成员窗口中设置计算成员名称 AVG_REVENUE，在表达式文本框中设置计算成员的表达式。

从计算工具窗口中将度量值 LO_REVENUE 和 LO_ORDERKEY 非重复计数拖动到表达式窗口，并设置表达式为"[Measures].[Lo Revenue]/ [Measures].[Lo Orderkey 非重复计数]"，如图 7-27 所示。

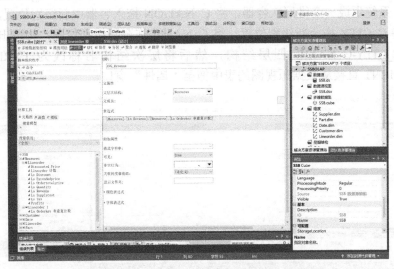

图 7-27

设置完毕后进行处理。

在多维数据集设计器中选择"浏览器"选项卡，将度量值 LO_REVENUE、LO_ORDERKEY 非重复计数和 AVG_REVENUE 拖动到浏览器度量值区域，当前显示结果为对事实表全部记录聚集计算的结果，可以验证，AVG_RENEVUE=LO_RENEVUE/LO_ORDERKEY 非重复计数，如图 7-28 所示。

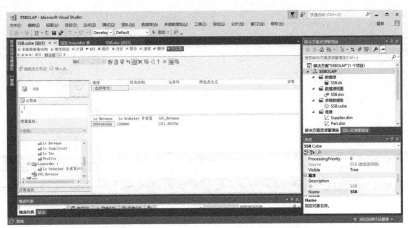

图 7-28

7.1.5 创建维度

多维数据集向导生成默认的维度，仅包含主键等维属性，需要自定义维属性及维层次。

1. 配置 CUSTOMER 维度

如图 7-29 所示，在右侧"解决方案资源管理器"窗口中双击维度 CUSTOMER，进入维度配置窗口。从数据源视图中将维层次属性 C_REGION、C_CITY、C_NATION、C_MKTSEGMENT 拖入属性窗口中,然后在层次结构窗口中用维属性构造维层次。C_REGION、C_CITY、C_NATION、C_NAME 具有层次关系,我们将 C_REGION 拖入层次结构窗口中,系统生成一个维层次容器,将 C_NATION 拖入容器中新级别位置,创建第二个维层,然后将 C_CITY 拖至新级别位置,将 C_NAME 拖至新级别位置,构造出 C_REGION-C_NATION-C_CITY-C_NAME 四层结构,然后将层次结构名称改为 C_RNC。维属性 C_MKTSEGMENT 直接从数据源视图的表中拖至"属性"窗口。

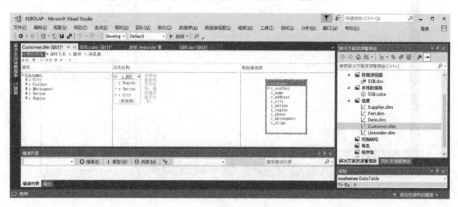

图 7-29

层次结构中的黄色感叹号表示当前所设置的维层次的属性间没有函数依赖关系,在多维分析中会影响性能。查看"属性关系"选项卡,在初始状态下,维层次的各个属性函数依赖于主键 C_CUSTKEY,C_REGION、C_NATION、C_CITY、C_NAME 之间没有函数依赖关系,如图 7-30 所示。

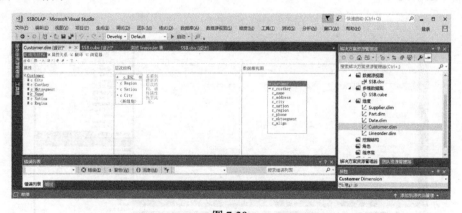

图 7-30

在工具栏上单击 按钮新建属性关系,在"创建属性关系"对话框中选择源属性和相关属性。C_REGION-C_NATION-C_CITY 层次的源属性相关属性分别为 C_CUSTKEY→C_CITY、C_CITY→C_NATION、C_NATION→C_REGION,如图 7-31 所示。

创建完属性关系后显示指定的维层次结构图,单击 按钮,处理配置后的维度,如图 7-32 所示。

在"浏览器"选项卡的层次结构下拉框中选择设定的 C_RNC 层次,查看层次结构,如图 7-33 所示。显示出树状层次结构,可以分别展开 REGION 成员、NATION 成员,查看

CITY 成员。

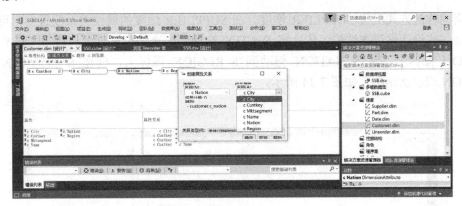

图 7-31

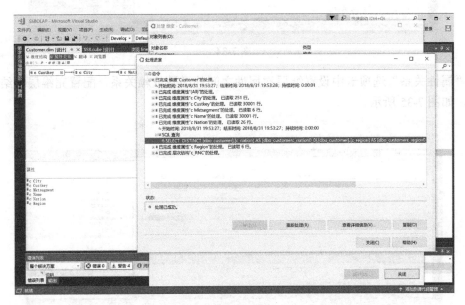

图 7-32

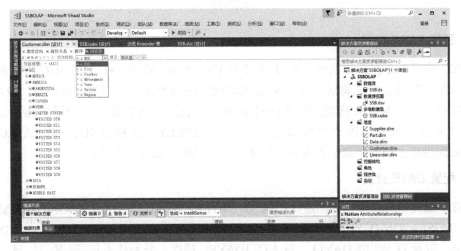

图 7-33

2. 配置 SUPPLIER 维度

使用同样的方式配置 SUPPLIER 维度。在 SUPPLIER 维度的属性关系配置中，可以通过鼠标拖动方式设计维层次结构。依次将 S_CITY 拖动到层次结构窗口中，将 S_CITY 拖动到 S_NATION 图标上，将 S_NATION 拖动到 S_REGION 图标上，创建 S_CITY-S_NATION-S_REGION 维层次结构，如图 7-34 所示。

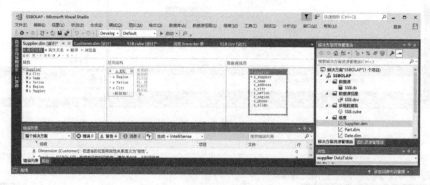

图 7-34

在"属性关系"选项卡中设置维层次属性之间的函数依赖关系，配置完维层次结构后处理维度，如图 7-35 所示。

图 7-35

3. 配置 PART 维度

PART 维度中存在函数依赖关系 P_PARTKEY→P_BRAND1→P_CATEGORY→P_MFGR 和多个单层次属性，分别将这些属性从数据源视图拖动到属性窗口中，再将 P_BRAND1、P_CATEGORY、P_MFGR 拖动到层次结构窗口中，创建 P_MCB 层次，如图 7-36 所示。

在"属性关系"选项卡中配置维层次 P_PARTKEY→P_BRAND1→P_CATEGORY→P_MFGR 属性组之间的函数依赖关系，配置后进行处理，如图 7-37 所示。

4. 配置 DATE 维度

DATE 维度中有两个主要的层次结构 D_DATEKEY-D_DAYNUMINMONTH-D_MONTH-D_SELLINGSEASON-D_YEAR、D_DATEKEY-D_DAYNUMINWEEK-D_WEEKNUMINYEAR-D_YEAR，以及 D_WEEKDAYFL、D_HOLIDAYFL 层次，分别代表年–季度–月–日、年–周–

日,以及周末、节假日等层次,如图 7-38 所示。

图 7-36

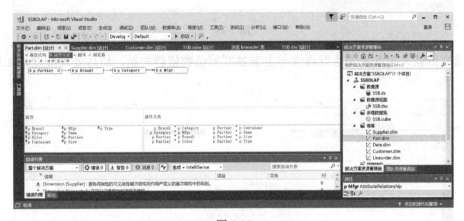

图 7-37

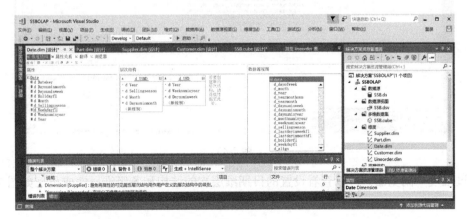

图 7-38

当采用上面的方法配置 DATE 维层次的函数依赖关系时,产生重复值错误,如图 7-39 所示。其原因是配置的维层次属性组之间存在重复值,不能构成函数依赖关系。

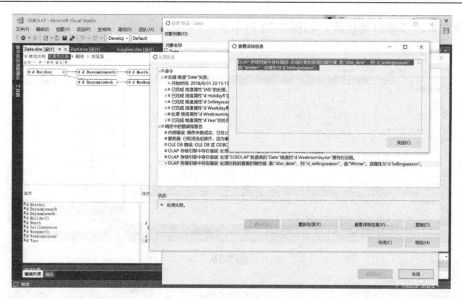

图 7-39

将函数依赖关系恢复为各维属性与主键独立的函数依赖关系,然后处理维度,如图 7-40 所示。

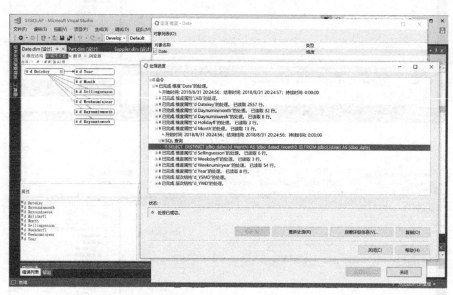

图 7-40

通过维度"浏览器"可以查看设置的日期维层次的结构和各级维属性成员,如图 7-41 所示。

5. 配置 LINEORDER 维度

LINEORDER 表中存在退化维度,即只有一列的维度,如 LO_ORDERPRIORITY 和 LO_SHIPMODE 属性。LO_TAX 和 LO_DISCOUNT 属性为低势集属性,即属性中的变元数量较少,它们既可以用作度量属性,也可以用作维属性,由于在查询中使用其作为切片属性,因此在此将其添加到维属性中,如图 7-42 所示。由于 LINEORDER 表很大,所以维度处理时间较长。

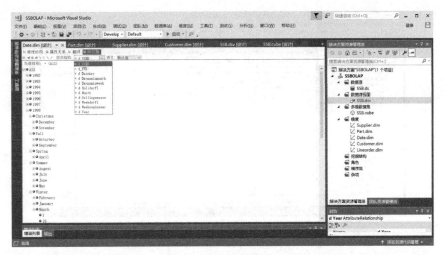

图 7-41

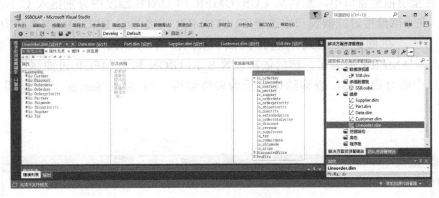

图 7-42

7.1.6 多维分析

各个维度设置好以后,可以通过多维数据集的"浏览器"选项卡进行多维查询。首先需要在多维数据集视图上执行"处理"命令,部署多维数据集项目。

以 SSB 查询为例验证多维数据集是否与 SQL 命令等价。由于数据量较大,原始查询中 SUM(LO_REVENUE - LO_SUPPLYCOST)在原始的整型数据计算时产生溢出错误,因此通过 CONVERT 函数将聚集表达式转换为 BIGINT 类型,改写后的 SQL 命令如下。

```
SELECT D_YEAR, C_NATION, SUM(CONVERT(BIGINT,(LO_REVENUE - LO_SUPPLYCOST)))
AS PROFIT
FROM DATE, CUSTOMER, SUPPLIER, PART, LINEORDER
WHERE LO_CUSTKEY = C_CUSTKEY AND LO_SUPPKEY = S_SUPPKEY
AND LO_PARTKEY = P_PARTKEY AND LO_ORDERDATE = D_DATEKEY
AND C_REGION = 'AMERICA' AND S_REGION = 'AMERICA'
AND (P_MFGR = 'MFGR#1' OR P_MFGR = 'MFGR#2')
GROUP BY D_YEAR, C_NATION ORDER BY D_YEAR, C_NATION;
```

在数据库中查询结果如图 7-43 所示。

图 7-43

当在多维数据集"浏览器"选项卡查询时，首先将左侧度量值组窗口中预设的计算单元 PROFITS 度量值拖至窗口中，然后从 CUSTOMER 和 DATE 维度中分别拖入 C_NATION 和 D_YEAR。在上部维度过滤器窗口中选择 CUSTOMER 维度的 C_REGION 层次结构，设置运算符"等于"，在筛选表达式中选择维属性成员"AMERICA"，对应原始查询中的 C_REGION = 'AMERICA'语句。然后依次设置 S_REGION 和 P_MFGR 过滤属性。设置完毕后刷新窗口中的查询结果，查询结果显示为表格结构，与 SQL Server 查询结果相同，如图 7-44 所示。

图 7-44

7.1.7 通过 Excel 数据透视表查看多维数据集

可以在 Excel 中建立与 Analysis Services 的连接来实现数据可视化功能。

在 Excel 的"数据"菜单中选择"自其他来源"命令的"来自 Analysis Services"命令，将 Analysis Services 中构建的多维数据集展现在 Excel 中，如图 7-45 所示。

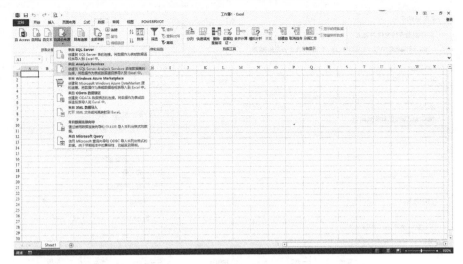

图 7-45

在数据连接向导中输入服务器名称,本地服务器可以使用"localhost"代替服务器名称,也可以直接输入服务器名称;连接到服务器后,选择数据库 SSB,选择对应的多维数据集 SSB;如图 7-46 所示。

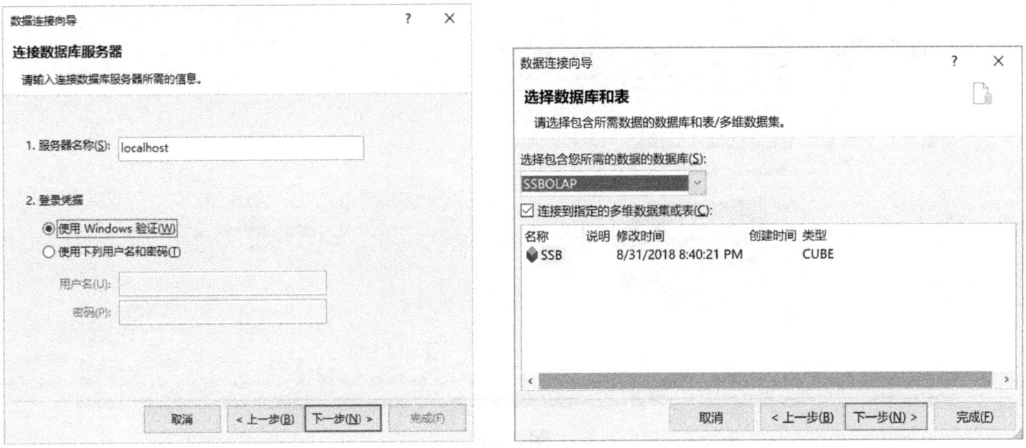

图 7-46

单击"完成"按钮,完成数据连接的建立过程。选择数据导入方式,既可以选择数据透视表,也可以选择数据透视图和 Power View 报表方式,如图 7-47 所示。

在 Excel 视图中,在 Analysis Services 中设置的多维数据集结构显示在右侧窗口中,包含度量表和各个维度表。多维数据视图通过筛选器、列、行、∑ 值窗口进行设置。对应操作为:将 DISCOUNTEDPRICE 列拖入∑ 值窗口,将 DATE 维中的 D_YSMD 维层次拖入行窗口,将 CUSTOMER 维中的 C_RNC 维层次拖入列窗口。插入数据透视图后,多维数据设置的更新同步显示在数据视表和对应的数据透视图上,如图 7-48 所示。

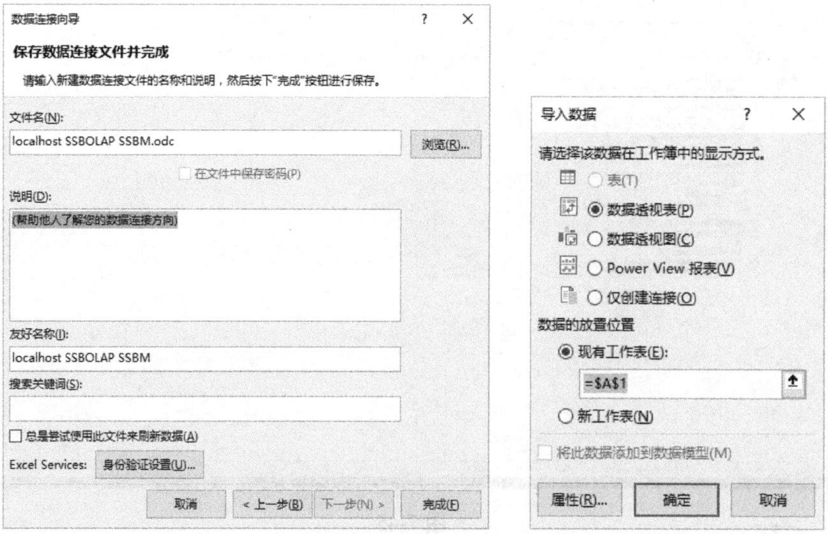

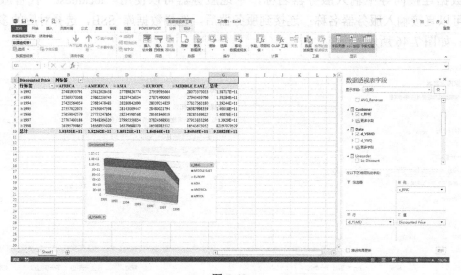

图 7-47

图 7-48

使用 Excel 数据源生成数据透视图时数值来源于本地 Excel，计算类型可以设置，而从 Analysis Services 获取数据时度量值的聚集方式已在服务器中预设，在 Excel 前端只能展示服务器预设的聚集计算类型，不能更改。如果需要修改度量值的计算类型，则需要在 Analysis Services 中对度量值进行修改并处理，在 Excel 端需要刷新后才能显示修改的结果，如图 7-49 所示。

当采用 Power View 模式时，Analysis Services 中定义的多维数据集可以用于生成交互式报表。在右侧的字段窗口中选择度量属性与维属性，选择工具栏中的图表或地图对象设置数据表现形式，选择用于过滤的属性，生成 Power View 报表。单击图表中的对象或过滤器中的选项可以对报表进行交互查询，生成相应切片或切块操作结果。

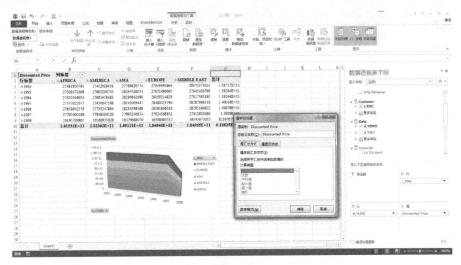

图 7-49

【案例实践 12】 选择 SSB 中的一组查询（Q1、Q2、Q3 或 Q4），为该组查询设置 Power View 报表，通过鼠标操作显示查询组内不同查询的结果。

7.2 基于 FoodMart 数据库的 OLAP 案例实践

FoodMart 是一些数据库和 OLAP 系统经常使用的雪花状模式案例数据库，它模拟了一个大型连锁食品企业的业务数据，传统的报表和数据库技术难以对业务数据进行复杂而深入的分析。OLAP 能够从多维数据的视角深入剖析数据内部的规律，有助于企业更精准地了解自身经营状况。

1. Access 数据集分析

在 Access 数据文件 MondrianFoodMart.mdb 中，通过"数据库工具"→"关系"命令查看数据库中的数据表之间的逻辑关系。数据表 SALES_FACT_1997 为事实表，存储有销售事实数据和与各个维表的外键属性列。与事实表相关的维度有五个，对应事实表中的五个外键：PRODUCT(PRODUCT_ID)、TIME_BY_DAY(TIME_ID)、CUSTOMER(CUSTOMER_ID)、PROMOTION(PROMOTION_ID)、STORE(STORE_ID)。其中维表 PRODUCT 通过外键 PRODUCT_CLASS_ID 与 PRODUCT_CLASS 形成雪花状维层次；维表 STORE 通过外键 REGION_ID 与 REGION 表形成雪花状维层次；其余三个维表为星状结构，没有下级维层次表。表 SALES_FACT_1998 结构与 SALES_FACT_1997 结构相同，存储的是 1998 年的销售数据，构成了两个年度销售事实数据分片，如图 7-50 所示。

通过对 FoodMart 数据库的分析，确定 OLAP 分析数据集包含的表有：SALES_FACT_1997、SALES_FACT_1998、PROMOTION、TIME_BY_DAY、CUSTOMER、PRODUCT、PRODUCT_CLASS、STORE、REGION，其中事实表 SALES_FACT_1997、SALES_FACT_1998 可以合并为一个事实表 SALES_FACT。

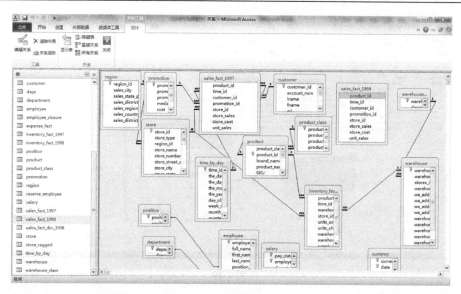

图 7-50

2. Foodmart 数据集导入数据库

导入过程参见 1.3 节。

导入完毕后,在数据库 FoodMartTest 的数据库关系图图标上右击,在右键菜单中选择新建数据库关系图命令,在添加表对话框中选择全部表,如图 7-51 所示。

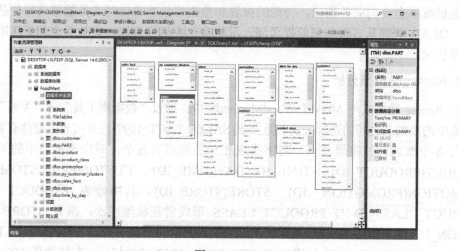

图 7-51

当前关系图显示为离散的表,表的"键"对象下面为空,这说明数据库的各个表没有通过主-外键建立参照引用关系,没有构建出雪花状模式,需要通过 ALTER TABLE 命令为各个表建立相应的主键和外键,如图 7-52 所示。

第 7 章　OLAP 实践案例

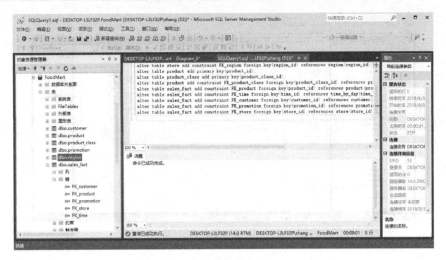

图 7-52

新建数据库查询引擎，连接数据库 FoodMart，通过下列 SQL 命令为各个表创建主键和外键。

```
ALTER TABLE CUSTOMER ADD PRIMARY KEY(CUSTOMER_ID);
ALTER TABLE PROMOTION ADD PRIMARY KEY(PROMOTION_ID);
ALTER TABLE TIME_BY_DAY ADD PRIMARY KEY(TIME_ID);
ALTER TABLE STORE ADD PRIMARY KEY(STORE_ID);
ALTER TABLE REGION ADD PRIMARY KEY(REGION_ID);
ALTER TABLE STORE ADD CONSTRAINT FK_REGION FOREIGN KEY(REGION_ID) REFERENCES REGION(REGION_ID);
ALTER TABLE PRODUCT ADD PRIMARY KEY(PRODUCT_ID);
ALTER TABLE PRODUCT_CLASS ADD PRIMARY KEY(PRODUCT_CLASS_ID);
ALTER TABLE PRODUCT ADD CONSTRAINT FK_PRODUCT_CLASS FOREIGN KEY(PRODUCT_CLASS_ID) REFERENCES PRODUCT_CLASS(PRODUCT_CLASS_ID);
ALTER TABLE SALES_FACT ADD CONSTRAINT FK_PRODUCT FOREIGN KEY(PRODUCT_ID) REFERENCES PRODUCT(PRODUCT_ID);
ALTER TABLE SALES_FACT ADD CONSTRAINT FK_TIME FOREIGN KEY(TIME_ID) REFERENCES TIME_BY_DAY(TIME_ID);
ALTER TABLE SALES_FACT ADD CONSTRAINT FK_CUSTOMER FOREIGN KEY(CUSTOMER_ID) REFERENCES CUSTOMER(CUSTOMER_ID);
ALTER TABLE SALES_FACT ADD CONSTRAINT FK_PROMOTION FOREIGN KEY(PROMOTION_ID) REFERENCES PROMOTION(PROMOTION_ID);
ALTER TABLE SALES_FACT ADD CONSTRAINT FK_STORE FOREIGN KEY(STORE_ID) REFERENCES STORE(STORE_ID);
```

命令执行后，事实表 SALES_FACT 创建了与五个维表的外键，各个维表创建了主键，雪花状维表 STORE、PRODUCT 则既存在主键又存在与下一级维层次表的外键。重新创建数据库关系图，创建主-外键参照引用关系后，数据库中的各个表通过主-外键连接为一个雪花状结构，构成一个多维数据集，中心是事实表 SALES_FACT，如图 7-53 所示。

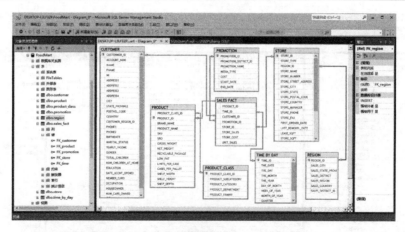

图 7-53

3. 创建 Analysis Services 多维分析项目

通过 Visual Studio 创建 Analysis Services 项目 FoodMartOLAP，新建数据源，输入数据库名称 localhost；在 SQL Server 中创建用户 FoodMartOLAPUSER，设置它为数据库 FoodMart 的所有者；使用 SQL Server 身份验证方式，输入数据库账户 FoodMartOLAPUSER 和密码，选择数据库 FoodMart，测试数据库连接；如图 7-54 所示。

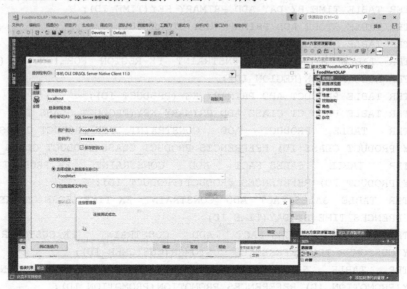

图 7-54

通过数据源向导选择服务账户方式，修改数据源名称，在预览窗口中显示数据源连接字符串，如图 7-55 所示。

第 7 章 OLAP 实践案例

图 7-55

4．创建数据源视图

新建数据源视图，将 FoodMart 数据库中的事实表 SALES_FACT 和各个维表导入，如图 7-56 所示。

图 7-56

完成向导，在数据源视图中显示雪花状模式，表间通过主–外键连接在一起，如图 7-57 所示。

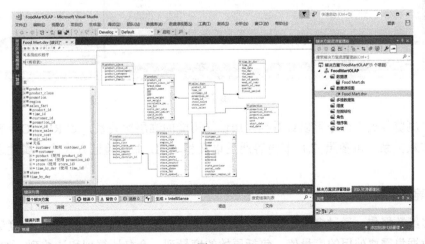

图 7-57

左侧"表"窗口中可以查看表之间的参照引用关系。如 SALES_FACT 表的关系中与 PRODUCT 表通过外键参照引用，PRODUCT 表的关系中与 PRODUCT_CLASS 通过外键参照引用，与数据源视图中的雪花状参照引用关系相对应。

事实表 SALES_FACT 包含三个度量属性：STORE_SALES、STORE_COST 和 UNIT_SALES。在数据源视图中为 SALES_FACT 创建一个命名计算对象 SALES_PROFIT，表达式为 STORE_SALES-STORE_COST，代表每件商品的销售利润；创建命名计算对象 SALES_REVENUE，表达式为(STORE_SALES-STORE_COST)*UNIT_SALES，用于计算每条销售记录的总销售收入；如图 7-58 所示。

图 7-58

通过数据源视图表对象"浏览数据"命令可以查看表中的数据，查看并验证所创建的命名计算列 SALES_PROFIT 和 SALES_REVENUE，如图 7-59 所示。

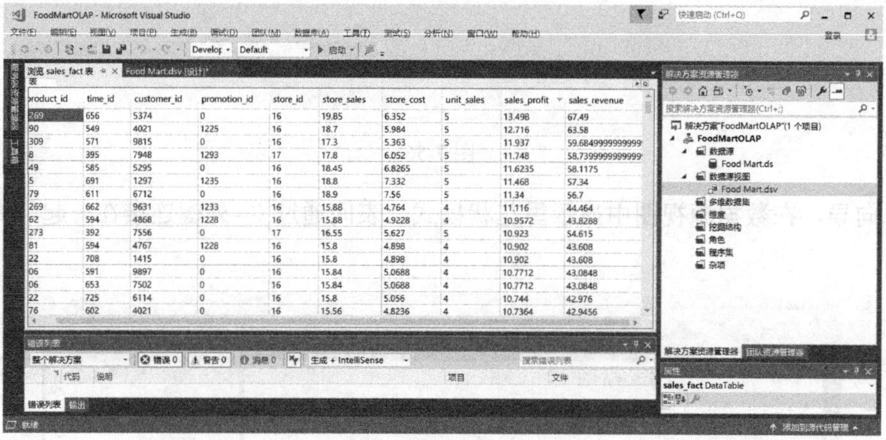

图 7-59

通过"浏览数据"命令可以查看维表属性间可能的维层次关系，如 REGION 表中属性间存在函数依赖关系，可参照 7.1 节内容通过语义和 SQL 命令验证方式确定属性之间的维层次。

5．创建多维数据集

创建多维数据集，通过多维数据集向导选择度量值组表 SALES_FACT。在度量值列表中选择多维数据集需要使用的度量值，包括原始的度量列、命名计算列和计数列，如图 7-60 所示。

图 7-60

选择维度表。雪花状分支的维度表显示为级联结构，命名多维数据集，通过多维数据集向导创建五个维度，一个事实表度量值组，如图 7-61 所示。

图 7-61

新建的多维数据集视图。事实表与维表连接在一起，度量值包含事实表中非外键的数值型字段和命名计算字段，系统生成五个初始维表和下级维表。在度量值窗口中的数据立方体对象上选择右键菜单中的"属性"命令，在右下角的属性窗口"StorageMode"中选择"Rolap"模型，通过 SQL 命令完成 OLAP 操作。设置完毕后单击"处理"按钮生成多维数据集，如图 7-62 所示。

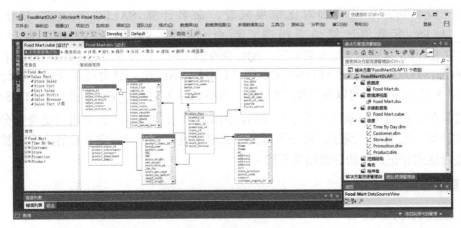

图 7-62

也可以通过计算成员构建新的度量字段。与命名计算相对应，创建两个计算成员，验证表达式度量的设置方法。

在"计算"选项卡中增加计算成员 PROFIT_SALES，表达式为[MEASURES].[STORE SALES]-[MEASURES].[STORE COST]，对应销售利润。增加计算成员 REVENUE_SALES，表达式为([MEASURES].[STORE SALES]-[MEASURES].[STORE COST])*[MEASURES].[UNIT SALES]，对应销售总收入，设置完毕后单击"处理"按钮对度量值进行系统处理。

在"浏览器"选项卡中对度量值、命名计算度量值、计算成员度量值进行验证。

在"多维数据集浏览器"窗口中将度量值 STORE_SALES、STORE_COST，命名计算度量值 SALES_PROFITS、SALES_REVENUE，计算成员 PROFIT_SALES、REVENUE_SALES 拖入浏览器窗口，显示度量值聚集计算结果，如图 7-63 所示。

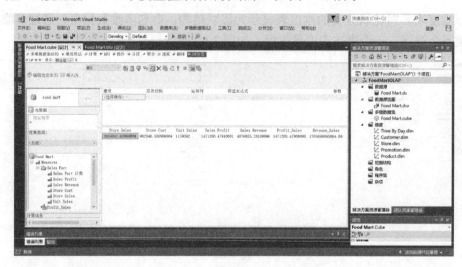

图 7-63

在数据库中通过 SQL 命令验证度量计算结果。SQL 命令如下。

```
SELECT SUM(STORE_SALES) AS STORE_SALES,SUM(STORE_COST) AS STORE_COST,
SUM(UNIT_SALES) AS UNIT_SALES,SUM(STORE_SALES-STORE_COST) AS SALES_PROFITS,
SUM((STORE_SALES-STORE_COST)*UNIT_SALES) AS SALES_REVENUE FROM SALES_FACT
```

如图 7-64 所示，从查询对比结果来看，命名计算 SALES_PROFIT 和计算成员 PROFIT_SALES 度量值计算结果相同，而命名计算 SALES_REVENUE 和计算成员 REVENUE_SALES 度量值计算结果不同，SQL 命令验证命名计算 SALES_REVENUE 的结果可以表示为$\sum((STORE\_SALES-STOR\_COST)*UNIT\_SALES)$，计算结果正确，而计算成员 REVENUE_SALES 的结果可以表示为$(\sum STORE\_SALES-\sum STOR\_COST)*\sum UNIT\_SALES$，这是在度量值聚集结果的基础上进行计算的，因此产生计算错误。计算成员适合可分布式聚集表达式计算，如加法、减法，对于不可分布式聚集表达式计算则需要设置命名计算对象，保证聚集表达式在记录上的计算结果正确。

6. 配置维度

（1）配置 PRODUCT 维

PRODUCT 维度包含两个表：PRODUCT 和 PRODUCT_CLASS，从中选择作为维层次的属性，其中维属性 PRODUCT_FAMILY、PRODUCT_CATEGORY、PRODUCT_SUBCATEGORY 构造出一个三级维层次 P_CATEGORY，如图 7-65 所示。

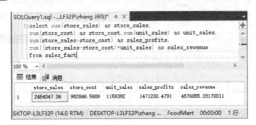

图 7-64

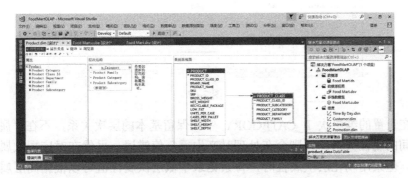

图 7-65

通过 SQL 命令在数据库端验证属性组 PRODUCT_FAMILY、PRODUCT_CATEGORY、PRODUCT_SUBCATEGORY 之间是否具有函数依赖关系。首先验证 PRODUCT_SUBCATEGORY 与 PRODUCT_CATEGORY 之间是否具有函数依赖关系，下面的 SQL 命令运行结果记录行数不同，其中 PRODUCT_SUBCATEGORY 属性成员"COFFEE"对应两个不同的 PRODUCT_CATEGORY 成员，不符合函数依赖关系，如图 7-66 所示。

SELECT DISTINCT PRODUCT_SUBCATEGORY FROM PRODUCT_CLASS;
SELECT DISTINCT PRODUCT_SUBCATEGORY,PRODUCT_CATEGORY FROM PRODUCT_CLASS;

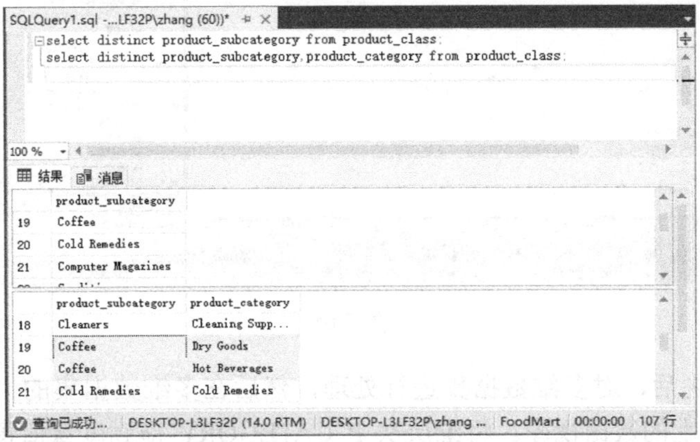

图 7-66

通过下面的 SQL 命令验证 PRODUCT_CATEGORY 和 PRODUCT_FAMILY 之间是否具有函数依赖关系，同样查询结果行数不同，PRODUCT_CATEGORY 属性的成员"SPECIALTY"

对应 PRODUCT_FAMILY 属性中两个不同的成员,同样不满足函数依赖关系,如图 7-67 所示。

```sql
SELECT DISTINCT PRODUCT_CATEGORY FROM PRODUCT_CLASS;
SELECT DISTINCT PRODUCT_CATEGORY,PRODUCT_FAMILY FROM PRODUCT_CLASS;
```

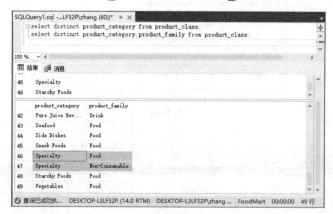

图 7-67

因此,在设置的维层次 P_CATEGORY 中只保留基本的层次关系,不在"属性关系"中设置层次之间的属性关系,否则会在处理时产生重复值错误。虽然在对应层次属性中出现一对多的情况,但采用物化层次属性时,每条记录中低层次属性值可以根据高层属性值来确定当前记录对应的上级层次是什么,不会影响上卷与下钻操作的正确性。

在浏览器中查看 P_CATEGORY 维层次,可以看到 SPECIALTY 出现在维层次的不同分支中,如图 7-68 所示。

图 7-68

维度处理完毕之后,对多维数据集进行处理,然后在多维数据集的"浏览器"选项卡中检验 PRODUCT 维上的数据视图。将维层次 P_CATEGORY 拖到度量值窗口中,显示为三个维属性的分组聚集计算结果,如图 7-69 所示。

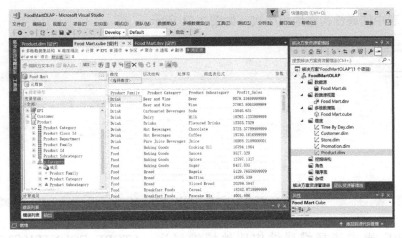

图 7-69

(2) 配置 CUSTOMER 维度

构建 CUSTOMER 维度,选择可用于分类分析客户信息的属性作为维层次和其他用于分析的维属性。CUSTOMER 表中属性较多,都可以作为维属性、数值型字段,如 TOTAL_CHILDREN、NUM_CHILDREN_AT_HOME、NUM_CARS_OWNED 等也可以作为分析维度使用。维属性 COUNTRY-STATE PROVINCE-CITY 构成三级维层次 C_REGION,如图 7-70 所示。

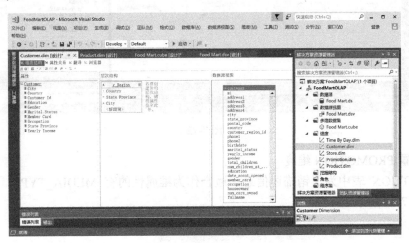

图 7-70

(3) 配置 STORE 维度

构建 STORE 维度。STORE 表中存储地域属性 STORE_CITY、STORE_STATE、STORE_COUNTRY,可以构建地域层次,REGION 表中存在类似的地域属性 SALES_CITY、SALES_STATE_PROVINCE、SALES_COUNTRY,也可以构建地域层次。在数据库引擎中通过如下 SQL 命令对比三组属性取值。

```
SELECT STORE_CITY,SALES_CITY,STORE_STATE,SALES_STATE_PROVINCE,STORE_COUNTRY,
SALES_COUNTRY FROM STORE,REGION WHERE STORE.REGION_ID=REGION.REGION_ID;
```

REGION 表中除一组属性取空值外,其余记录属性与 STORE 表对应属性取值相同,因此取 STORE 表中的属性构建地域层次,如图 7-71 所示。

图 7-71

从 STORE 表中选择维属性构建地域维层次:STORE_COUNTRY-STORE_STATE-STORE_CITY,选择 STORE_TYPE 作为维属性。维层次可以通过属性关系设置属性间的函数依赖关系,构造好维层次后处理维度,并通过浏览器检验维层次成员,如图 7-72 所示。

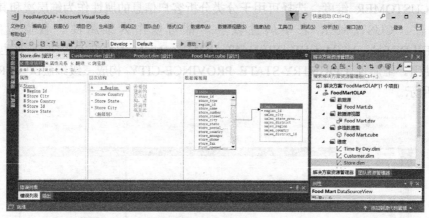

图 7-72

(4)配置 PROMOTION 维度

PROMOTION 表中为促销描述信息,适合作为维属性的有 MEDIA_TYPE,配置后进行处理,如图 7-73 所示。

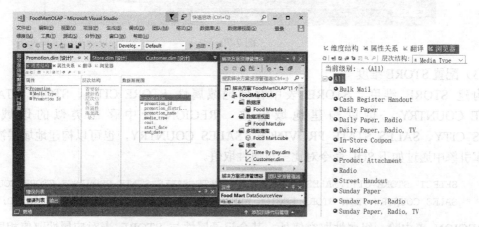

图 7-73

（5）配置 TIME 维度

TIME 维度通常具有多样的层次，设置相对比较复杂。通过数据源视图浏览功能可以查看数据，可以设置两个维层次：THE_YEAR-QUARTER-MONTH_OF_YEAR-DAY_OF_MONTH 和 THE_YEAR-WEEK_OF_YEAR-THE_DAY，如图 7-74 所示。

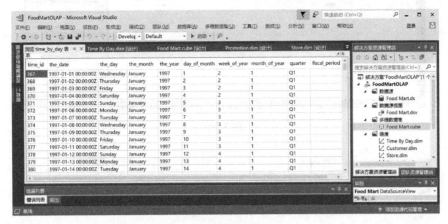

图 7-74

TIME 维度具有特殊性，系统设置有默认的时间属性，可以将 TIME_BY_DAY 维度中各维属性设置为系统内置的时间类型。

在新建时间维度时，选择 TIME_BY_DAY 表，通过维度向导选择维表中可用的属性，并在属性类型下拉框中选择该属性对应的内置时间类型，如 TIME_BY_DAY 表中 QUARTER 属性对应系统内置的"每周的某一日"时间类型，如图 7-75 所示。

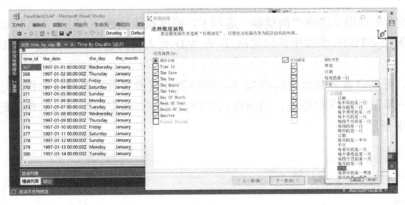

图 7-75

对于已经创建的维度，选择维属性后查看属性窗口，在 TYPE 属性中可以选择对应的内置时间类型，如图 7-76 所示。

处理 TIME 维度，通过浏览器查看各级维层次成员，确认维层次设置正确，如图 7-77 所示。

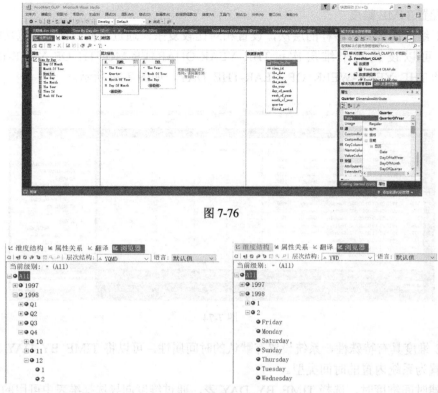

图 7-76

图 7-77

7. 查看多维数据

在多维数据集视图中选择"浏览器"选项卡,将度量值属性 SALES_REVENUE 拖到窗口右下方,选择相应 TIME 维度中的维层次 T_YQMD 拖入查询窗口,显示在 TIME 维度上的多维查询结果。

筛选窗口可以设置多维数据切块操作。在筛选区域依次设置各维度上指定层次结构的筛选条件,进一步限制多维数据集。当筛选条件改变时,查询窗口实时显示相应的多维查询结果,如图 7-78 所示。

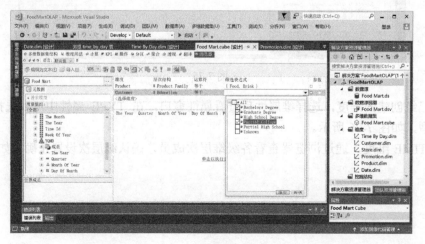

图 7-78

8. 通过 Tableau 查看多维数据集

Tableau 是一种数据可视化工具，支持对不同类型数据源的可视化分析，有丰富的图表支持。启动 Tableau 后，在"到服务器"列表中选择"更多…"选项，在右侧展开的服务器列表中选择"Microsoft Analysis Services"，连接"Food Mart"多维数据集，如图 7-79 所示。

图 7-79

通过连接向导输入本地服务器名"localhost"，使用默认的"使用 Windows 身份验证（首选）"方式连接 Analysis Services 服务器。选择已设置好的 FoodMartOLAP 项目中的"Food Mart"多维数据集，字段列表中显示多维数据集的度量及维层次，如图 7-80 所示。

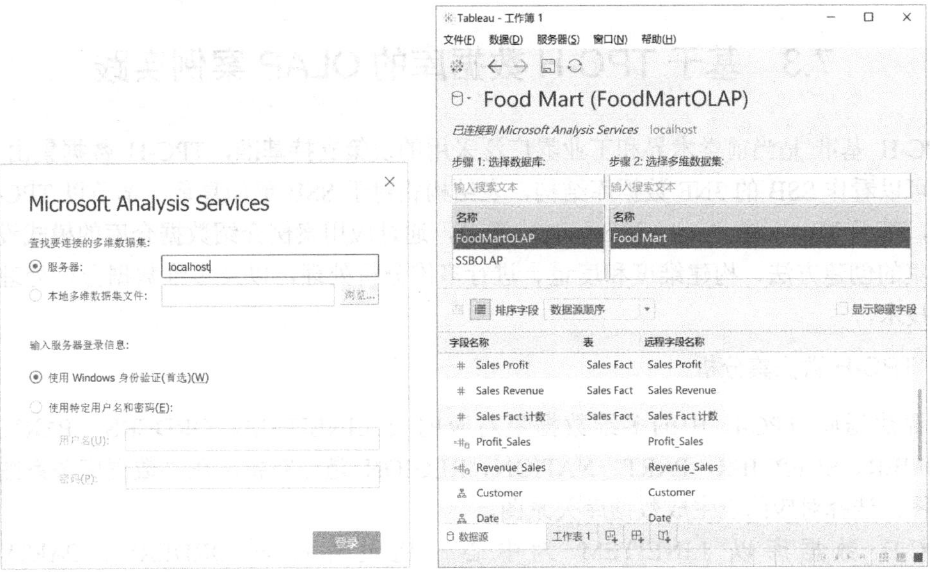

图 7-80

在工作表视图中，从"数据"选项卡中选择维度和度量用于可视化分析。维度中表示地理位置的属性可以通过右键菜单中"地理角色"选择对应的地理位置，如城市、国家、省、县等。设置完地理角色后，将 COUNTRY 属性拖到窗口中自动在行和列上生成经度与纬度，用于在地图上定位。将度量属性拖入工作表后生成相应的地图，不同颜色代表不同聚集值大小。

根据查询的需求，将不同的度量属性与维属性拖到工作表区域中，选择右侧的图表图标设置相应的数据图表，将不同分析主题的数据用不同的方式展现出来，如图 7-81 所示。

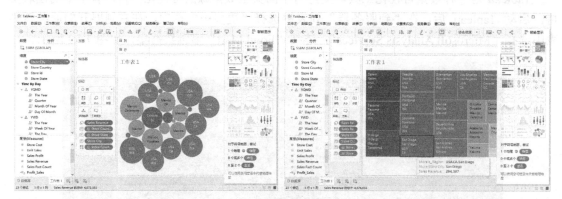

图 7-81

在不同的工作表中创建不同的图表，创建仪表板对象将不同的工作表整合在一起，通过仪表板展现不同的数据分析视角。将工作表窗口中工作表对象拖到仪表板窗口中，当需要将某个图表中的对象作为仪表板过滤器时，单击图表右侧的过滤器图标▼，在弹出的菜单中选择"用作筛选器"，设置当前图表可以用作仪表板的整体过滤器。当单击图表中某个对象，如加拿大对象时，仪表板中其他图表自动按客户国家为加拿大进行筛选。

【案例实践 13】 使用 Tableau 为 FoodMart 多维数据集创建数据可视化项目。选择某组查询，通过工作表和仪表板设计相关的数据可视化展现方法，为用户提供方便的查询执行方法。

7.3 基于 TPC-H 数据库的 OLAP 案例实践

TPC-H 基准[1]是当前学术界和工业界广泛采用的决策支持基准，TPC-H 数据集由 8 个表构成，可以看作 SSB 的 3NF 数据库结构，表结构相对于 SSB 更加复杂。本节以 TPC-H 数据集为例，基于 Microsoft Analysis Services 平台，通过应用案例介绍数据仓库的模式设计、多维数据集的创建方法、构建维度和度量、进行多维分析处理，以及多维数据分析处理的数据可视化技术。

1．TPC-H 数据集分析

查询数据库 TPC-H 中的多维数据集对应的表 LINEITEM、ORDERS、PARTSUPP、CUSTOMER、SUPPLIER、PART、NATION、REGION 是否完备。在"数据库关系图"中新建关系图，选择对应的表生成数据库关系图。

TPC-H 数据库以 LINEITEM 为中心，通过外键与 ORDERS、PARTSUPP、CUSTOMER、SUPPLIER、PART、NATION、REGION 表构成一个逻辑的雪花状结构；ORDERS、SUPPLIER、PART 表构成一个三维的事实数据空间；NATION 和 REGION 表构成共享的地理维层次；PARTSUPP 与 PART、SUPPLIER 表构成一个星状结构，同时也是

---

1 http://www.tpc.org/tpch/default.asp

LINEITEM 表组合键(L_PARTKEY,L_SUPPKEY)的参照表；LINEITEM 和 ORDERS 为双事实表，表示订单与详细订单项，LINEITEM 表主键(L_ORDERKEY,L_LINENUMBER)中第一关键字 L_ORDERKEY 与 ORDERS 表主键(O_ORDERKEY)具有参照完整性约束关系，LINEITEM 与 ORDERS 表记录具有相同的顺序关系（相同的第一主键属性导致聚集索引中主–外键记录具有相同的顺序），如图 7-82 所示。

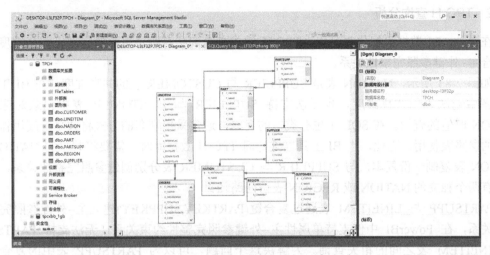

图 7-82

如图 7-82 所示，如果 8 个表在关系图中存在连接的边，则说明多维数据集的事实表和维表之间的参照引用关系已建立。若关系图中存在不连接的边，则检查各表的主键及外键是否建立，若无则通过 ALTER TABLE 命令创建各表主键及表间的外键约束。

```
ALTER TABLE REGION ADD CONSTRAINT PK_R PRIMARY KEY(R_REGIONKEY);
ALTER TABLE NATION ADD CONSTRAINT PK_N PRIMARY KEY(N_NATIONKEY);
ALTER TABLE SUPPLIER ADD CONSTRAINT PK_S PRIMARY KEY(S_SUPPKEY);
ALTER TABLE CUSTOMER ADD CONSTRAINT PK_C PRIMARY KEY(C_CUSTKEY);
ALTER TABLE PART ADD CONSTRAINT PK_P PRIMARY KEY(P_PARTKEY);
ALTER TABLE ORDERS ADD CONSTRAINT PK_O PRIMARY KEY(O_ORDERKEY);
ALTER TABLE LINEITEM ADD CONSTRAINT PK_LN PRIMARY KEY(L_ORDERKEY,L_LINENUMBER);

ALTER TABLE NATION ADD CONSTRAINT FK_NR FOREIGN KEY (N_REGIONKEY) REFERENCES REGION(R_REGIONKEY);
ALTER TABLE SUPPLIER ADD CONSTRAINT FK_SN FOREIGN KEY (S_NATIONKEY) REFERENCES NATION(N_NATIONKEY);
ALTER TABLE CUSTOMER ADD CONSTRAINT FK_CN FOREIGN KEY (C_NATIONKEY) REFERENCES NATION(N_NATIONKEY);
ALTER TABLE ORDERS ADD CONSTRAINT FK_OC FOREIGN KEY (O_CUSTKEY) REFERENCES CUSTOMER(C_CUSTKEY);
ALTER TABLE LINEITEM ADD CONSTRAINT FK_LP FOREIGN KEY (L_PARTKEY) REFERENCES PART(P_PARTKEY);
ALTER TABLE LINEITEM ADD CONSTRAINT FK_LS FOREIGN KEY (L_SUPPKEY) REFERENCES SUPPLIER(S_SUPPKEY);
ALTER TABLE PARTSUPP ADD CONSTRAINT FK_PSP FOREIGN KEY (PS_PARTKEY)
```

```
REFERENCES PART(P_PARTKEY);
ALTER TABLE PARTSUPP ADD CONSTRAINT FK_PSS FOREIGN KEY (PS_SUPPKEY)
REFERENCES SUPPLIER(S_SUPPKEY);
ALTER TABLE LINEITEM ADD CONSTRAINT FK_LO FOREIGN KEY (L_ORDERKEY)
REFERENCES ORDERS(O_ORDERKEY);
```

2. TPC-H 查询分析

在 PowerBI 数据可视化工具中，TPC-H 模式在查询中有两个主要的问题：共享维度表示和复合主–外键参照完整性关系。

如图 7-83 所示，NATION 表是 SUPPLIER 与 CUSTOMER 表的共享维度，在 BI 工具的关系图中无法表示共享维度，也无法支持 SUPPLIER 与 CUSTOMER 表中记录对应不同 NATION 取值的查询。在 SQL 中也有类似的问题，通常采用别名的方式将共享维度用作两个独立的参照表使用。因此，当 BI 工具直接访问 TPC-H 数据库时，需要将共享的 NATION 和 REGION 表复制一份复本，与 SUPPLIER 与 CUSTOMER 表分别创建参照完整性关系，从而保证有两个独立的 NATION 或 REGION 表访问路径。

PARTSUPP 与 LINEITEM 表通过复合键(PARTKEY,SUPPKEY)建立主–外键参照完整性约束关系，在 PowerBI 中仅支持单属性主–外键参照完整性约束关系，无法支持 PARTSUPP 与 LINEITEM 表之间的相关查询。为解决这个问题，可以为 PARTSUPP 表中的复合主键 (PS_PARTKEY,PS_SUPPKEY)创建一个代理键，用单一的序列表示 PARTSUPP 表中每个复合键(PS_PARTKEY,PS_SUPPKEY)，然后在 LINEITEM 表中新增一个代理外键列，通过连接操作将其更新为所参照的 PARTSUPP 记录的代理键值，建立新的单属性主–外键参照完整性约束关系，支持在 PowerBI 工具中的查询功能。

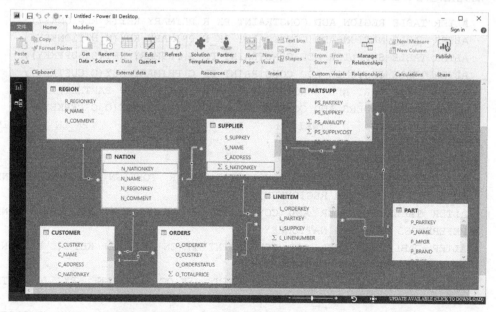

图 7-83

我们将通过后面的案例分析在 Analysis Services 中如何解决 PowerBI 中共享维度访问及复合键参照完整性约束关系的问题。

3. 创建 Analysis Services 数据源

为数据库 TPC-H 创建 Analysis Services 项目。在 Visual Studio 窗口"新建项目"对话框中单击"Analysis Services",然后选择"Analysis Services 多维和数据挖掘项目"选项,输入项目名称"TPCHOLAP",如图 7-84 所示。

图 7-84

在 SQL Server Management Studio 数据库安全性的登录名对象中增加账户 TPCHOLAPUSER,默认数据库选择为"TCPH"。在数据库 TPC-H 对象上选择右键菜单中的"属性"命令,在文件选择页中增加"所有者",通过单击"浏览"按钮查找账户对象,选择 TPCHOLAPUSER 用户,使 TPCHOLAPUSER 成为数据库 TPC-H 的所有者。

创建数据源对象,在"使用 SQL Server 身份验证"方式下输入 TPC-H 数据库的有效登录名"TPCHOLAPUSER"和密码,在"连接到一个数据库名"下拉框中选择数据库源"TPCH"。

设置好数据库连接后,选择"使用服务账户"选项。

创建数据库源对象后建立了 Analysis Services 与数据库的连接,建立数据库与 OLAP 服务器之间的数据通道。

4. 创建数据源视图

在数据源视图上右击,在右键菜单中选择"新建数据源视图"命令,通过数据库源视图向导配置数据源视图。确定数据源后单击"下一步"按钮,选择多维数据集对应的事实表和各个维表,导入 TPC-H 的维表和事实表。

完成后,"解决方案资源管理器"窗口中显示数据源视图图标,并自动打开数据源视图窗口。在表窗口中显示数据源中包含的表及表间关系,数据库中建立好的多维数据集主–外键约束关系显示为雪花状结构,如图 7-85 所示。

在 TPC-H 中主要使用的聚集表达式包括:

```
SUM(L_EXTENDEDPRICE*(1-L_DISCOUNT)) AS SUM_DISC_PRICE,
SUM(L_EXTENDEDPRICE*(1-L_DISCOUNT)*(1+L_TAX)) AS SUM_CHARGE
SUM(L_EXTENDEDPRICE*L_DISCOUNT) AS REVENUE
SUM(PS_SUPPLYCOST * PS_AVAILQTY) AS VALUE
```

在 TPC-H 数据库源视图中的 LINEITEM 和 PARTSUPP 表上创建命名计算，预设聚集计算表达式，如图 7-86 所示。

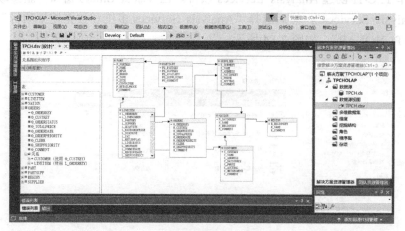

图 7-85

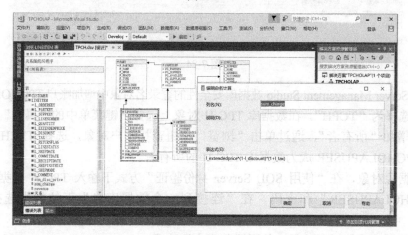

图 7-86

创建好命名计算对象后，以 LINEITEM 表为例，通过"浏览数据"命令，查看命名计算对象对应属性的取值，如图 7-87 所示。

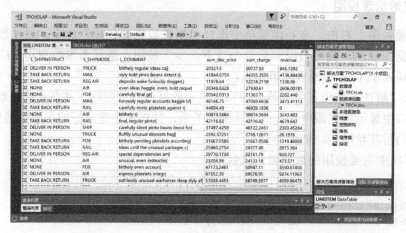

图 7-87

与数据库端 SQL 命令表达式的值对照，确认命名计算对象正确无误，如图 7-88 所示。

```
SELECT
L_EXTENDEDPRICE*(1-L_DISCOUNT) AS DISCOUNT_PRICE,
L_EXTENDEDPRICE*(1-L_DISCOUNT)*(1+L_TAX) AS CHARGE,
L_EXTENDEDPRICE*L_DISCOUNT AS REVENUE
FROM LINEITEM;
```

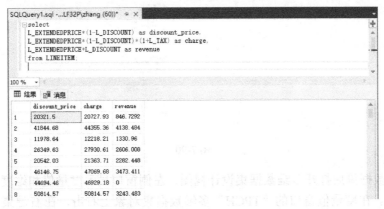

图 7-88

命名计算用于创建查询对应的聚集表达式，满足用户特定的查询需求。

5．创建多维数据集

在多维数据集图标上右击，在右键菜单中选择"新建多维数据集"命令，通过多维数据集向导配置多维数据集。如图 7-89 所示，选择使用现有表创建多维数据集，在"选择度量值组表"对话框中勾选包含度量属性列的事实表 LINEITEM、ORDERS 和 PARTSUPP 表，指定多维数据集度量值所在的事实表。在"选择度量值"对话框中勾选作为度量属性的列和命名计算，取消勾选非度量属性。

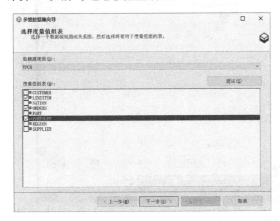 

图 7-89

在"选择新维度"对话框中选择 TPC-H 数据库中作为维度的表。如图 7-90 所示，CUSTOMER 与 SUPPLIER 表中显示其下级的共享 NATION-REGION 维层次；ORDERS 和 LINEITEM 表中包含退化维度属性，因此也选为维度表；PARTSUPP 表中不包含退化维度属性，因此不选为维度表。选择完毕后，建立了"TPCH"多维数据集，包含五个维度和三个度量值组，单击"完成"按钮生成多维数据集。

图 7-90

生成多维数据集后打开多维数据集设计视图，左侧窗口显示度量值和维度，中部窗口显示数据源视图。在度量值窗口的"TPCH"多维数据集对象上右击，在右键菜单中选择"属性"命令，在右侧属性窗口内"存储"菜单的"StorageMode"中选择"Rolap"，使用关系 OLAP 模型。

在多维数据集视图中创建的命名计算列可以作为度量值，如在 PARTSUPP 度量值组上右击，在右键菜单中选择"新建度量值"命令，在"新建度量值"对话框中选择源列中的命名计算列"value"，设置求和聚集方法，创建新的度量值，如图 7-91 所示。

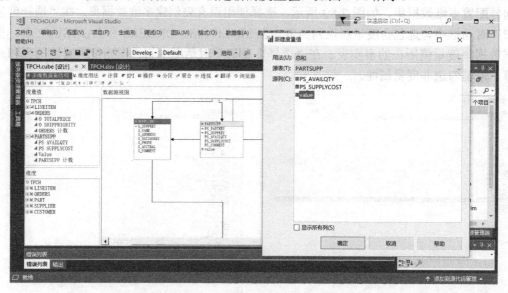

图 7-91

单击多维数据集结构标签页上的 按钮，对多维数据集进行处理。在弹出的对话框中单击"是"按钮，开始处理多维数据集。部署进度完成后，弹出"处理多维数据集"对话框，单击"运行"按钮，开始处理多维数据集。分别对度量值组进行处理，处理完毕后单击"关闭"按钮，如图 7-92 所示。在度量值处理过程中，需要创建多维数据分区，以加速多维查询性能。

TPC-H 度量值来自三个表，且较大事实表 LINEITEM、ORDERS、PARTSUPP 由于包含退化维度属性而作为维度表，因此多维数据集处理时间相对较长。

图 7-92

6．创建维度

多维数据集向导生成默认的维度，仅包含主键等维属性，需要自定义维属性及维层次。

（1）配置 SUPPLIER 维度

在右侧"解决方案资源管理器"窗口中双击维度 SUPPLIER，进入维度配置窗口。从右侧的数据源视图中将维层次属性 SUPPLIER 表中 S_NAME，NATION 表中 N_NAME，REGION 表中 R_NAME 拖到属性窗口内，然后在层次结构窗口中用维属性构造维层次。R_NAME、S_NAME 具有层次关系，我们将 R_NAME 拖入层次结构窗口，系统生成一个维层次容器，将 S_NAME 拖入容器中新级别位置，创建第二个维层，构造出 R_NAME-N_NAME 二级层结构，然后将层次结构名称改为 S_RN。在属性关系窗口中设置 N_NAME 与 S_NAME 的相关属性关系，创建属性间的传递函数依赖关系，对应维层次关系。参考图如图 7-93 所示。

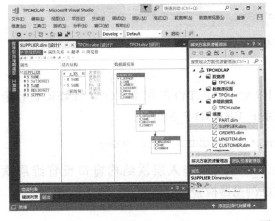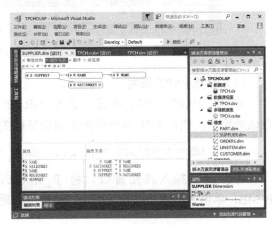

图 7-93

创建完属性关系后显示指定的维层次结构图，单击 按钮，处理配置后的维度。

在"浏览器"选项卡中的层次结构下拉框中选择设定的 S_RN 层次，查看层次结构。如图 7-94 所示，显示出树状层次结构，可以分别展开 REGION 成员、NATION 成员。

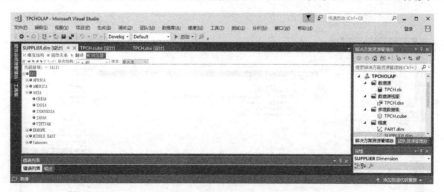

图 7-94

（2）配置 ORDERS 维度

使用同样的方法配置 ORDERS 维度。通过鼠标将 O_ORDERSTATUS、O_ORDERPRIORITY、O_ORDERDATE 拖到维属性窗口中，单击"处理"按钮生成 ORDERS 维度，如图 7-95 所示。

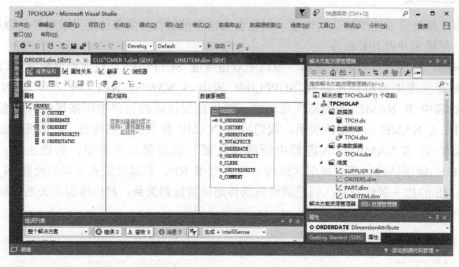

图 7-95

（3）配置 PART 维度

首先对 PART 表候选维属性 P_MFGR、P_BRAND、P_TYPE 和 P_CONTAINER 进行函数依赖检测，通过 SQL 命令检测出函数依赖关系 P_BRAND-P_MFGR：

SELECT DISTINCT P_BRAND,P_MFGR FROM PART ORDER BY P_MFGR;

将维属性拖入属性窗口，将 P_MFGR、P_BRAND 拖入层次结构窗口设置维层次 P_MB，单击"处理"按钮生成 PART 维度，通过浏览器检验维层次结构，如图 7-96 所示。

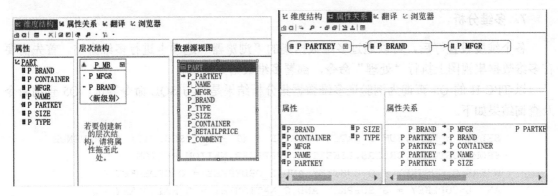

图 7-96

（4）配置 LINEITEM 维度

LINEITEM 表中有四个维属性 L_RETURNFLAG、L_LINESTATUS、L_SHIPMODE、L_SHIPINSTRUCT，将其拖入维属性窗口，单击"处理"按钮生成维度，如图 7-97 所示。

图 7-97

（5）配置 CUSTOMER 维度

CUSTOMER 表中有一个候选维属性 C_MKTSEGMENT，NATION 表属性 N_NAME 与 REGION 表 R_NAME 属性构成维层次。将相关属性从数据源视图的不同表中拖到属性窗口中，然后在层次结构窗口中设置维层次 C_RN，在属性关系窗口中设置 N_NAME 与 R_NAME 属性之间的关系，建立 CUSTOMER 维度上的地理维层次，如图 7-98 所示。

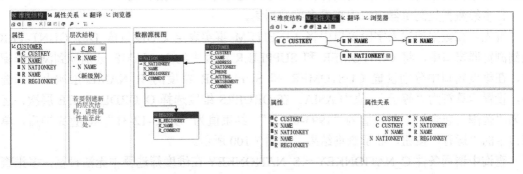

图 7-98

7. 多维分析

各个维度设置好后，可以通过多维数据集的"浏览器"选项卡进行多维查询。首先需要在多维数据集视图上执行"处理"命令，部署多维数据集项目。

以 TPC-H 的 Q5 查询为例验证多维数据集分析结果是否与 SQL 命令等价。Q5 查询命令及查询结果如下。

```
SELECT N_NAME,SUM(L_EXTENDEDPRICE * (1 - L_DISCOUNT)) AS REVENUE
FROM CUSTOMER,ORDERS,LINEITEM,SUPPLIER,NATION,REGION
WHERE C_CUSTKEY = O_CUSTKEY AND L_ORDERKEY = O_ORDERKEY
AND L_SUPPKEY = S_SUPPKEY AND C_NATIONKEY = S_NATIONKEY
AND S_NATIONKEY = N_NATIONKEY AND N_REGIONKEY = R_REGIONKEY
AND R_NAME = 'ASIA'
AND  O_ORDERDATE  >=  '1993-01-01'  AND  O_ORDERDATE  <DATEADD(YEAR,
1,'1993-01-01')
GROUP BY N_NAME
ORDER BY REVENUE DESC;
```

在数据库中查询结果如图 7-99 所示。

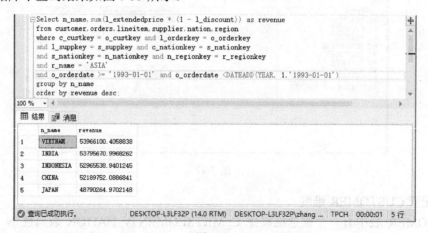

图 7-99

在 Q5 查询中谓词条件 C_NATIONKEY = S_NATIONKEY 是一种跨维度查询，表示两个维度中国家代码相同，这种查询条件在多维分析处理时难以直接实现。

在多维数据集浏览器窗口中查看多维数据集。

首先，在数据透视表字段窗口中将 LINEITEM 事实表定义的度量值 DISCOUNT PRICE 拖到浏览器窗口中，将 CUSTOMER 和 SUPPLIER 维度中的 N_NAME 分别拖到浏览器窗口中，在维度窗口中分别设置 CUSTOMER 和 SUPPLIER 维度的 R_NAME 层次上的筛选条件，设置运算符为"等于"，值为 ASIA。在 ORDERS 维度选择 O_ORDERDATE 层次，运算符为"范围（包含）"，初始值为"1993-01-01"，结束值为"1993-12-31"。设置完毕后，单击窗口中的"运行"按钮，显示查询结果，如图 7-100 所示。

查询中谓词条件 C_NATIONKEY = S_NATIONKEY 在维度筛选器中无法设置，多维查询中增加了 CUSTOMER 和 SUPPLIER 维度中的 N_NAME 层次，两个 N_NAME 值相同的记录为查询对应结果，即 Q5 查询结果对应多维浏览器中[CHINA,CHINA,…],[INDIA,INDIA,…],

[INDNESIA,INDNESIA,…],[JAPAN,JAPAN,…],[VIETNAM,VIETNAM,…]五条记录。

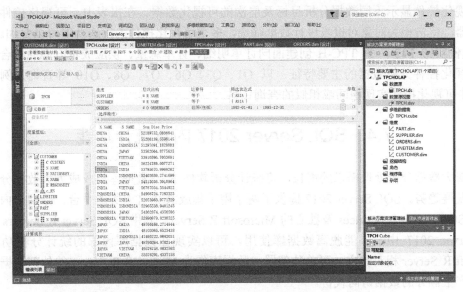

图 7-100

也可以在 Excel 中通过 "数据"→"自其他来源"菜单命令，连接 Analysis Services 服务中创建的 TPCHOLAP 项目，通过数据透视图与数据透视表显示查询结果。

为当前的多维数据透视表视图选择适当的图表，本例中选择三维簇柱状图。在生成的数据透视图中可以通过将鼠标指针悬浮在图例对应的柱状图上查看对应的总折扣价格，如图 7-101 所示。

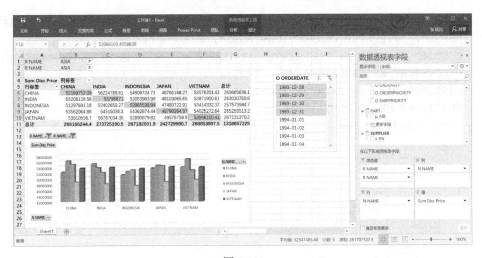

图 7-101

8. 通过 PowerBI 查看多维数据集

可以在 PowerBI 中建立与 Analysis Services 的连接来实现数据可视化功能。

首先通过"Get Data"命令创建 PowerBI 与 Analysis Services 的连接，Fields 窗口中显示多维数据集的度量组 LINEITEM、ORDERS 和 PARTSUPP 以及相关的维度 CUSTOMER、LINEITEM、ORDERS、PART、SUPPLIER。在 PowerBI 窗口中创建不同的可视化控件，为

可视化控件设置数据,根据数据主题及多维分析需求定制化设计基于多控件的交互式报表,通过可视化控件显示不同数据分析目标及层次的可视化数据。在报表中,可视化控件可以作为筛选器,单击相关对象对报表进行数据筛选,多个可视化控件的筛选功能可以叠加。

【案例实践 14】 为 TPC-H 创建面向订单明细、订单总量、供应成本方面的综合报表,通过可视化控件分析数据的主要特征。以 Q1、Q3、Q6、Q7、Q8、Q10 等查询为例,通过 PowerBI 可视化控件实现相同或相似的查询任务。

7.4 SQL Server 2017 内置统计功能

随着大数据分析处理需求的增长,将统计分析软件 R 与数据库集成成为大数据分析的一种技术发展趋势。SQL Server 2017 提供了两个用于集成 R 语言服务的平台,分别是内置于数据库的 SQL Server R Services 及独立的 Microsoft R Server。其中 SQL Server R Servers 集成于 SQL Server 2017 中,不能脱离数据库使用,可以实现在数据库内部的统计分析功能,而 Microsoft R Server 相对独立,可单独部署,数据库作为 Microsoft R Server 的外部数据源进行访问,产生额外的数据访问代价。

7.4.1 系统安装配置

1. 安装 RStudio

从 https://www.rstudio.com/ 中下载并安装 RStudio,作为 R 语言的调试平台。

安装好 RStudio 后,通过下面的命令测试在 RStudio 中访问 SQL Server 2017 中 SSBM 的 CUSTOMER 表,测试数据库访问能力,如图 7-102 所示。

```
CONNSTR <- PASTE("DRIVER=SQL SERVER; SERVER=", "ZHANGYS",";DATABASE=",
"SSBM", ";TRUSTED_CONNECTION=TRUE;", SEP = "");
CUSTOMER_RETURNS <- RXSQLSERVERDATA(TABLE = "DBO.CUSTOMER", CONNECTIONSTRING
= CONNSTR, RETURNDATAFRAME = TRUE);
CUSTOMER_DATA <- RXIMPORT(CUSTOMER_RETURNS);
HEAD(CUSTOMER_DATA);
STR(CUSTOMER_DATA);
```

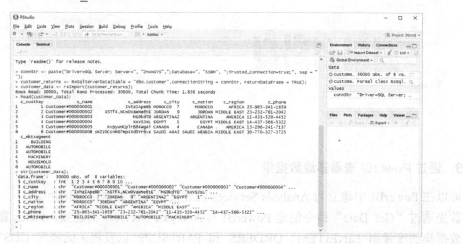

图 7-102

2. 配置 SQL Server 2017 数据库的 R 脚本执行功能

在 SQL Server 2017 的查询窗口中执行配置命令,设置允许外部脚本执行。

```
EXEC SP_CONFIGURE 'EXTERNAL SCRIPTS ENABLED', 1;
```

设置之后执行重新配置参数命令,如图 7-103 所示。

```
RECONFIGURE WITH OVERRIDE
```

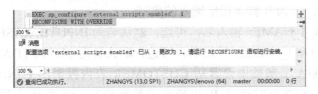

图 7-103

重启 SQL Server 服务并启动 SQL Launchpad 服务。通过 RStudio 访问 SSBM 数据库的 CUSTOMER 表测试,如图 7-104 所示。

图 7-104

通过 SP_CONFIGURE 命令查看配置信息,确认 CONFIG_VALUE 和 RUN_VALUE 设置为 1,如图 7-105 所示。

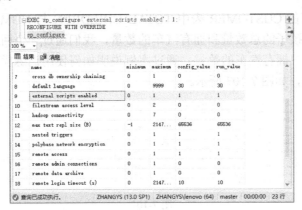

图 7-105

执行测试 R 脚本,测试 SQL Server 2017 内置的 R 引擎是否正常工作。

```
EXEC SP_EXECUTE_EXTERNAL_SCRIPT
    @LANGUAGE = N'R'
    ,@SCRIPT = N'OUTPUTDATASET<-INPUTDATASET;'
```

```
    ,@INPUT_DATA_1=N'SELECT C_NAME,C_NATION FROM CUSTOMER;'
WITH RESULT SETS (([CUSTOMER_NAME] VARCHAR(25) NOT
NULL,[CUSTOMER_NATION] VARCHAR(15) NOT NULL));
```

此存储过程的参数有五个，其中前三个是必选参数，后两个是可选参数。

@LANGUAGE：指定所需语言。

@SCRIPT：需要被执行的外部脚本。

@INPUT_DATA_1：为 R 脚本指定输入的数据。

@INPUT_DATA_1_NAME：输入名，可选，默认名为 INPUTDATASET。

@OUTPUT_DATA_1_NAME：输出名，可选，默认名为 OUTPUTDATASET。

在@INPUT_DATA_1 参数中设置从 CUSTOMER 表内投影出 C_NAME 和 C_NATION 列作为输入，存储过程执行时调用 R 引擎完成数据输出，证明 R 引擎能够正常调用，如图 7-106 所示。

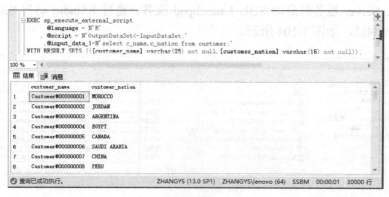

图 7-106

7.4.2 SQL Server 2017 R 脚本执行案例

FoodMart 数据库的 CUSTOMER 表中 TOTAL_CHILDREN 与 NUM_CAR_OWNED 列数据分别表示客户家中孩子的总数量和拥有汽车的数量，我们通过一个回归模型，根据客户家中孩子的总数预测客户拥有汽车的数量。通过案例说明如何使用训练模型，并将该模型保存到 SQL Server 的表中，如图 7-107 所示。

	customer_id	account_num	lname	fname	city	state_province	postal_code	country	customer_region_id	total_children	num_cars_owned	phone1	phone2
1	1	87462024688	Nowmer	Sheri	Tlaxiaco	Oaxaca	15057	Mexico	30	4	4	271-555-9715	119-555-1969
2	2	87470586299	Whelply	Derrick	Sooke	BC	17172	Canada	101	1	3	211-555-7669	807-555-9033
3	3	87475757600	Derry	Jeanne	Issaquah	WA	73980	USA	21	1	2	656-555-2272	221-555-2493
4	4	87500482201	Spence	Michael	Burnaby	BC	74674	Canada	92	4	2	929-555-7279	272-555-2844
5	5	87514054179	Gutierrez	Maya	Novato	CA	57355	USA	42	3	3	387-555-7172	260-555-6936
6	6	87517782449	Damstra	Robert	Lynnwood	WA	90792	USA	75	3	3	922-555-5465	333-555-5915
7	7	87521172800	Kanagaki	Rebecca	Tlaxiaco	Oaxaca	13343	Mexico	30	2	3	515-555-6247	934-555-9211
8	8	87539744377	Brunner	Kim	San Andres	DF	12942	Mexico	106	2	3	411-555-6825	130-555-6818
9	9	87544797658	Blumberg	Brenda	Richmond	BC	17256	Canada	90	5	1	815-555-3975	642-555-6483
10	10	87568712234	Stanz	Darren	Lake Oswego	OR	82017	USA	64	4	4	847-555-5443	212-555-8635

图 7-107

1. 创建回归模型

我们基于客户家中孩子的总数 TOTAL_CHILDREN 和客户拥有汽车的数量 NUM_CAR_OWNED 创建一个线性回归模型，用于描述孩子数量与拥有汽车数量之间的关系。

定义线性模型需要两个步骤：

- 定义一个公式用于描述因变量 TOTAL_CHILDREN 和自变量 NUM_CAR_OWNED 之间的关系；
- 将 CUSTOMER 表用作训练模型的数据。

创建存储过程 GENERATE_LINEAR_MODEL 定义线性回归模型，并输出该模型。

```
DROP PROCEDURE IF EXISTS GENERATE_LINEAR_MODEL;
GO
CREATE PROCEDURE GENERATE_LINEAR_MODEL
AS
BEGIN
    EXEC SP_EXECUTE_EXTERNAL_SCRIPT
    @LANGUAGE = N'R'
    , @SCRIPT = N'LRMODEL <- RXLINMOD(FORMULA = NUM_CARS_OWNED ~ NUM_CHILDREN_AT_HOME, DATA = CUSTOMERDATA);
        TRAINED_MODEL <- DATA.FRAME(PAYLOAD = AS.RAW(SERIALIZE(LRMODEL, CONNECTION=NULL)));'
    , @INPUT_DATA_1 = N'SELECT [NUM_CHILDREN_AT_HOME], [NUM_CARS_OWNED] FROM CUSTOMER'
    , @INPUT_DATA_1_NAME = N'CUSTOMERDATA'
    , @OUTPUT_DATA_1_NAME = N'TRAINED_MODEL'
    WITH RESULT SETS ((MODEL VARBINARY(MAX)));
END;
GO
```

其中，RXLINMOD 的第一个参数是 FORMULA 参数，定义与 TOTAL_CHILDREN 相关的 NUM_CAR_OWNED；输入数据存储在通过 SQL 查询插入表的变量 CUSTOMERDATA 中。

2. 创建存储模型的表

模型存储在表中可以重新训练，也可以用于预测。创建模型的 R 包的输出是一个二进制对象，存储模型的表使用 VARBINARY 类型的列属性。

```
CREATE TABLE CHILDRENNUMBER_CARNUMBER_MODELS (
    MODEL_NAME VARCHAR(30) NOT NULL DEFAULT('DEFAULT MODEL') PRIMARY KEY,
    MODEL VARBINARY(MAX) NOT NULL);
```

3. 保存模型

运行所创建的存储过程 GENERATE_LINEAR_MODEL，将其所产生的模型存储于表 CHILDRENNUMBER_CARNUMBER_MODELS 中，MODEL_NAME 默认为 DEFAULT MODEL。

```
INSERT INTO CHILDRENNUMBER_CARNUMBER_MODELS (MODEL)
EXEC GENERATE_LINEAR_MODEL;
```

为避免再次运行存储过程时产生的 MODEL_NAME 重复问题，更新模型的名称，如本例中采用以模型名加创建日期的命名方式。

```
UPDATE CHILDRENNUMBER_CARNUMBER_MODELS
SET MODEL_NAME = 'RXLINMOD ' + FORMAT(GETDATE(), 'YYYY.MM.HH.MM', 'EN-GB')
WHERE MODEL_NAME = 'DEFAULT MODEL'
```

4. 输出其他变量

存储过程 SP_EXECUTE_EXTERNAL_SCRIPT 的 R 输出除数据框架外，还可以返回标量类型。

以下代码表示训练某个模型时立即查看模型中的系数表，将系数表创建为主结果集，并在 SQL 变量中输出训练的模型。可以通过变量名调用该模型，或者将模型存储于表中。

```
DECLARE @MODEL VARBINARY(MAX), @MODELNAME VARCHAR(30)
EXEC SP_EXECUTE_EXTERNAL_SCRIPT
    @LANGUAGE = N'R'
    , @SCRIPT = N'
      CARNUMBERMODEL <- RXLINMOD(NUM_CARS_OWNED ~ TOTAL_CHILDREN, CUSTOMERDATA)
      MODELBIN <- SERIALIZE(CARNUMBERMODEL, NULL)
      OUTPUTDATASET <- DATA.FRAME(COEFFICIENTS(CARNUMBERMODEL));'
    , @INPUT_DATA_1 = N'SELECT [TOTAL_CHILDREN], [NUM_CARS_OWNED] FROM CUSTOMER'
    , @INPUT_DATA_1_NAME = N'CUSTOMERDATA'
    , @PARAMS = N'@MODELBIN VARBINARY(MAX) OUTPUT'
    , @MODELBIN = @MODEL OUTPUT
WITH RESULT SETS (([COEFFICIENT] FLOAT NOT NULL));
```

将模型存储于模型表 CHILDRENNUMBER_CARNUMBER_MODELS 中。运行结果如图 7-108 所示。

```
INSERT INTO [DBO].[CHILDRENNUMBER_CARNUMBER_MODELS] (MODEL_NAME, MODEL)
    VALUES (' LATEST MODEL', @MODEL)
```

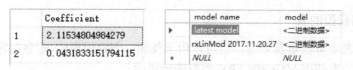

图 7-108

7.4.3 SQL Server 2017 R 脚本执行与 Analysis Services 中统计功能

FoodMart 数据库的 CUSTOMER 表中 MEMBER_CARD 与其他多个属性具有相关性，我们通过一个决策树模型，根据客户 MARITAL_STATUS、YEARLY_INCOME、GENDER、TOTAL_CHILDREN、NUM_CHILDREN_AT_HOME、EDUCATION、OCCUPATION、HOUSEOWNER、NUM_CARS_OWNED、STORE_SALES 等属性预测客户 MEMBER_CARD 的类型。下面首先通过 SQL Server 2017 R 脚本案例说明如何使用训练模型，并对输入数据进行预测，然后通过 Analysis Services 中数据挖掘功能说明如何通过 Analysis Services 中内置的数据挖掘引擎实现决策树分析。

1. SQL Server 2017 R 脚本决策树预测

（1）创建决策树模型

我们基于客户会员卡类型 MEMBER_CARD 和客户表其他相关属性及 STORE_SALES 属性创建一个决策树模型，用于分析客户会员卡类型与其他属性之间的关系。

定义决策树模型需要两个步骤：
- 定义客户会员卡类型 MEMBER_CARD 与其他属性之间的关系；
- 将 CUSTOMER 与 SALES_FACT 连接表用作训练模型的数据。

创建存储过程 RX_MODEL 定义决策树模型，创建模型表 RX_MODELS，存储决策树模型，使用决策树模型进行客户会员卡类型预测。

首先创建存储过程 RX_MODEL，DROP PROCEDURE IF EXISTS RX_MODEL 命令用于删除同名的存储过程，在需要多次调试时可以自动删除之前创建的存储过程。

在存储过程中通过 SQL 命令定义来自 CUSTOMER 与 SALES_FACT 连接表的输入数据属性，设置 MEMBER_CARD 为预测属性。

```
DROP PROCEDURE IF EXISTS RX_MODEL;
GO
CREATE PROCEDURE RX_MODEL
AS
BEGIN
    EXECUTE SP_EXECUTE_EXTERNAL_SCRIPT
      @LANGUAGE = N'R'
    , @SCRIPT = N'
        DATA$MEMBER_CARD=FACTOR(DATA$MEMBER_CARD);
        MODEL_DTREE  <-  RXDTREE(MEMBER_CARD~  MARITAL_STATUS+YEARLY_INCOME+
GENDER+TOTAL_CHILDREN+NUM_CHILDREN_AT_HOME+EDUCATION+OCCUPATION+HOUSEO
WNER+NUM_CARS_OWNED+STORE_SALES,DATA=DATA);
TRAINED_MODEL <- DATA.FRAME(PAYLOAD = AS.RAW(SERIALIZE(MODEL_DTREE, CONNECTION=
NULL)));'
    , @INPUT_DATA_1 = N'SELECT MEMBER_CARD,MARITAL_STATUS, YEARLY_INCOME,
GENDER,TOTAL_CHILDREN,NUM_CHILDREN_AT_HOME,
        EDUCATION,OCCUPATION,HOUSEOWNER,NUM_CARS_OWNED,STORE_SALES
        FROM CUSTOMER C, SALES_FACT S
        WHERE C.CUSTOMER_ID=S.CUSTOMER_ID'
    , @INPUT_DATA_1_NAME = N'DATA'
    , @OUTPUT_DATA_1_NAME = N'TRAINED_MODEL'
    WITH RESULT SETS ((MODEL VARBINARY(MAX)));
END;
```

创建决策树模型存储过程如图 7-109 所示。

图 7-109

(2) 创建决策树模型存储表

为决策树数据挖掘模型创建表，将生成的二进制对象 R 包输出结果存储在表中，存储模型的表使用 VARBINARY 类型的列属性。创建决策树模型存储表如图 7-110 所示。

```
DROP TABLE IF EXISTS RX_MODELS;
GO
CREATE TABLE RX_MODELS (
    MODEL_NAME VARCHAR(30) NOT NULL DEFAULT('DEFAULT MODEL') PRIMARY KEY,
    MODEL VARBINARY(MAX) NOT NULL);
```

图 7-110

(3) 保存决策树模型存储表

运行所创建的存储过程 RX_MODEL，将其所产生的模型存储于 RX_MODELS 表中，MODEL_NAME 默认为 DEFAULT MODEL，如图 7-111 所示。

```
INSERT INTO RX_MODELS(MODEL)
    EXEC RX_MODEL
```

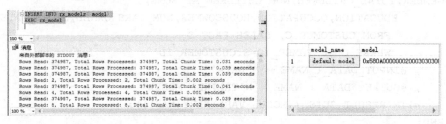

图 7-111

(4) 使用模型对输入数据进行预测

使用存储在表中的模型进行预测，预测数据通过 SQL 命令输入，通过存储过程调用生成的决策树模型，预测结果显示输入数据原始值与预测值。决策树模型预测结果如图 7-112 所示。

```
DECLARE @MODEL VARBINARY(MAX) = (SELECT TOP 1 MODEL FROM RX_MODELS );
EXEC SP_EXECUTE_EXTERNAL_SCRIPT
    @LANGUAGE = N'R'
    , @SCRIPT = N'
        CURRENT_MODEL <- UNSERIALIZE(AS.RAW(MODEL));
        DATA<- DATA.FRAME(DATA);
        PREDICT<- RXPREDICT(CURRENT_MODEL, DATA,TYPE="CLASS");
        OUTPUTDATASET <- CBIND(DATA[,1:2], PREDICT[[1]]);
```

第 7 章 OLAP 实践案例

```
, @INPUT_DATA_1 = N' SELECT C.CUSTOMER_ID,MEMBER_CARD,MARITAL_STATUS,
YEARLY_INCOME,GENDER,TOTAL_CHILDREN,NUM_CHILDREN_AT_HOME,
EDUCATION,OCCUPATION,HOUSEOWNER,NUM_CARS_OWNED,STORE_SALES
        FROM CUSTOMER C, SALES_FACT S
        WHERE C.CUSTOMER_ID=S.CUSTOMER_ID'
, @INPUT_DATA_1_NAME = N'DATA'
, @PARAMS = N'@MODEL VARBINARY(MAX)'
, @MODEL = @MODEL
WITH RESULT SETS ((CUSTOMER_ID INT, MEMBER_CARD VARCHAR(20),PREDICT
VARCHAR(20) ))
```

图 7-112

2. Analysis Services 决策树数据挖掘

在 Analysis Services 项目中,打开在 7.2 节中创建的 FoodMartOLAP 多维分析项目,多维分析项目不仅提供了 OLAP 分析处理功能,还提供了数据挖掘功能,下面通过案例演示基于 FoodMartOLAP 多维数据集的数据挖掘应用方法。

(1) 通过数据挖掘向导创建数据挖掘结构

修改 CUSTOMER 维度,增加决策树分析中需要的维属性 TOTAL_CHILDREN、NUM_CHILDREN_AT_HOME、HOUSEOWNER、NUM_CARS_OWNED,处理后生成数据挖掘对应的维度。

在"Food Mart"解决方案资源管理器窗口的"挖掘结构"上右击后执行"新建挖掘结构"命令,启动数据挖掘向导。选择"从现有多维数据集"定义挖掘结构,选择决策树数据挖掘技术,如图 7-113 所示。

图 7-113

选择多维数据集"Food Mart"中的 CUSTOMER 维进行挖掘,事例键选择 CUSTOMER_ID 主键,如图 7-114 所示。

图 7-114

选择 CUSTOMER 维表中需要的属性和事实表中相应的度量值列,在挖掘模型结构中定义输入属性和可预测的属性。本例中预测会员卡类型 MEMBER_CARD 与其他属性的相关性,如图 7-115 所示。

图 7-115

接下来可以指定列的内容类型与数据类型,并可以检测数值列的连续性。当数据挖掘限定于某个多维数据集切片时,可以在维度上定义数据切片来约束多维数据集,例如,可以在 STORE 维 STORE_COUNTRY 属性上选择国家切片,如图 7-116 所示。

图 7-116

设置测试数据百分比,设置挖掘结构名称、挖掘模型名称及是否允许钻取,如图 7-117 所示。

图 7-117

完成数据挖掘向导,创建挖掘结构,如图 7-118 所示。

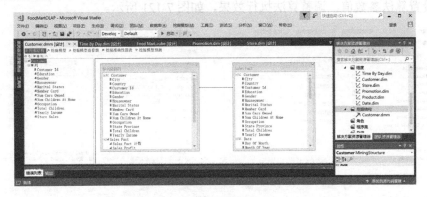

图 7-118

对数据挖掘结构进行处理,如图 7-119 所示。

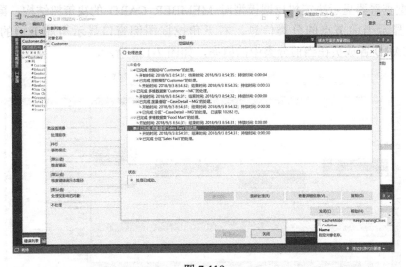

图 7-119

(2)应用数据挖掘模型

在挖掘模型中，可以在结构中更改当前数据挖掘模型，模型中的属性可以更改类型为"Input""Predict""PredictOnly""忽略"，通过不同的参数配置改变挖掘模型，如图 7-120 所示。

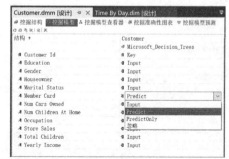

图 7-120

在挖掘模型上右击，在右键菜单中选择"设置算法参数"命令，在弹出的"算法参数"对话框中设置算法参数值，调整算法执行效果，如图 7-121 所示。

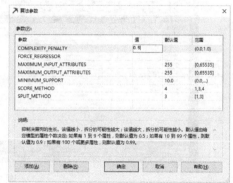

图 7-121

挖掘模型查看器显示决策树挖掘模型对 MEMBER_CARD 的决策树结构，鼠标指针置于树节点上时显示当前节点的分类信息，右下角挖掘图例窗口显示当前节点的分类信息和 MEMBER_CARD 各成员在当前分类中的概率，如图 7-122 所示。

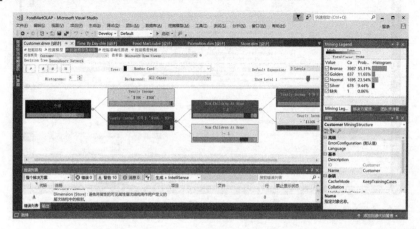

图 7-122

在"依赖关系网络"选项卡中显示挖掘模型中与 MEMBER_CARD 具有依赖关系的链接，拖动左侧的链接滑块可以按链接的强度显示各属性与预测试属性 MEMBER_CARD 之间的依赖关系。其中，与 MEMBER_CARD 属性依赖关系最强的是 YEARLY_INCOME 属性，其次是 NUM_CHILDREN_AT_HOME 属性，MARITAL_STATUS 属性与 MEMBER_CARD 属性之间的依赖关系最弱，如图 7-123 所示。

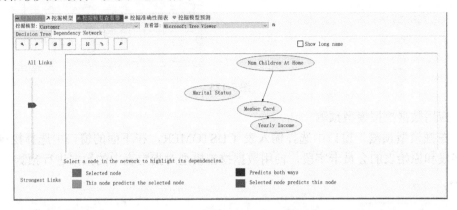

图 7-123

在"挖掘准确性图表"窗口中选择"使用数据挖掘测试事例"选项，使用数据集中的测试数据用例进行数据挖掘准确性检验。在提升图窗口中显示了当前 CUSTOMER 数据挖掘模型相对于理想模型的分数、总体正确比例和预测概率，如图 7-124 所示。

 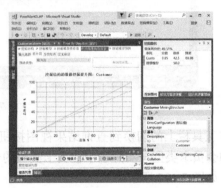

图 7-124

在分类矩阵中显示了当前数据挖掘模型对测试数据预测的结果，矩阵中的行表示预测结果，矩阵中的列表示数据中实际会员卡结果，矩阵中单元值表示预测值对应的实际值的数量。如预测值 Silver 中实际取值为 Silver 的事例有 20 个，取值为 Golden 的事例有 1 个，取值为 Normal 和 Bronze 的事例为 0 个。对角线为预测值与实际值相符的事例数量，预测值与实际值占比越高，预测的准确率越高。

交叉验证将挖掘结构分区为交叉部分，通过指定分区将数据划分到其中，每个分区将依次用作测试数据，其余的数据用于为新模型定型，针对数据的每个交叉部分循环定型和测试模型。通过比较为每个交叉部分生成的模型指标，可以评价挖掘模型对于整个数据集的可靠程度，如图 7-125 所示。

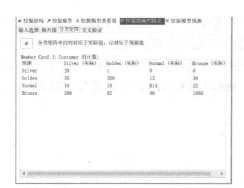

图 7-125

(3) 应用数据挖掘模型预测

在"挖掘模型预测"窗口中选择输入表 CUSTOMER,在下面的窗口中选择挖掘模型的会员卡字段和原始表的会员卡字段,使用数据挖掘模型对指定表中的数据进行预测,如图 7-126 所示。

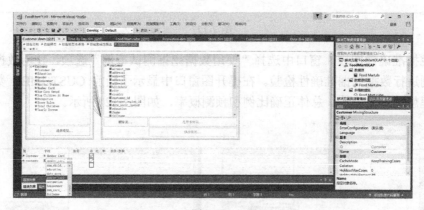

图 7-126

单击工具栏上的切换到查询结果视图按钮,查看挖掘模型预测结果。窗口中显示挖掘模型预测的会员卡类型与实际表中会员卡类型的一一对比。预测结果与内置 R 引擎数据挖掘结果相符,如图 7-127 所示。

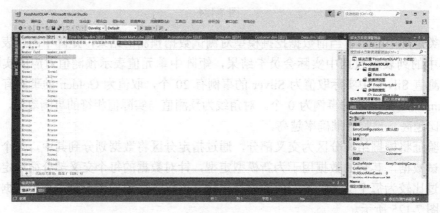

图 7-127

本小节讨论了 RStudio、SQL Server 2017 内置的 R 引擎和 Analysis Services 的数据挖掘功能三种方法实现数据挖掘。三种数据挖掘方法的特点如下。

（1）RStudio

RStudio 具有完整的数据分析功能，数据操作方便，可以调节模型参数优化模型，从而改善预测效果。在 Rstudio 中需要使用 SQL Server 提供的接口，将数据读取到 R 中，然后进行一系列的统计分析。当数据量较大时，R 需要把数据读取到内存中，数据传输代价较高，而且数据处理能力依赖计算机系统的物理内存大小。

RStudio 适合于对模型预测效果要求高的应用场景，通过内置功能完善的统计分析功能进行后台复杂分析处理。

（2）SQL Server 内置的 R 引擎

SQL Server 内置的 R 引擎在数据库中进行分析，直接读取本地数据，消除 RStudio 在大数据分析时较高的数据传输代价，提高数据挖掘的响应性能。SQL Server 内置的 R 引擎通过存储过程调用 R 模块功能，代码较为复杂，在代码出现错误时难以调试；内置 R 引擎相对于 RStudio 所集成的模型类型较少，功能相对较少，可视化效果不足。在大数据分析模型应用场景下，可以使用 RStudio 在较小的样本数据集上进行复杂模型分析和代码调试，然后在 SQL Server 内置的 R 引擎上执行大数据模型分析，减少数据传输代价。

（3）Analysis Services 数据挖掘功能

Analysis Services 数据挖掘功能集成在多维分析项目中，可以根据之前设定的维度进行数据挖掘，无须编程，简单易用，数据无须导入，运行速度快，可视化效果好，预测结果以报表的方式呈现。相对于 R 引擎，其集成的数据挖掘方法较少，灵活性较低。它的主要应用场景是多维数据分析中结构化的数据挖掘，在数据库和多维数据集基础上直接进行定制化、图形化的数据挖掘。

7.4.4 Analysis Services 中常见的数据挖掘功能

Analysis Services 还包括聚类、逻辑回归、神经网络等数据挖掘方法，下面通过 CUSTOMER 维数据集演示数据挖掘方法。

1. 聚类

在挖掘模型中选择 MICROSOFT_CLUSTERING 聚类模型，处理后在挖掘模型查看器中显示分类情况，调节左侧链接强度滑块，按强度显示分类之间的链接。选择某个分类并右击，在右键菜单中选择"钻取"中的"仅限模型列"命令，可以查看该分类的数据，如图 7-128 所示。

在查看器下拉框中选择"Microsoft Generic Content Tree Viewer"选项，查看分类模型中各分类的描述信息，分类中数据满足的条件，以及分类中各属性取值在分类中的支持度和置信度等参数信息，如图 7-129 所示。

在分类剖面图中可以查看每一个分类在输入变量上的数据分布情况，挖掘图例显示了变量中成员分布的直方图，如图 7-130 所示。

在分类特征中可以查看指定分类变量和值的分布概率，在分类对比中可以指定两个不同的分类进行对比，查看变量中的取值对指定分类的倾向概率，如图 7-131 所示。

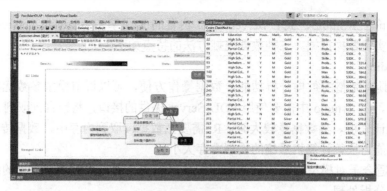

图 7-128

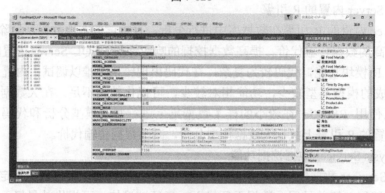

图 7-129

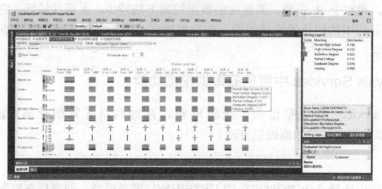

图 7-130

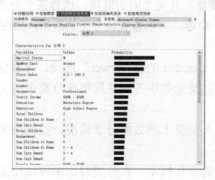

图 7-131

在数据挖掘准确性图表中对测试事例进行模型分析，在提升图中显示预测概率为

77.39%，略低于决策树模型。在分类矩阵中显示基于聚类数据挖掘方法的预测值与实际值之间的对比关系。结果如图 7-132 所示。

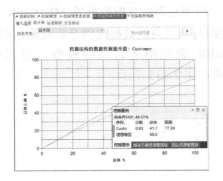

图 7-132

应用聚分析方法对事例表 CUSTOMER 进行预测，对比模型与实际记录的 MEMBER_CARD 取值，查看聚类分析预测结果的准确度，如图 7-133 所示。

图 7-133

2. 逻辑回归

在挖掘模型中选择 MICROSOFT_LOGISTIC_REGRESSION 模型，对挖掘模型进行处理。在挖掘模型查看器中可以在输入窗口中根据属性和值设置数据切片，如选择 EDUCATION 属性中的 GRADUATE DEGREE，在输出属性值 1 和值 2 下拉框中选择需要对比的输出值，如"Silver"和"Golden"，变量窗口显示倾向于输出值 1 和值 2 的离散变量属性取值和连续变量值的分布，如图 7-134 所示。

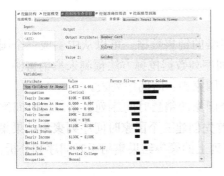
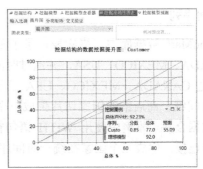

图 7-134

在逻辑回归模型提升图中显示模型分数为 0.85，预测概率为 55.09%，低于决策树模型和聚类模型。

在数据挖掘准确性图表中显示应用逻辑回归模型在测试事例数据的 MEMBER_CARD 属性预测值与实际值的对应矩阵，通过对角线数据与非对角线数据比例分析逻辑回归模型预测的准确性。在挖掘模型预测中对 CUSTOMER 表应用逻辑回归模型，显示模型预测 MEMBER_CARD 值与实际值的对比情况。结果如图 7-135 所示。

图 7-135

3. 神经网络

在挖掘模型中选择 MICROSOFT_NEURAL_NETWORK 模型，处理完毕按相同的切片和输出值设置后变量取值的倾向性如图 7-136 所示。在挖掘准确性图表的提升图中查看神经网络模型预测概率为 82.73%，高于逻辑回归模型。

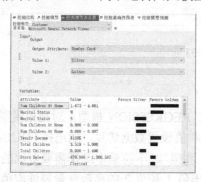 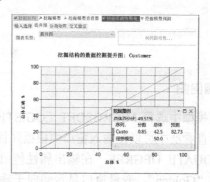

图 7-136

4. 时间序列

在 FoodMart 数据库中，事实表记录了多维的销售数据，可以从中生成三个国家每日销售额 CANADA、MEXICO、USA，并通过时间序列数据挖掘方法预测未来销售额。

1）创建 CANADA、MEXICO、USA 三个国家销售时间序列表。

根据时间维、商店维的国家切片生成三个国家的销售时间序列数据，按时间维将三个国家的销售数据合并。本例中使用 WITH 语句首先创建三个国家时间序列聚集结果集，然后将三个结果集连接，生成三个国家在统一时间序列上的聚集结果集用于时间序列分析。

```
CREATE VIEW COUNTRYSALES AS
WITH CANADASALES(THE_DATE,CANADA_SALES ) AS (
```

```
SELECT THE_DATE,SUM(STORE_SALES) AS CANADA_SALES
FROM SALES_FACT SF,STORE S, TIME_BY_DAY T
WHERE SF.STORE_ID=S.STORE_ID AND SF.TIME_ID=T.TIME_ID AND STORE_COUNTRY=
'CANADA'
GROUP BY T.THE_DATE),

MEXICOSALES(THE_DATE,MEXICO_SALES ) AS (
SELECT THE_DATE,SUM(STORE_SALES) AS MEXICO_SALES
FROM SALES_FACT SF,STORE S, TIME_BY_DAY T
WHERE SF.STORE_ID=S.STORE_ID AND SF.TIME_ID=T.TIME_ID AND STORE_COUNTRY=
'MEXICO'
GROUP BY T.THE_DATE),

USASALES(THE_DATE,USA_SALES ) AS (
SELECT THE_DATE,SUM(STORE_SALES) AS USA_SALES
FROM SALES_FACT SF,STORE S, TIME_BY_DAY T
WHERE SF.STORE_ID=S.STORE_ID AND SF.TIME_ID=T.TIME_ID AND STORE_COUNTRY=
'USA'
GROUP BY T.THE_DATE)

SELECT  CANADASALES.THE_DATE,CANADA_SALES,MEXICO_SALES,USA_SALES   FROM
CANADASALES,MEXICOSALES,USASALES
WHERE CANADASALES.THE_DATE=MEXICOSALES.THE_DATE AND CANADASALES.THE_DATE=
USASALES.THE_DATE;
```

所创建的日销售额视图显示了三个国家每日销售总额情况，如图 7-137 所示。

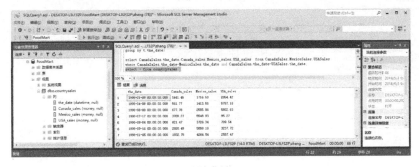

图 7-137

2）创建时序数据挖掘模型。

在多维分析项目中创建新的数据源视图 FoodMartCountrySales，加载所创建的带有时间属性的日销售数据视图。在挖掘结构中创建新的数据挖掘对象，选择从现有关系数据库或数据仓库中定义挖掘结构，然后在挖掘技术中选择 Microsoft 时序方法，如图 7-138 所示。

选择新创建的数据源视图，定义数据源为数据库中创建的日销售数据视图，选择源表为事例表，如图 7-139 所示。

在挖掘模型结构中设置 THE_DATE 属性为键，其他三个属性为输入及可预测列，如图 7-140 所示。

利用数据挖掘向导创建时序数据挖掘模型，处理后生成时序数据挖掘模型，如图 7-141

所示。

图 7-138

图 7-139

图 7-140

图 7-141

在挖掘模型查看器中可以查看按日期分布的三个国家日销售额折线图，在右侧图例中可以选择图表中显示的国家，单击图表在图例中显示当前位置日期的销售额，在"Prediction steps"下拉框中设置时序预测步长，如图 7-142 所示。

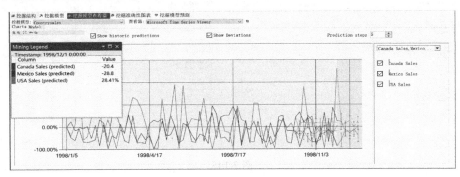

图 7-142

5. 关联规则

关联规则挖掘用于发现销售数据中商品之间的关联，分析顾客购物习惯，为顾客提供商品推荐。

通过数据挖掘向导选择从现有多维数据集创建关联规则挖掘方法，选择"Microsoft 关联规则"选项，如图 7-143 所示。

图 7-143

在多维数据集维度中选择 CUSTOMER 产品维，选择默认的 CUSTOMER_ID 列为键列，如图 7-144 所示。

图 7-144

选择 CUSTOMER 维度表和 SALES_FACT 度量表中参与关联规则挖掘的属性,选择 MEMBER_CARD 为预测列,如图 7-145 所示。

图 7-145

设置属性内容类型为 DISCRETE 类型,将测试数据百分比设置为 0,勾选"允许钻取"复选框,创建关联规则挖掘对象,如图 7-146 所示。

图 7-146

在挖掘模型窗口中右击挖掘算法对象,在"算法参数"对话框的"值"列中,设置以下参数:

```
MINIMUM_PROBABILITY = 0.1
MINIMUM_SUPPORT = 0.01
```

结果如图 7-147 所示。

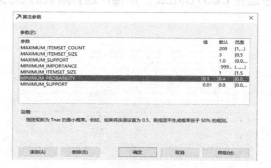

图 7-147

经过部署后,在挖掘模型查看器 Rules 窗口中可以查看生成的关联规则。最小概率值越大，规则的可能性越高；最小重要性值越大，规则越有用。规则描述特定项的组合，可以用于购物篮分析。在选定的规则上右击，在右键菜单中通过"钻取"命令可以查看该规则对应的记录，如图 7-148 所示。

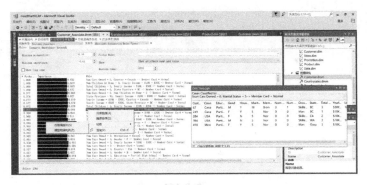

图 7-148

项集代表销售该项的事务，最小支持设置出现项集的最小事务数，项集大小代表项集中的项数，在项集窗口中可以通过"钻取"命令查看项集中每一项所包含的记录，如图 7-149 所示。

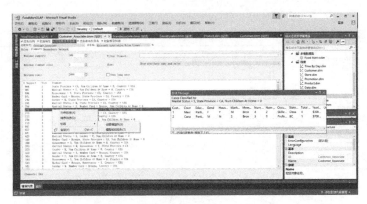

图 7-149

在依赖关系网络中可以查看不同属性之间的依赖关系，如图 7-150 所示为不同输入属性值对应的 BRAND_NAME 值。

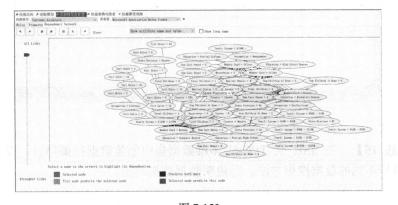

图 7-150

左侧滑块可以设置依赖强度，单击窗口中椭圆形对象时，通过不同颜色显示选择节点和预测节点之间的关系，如图 7-151 所示。

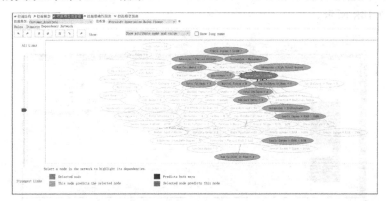

图 7-151

在挖掘结构中可以从多个维度选择挖掘属性。如图 7-152 所示为将 PRODUCT 维度中的 BRAND_NAME 和日期维中的 THE_DAY 属性拖入挖掘结构中，作为关联规则分析对象。

加入不同维度属性后，可以从更丰富的维度来分析属性之间的关联规则，如图 7-153 所示。

图 7-152

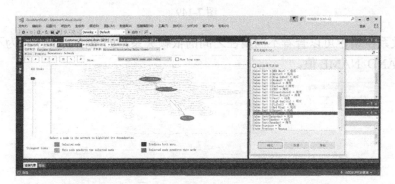

图 7-153

【案例实践 15】 在 SSB 或 TPC-H 多维数据集中创建数据挖掘项目，设计数据挖掘主题，选择并分析不同的数据挖掘方法，并说明数据挖掘结论。

7.4.5　SQL Server 2017 Python 脚本执行

SQL Server 2017 内置了 Python 引擎，支持数据库内的 Python 数据处理功能。在使用方法上与内置 R 脚本基本一致，需要在 SQL Server 2017 的查询窗口中执行配置命令，设置允许外部脚本执行。

```
EXEC SP_CONFIGURE 'EXTERNAL SCRIPTS ENABLED', 1;
```

设置之后执行重新配置参数命令。

```
RECONFIGURE WITH OVERRIDE
```

执行外部脚本的命令格式如下。

```
SP_EXECUTE_EXTERNAL_SCRIPT
    @LANGUAGE = N'LANGUAGE' ,
    @SCRIPT = N'SCRIPT',
    @INPUT_DATA_1 = ] 'INPUT_DATA_1'
    [ , @INPUT_DATA_1_NAME = ] N'INPUT_DATA_1_NAME' ]
    [ , @OUTPUT_DATA_1_NAME = ] 'OUTPUT_DATA_1_NAME' ]
    [ , @PARALLEL = 0 | 1 ]
    [ , @PARAMS = ] N'@PARAMETER_NAME DATA_TYPE [ OUT | OUTPUT ] [ ,...N ]'
    [ , @PARAMETER1 = ] 'VALUE1' [ OUT | OUTPUT ] [ ,...N ]
    [ WITH <EXECUTE_OPTION> ]
[;]


<EXECUTE_OPTION>::=
{
    { RESULT SETS UNDEFINED }
   | { RESULT SETS NONE }
   | { RESULT SETS ( <RESULT_SETS_DEFINITION> ) }
}
```

其中，主要参数的功能如表 7-1 所示。代码是命令语法示例，@LANGUAGE = N'LANGUAGE', 中的'LANGUAGE'表示具体语言名，如'PYTHON'，@SCRIPT = N'SCRIPT', 'SCRIPT'表示具体的 PYTHON 脚本。

表 7-1　参数功能

参　　数	功　　能
@LANGUAGE = N'PYTHON'	脚本语言名 Python
@SCRIPT = N' '	Python 脚本主体
@INPUT_DATA_1 = N'T-SQL STATEMENT'	读数据库表的 SQL 命令
@OUTPUT_DATA_1_NAME = N' DATA FRAME NAME'	创建 Python 内部 Data Frame
WITH RESULT SETS ((COL1 DATATYPE,COL2 DATATYPE))	指定 Data Frame 输出列与数据类型

下面示例演示在 SQL Server 2017 中执行 Python 脚本访问 FoodMart 数据库的 CUSTOMER 表。

```
USE [FOODMART]
EXECUTE SP_EXECUTE_EXTERNAL_SCRIPT
@LANGUAGE = N'PYTHON',
@SCRIPT=N'OUTPUTDATASET = INPUTDATASET',
@INPUT_DATA_1 = N'SELECT LNAME,FNAME, ADDRESS1,PHONE1,YEARLY_INCOME
FROM CUSTOMER'
WITH RESULT SETS ((LNAME VARCHAR(10), FNAME VARCHAR(10), ADDRESS1
VARCHAR(30),PHONE1 VARCHAR(20),YEARLY_INCOME VARCHAR(20)))
```

Python 脚本通过 SQL 命令将表中指定字段读入 Data Frame 并输出，如图 7-154 所示。

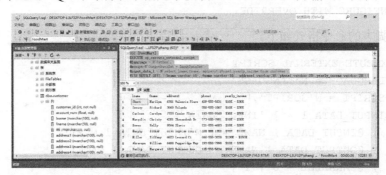

图 7-154

下面示例演示如何通过 Python 脚本在 FoodMart 数据库中创建聚类模型并应用。

1. 创建存储过程 CUSTOMER_CLUSTERS，通过 Python 脚本创建聚类

```
USE [FOODMART]
DROP PROCEDURE IF EXISTS [DBO].[CUSTOMER_CLUSTERS];
CREATE PROCEDURE [DBO].[CUSTOMER_CLUSTERS]
AS

BEGIN
    DECLARE
```

输入 SQL 查询命令，读入用于聚类分析的数据。

```
    @INPUT_QUERY NVARCHAR(MAX) = N'
SELECT CUSTOMER,TOTAL_CHILDREN AS NUMCHILDREN,NUM_CARS_OWNED AS NUMCARS,
AVGSALES
FROM
(
    SELECT CUSTOMER_ID,TOTAL_CHILDREN,NUM_CARS_OWNED
    FROM CUSTOMER
) CUST
INNER JOIN
(
    SELECT C.CUSTOMER_ID AS CUSTOMER,AVG(UNIT_SALES) AS AVGSALES
    FROM CUSTOMER C,SALES_FACT S
    WHERE C.CUSTOMER_ID=S.CUSTOMER_ID
    GROUP BY C.CUSTOMER_ID
```

```
    ) CSALES ON CUSTOMER=CUSTOMER_ID
'

EXEC SP_EXECUTE_EXTERNAL_SCRIPT
    @LANGUAGE = N'PYTHON'
  , @SCRIPT = N'

IMPORT PANDAS AS PD
FROM SKLEARN.CLUSTER IMPORT KMEANS

#从查询中获得数据
CUSTOMER_DATA = MY_INPUT_DATA

#设置4为聚类最佳数量
N_CLUSTERS = 4

#执行聚类
EST  =  KMEANS(N_CLUSTERS=N_CLUSTERS,  RANDOM_STATE=111).FIT(CUSTOMER_
DATA[["NUMCHILDREN","NUMCARS","AVGSALES"]])
CLUSTERS = EST.LABELS_
CUSTOMER_DATA["CLUSTER"] = CLUSTERS

OUTPUTDATASET = CUSTOMER_DATA
'
   , @INPUT_DATA_1 = @INPUT_QUERY
   , @INPUT_DATA_1_NAME = N'MY_INPUT_DATA'
     WITH RESULT SETS (("CUSTOMER" INT, "NUMCHILDREN" FLOAT,"NUMCARS"
FLOAT,"AVGSALES" FLOAT,"CLUSTER" FLOAT));
END;
GO
```

2. 执行存储过程,将聚类结果存储在表 PY_CUSTOMER_CLUSTERS 中

创建存储聚类结果的表。

```
DROP TABLE IF EXISTS [DBO].[PY_CUSTOMER_CLUSTERS];
GO
```

表中存储聚类预测结果。

```
CREATE TABLE [DBO].[PY_CUSTOMER_CLUSTERS](
  [CUSTOMER] [BIGINT] NULL,
  [NUMCHILDREN] [FLOAT] NULL,
  [NUMCARS] [FLOAT] NULL,
  [AVGSALES] [FLOAT] NULL,
  [CLUSTER] [INT] NULL,
) ON [PRIMARY]
GO
```

执行聚类操作并将聚类结果插入表中。

```
INSERT INTO PY_CUSTOMER_CLUSTERS
EXEC [DBO].[CUSTOMER_CLUSTERS];
```

3. 查询指定聚类的用户

根据聚类预测结果选择用户。

```
SELECT * FROM PY_CUSTOMER_CLUSTERS;
SELECT CUSTOMER_ID, ADDRESS1
  FROM DBO.CUSTOMER
  JOIN
  [DBO].[PY_CUSTOMER_CLUSTERS] AS C
  ON C.CUSTOMER = CUSTOMER_ID
  WHERE C.CLUSTER = 0
```

结果如图 7-155 所示。

	Customer	numChildren	numCars	avgSales	cluster		customer_id	address1
1	1259	0	1	2.95145631067961	0	1	1188	6701 Valencia Place
2	1260	4	3	3.76923076923077	1	2	1191	4351 Shenandoah Dr.
3	1428	5	1	3.88095238095238	3	3	1194	6620 Leonard Ct.
4	1442	3	4	3.34782608695652	1	4	1197	4524 Ferndale Lane
5	1445	2	4	3.21276595744681	2	5	1198	2856 Amargosa Drive
6	1609	1	2	1.28571428571429	0	6	1203	5205 Sunview Terrace
7	1610	0	4	2.8728323699422	2	7	1205	5979 Lynwood Drive
8	1777	3	1	2.92105263157895	3	8	1206	9228 Via Del Sol
9	1778	0	2	3.07692307692308	0	9	1207	8507 Mt. Palomar Pl.
10	1795	4	2	3	3	10	1219	9361 Corte Del Sol

图 7-155

小　结

　　数据仓库和 OLAP 多维分析处理技术是商业智能（BI）的基础，数据仓库为企业级海量数据提供存储和管理平台，OLAP 支持了企业级海量数据上的在线多维分析处理能力，为企业用户提供多维数据视图，以不同的粒度和角度展现企业数据的内部规律。报表和数据挖掘是数据仓库的重要应用，随着数据可视化技术的发展和企业分析处理应用需求的不断提高，数据仓库前端工具中集成了强大的可视化报表、OLAP 分析和数据挖掘功能，为用户提供了直观、灵活的数据分析处理能力。

　　本章基于代表性的数据仓库案例 SSB、FoodMart 和 TPC-H，描述了基于 Analysis Services 的多维建模及多维分析处理实现技术，以案例方式描述了基于多维数据集的数据挖掘实现技术。以 Excel 前端工具平台介绍了 Analysis Services 在 Excel 前端的多维分析处理技术，以 Tableau 和 PowerBI 为基础展示了数据可视化技术，为读者展现了从数据管理到数据处理，再到可视化数据展现的完整数据管理和处理流程，使读者更深入地掌握数据仓库和 OLAP 的基本理论和应用实践技能。

　　当前数据库技术的发展趋势之一是将功能强大的统计与机器学习软件 R、Python 集成到 SQL 引擎内部，实现数据库内的复杂分析处理，扩展 SQL 的分析功能，消除使用 R、Python 进行大数据分析时巨大的数据移动代价，将 R、Python 计算功能与数据库存储能力有机地结合起来。

参 考 文 献

[1] http://en.wikipedia.org/wiki/Data.

[2] 王珊，萨师煊.数据库系统概论（第 5 版）[M]. 北京：高等教育出版社，2014.

[3] Rajesh R. Bordawekar, Mohammad Sadoghi. Accelerating database workloads by software-hardware-system co-design[C]. ICDE 2016, 1428-1431.

[4] Marcin Zukowski. Balancing Vectorized Query Execution with Bandwidth-Optimized Storage[D]. Netherlands : CWI, 2009.

[5] https://technet.microsoft.com/zh-cn/library/ms187875(v=sql.105).aspx.

[6] 王珊, 李翠平, 李盛恩. 数据仓库与数据分析教程 [M]. 北京:高等教育出版社,2012.

[7] Meikel Poess, Bryan Smith, Lubor Kollar and Paul Larson. TPC-DS, Taking Decision Support Benchmarking to the Next Level [C]. New York: ACM SIGMOD, 2002:582-587.

[8] TPC Benchmark™ DS (TPC-DS). The New Decision Support Benchmark Standard [EB/OL]. http://www.tpc.org/ tpcds/default.asp.

[9] TPC-H is an ad-hoc, decision support benchmark [EB/OL]. http://www.tpc.org/tpch/default.asp.

[10] Pat O'Neil, Betty O'Neil, Xuedong Chen. Star Schema Benchmark [EB/OL]. http://www.cs.umb.edu/~ poneil/ StarSchemaB.PDF.

[11] http://www.mapd.com/.

[12] http://blog.sqlauthority.com/2013/10/09/big-data-buzz-words-what-is-mapreduce-day-7-of-21/.

[13] http://www.cubrid.org/blog/dev-platform/platforms-for-big-data/.

[14] http://www.oschina.net/p/facebook-presto.

[15] Azza Abouzeid, Kamil Bajda-Pawlikowski, Daniel J. Abadi, Alexander Rasin. Avi Silberschatz: HadoopDB: An Architectural Hybrid of MapReduce and DBMS Technologies for Analytical Workloads[J]. PVLDB, 2009, 2(1): 922-933.

[16] http://hortonworks.com/blog/hadoop-and-the-data-warehouse-when-to-use-which/.

[17] http://blogs.sas.com/content/sascom/2014/10/13/adopting-hadoop-as-a-data-platform/.

反侵权盗版声明

　　电子工业出版社依法对本作品享有专有出版权。任何未经权利人书面许可，复制、销售或通过信息网络传播本作品的行为，歪曲、篡改、剽窃本作品的行为，均违反《中华人民共和国著作权法》，其行为人应承担相应的民事责任和行政责任，构成犯罪的，将被依法追究刑事责任。

　　为了维护市场秩序，保护权利人的合法权益，我社将依法查处和打击侵权盗版的单位和个人。欢迎社会各界人士积极举报侵权盗版行为，本社将奖励举报有功人员，并保证举报人的信息不被泄露。

举报电话：（010）88254396；（010）88258888
传　　真：（010）88254397
E-mail：　dbqq@phei.com.cn
通信地址：北京市万寿路173信箱
　　　　　电子工业出版社总编办公室
邮　　编：100036